개 정

건축전기설비

김진수 · 백용규 · 이덕출 공저

기 문 당

머 리 말

이 책은 1994년에 발행한 초판을 개정한 것으로서, 전기공학의 기초(1편) 부분을 모두 삭제하고, 전기설비 내용만을 수정하여 발행한 것이다.

건축전기설비란 전력회사로부터 전기를 공급받아 빌딩 내외에 설치된 각종 전기설비를 사용하여 쾌적하고 편리한 건축물이 될 수 있도록 하는데 그 목적이 있다.

이 책은 전기공학을 전공한 저자가 건축설비과에 여러 해 동안 교수로 재직하면서 건축설비과의 교육과정과 특성에 맞는 교재가 국내에서 개발되지 못함을 느껴서 집필하게 된 것이다. 아울러 건축설비기사 시험에 대비할 수 있도록 기사문제의 출제범위와 내용을 일치시키도록 노력하였다. 또한 건축공학과의 건축설비 교과목 중 전기설비 단원에서는 본 교재를 이용하면 많은 도움이 되리라 생각한다.

따라서 이와 같은 사항을 고려하여 다음과 같은 내용으로 본 교재를 집필하였다.

1장 전원설비, 2장 배선설비, 3장 부하설비, 4장 조명설비, 5장 수송설비, 6장 정보통신설비, 7장 방재설비, 8장 전기시설안전, 9장 전기설비관계법규 등을 포함하고 있으며, 부록으로는 건축전기설비와 관련된 전기심벌의 모든 것을 수록하였다.

대학 및 전문대학의 건축설비과와 건축공학과의 강의시간 수를 고려하여 건축전기설비와 관련된 그림 및 사진을 많이 수록하였으므로 교수 및 학습에 좋을 것으로 생각된다.

강의중에 필요한 자료나 문의사항은 저자의 홈페이지 'http://home.knue.ac.kr/~jskim'의 이메일을 통하여 통신할 수 있도록 하였다.

끝으로 본문에 나오는 각종 용어들은 교육부에서 발행한 편수자료에 가급적 통일시키려고 하였으며, 본 서의 발간을 위해 힘써 주신 기문당과 주위의 여러분께 깊이 감사를 드리는 바이다.

2003년 8월

저 자

차 례

제1장 전원설비 9

1.1 발전, 송전 및 배전 설비 12
1.2 수 · 변전 설비 15
1.3 예비 전원 설비 46

제2장 배선설비 65

2.1 전기 방식 67
2.2 간 선 70
2.3 분전반(分電盤) 77
2.4 분기 회로(分岐回路) 79
2.5 배선 전선 82
2.6 배선 기구, 재료 및 공구 92
2.7 배선 공사 방법 105

제3장 부하설비 117

3.1 동력 설비 119
3.2 콘센트 설비 145

제4장 조명설비 149

4.1 조명의 기초 사항 151

4.2 조명 용어 ………… 153
4.3 광원의 종류 ………… 160
4.4 조명 기구의 종류 ………… 178
4.5 조명 방식 ………… 183
4.6 좋은 조명의 조건 ………… 186
4.7 조명 설계 ………… 190

제5장 수송설비 ———— 195

5.1 수송 설비의 개요 ………… 197
5.2 엘리베이터 ………… 197
5.3 에스컬레이터 ………… 220
5.4 전동 덤웨이터 ………… 225
5.5 입체식 주차 설비 ………… 226
5.6 이동 보도 ………… 227
5.7 그 밖의 수송 설비 ………… 228

제6장 정보통신설비 ———— 231

6.1 전화 설비 ………… 233
6.2 전기시계 설비 ………… 247
6.3 확성 방송 설비 ………… 253
6.5 TV 공동 수신 설비 ………… 266
6.6 표시 설비 ………… 275
6.7 정보화 설비 ………… 279

제7장 방재설비 ———— 289

7.1 피뢰 설비 ………… 291
7.2 항공장애등 설비 ………… 300
7.3 방범 설비 ………… 303
7.4 자동 화재 탐지 설비 ………… 306

제8장 전기시설안전 — 321

8.1 전기 안전의 개요 ········ 323
8.2 감전 사고 ········ 325
8.3 전기 화재 ········ 331
8.4 정전기 재해 ········ 335
8.5 낙뢰 재해 ········ 338
8.6 절연과 접지 ········ 340
8.7 전기 설비의 안전한 취급 ········ 351

제9장 전기설비관계법규 — 357

9.1 전기관련 법규의 개요 ········ 359
9.2 전기 사업법 ········ 360
9.3 전기공사업법 ········ 362
9.4 전기용품 안전 관리법 ········ 363
9.5 공업 표준화법 ········ 364
9.6 전파 관리법 ········ 365
9.7 건축법 ········ 365
9.8 소방법 ········ 366
9.9 항공법 ········ 367
9.10 광고물 단속법 ········ 367

부 록 — 369

1.1 옥내배선용 심벌 및 그 밖의 참고 사항 ········ 371
1.2 일반 전기용 심벌 ········ 389
1.3 전기통신용 심벌 ········ 399

찾아보기 — 404

제 1 장

전원설비

1.1 발전, 송전 및 배전 설비

1.2 수 · 변전 설비

1.3 예비 전원 설비

* 연습문제

전원 설비를 설명하기 전에 건축전기설비를 분류해 보고자 한다. 건축 전기설비는 크게 전원 설비, 배선 설비, 부하 설비, 조명 설비, 수송 설비, 정보 통신 설비, 방재 설비 등으로 나눌 수 있으며, 이를 표 1.1에 나타낸다. 그리고 이러한 건축 전기 설비를 그림 1.1에 나타낸다.

표 1.1 건축 전기 설비의 분류

	전기 설비 종류	전기 설비의 내용
전력설비	수변전설비	수전, 변전기기, 배전반 및 기타 배선
	자가발전설비	발전기, 원동기, 배전반 및 보조기기, 부속 장치 및 기타 배관과 배선
	축전지설비	축전지, 충전기 및 그 배선
	간선설비	배전반에서 제어반 등에 이르는 전기에너지 공급용의 배선
	조명설비	조명 기구, 분전반 등 및 기타 배선
	콘센트설비	콘센트 등과의 배선
	동력설비	제어반, 개폐기 상자, 실험기 및 그 배선과 전동기까지의 배선
	구내배전선로	전등, 동력, 수변전 설비 등의 구내 배전 선로
수송설비	엘리베이터설비	엘리베이터의 설비
	에스컬레이터설비	에스컬레이터의 설비
	덤웨이터설비	덤웨이터의 설비(물품만을 운반하는 소형 엘리베이터)
	기송관설비	기송관의 설비(관로 속을 압축공기s로 서류 등을 넣은 통을 보내는 것)
	기계주차장설비	자동차를 좁은 공간에 다수 주차 가능하도록 한 설비
정보통신설비	중앙감시제어설비	경보기, 표시 조작기, 감시제어장치, 교류 무정전 전원장치 및 기타 배선
	전화설비	교환기, 본체 배선반, 전원장치 및 그 기기 사이의 배선 또는 본체 배선반에서 전화기까지의 배선
	방송설비	마이크, 증폭기, 스피커 등 및 그 배선
	표시설비	출퇴근 표시용, 호출용, 연락용의 표시기 및 그 배선
	인터폰설비	인터폰 및 그 배선
	TV공동시청설비	텔레비전 공동 수신용 안테나, 증폭기, 분배기, 직렬 유닛 등 및 그 배선
	OA설비	정보 단말기, 정보 콘센트 및 그 배선
	전기시계설비	전기 시계의 모시계, 자시계, 시보 설비 및 그 배선
	구내통신선로	전화 설비, 방송, 전기 시계, LAN 등의 구내 선로
방재설비	비상조명등설비	소방법에 의한 비상용의 조명장치
	자동화재탐지설비	소방법에 의한 자동화재 경보 설비
	비상경보설비	소방법에 의한 비상경보 설비
	유도등설비	소방법에 의한 유도등 설비
	기타방재설비	건축법 등에 의한 자동폐쇄설비, 가스누설 경보설비 등
	피뢰침설비	건축법에 의한 피뢰돌침부, 피뢰도선, 접지극 및 그 배선
	항공장애등설비	높은 건조물에 설치하는 경계등(항공기에 대한 것)
	주차장감시제어설비	주차장의 출입구에 설치하는 경보등, 경보버저 등

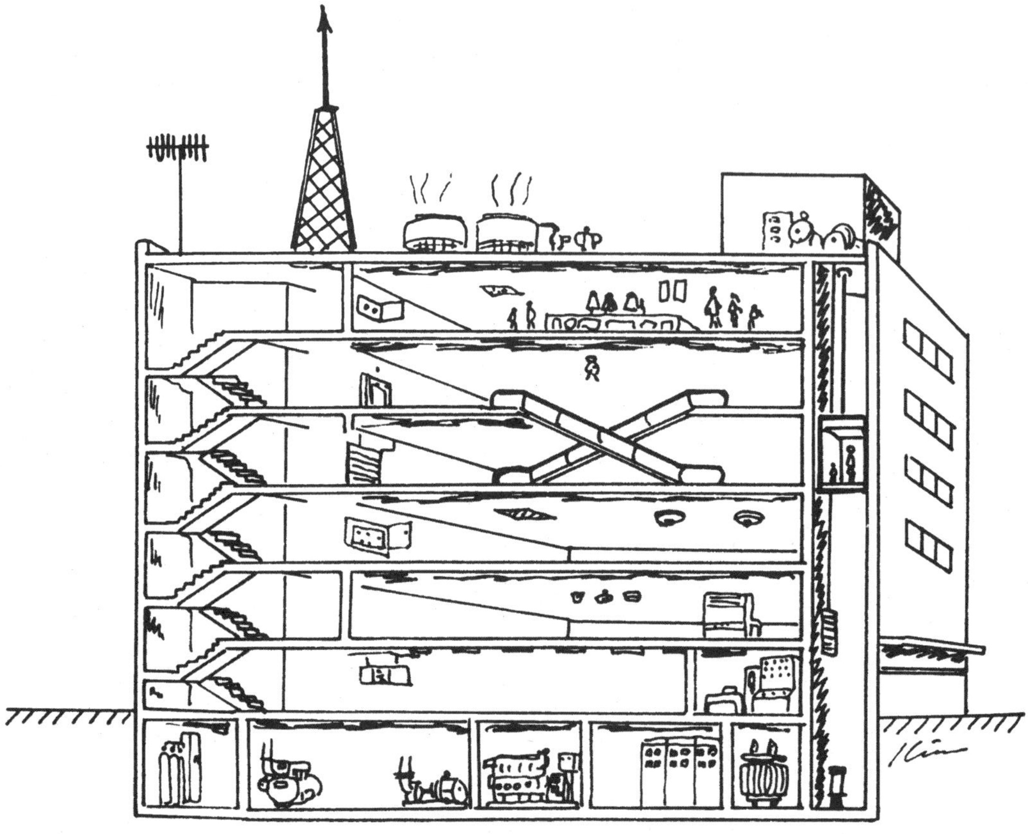

그림 1.1 건축 전기 설비

우리가 배우고자 하는 건축물에 관련된 전기 기기 등을 다루기 위해 전원 설비가 필요하다. 즉 모든 건축 전기 설비가 작동되기 위하여 전원 설비가 필요한데, 전원 설비에는 외부의 전력회사로부터 전력을 받아서 부하 설비에 전기를 공급하는 수전 및 변전 설비와 정전시에 대비한 예비 전원 설비가 있다.

이 장에서는 수 · 변전 설비 및 예비전원 설비에 대하여 배우기로 하는데, 수 · 변전 설비의 바로 전 단계인 발전, 송전 및 배전 설비에 대해서도 참고로 설명하기로 한다.

우선, 전원 설비의 전체적인 계통도를 그림 1.2에 나타낸다.

1.1 발전, 송전 및 배전 설비

건축물에 설치하는 모든 설비(전력 설비, 공기조화 설비, 급배수 설비, 조명 설비, 정보 통신 설비, 수송 설비, 방재 설비 등)를 운전하기 위해서는 전기 에너지가 필요한데, 건축물에

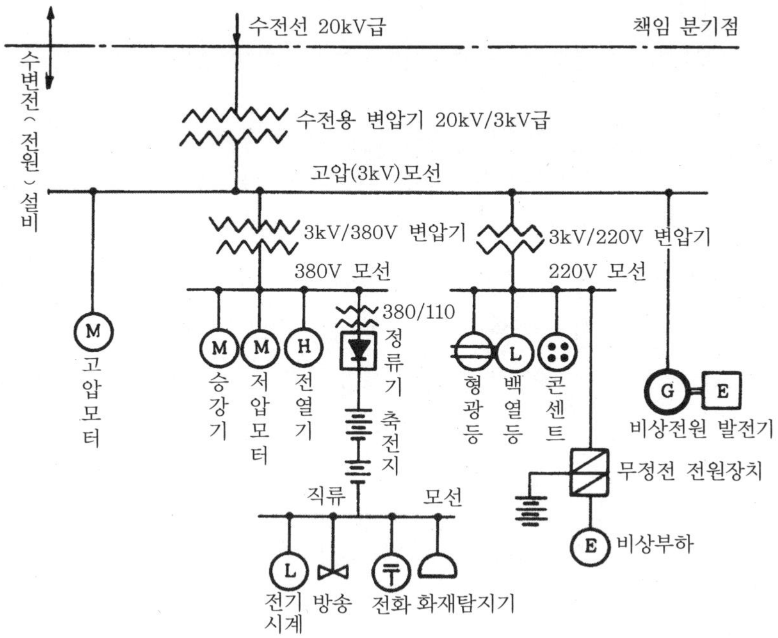

그림 1.2 전원 설비의 계통도

전기가 들어오기까지는 발전, 송전, 배전의 과정을 거치게 되므로 우선 이것에 대하여 배우기로 한다.

1.1.1 발전

전력을 발생하는 것을 발전(發電, generation)이라 하는데, 이 방법에는 물이 지니고 있는 위치 에너지를 이용하는 수력 발전(水力發電), 석탄, 중유 및 가스 등의 연료가 가지고 있는 열 에너지를 이용하는 화력 발전(火力發電) 및 원자핵이 가지고 있는 에너지를 이용하는 원자력 발전(原子力發電) 등이 있다.

1.1.2 송전

발생된 전력을 수송하는 것을 송전(送電, transmission)이라 하는데, 이 방법은 발전소에서 변압기를 사용하여 승압하여 고전압, 저전류의 전력으로 수용가 부근의 변전소까지 송전한다. 즉 송전 선로는 발전소에서 1차 변전소, 2차 변전소를 거쳐 3차 변전소까지 전기가 수송되는 선로를 말하며, 이를 그림 1.3에 나타낸다.

특별히 송전 전압을 높이는 이유는 송전선에서의 전력 손실을 감소시킴과 동시에 전선량을 절약하기 위함이며, 우리나라에서는 3상3선식의 22kV, 66kV, 154kV, 345kV의 특별고압이 사용되고 있다.

1.1.3 배전

3차 변전소까지 송전되어 온 전력을 수용가에 분배하는 것을 배전(配電, distribution)이라 하는데, 가공 전선로나 지중 전선로를 통하여 인입선에 의해 수용가에 전기가 공급된다. 우리나라의 배전 선로의 전압은 고압 3상4선식의 22.9[kV]와, 저압 220[V]의 전등용 및 소형 전기 기기용의 단상2선식과, 380[V]의 동력용 3상4선식이 표준이다.

발전소	송전선 →	변전소	배전선 →	수용가
	· 가공 송전선		· 가공 배전선	
· 수력 발전	· 지중 송전선	· 1차 변전소	· 지중 배전선	· 공장
· 화력 발전	· 고압 송전선	· 2차 변전소	· 저압 배전선	· 빌딩
· 원자력 발전	· 초고압 송전선	(배전 변전소)	· 고압 배전선	· 가정
			· 특별 고압 배전선	

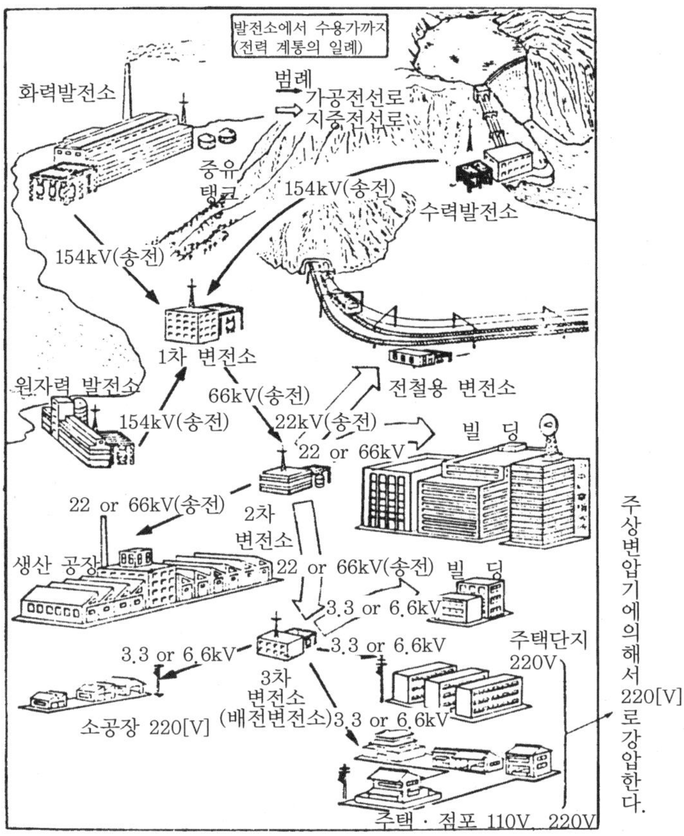

그림 1.3 발전소에서 건축물까지의 전기수송 계통도

1.2 수 · 변전 설비

전기를 공급하는 전력 회사의 시설로는 발전소, 송 · 배전선로 및 변전소 등이 있는데, 이에 대하여 전기를 사용하는 수용가가 그 전력을 수전하고 또한 변전하는 설비를 시설해 놓은 경우의 설비를 수전 및 변전 설비를 줄여서 수 · 변전 설비라 한다.

1.2.1 수 · 변전 설비의 분류

수 · 변전 설비를 시설 장소, 수전 전압, 수전 방식, 수전 설비 기기 배치 방식에 따라 분류하면 표 1.2와 같으며, 이들에 대하여 각각 설명하기로 한다.

표 1.2 수 · 변전 설비의 분류

분 류	설 비 종 류	설 비 내 용
시설장소에 의한 분류	옥외 수 · 변전 설비 옥내 수 · 변전 설비	변압기, 고압배전반, 개폐장치 등을 옥외에 설치하는 방식 변압기, 개폐장치, 배전반 및 제어기기 모두를 옥내에 설치하는 방식
수전전압에 의한 분류	고압 수전 설비 특별고압 수전 설비	600V를 넘고 7,000V 이하의 전압으로 수전하는 방식 7,000V를 넘는 전압으로 수전하는 방식
수전방식에 의한 분류	1회선 수전방식 2회선 수전방식 루프 수전방식 스포트 네트워크 수전방식	소규모 및 중규모 빌딩에 사용 정전시간이 짧고 공급 신뢰도가 좋다. 공급 신뢰도는 좋으나 초기 투자비가 비싸다. 정전시간이 없으며 신뢰도가 가장 좋다.
수 · 변전기기의 형태에 의한 분류	개방형 수 · 변전 설비 큐비클 수 · 변전 설비 개방 · 폐쇄 병용 수 · 변전 설비	배전반, 차단기, 변압기 모선, 애자류 등을 파이프 프레임에 부착하여 개방된 방식 수 · 변전 기기의 전부나 일부를 금속 상자 안에 넣는 방식 변압기, 콘덴서 등은 개방형으로 하고 차단기, 배전반 등은 폐쇄형으로 한 방식

(1) 시설 장소에 의한 분류

① 옥외 수 · 변전 설비

주 변압기, 개폐장치, 고압 배전반 등을 옥외에 설치하는 방식으로 공장 등과 같이 비교적 부지의 여유가 있는 경우에 채용되는 수 · 변전 설비 방식이다. 단, 저압 배전반, 소형 기기, 제어 기기 등은 옥내에 설치하는 것이 일반적이며, 이를 그림 1.4(a)에 나타낸다.

② 옥내 수 · 변전 설비

주 변압기, 개폐장치, 배전반 및 제어기기 모두를 옥내에 설치하는 방식으로 도시의 과밀지역에 있는 빌딩의 수 · 변전 설비는 거의 이 방식에 의하며, 대부분 건물의 지하층에 위치

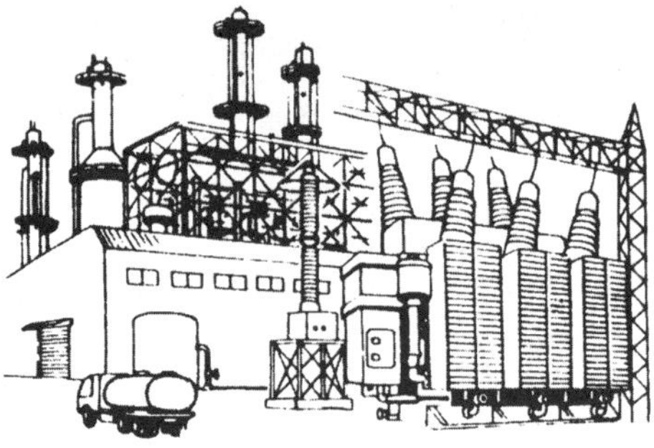

(a) 옥외 수 · 변전 설비

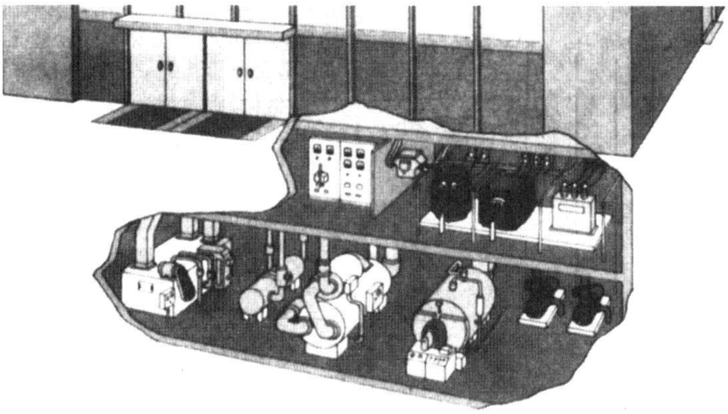

(b) 옥내 수 · 변전 설비

그림 1.4 시설장소에 따른 수·변전 설비

하는데, 이를 그림 1.4(b)에 나타낸다.

(2) 수전 전압에 의한 분류

수전 전압은 전력 회사와 수용가와의 계약 전력에 의해 정해지는데, 이는 전력 회사의 전기공급 규정에 의하여 결정된다. 수전 전압에 의하여 분류할 때는 고압 수전 설비와 특별고압 수전 설비로 분류되는데, 이를 표 1.3에 나타내며, 전압의 크기에 따라 분류된 전압의 종류를 표 1.4에 나타낸다.

표 1.3 수전 전압

구 분	전기공급방식 및 공급전압
계약전력 100kW 미만	교류 단상 또는 3상 200V, 220V, 380V 중 한전에서 결정한 공급방식 및 공급전압. 단 수용가가 희망하는 경우에는 고압 및 특고압으로 공급받을 수 있다.
계약전력 100kW 이상	교류 단상 또는 3상 3,300V, 5,700V, 6,600V, 11,400V, 22,000V, 22,900V, 66,000V, 154,000V, 345,000V 중 한전에서 결정한 공급 방식 및 공급 전압. 단, 345,000V는 수용가가 희망하는 경우에 한한다.

표 1.4 전압의 종류

구분 \ 종류	저 압	고 압	특별고압
직 류	750V 이하	750V 초과 7,000V 이하	7,000V 초과
교 류	600V 이하	600V 초과 7,000V 이하	

(3) 수전 방식에 의한 분류

전력 회사로부터 건축물에 공급받는 수전 전압은 110[V], 220[V], 380[V]의 저압이거나, 3.3[kV], 6.6[kV]의 고압이거나, 22.9[kV], 66[kV], 154[kV], 345[kV]의 특별 고압 중의 하나가 된다.

저압일 경우에는 1회선 수전 방식을 사용하지만, 고압 이상에서는 1회선 수전 방식을 비롯하여 2회선 수전 방식, 루프회선 수전 방식 및 스포트 네트워크 수전 방식(외국) 등이 쓰이고 있다. 이를 그림 1.5에 나타낸다.

① 1회선 수전 방식

이 방식은 일반적으로 소규모 및 중규모 빌딩에 널리 사용되며, 가장 간단하고 경제적이지만, 정전시에는 복구하기까지의 정전 시간이 길므로 공급 신뢰도가 가장 나쁘다.

② 2회선 수전 방식

이 방식에는 π 인입 수전 방식이 있으며, 또 다른 하나는 본선, 예비선 수전 방식의 두 가지가 있다. 우선, π 인입 수전은 인접한 건물에 전력을 공급해야 하기 때문에 전력 회사측의 요구에 따라 시설하는 방식이다. 그리고 본선, 예비선 수전 방식은 평상시에 전력 회사의 본선으로 수전을 하다가, 정전시에는 예비 회선으로 수전할 수 있는 방식이기 때문에 신뢰도가 높게 되지만 초기 설비 투자비가 비싸게 된다.

③ 루프 회선 수전 방식

고압 수전의 경우에는 2회선 수전 방식 외에 루프 회선 수전 방식도 쓰이며, 이 수전 방식은 공급 신뢰도가 좋은 점이 있다.

④ 스포트 네트워크 수전 방식

이 방식은 정전 시간이 거의 없어서 공급 신뢰도가 매우 좋지만, 초기 투자비가 너무 비싸게 든다. 따라서 중요한 시설로서 공급용 배전선의 사고나 점검 등에 의한 정전 을 아주 적게 하고 싶을 때는 2회선 수전 방식이나 스포트 네트워크 수전 방식을 사용하면 된다.

방식 내용	1회선 수전 방식	평행2회선방식 예비 회선방식	루프 수전 방식	스포트 네트워크 방식
수 전 설 비	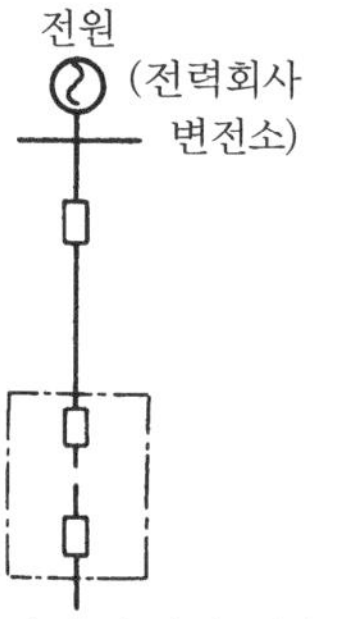	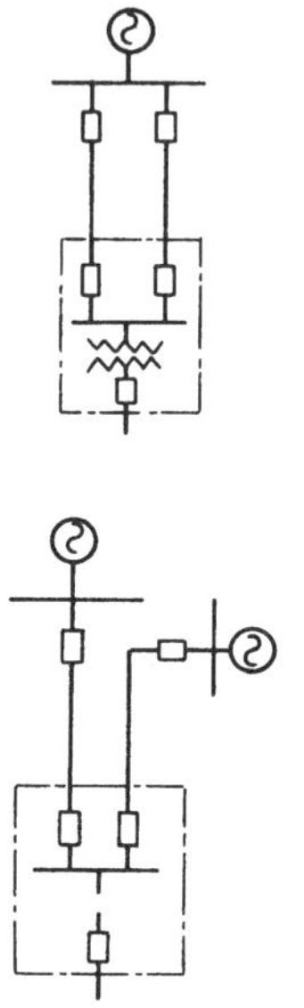	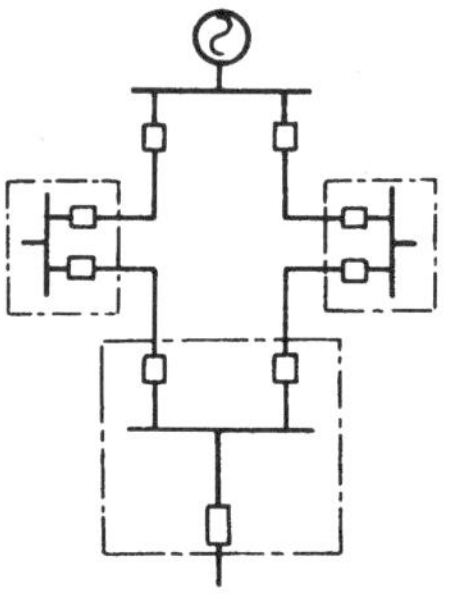	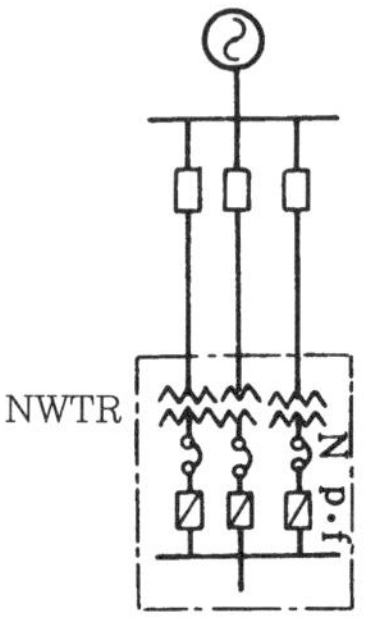 NTWR : 네트워크 변압기 N : 네트워크 프로텍터 p·f :프로텍터 퓨즈
지중선 방식의 경우 케이블	전력 케이블 1회선(예비선이 있는 경우 1회선 추가)	전력 케이블 2회선(예비선이 있는 경우 1회선 추가)	전력 케이블 2회선(예비선이 있는 경우 1회선 추가)	수전회선과 동일(예비선이 있는 경우 1회선 추가)
정전 시간	길 다	단시간	순 시	없 다
공급신뢰도	가장 나쁘다	좋 다	좋 다	가장 좋다
초기투자비	가장 경제적	비싸다	비싸다	가장 비싸다

그림 1.5 수전 방식에 의한 분류

(4) 수 · 변전 기기의 형태에 의한 분류

① 개방형 수 · 변전 설비

변압기 모선, 차단기, 배전반, 개폐 장치 등을 파이프 프레임(pipe frame)에 부착하는 방식으로 종래에는 많이 사용하였으나, 충전 부분에 사람이 접촉될 염려가 많고, 조립에 시간이 들고, 면적을 많이 차지하는 등의 불리한 점이 많기 때문에 최근에는 조금만 사용되고 있으며, 점점 큐비클식 수 · 변전 설비가 많이 사용되고 있다. 개방형 수전 설비는 설치 장소에 따라 건물의 옥내에 설치하는 옥내식, 건물의 옥상에 설치하는 옥상식, 지표상에 설치하는 지상식, 목주, 철주, 철근 콘크리트주를 사용한 H주 등에 설치하는 주상식으로 분류된다.(그림 1.6)

② 큐비클형 수 · 변전 설비

이 방식은 배전반, 개폐 장치, 차단기, 변압기 · 애자류 등의 수전 설비나 변전 설비 모두를

(a) 옥내식

(b) 주상식

그림 1.6 개방형 수 · 변전 설비

접지된 금속함 내에 넣어서 설치하는 방식으로 현재는 거의 이 방식을 채택하고 있다. 금속함이 접지되어 있기 때문에, 만일의 사고 발생시에도 감전 사고 등을 적게 할 수 있으며, 전용의 설치 장소가 필요 없이 지하실, 옥상 등에 간단히 설치할 수 있으므로 많이 사용되고 있다.(그림 1.7)

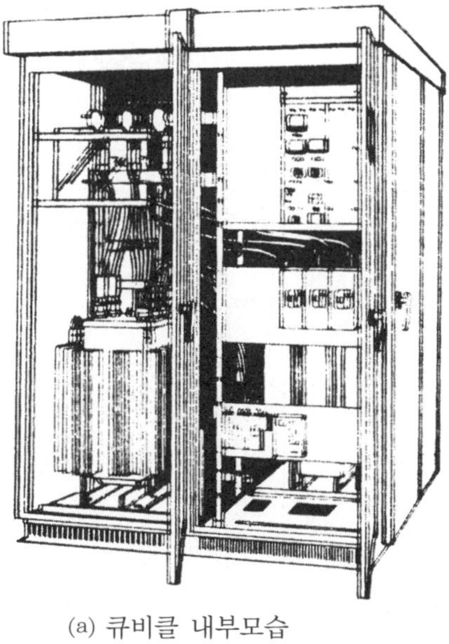

(a) 큐비클 내부모습

(b) 옥상에의 설치 예

그림 1.7 큐비클형 수 · 변전 설비

표 1.5 수·변전 설비의 기기 구성도

기능에 의한 분류	접속도	구성기구	비고
인 입	인입	DS(인입, 피뢰기용) PCT(MOF), 피뢰기	수전 전압, 수전 방식은 전력 회사와 협의하여 결정한다.
수 전	수전반	수전용 차단기 계측 · 계량장치 보호장치 조작개폐기 PCT(MOF)	차단용량은 전력 회사와 합의하여 결정한다. 특고압에서는 PCT를 수전용 차단기 이후에 설치한다.
변 전		DS(Tr용) 특고압변압기 보호경보장치	
	고압 Tr	고압차단기 고압변압기 보호경보장치	
	콘덴서	차단기, 고압개폐기, 콘덴서 방전코일	
배 전	고압 분기반	차단기 계측 · 계량장치 보호장치 표시장치 조작개폐기	차단 용량에 주의
	저압 배전반	MCB 계측 · 계량장치 표시장치 그래픽 패널	MCB 차단 용량에 주의
감시 제어	감시제어반	조작개폐기 계측 · 계량장치 표시장치 그래픽 패널	대 · 중규모 빌딩에 설치
간 선		전동용 간선 동력용 간선 전력용 간선 간선 분기반	
부 하	저압부하 / 고압부하	전등 분기회로 동력 분기회로 전등 부하 동력 부하 전력 부하	

(주) 접속도에 ———— : 주회로, ············ : 감시 제어 회로

1.2.2 수·변전 설비 기기의 구성

수 · 변전 설비 기기의 구성은 표 1.5에 나타낸다.

인입은 전력 회사로부터 전기가 건축물에 들어오는 것이며, 이 전기를 수전반에서 수전하여, 변압기 등을 사용하여 원하는 전압의 크기로 바꾸어서 건축물 내에 여러 가지 크기의 전압을 공급하게 된다.

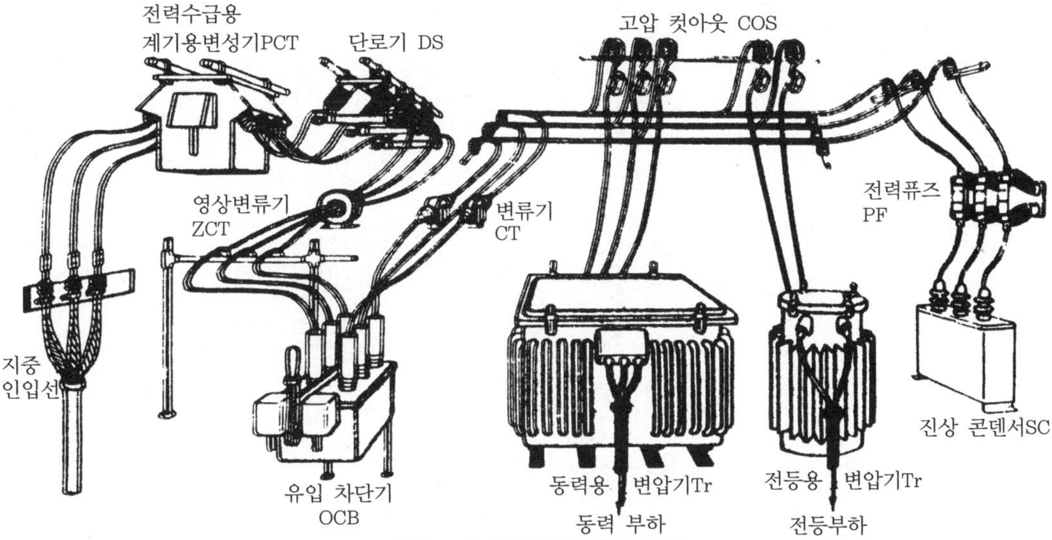

그림 1.8 변전실의 주요기기

수 · 변전 설비에 사용되는 기기는 표 1.5에서처럼 매우 많지만, 중요한 기기만을 나타내면 그림 1.8과 같다.

이러한 단로기, 변성기, 차단기, 변압기, 개폐기, 배선 등의 기기를 설치하는 옥내 장소를 수전실, 전기실 또는 변전실이라고도 한다.

표 1.5에 따른 수 · 변전 설비의 계통 결선도를 나타내는 방법에는 단선 결선도, 3선 결선도, 전개 접속도의 세 가지가 있다.

그림 1.9는 수 · 변전 설비의 단선 결선도를 나타낸 것인데, 이 결선도에는 다음의 사항들을 기재해야 한다.

① 전력 회사와의 책임 분기점

② 수전 전압 및 전기 방식

③ 변압기, 차단기, 개폐기, 단로기 등 각 기기의 용량

④ 계기나 릴레이 등의 정격사항 등

그리고 그림 1.10은 단선 결선도를 구체적으로 나타낸 3상의 3선 결선도이다.

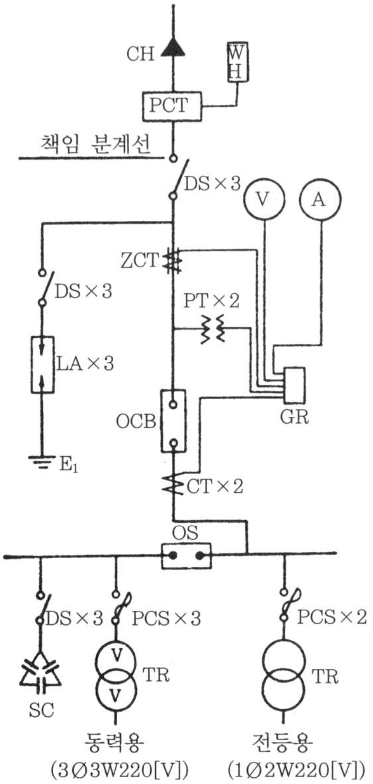

기 호	명 칭
MOF	계기용 변성기함
WHM	적산 전력계
PF	파워 퓨즈
DS	단로기
LA	피뢰기
GR	지락 계전기
ZCT	영상 변류기
PT	전압 변성기
TC	트립 코일
CT	변류기
OCB	유입 차단기
OCR	과전류 계전기
V	전압계
VS	전압회로 교체스위치
A	전류계
AS	전류회로 교체스위치
f	퓨즈
GR	케이블 헤드
PL	표시등, 파랑, 빨강
POS	케이블 헤드
PCS	표시등
SC	유입 개폐기
E_1	컷아웃 스위치
E_2	진상용 콘덴서
	제1종 접지
	제2종 접지

그림 1.9 수·변전 설비의 단선 결선도

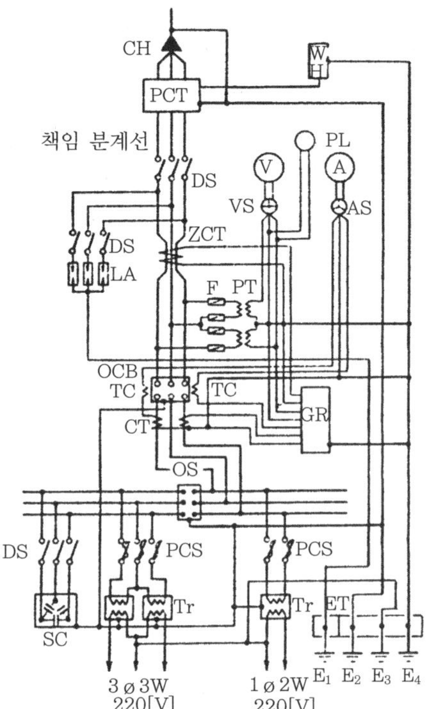

그림 1.10 수·변전 설비의 3선 결선도

1.2.3 수·변전 설비의 기기와 심벌

본 절에서는 수 · 변전 설비에 사용되는 각종 기기의 특징과 원리, 구조 및 심벌 등에 대하여 설명하기로 한다.

(1) 변압기

① 변압기의 동작 원리

변압기(變壓器, transformer)는 수 · 변전 설비의 가장 중요한 기기이다.

우선, 변압기의 동작 원리에 대하여 알아보기로 한다.

변압기는 그림 1.11과 같이 엷은 규소 강판으로 성층한 철심에 2개의 권선을 감은 형태로 되어 있다.

1차측의 권선에 사인파 교류 전압을 가하면 철심에서 사인파 교번 자속이 생기고, 이 자속과 쇄교하는 다른 쪽 권선에는 권선의 감은 횟수에 따라 교류 전압이 유도된다.

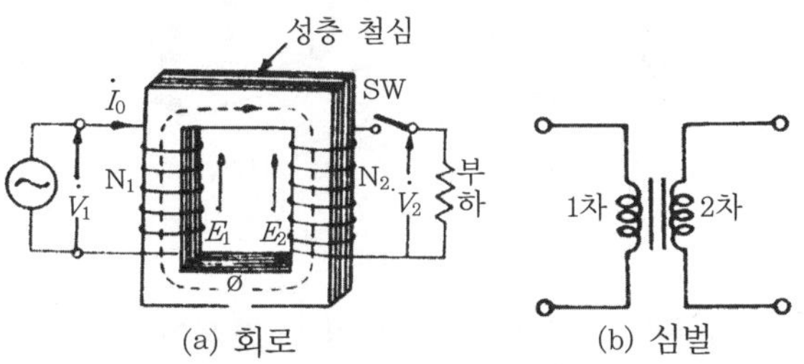

그림 1.11 변압기의 원리도

이와 같이 변압기는 전자유도작용을 이용한 것으로 교류 회로에 이용되며, 높은 전압을 낮은 전압으로, 또는 낮은 전압을 높은 전압으로 바꾸어 주는 정지형 전기 기기이다.

그림 1.11에서 전원에 접속되어 있는 권선을 1차 권선(primary winding)이라 하고, 부하에 접속되어 있는 권선을 2차 권선(secondary winding)이라고 한다.

지금 1차측 권선의 권수를 N_1, 2차측 권선의 권수를 N_2라고 하고, 1차측에 교류 전압 V_1을 가할 때 2차측에 유도되는 교류 전압의 크기는 다음 식으로 구할 수 있다.

$$\frac{V_1}{V_2} = \frac{N_1}{N_2} = a \qquad (1 \cdot 1)$$

따라서 N_1과 N_2의 비를 적당하게 함으로써 공급 전압 V_1에 대하여 부하 전압 V_2를 마음대로 조절할 수 있다.

다음에 그림 1.11과 같이 2차측 권선에 부하를 접속하여 전류 I_2를 흐르게 하면, 이에 대응하여 1차측 P 코일에는 전류 I_1이 유입한다. 이때 변압기에 손실이 없다고 하면, P 코일의 입력 $V_1 \times I_1$과 S 코일의 출력 $V_2 \times I_2$는 같으므로

$$V_1 I_1 = V_2 I_2 \qquad (1 \cdot 2)$$

가 되어, 결국 식 (1 · 1)과 관련하여 보면

$$\frac{V_1}{V_2} = \frac{N_1}{N_2} = \frac{I_2}{I_1} \qquad (1 \cdot 3)$$

로 된다.

② 변압기의 구조

변압기를 이루고 있는 중요 부분은 철심과 권선이다.

이 둘을 배치하는 방식에 따라 변압기의 구조는 내철형과 외철형 및 권철심형으로 나눌 수 있다.

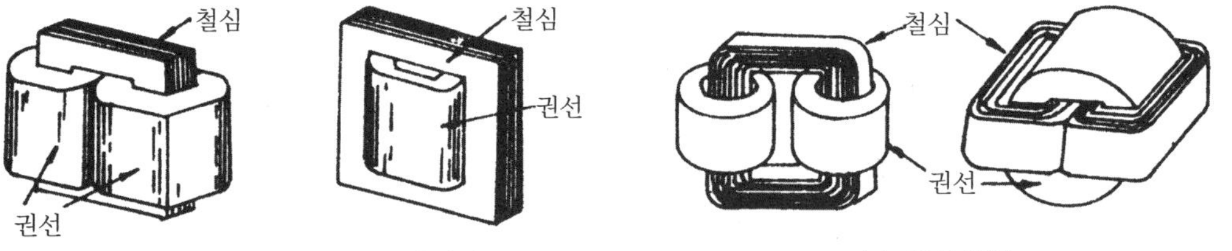

(a) 내철형 (b) 외철형 (c) 권심철형

그림 1.12 변압기의 구조

내철형은 그림 1.12(a)와 같이 철심이 안쪽에 있도록 권선을 감아 놓은 형태이며, 외철형은 그림 1.12(b)와 같이 철심이 바깥쪽에 있도록 권선을 안에 감아 놓은 형태이며, 권철심형은 철심을 이은 자리가 전혀 없도록 규소 강대를 나선형으로 감아서 만든 형식이므로 전기적 손실이 감소된다.

변압기의 철심은 철손을 적게 하기 위하여 두께 0.35~0.5mm 정도의 규소 함량이 4~4.5%인 규소 강판을 사용한다.

변압기는 철손이나 동손으로 인하여 열이 발생하기 때문에, 변압기 본체를 기름에 담그는 경우가 많다.

변압기 권선에는 저압 권선과 고압 권선이 있다. 이들 권선으로는 연동선이 쓰이며, 둥근 구리선과 평각 구리선의 두 가지 형태가 있다.

소용량의 변압기에는 무명실을 이중으로 피복한 둥근 구리선이 좋으며, 가는 구리선은 에나멜 피복으로 한다. 대용량 변압기에는 종이 테이프로 절연한 평각 구리선을 사용한다. 특별히 주상 변압기의 구조를 그림 1.13에 나타낸다.

전주 위에 설치하는 주상 변압기는 철심과 권선을 포함한 변압기 본체와 절연유 그리고 부싱과 변압기 외함으로 구성되어 있다. 절연유는 권선의 전기적 절연과 변압기의 온도 상승을 방지하기 위하여 필요하고, 부싱은 변압기의 1차 및 2차측 권선을 외부로 인출하기 위한 절연 단자이다.

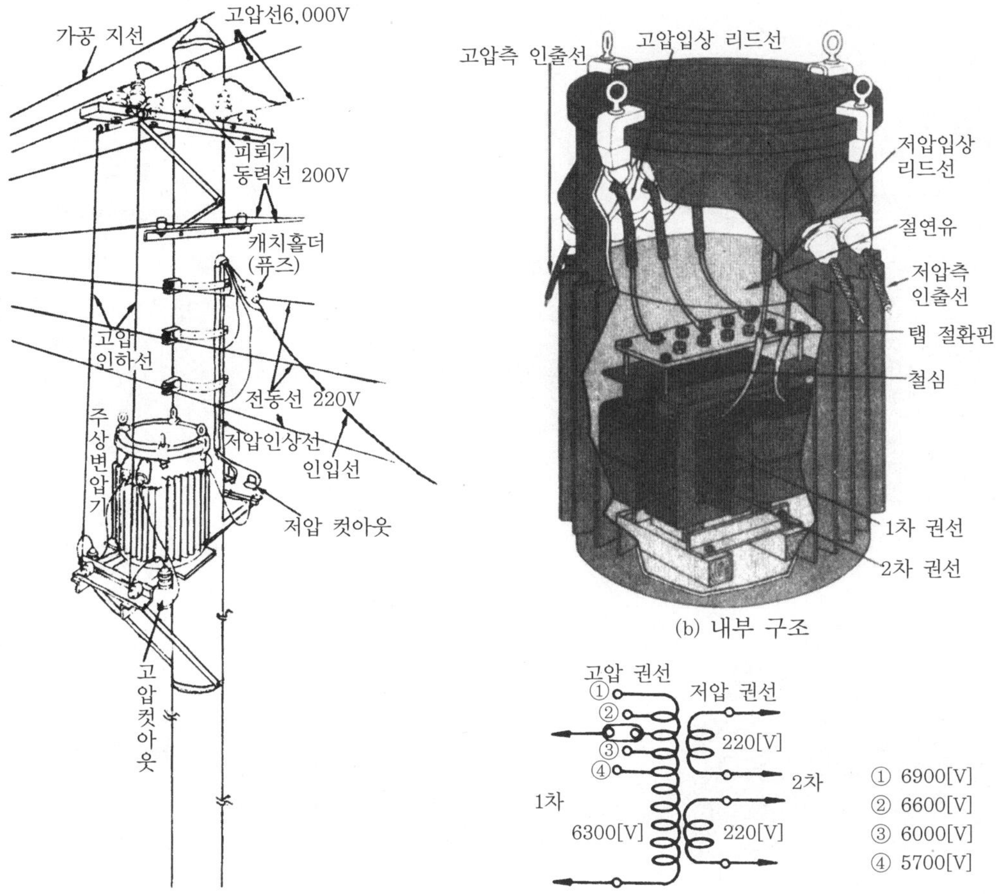

그림 1.13 주상 변압기

③ 변압기의 종류

변압기는 용량에 따라 소형, 중형, 대형의 여러 가지가 있는데, 이들의 모양과 심벌은 그림 1.14 및 표 1.6과 같다.

유입 변압기는 철심에 감은 코일을 절연유로 절연한 것으로 A종 절연(허용 최고온도는 105℃)한 변압기로, 가장 많이 쓰이며 값이 가장 싸다.

건식 변압기는 코일을 유리 섬유 등의 내열성이 높은 절연물로 내열 니스 처리한 변압기로 H종 절연(허용 최고온도는 180℃)한 변압기이다.

이 변압기는 절연 열화가 적고, 사고시 폭발, 화재 등의 위험이 없으나 값이 비싸다.

몰드 변압기는 코일 주위에 전기적 절연 특성이 우수한 에폭시 수지를 고진공 침투시키고, 다시 그 주위를 기계적 강도가 큰 에폭시 수지로 몰딩한 변압기이다.

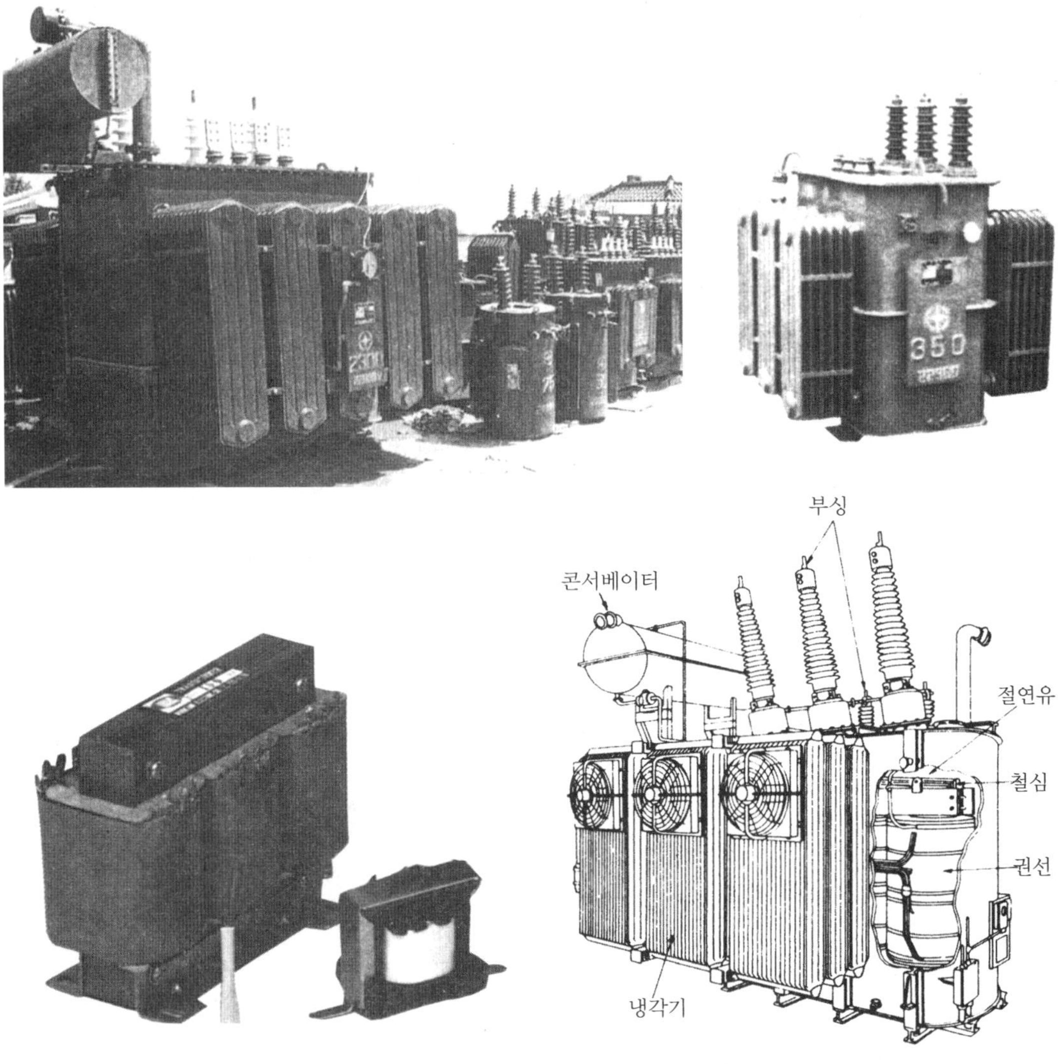

그림 1.14 각종 변압기의 외관

이 변압기는 건식 변압기에 비하여 소음이 적고, 유입 변압기에 비해서도 크기가 작고 가벼우므로 최근에 많이 보급되고 있다.

그 외에도 전기 전자기기에 사용되는 소형의 건식 변압기 등이 많이 있다.

변압기를 표시하는 심벌은 단선도인 경우는 ○를 상하로 2개 교차시켜 1차코일과 2차 코일을 나타내며, 복선도인 경우는 톱니형으로 코일을 비유하여 나타낸 다음 철심을 의미하는 ㅁ로 묶는다.

표 1.6 변압기의 심벌

	단선도용	복선도용
단 상 변압기	 Tr 1ø	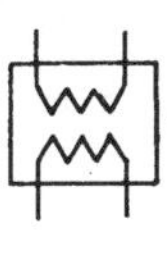 Tr
3 상 변압기 Y－Y	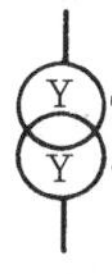 Tr 3ø	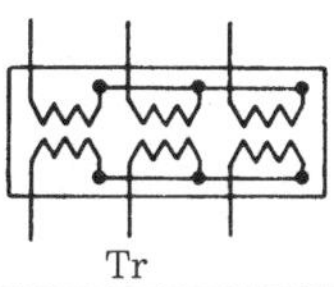 Tr
변압기 △－△ 결 선	 Tr 1ø ×3	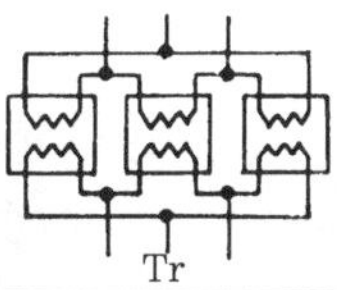 Tr

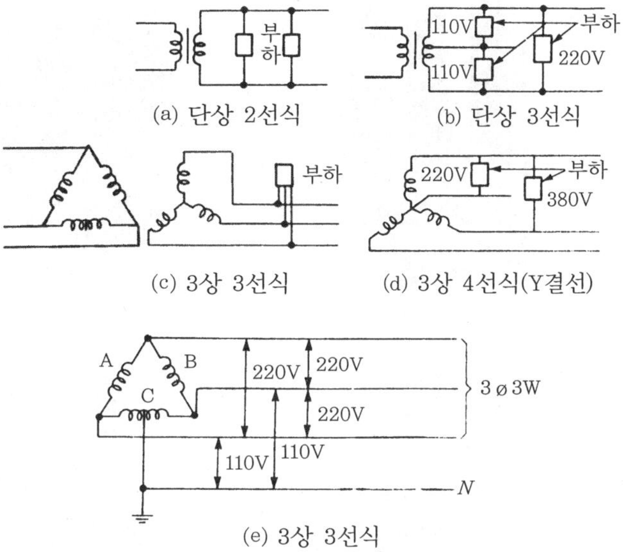

그림 1.15 변압기의 결선 방식

④ 변압기의 결선 방식

변압기의 결선 방식에는 여러 가지가 있는데, 이를 그림 1.15에 나타낸다.

그림 1.15의 (a)는 단상2선식, (b)는 단상3선식, (c)는 3상3선식(Y결선), (d)는 3상4선식(Y결선), (e)는 3상3선식(Δ결선)을 나타내고 있다.

(2) 차단기

차단기(遮斷器, circuit breaker)는 전기 회로의 부하 전류를 개폐함과 동시에, 사고 발생 시에 신속히 회로를 차단하여 회로에 접속된 전기 기기, 전선류를 보호하고, 안전하게 유지하는 것이다. 차단기는 구조나 소호 방식에 따라 기름을 사용하는 것과 사용하지 않는 것으로 분류할 수 있다. 차단기의 종류를 그림 1.16에 나타내며, 이들 고압 차단기에 대해서 살펴보기로 한다.

① 공기(空氣) 차단기

공기 차단기(air blast circuit breaker, ABB)는 개방할 때 접촉자가 떨어지면서 발생되는 아크를 강력한 압축 공기(10~30kg/cm^2)로 불어서 소호하는 방식이다.

유입 차단기처럼 전류의 크기에 따라 소호 능력이 변하지 않으며 일정한 소호 능력을 갖고 있다. 또한 유입 차단기에 비하여 화재의 위험성이 적고, 차단 능력도 뛰어나며, 유지 보수가 용이하지만, 별도의 압축 공기를 공급하기 위한 압축기 등의 부대 설비가 필요하므로 대용량 설비의 차단기로서 널리 쓰인다.

(a) 공기 차단기(ABB) (b) 자기 차단기(MCB) (c) 진공 차단기(VCB)

(d) 유입 차단기(OCB) (e) 가스 차단기(GCB) (f) 기중 차단기(ACB)

그림 1.16 차단기의 종류

② 자기(磁氣) 차단기

자기 차단기(magnetic blow..out circuit breaker, MBB)는 아크와 직각 방향으로 자계를 주어서 발생되는 아크를 소호실 안으로 끌어 넣어 차단하는 구조이다.

적은 전류에 대해서는 아크에 의한 자계가 약하여 소호 능력이 저하되므로 차단 기구에 연결한 부스터에 압축 공기로 만들어 압축 공기를 뿜어서 아크를 소호하도록 되어 있다.

이 차단기는 기름을 전혀 사용하지 않는 차단기이며, 3.3~6.6[kV]의 전압 회로에 많이 사용되며, 빌딩 등에 널리 쓰이고 있다. 그림 1.17은 자기 차단기의 차단되는 상황을 나타낸 그림이다.

③ 진공(眞空) 차단기

진공 차단기(vacuum circuit breaker, VCB)는 진공에서의 높은 절연 내력과 발생되는 아크가 진공 중으로 급속히 확산되면서 소호하는 방식이다.

특히 매우 높은 절연 내력을 가지고 있기 때문에 차단기의 크기가 작아진다.(그림 1.18)

접촉자가 외기로부터 격리되어 있어서 아크에 의한 화재의 위험성이 없으므로 최근에는

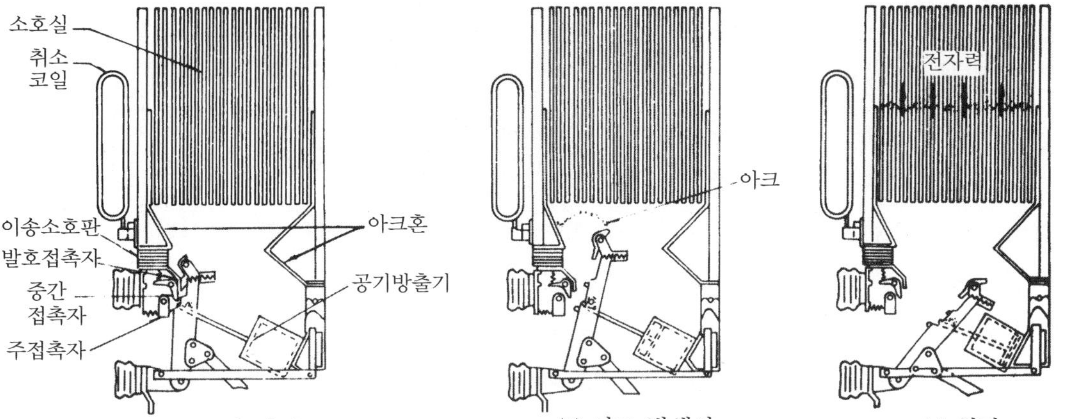

(a) 투입 상태 (b) 아크 발생시 (c) 차단

그림 1.17 자기 차단기의 동작 과정

방재 겸용으로 널리 사용되고 있다.

작고 가벼우며 구조가 간단하고 보수가 용이한 장점을 가지고 있지만, 동작시에 높은 서지 전압이 발생되는 것이 단점이다.

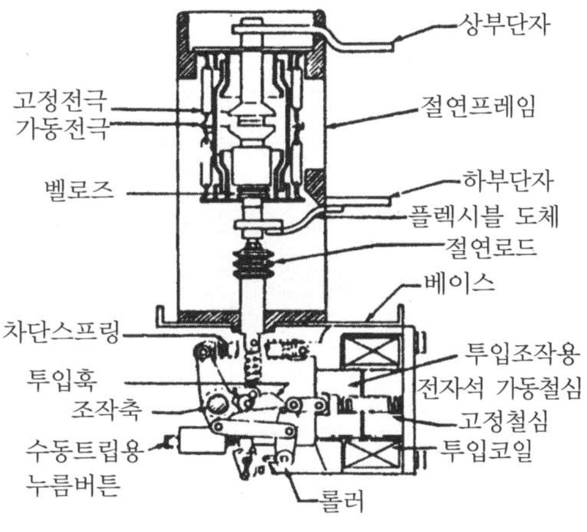

그림 1.18 진공 차단기의 내부 구조

④ 유입(油入) 차단기

유입 차단기(oil circuit breaker, OCB)는 발생되는 아크를 절연유의 소호 작용에 의하여 소호하는 방식으로 종래부터 널리 사용되어 왔다. 이 차단기는 다른 차단기에 비하여 차단 능력이나 보수면에서 다소 불리한 점이 있지만, 가격이 싸고 넓은 전압 범위에 걸쳐 사용할 수 있는 장점이 있으므로 소용량 및 중용량의 차단기로 널리 쓰이지만, 기름을 사용하므로 화재의 위험성이 있는 것이 단점이다.

⑤ 가스 차단기

가스 차단기(gas circuit breaker, GCB)는 공기 대신에 불활성 가스인 SF_6(육불화황)를 사용한 방식이다.

SF_6 가스는 절연 내력과 소호 능력이 뛰어나며 무취, 무해, 무독, 불연성, 비폭발성의 성질을 갖는 가스이다.

이 차단기는 회로를 차단할 때 SF_6 가스를 뿜어서 소호하는 방식인데, 보수나 점검 횟수가 적고 차단 성능이 좋을 뿐만 아니라 소음도 적다. 그러나 가격이 비싸서 대부분 초고압 계통의 차단기로 쓰인다.

⑥ 기중(氣中) 차단기

기중 차단기(air circuit breaker, ACB)는 대기의 공기 내에서 회로를 차단할 때 접촉자가 떨어지면서 공기의 자연 소호 방식에 의하여 전류를 차단하는 차단기로 교류의 저압이나 직류의 차단기로 많이 사용되고 있다.

표 1.7 차단기에 따라 사용될 전압범위

차단기 종류	정격전압(kV)
ABB	12~300
MBB	3.6~12
VCB	3.6~36
OCB	3.6~300
GCB	3.6~600
ACB	0.6

이상에서 살펴 본 각종 차단기의 종류에 따라 사용될 수 있는 전압의 범위가 다른데 이를 표 1.7에 나타낸다. 전기 회로도에 사용되는 차단기의 심벌을 표 1.8에 나타낸다.

표 1.8 차단기의 심벌

	단선도용	복선도용		단선도용	복선도용
유입 차단기		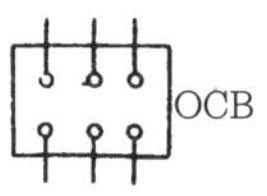	유입 차단기(부족 전압 트립 코일붙임)		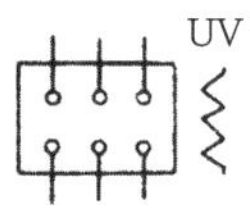
유입 차단기(트립코일붙임)		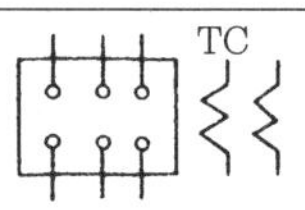			

이들 차단기의 특징을 표 1.9에 비교해 놓았다.

표 1.9 고압 차단기의 특징

항목 \ 분류	탱크형 OCB	소유량형 OCB	MBB	ABB	VCB
소호 방식	자력형	자력형 타력형	자력형 타력형	타력형	자력형
소호 원리	기름 분해 가스 냉각	기름을 취부. 기름 분해 가스 냉각	자계 작용에 의한 아크 연장	압축 공기를 불어서 소호한다.	진공 중의 확산 작용
아크 특성	아크 시간이 길다.	아크 시간이 짧고, 전 전류에 걸쳐 안정	소전류 범위에서의 아크 시간이 길다.	차단시간이 짧다.	아크시간이 극히 빠르고, 안정한다.
차단기구조	간 단	간 단	복 잡	복 잡	극히 간단
배전반구조	여러 단으로 설치가 불가능. 소유량 CB에 비해서 대형이 된다.	여러 단으로 설치 가능	2단으로 설치 가능	여러 단으로 설치 불가능. 컴프레서를 필요로 한다.	여러 단으로 설치 가능
보수·점검	기름 취급에 손이 많이 간다.	간 단	소호실의 흡습에 요주의	컴프레서의 보수가 필요하다.	극히 간단
사용 실적	대단히 많다.	많 다	많 다	적 다	적 다

(3) 단로기

단로기(斷路器, disconnecting switch, DS)는 개폐기의 일종으로 수용가의 인입구 부근에 설치하여 구분 개폐기로 사용하고, 또한 변압기, 차단기, 피뢰기 등 고전압 기기의 1차측에 설치하여 기기를 점검, 수리할 때 회로를 분리하는데 사용한다.

단, 단로기는 부하 전류를 차단하는 능력은 없으므로 부하 전류가 흐르는 상태에서 차단하면 매우 위험하다.

그림 1.19에 단로기의 외관 및 심벌을 나타낸다.

(a) 외관

	단선도용	복선도용
단로기 (단투)	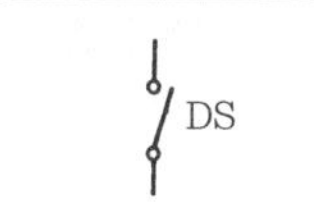	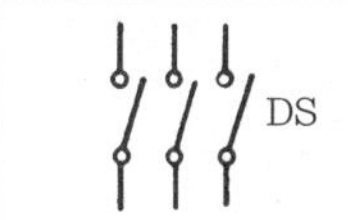
단로기 (쌍투 절환)	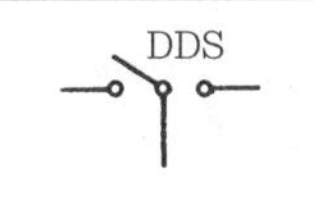	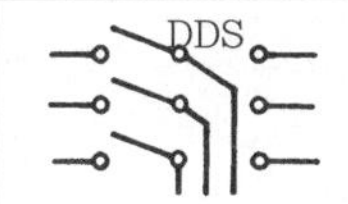

(b) 심벌

그림 1.19 단로기(3 ϕ)

부하 전류를 개폐하는 데는 주로 유입형을 사용하거나 또는 애자형의 차단기를 사용하고, 더욱 안전을 기하기 위하여 단로기를 열어 둔다. 단로기의 종류에는 그림 1.20과 같이 표면 접속형과 이면 접속형의 두 가지가 있다. 이때 단로기의 설치 위치는 차단기보다 앞쪽에 해야 하며, 단로기의 용량은 [A]로 나타낸다.

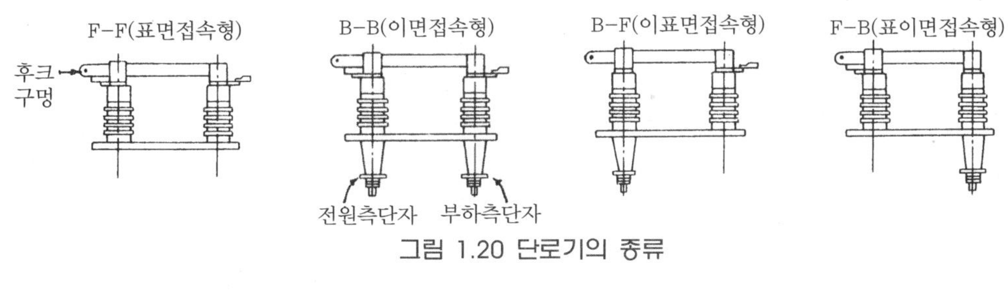

그림 1.20 단로기의 종류

(4) 계기용 변성기

수 · 변전 설비에서는 고전압, 대전류를 취급하기 때문에 계측이나 제어를 하기 위해 이들 선로를 직접 배전반의 계기나 계전기에 접속하는 것은 위험하다. 따라서 이 문제를 해결하기 위하여 수전되는 전압, 전류에 비례하도록 저전압인 220V급, 저전류인 5A급으로 변성하여 계측이나 제어를 한다.

이러한 계기용 변성기에는 계기용 변압기, 계기용 변류기, 계기용 변압 변류기, 영상변류기 등이 있다.

① 계기용 변압기(計器用變壓器)

계기용 변압기(potential transformer, PT)는 수전되는 고압 회로의 전압을 이에 비례하는 낮은 전압으로 변성하는 것으로서, 수전 회로에 병렬로 접속하여 사용한다.

PT는 배전반의 전압계, 전력계, 주파수계, 역률계, 표시등 등의 전원으로 사용되며, 계기용 변압기의 외관과 심벌을 그림 1.21에 나타내며 PT의 결선 방법을 그림 1.22에 나타낸다.

(a) 외관

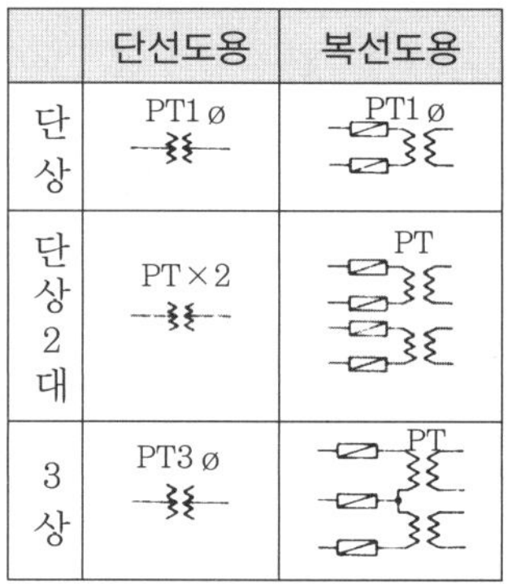

(b) 심벌

그림 1.21 계기용 변압기(PT)

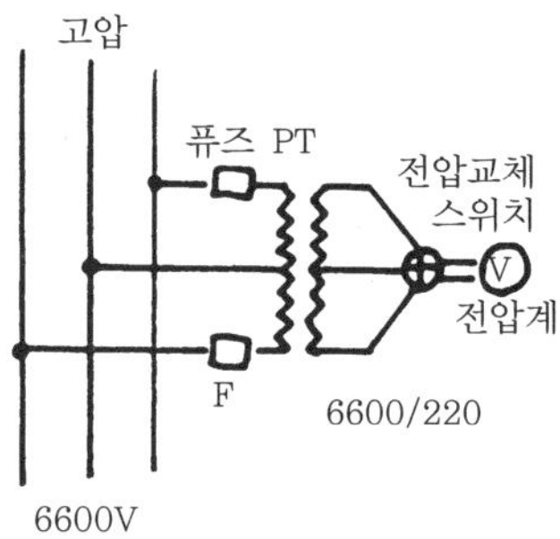

그림 1.22 계기용 변압기의 결선 방법(3 ϕ)

② 계기용 변류기(計器用變流器)

계기용 변류기(current transformer, CT)는 고압의 회로에 흐르는 전류가 크므로 계기를 직접 접속할 수 없어서, 이에 비례하는 저전류로 변성하는 기기로서, 회로에 반드시 직렬로 접속하여 사용한다.

CT는 배전반의 전류계, 전력계 등의 전원으로 사용되며, 계기용 변류기의 외관과 심벌을 그림 1.23에 나타내며 CT의 결선 방법을 그림 1.24에 나타낸다.

(a) 외관

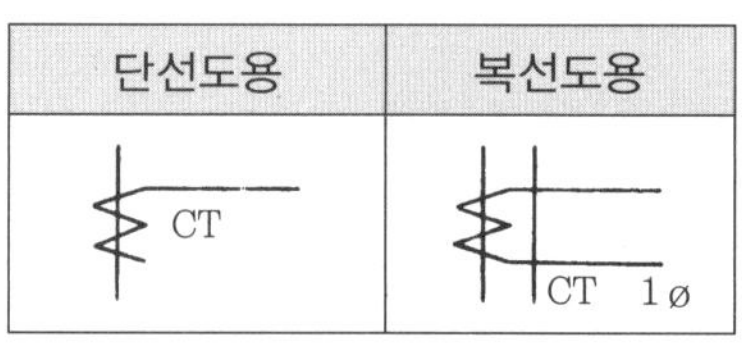

(b) 심벌

그림 1.23 계기용 변류기(CT)

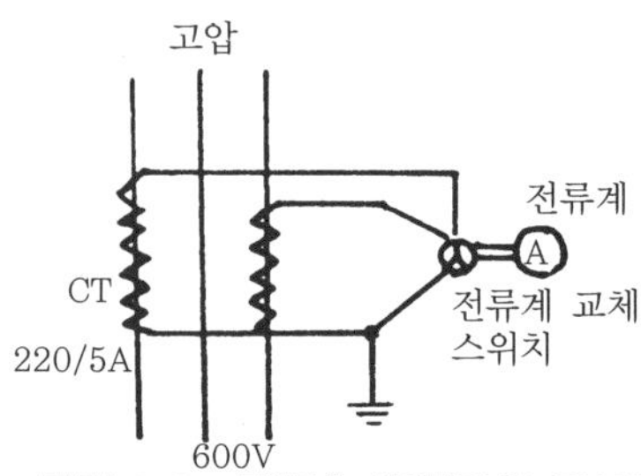

그림 1.24 계기용 변류기의 결선법

③ 계기용 변압 변류기(計器用變壓變流器)

계기용 변압 변류기(metering outfit, MOF 또는 PCT)는 계기용 변압기와 계기용 변류기를 조합한 것으로서 전력 수급용 전력량계이다.

이 기기는 전력 거래용이므로 전력 회사 소유이고, 전력 회사의 부담으로 설치하게 되어 있다. 다만, 수용가는 이를 위하여 설치 장소를 인입구 가까운 곳에 제공할 의무가 있다.

MOF의 외관과 심벌을 그림 1.25에 나타낸다.

(a) 외관

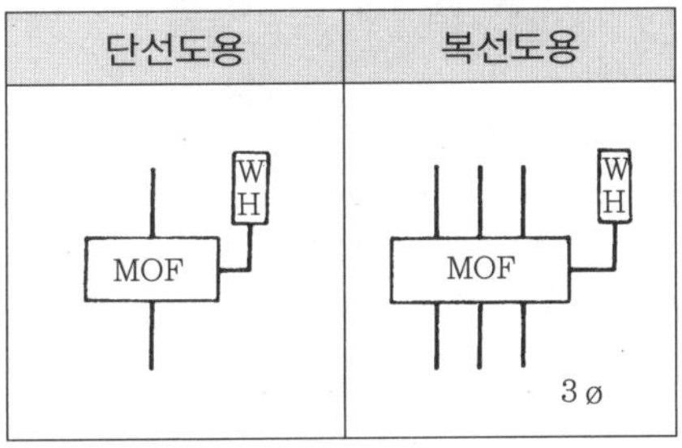

(b) 심벌

그림 1.25 계기용 변압 변류기(MOF)

④ 영상 변류기

영상 변류기(zero-phase current transformer, ZCT)는 전기 회로의 지락 사고를 검출하기 위하여 설치하는 것으로, 지락 사고 발생시에 흐르는 영상 전류를 검출하여 지락 계전기에 의하여 차단기를 동작시켜 사고를 방지하는 것이며, ZCT의 외관과 심벌을 그림 1.26에 나타낸다.

(a) 외관

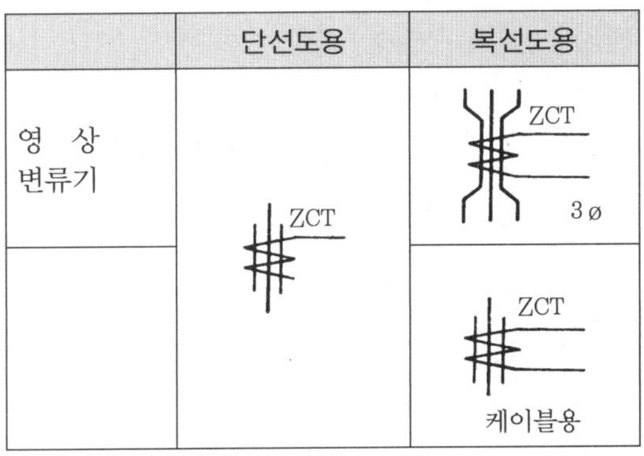

(b) 심벌

그림 1.26 영상 변류기(ZCT)

(5) 고압(高壓) 컷아웃 스위치

고압 컷아웃 스위치(primary cutout switch, PCS)는 변압기의 고압측 또는 특별 고압측에 설치되는 개폐기로서, 변압기의 용량이 300[kVA] 이하인 것에 많이 사용된다. PCS는 절연 내력이 높은 자기 재료로 만들며, 개폐기 내부에 퓨즈를 삽입할 수 있는 장치를 갖춘 소형 단극 개폐기이다.

PCS의 외관과 심벌을 그림 1.27에 나타낸다.

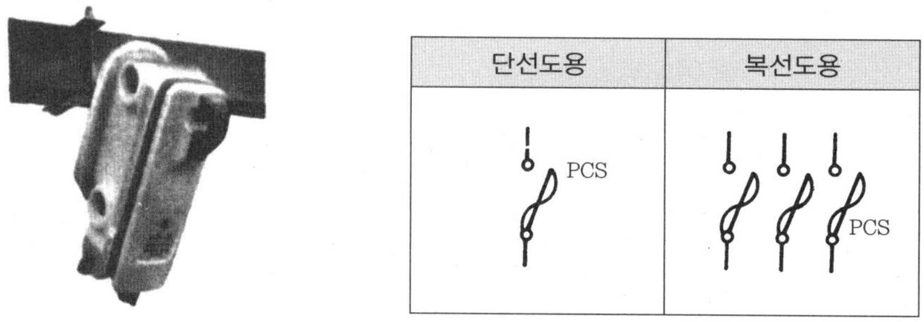

(a) 외관 (b) 심벌

그림 1.27 고압컷아웃 스위치(PSC)

(6) 진상용(進相用) 콘덴서

진상용 콘덴서(static capacitor, SC)는 전력용 콘덴서라고도 하는데, 역률 개선용 콘덴서이다. 즉 빌딩이나 공장 등에서 사용하는 전력 중 조명 설비나 전열기 등은 역률이 높기 때문에 별 문제가 없지만, 전동기 등을 사용하는 동력 설비 회로에서는 역률이 60~80[%]의 것이 많기 때문에 전력의 손실이 많아지므로 이것을 개선할 필요가 있다.

즉 콘덴서에는 앞선 전류가 흐르므로 역률이 개선되어 이것을 응용하는 것이다. 건축전기 설비중 역률이 나쁜 부하는 주로 동력이며, 이들은 전체 전력소비의 2/3 정도가 되므로 역률 개선은 동력 부하를 대상으로 하면 된다.

콘덴서 설치시 역률이 나쁜 동력기기에 개별적으로 설치하는 개별식이 가장 효과적이기는 하지만, 전체적인 설비비가 증가하게 되므로 수 · 변전 설비의 모선(母線)에 일괄하여 접속하는 집합식의 경우가 많이 사용된다. 개별식은 저압의 경우에 집합식은 고압의 경우에 주로 사용된다.

이때 콘덴서를 설치하기 위한 용량을 구하기 위한 식은 다음과 같다.

$$Q = P(\tan\theta_1 - \tan\theta_2) \qquad (1 \cdot 4)$$

즉, 부하의 유효전력을 P[kW], 역률을 $\cos\theta_1$라 할 때, 이 부하의 역률을 $\cos\theta_2$로 개선하기 위한 콘덴서의 용량 Q[kVA]를 구하여 설치하면 된다.

진상용 콘덴서의 외관과 심벌을 그림 1.28에 나타낸다.

(a) 설치 장소(점선안)

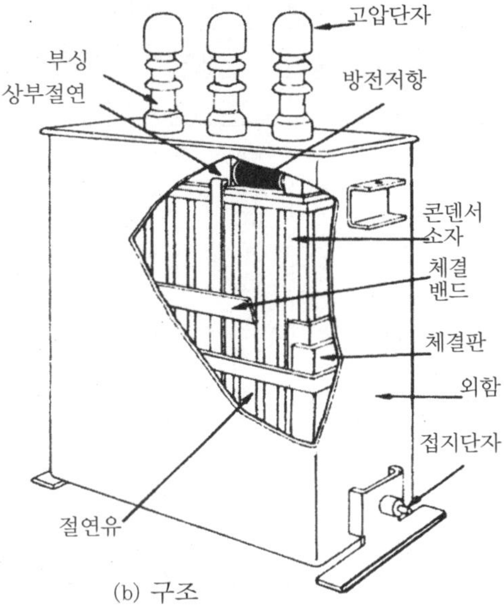

(b) 구조

	단선도용	복선도용
고 압 콘덴서	 SC 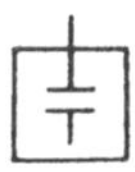 SC	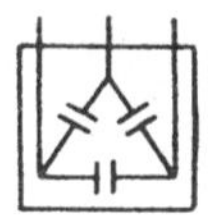 SC 3 ø

(c) 심벌

그림 1.28 진상용 콘덴서

진상용 콘덴서의 용량을 구할 때는 [kVA] 부하를 기준으로 하는 경우와 [kW] 부하를 기준으로 하는 경우가 있는데, 이러한 콘덴서의 용량을 산출하는 것을 표 1.10에 나타낸다.

표 1.10진상용 콘덴서의 용량 산출표(콘덴서 용량을 부하용량의 백분비로 표시함)

(7) 전력(電力) 퓨즈

전력 퓨즈(power fuse, PF)는 고전압 회로 및 기기의 단락 보호용 퓨즈로서, 소호 방식에 따라 한류형(限流形)과 비한류형(非限流形)으로 나누어진다. 이중 고압 회로에서는 주로 한류형 퓨즈를 사용한다.

표 1.10 진상용 콘덴서의 용량산출표(콘덴서 용량을 부하용량의 백분비로 표시함)

A. kW 부하를 기준으로 하는 경우 kW부하×표의 %=콘덴서 용량[kW]				B. kVA 부하를 기준으로 하는 경우 kVA부하×표의 %=콘덴서 용량[kVA]			
최초의 역률[%]	개선 후의 역률[%]			최초의 역률[%]	개선 후의 역률[%]		
	95	90	85		95	90	85
40	196	181	167	40	79	72	67
42	183	168	154	42	77	71	65
46	160	144	131	46	74	67	60
50	140	125	111	50	70	62	56
52	131	116	102	52	68	60	53
56	115	99	86	56	64	56	48
60	110	85	71	60	60	51	43
62	94	78	65	62	58	49	40
64	87	72	58	64	56	46	37
66	81	65	52	66	54	43	34
68	75	59	46	68	51	40	31
69	72	57	43	69	50	39	30
70	69	54	40	70	49	38	29
72	64	48	34	72	46	35	25
74	58	42	29	74	43	32	22
76	53	37	24	76	40	28	18
78	47	32	18	78	37	25	14
80	42	27	13	80	34	21	10
82	37	21	8	82	30	18	7
84	32	16	3	84	27	14	3
86	27	11		86	23	10	
88	21	6		88	19	5	
90	16			90	14		
94	3			94	3		

한류형 퓨즈는 용단시 높은 아크 저항을 발생시켜서 단락시의 사고 전류를 강제적으로억제하여 차단하는 퓨즈이다.

전력 퓨즈의 외관과 심벌을 그림 1.29에 나타내며, 한류형 전력 퓨즈의 내부 구조를그림 1.30에 나타낸다. 즉 퓨즈의 구조는 밀폐된 절연용 내에 퓨즈 엘리멘트와 규소 등의 거친 가루 상태의 소호제를 충진하여 밀폐시킨 것인데, 전력 퓨즈는 차단기에 비하여 가격이 싸고, 소형으로 가벼우며, 차단 용량이 크고, 고속 차단을 할 수 있고, 보수가 간단한 등의 특징이 있다.

전력 퓨즈의 정격 차단 전류를 단상과 3상에 대하여 표 1.11에 나타낸다.

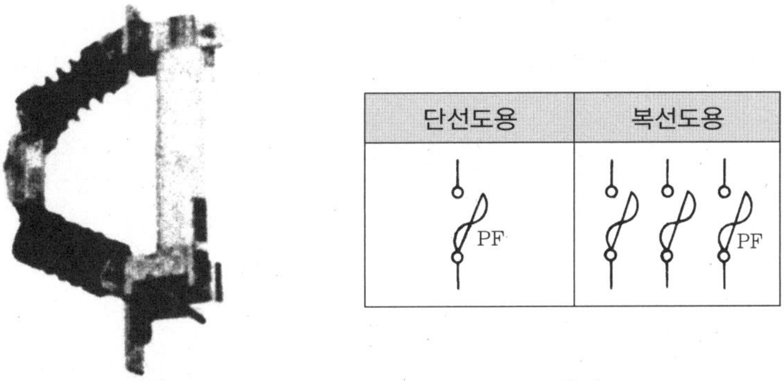

(a) 외관 (b) 심벌

그림 1.29 전력 퓨즈

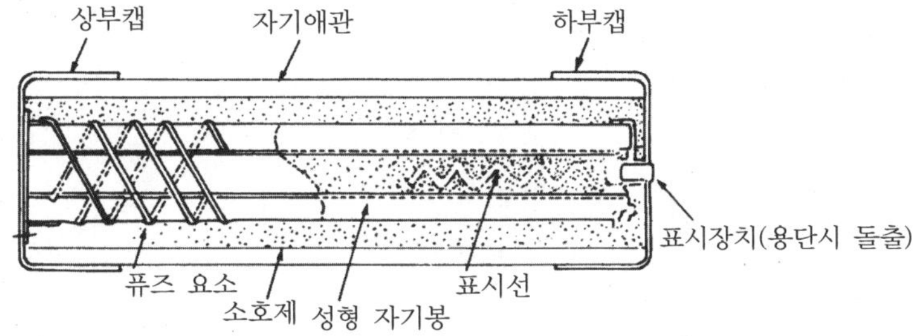

그림 1.30 전력 퓨즈의 내부 구조(7.2kV용)

표 1.11 전력 퓨즈의 정격 차단전류

정격 전압[kV]	정격 차단 전류[kA]	(참고량)정격 3상 차단 용량[MVA]
3.6	8.0 16.0 24.1 40.1	50 100 150 250
7.2	8.0 12.0 20.0	100 150 250

(8) 배전반(配電盤)

배전반(switch board)은 보드에 부착된 각종 계기류를 봄으로써 전력 계통 및 기기 등의 상태를 감시할 수 있을 뿐만 아니라, 제어반에 있는 제어 스위치로써 각종 기기를 원격 조작하기도 하고, 보호 계전기로써 기기나 전선로의 이상 유무를 검출해서 자동으로 차단, 경보 등의 동작을 한다. 즉 배전반의 구성요소로는 계기, 표시등, 조작 개폐기, 보호 릴레이, 경보 장치 등의 감시 제어용 기기와 차단기, 단로기 등의 주 회로용 기기로 나눌 수 있다.

배전반의 재료는 종래에는 강판, 철판 등이 있으나, 현재는 가볍고 튼튼하며 조립이 쉬운 강판을 많이 사용하며, 강판의 두께는 1.6mm, 2.4mm, 3.2mm 등의 것을 용도에 따라 선택하여 사용한다.

배전반은 그 외부 모양에 따라서 자립 개방형, 큐비클형, 벤치 보드형, 데스크형 등이 있는데, 이를 그림 1.31에 나타낸다.

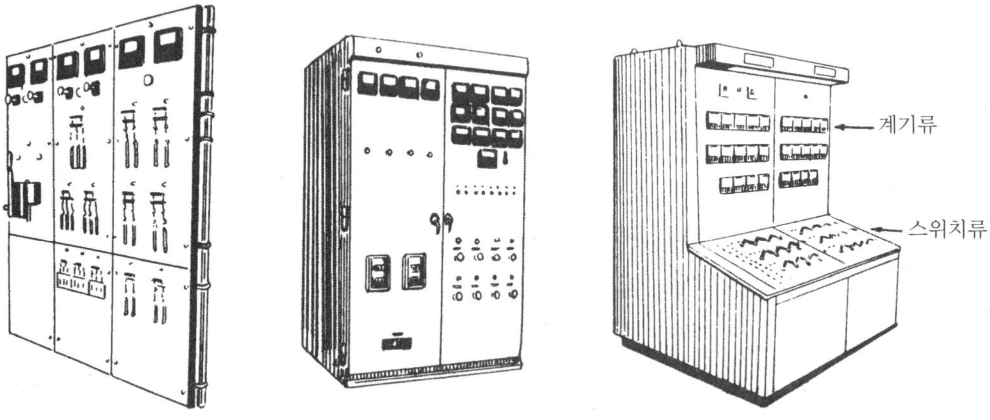

(a) 자립개방형 (b) 큐비클형 (c) 벤치 보드형

그림 1.31 배전반의 종류

자립 개방형(vertical switch board)은 비교적 간단한 회로의 소용량 변전 설비에 사용된다. 큐비클형(cubicle)은 폐쇄된 철판의 함속에 차단기, 계기용 변성기 등을 설치하고 전면에는 계기, 릴레이, 스위치 등을 부착한 것으로 널리 사용되는 방식이다.

벤치 보드형(bench switch board)은 전력 용량이 커서 회로가 복잡하고, 각종 계기나 스위치 등이 많은 경우에 사용된다.

데스크형(desk switch board)은 제도용 책상처럼 평면상에 각종 계기류를 부착한 배전반이다. 그 외에도 사용 목적에 따라 여러 가지 형태로 특수하게 제작된 것도 있다.

(9) 보호 장치

보호 장치란 수변전 설비의 전기 회로에 이상이 발생할 경우 이것을 검출하여 차단기를 동작시키거나 경보 신호를 발생시키는 것이 목적이며, 보호 장치에는 피뢰기, 보호계전기, 검루기 등이 있다.

① 피뢰기(避雷器)

피뢰기(lightning arrester, LA)는 수변전 설비가 있는 변전실의 입구에 설치하며, 낙뢰나 혼촉 사고 등에 의하여 이상 전압이 발생하였을 때 선로 및 기기 등을 보호하기 위하여 설치한다. 전력 회사의 변전소로부터 수변전 설비까지 지중 선로로 수전하는 경우, 낙뢰의 빈도가 적은 지방으로서 방출 보호통 그 밖의 피뢰기에 갈음하는 장치를 설치한 경우에는 피뢰기 시설을 생략해도 된다.(전기설비기술기준 제46조) 피뢰기의 특성은 이상 전압의 침입으로 인하여 단자 전압이 일정한 전압 이상으로 상승하였을 때 신속히 방전하여 이상 전압을 억제하는 기능과 이상 전압을 방전시킨 후 자동적으로 회복시키는 기능을 가지고 있다.

피뢰기의 외관을 그림 1.32(a)에 나타내는데, 피뢰기의 심벌은 그림 1.32(b)와 같이 문자 기호 LA를 기입하여 피뢰기임을 명시하고, 필요에 따라서는 정격 전압 등을 기입하기도 한다.

피뢰기 접지에 사용하는 접지선은 단면적 14[mm^2] 이상인 비닐 절연전선 등을 사용해야 하며, 이 접지선은 금속 파이프 등을 통해서 시설해서는 안 된다. 이 접지극은 다른 접지극으로부터 2[m] 이상 띄어서 배선해야 하며, 제1종 접지공사로 시설한다.

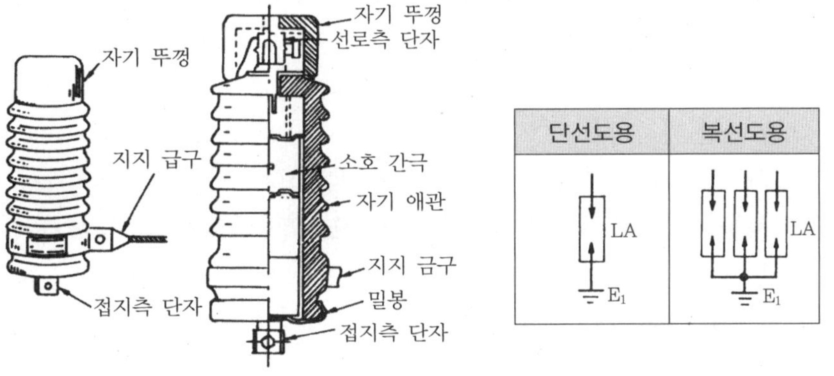

(a) 외관 (b) 심벌

그림 1.32 피뢰기

피뢰기의 종류에는 갭 저항형(gap resistance type), 밸브형(valve type), 밸브 저항형(valve resistance type), 갭레스형(gapless type) 등이 있으며, 종래에는 밸브 저항형 피뢰기가 주로 사용되었으나 최근에는 갭레스형 피뢰기가 개발되어 사용되고 있다.

② 보호 계전기(保護繼電器)

보호 계전기(relay)는 수변전 설비의 선로나 기기에 사고가 발생하였을 때 이를 검출하여 피해를 최소한으로 억제하고, 사고가 파급되는 것을 방지하기 위하여 과전류, 과전압, 부족 전압, 지락, 결상시 등의 전기 설비 보호를 하기 위하여 설치하는 기기이다. 보호 계전기의 종류에는 과전류 계전기, 과전압 계전기, 저전압 계전기, 지락 계전기 등이 있는데 이들을 그림 1.33에 나타낸다.

(a) 과전류 계전기(OCR)　(b) 지락 계전기(GR)　(c) 부족 전압 계전기(UVR)

과전류 계전기	OCR
지 락 계전기	GR
부족전 압계전기	UVR

(d) 심벌

그림 1.33 보호 계전기

ⓐ 과전류 계전기(over current relay, OCR) : 수전 설비에서 가장 많이 쓰이는 계전기로, CT에서 검출된 과전류에 의하여 계전기가 동작하여 차단기와 경보기를 동작시키는 계전기이다. 과거에는 유도형이 주로 사용되었으나, 최근에는 정지형이 많이 사용되며, OCR을 문자기호로 하여 사용한다.

ⓑ 과전압 계전기(over voltage relay, OVR) : 수전 선로에 과전압이나 이상 전압이 발생할 경우 PT에서 검출하여 차단기와 경보기 등을 작동시키는 역할을 하는 계전기로, OVR을 문자기호로 하여 사용한다.

ⓒ 저전압 계전기(under voltage relay;UVR) : 수전 선로에 단락 사고나 순간 정전 등에 의한 전압 강하시에 PT에서 검출하여 차단기와 경보기 등을 동작시키는 역할을 하는 계전기로, UVR을 문자기호로 하여 사용한다.

ⓓ 지락 계전기(ground relay;GR) : 수배전 선로 및 기기의 내부 등에서 접지(지락)사고가 발생한 경우, 영상 전류를 검출하여 차단기와 경보기 등을 작동시키는 계전기로 문자기호 GR을 사용한다.

1.2.4 수변전 설비의 계획 및 설계

건물의 위치, 용도, 규모 등이 결정되면 전기 설비 설계자는 수변전 설비의 용량, 면적, 위치 등을 건축 설계자와 협의해야 한다.

이러한 수변전 설비의 설계 순서도를 그림 1.34에 나타낸다.

(1) 수변전 설비의 계획

그림 1.34와 같은 수변전 설비의 설계 계통에 따른 계획을 하기 위해서는 다음과 같은 사전 조사가 필요할 것이다.

① 수전 전압(전력 회사와 협의)

② 수전 방식(1회선인지 2회선인지, 전력 회사와 협의)

③ 인입 선로(가공 전선로인지 지중 전선로인지)

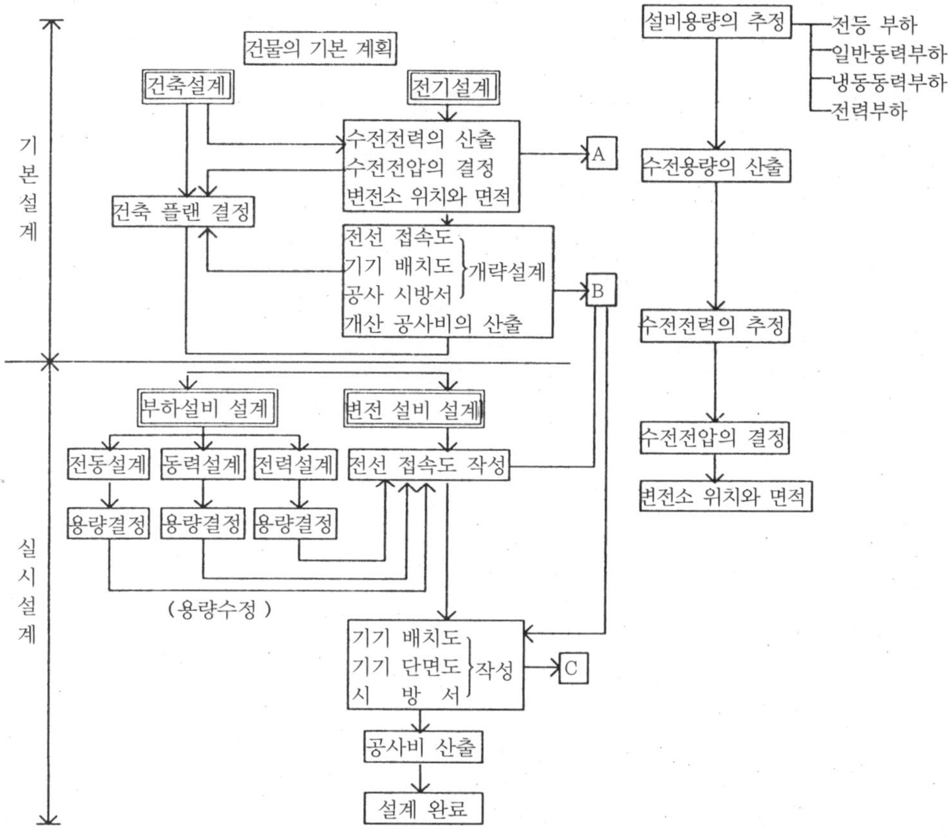

그림 1.34 수변전 설비의 설계순서도

④ 책임 분기점
⑤ 각종 전선의 종류 및 규격
⑥ 수전용 차단기의 차단 용량
⑦ 피뢰기의 설치 유무
⑧ 보호 계전기 등의 설치
⑨ 수변전실의 위치
⑩ 계약 전력(전력 회사와 협의)
⑪ 수전 시기(전력 회사와 협의)

이러한 사전 조사가 끝나면 그림 1.34의 계통도에 따라 설계한다.

(2) 수변전 설비의 용량 산출

기본 설계 단계에서 가장 중요한 것은 소요 전력의 산출이다. 그러나 계획 초기에는 대부분 부하의 크기가 불투명하므로 건물의 용도나 규모에 따라 과거의 실적을 참고로 하여 각

부하마다의 소요 전력을 추정하는 수밖에 없다.

일반적으로는 단위 면적 당의 소요 전력, 즉 부하 밀도 [VA/m^2]에 의한 산출 방법이 채용되고 있는데, 부하 밀도표를 표 1.12에 나타낸다.

이 때 설비 용량의 산출은 다음 식으로 계산한다.

$$\text{부하설비 용량(VA)} = \text{부하 밀도(VA/m}^2) \times \text{연면적(m}^2) \qquad (1 \cdot 4)$$

표 1.12 건물에 따른 부하 밀도표(1985년 외국)

건물용도 \ 부하종류	전등[W/m^2]	일반동력[W/m^2]	냉방동력[W/m^2]	전부하[W/m^2]	수전변압기용량 [VA/m^2]
업무용 빌딩	36.5	59.0	36.8	112.7 60~200	123.3 60~200
상점, 백화점	62.0	72.2	43.3	156.4 60~280	171.7 80~300
호 텔	37.6	53.3	26.5	109.0 40~160	106.4 60~200
주 택	5.9	13.9	28.0	66.8 10~140	63.5 20~160
학 교	26.9	15.0	18.3	39.9 20~140	39.0 20~140
병 원	47.1	63.5	45.5	145.4 40~240	139.0 60~120

(3) 수전 용량의 산출

부하설비에 대한 개략 용량 산출이 끝나면 수전 용량을 산출한다. 이때 고려할 사항은 수용률, 부등률, 부하율 등이며 이들에 의하여 최대 수요 전력을 산출한다.

① 수용률(demand factor)

수용 장소에 설비된 전기 기기류의 정격 용량의 합계를 부하설비 용량이라 하며, 대부분 부하설비의 모두가 동시에 사용되는 일은 드물다.

표 1.13 수용률

종 별	전등[%]	동력[%]
상 점 가	47.5	30.4
번 화 가	84.7	21.2
주 택 가	35.8	60.0
공장지대	32.5	35.0

전등은 주로 밤에, 전동기는 주로 낮에 사용되고, 계절적으로도 다르다. 따라서 설비된 용량과 실제의 최대 수요 전력은 다를 때가 많다. 그러므로 수용 설비가 이용되고 있는 비율을 나타내기 위해서는 어떤 기간 중의 최대 수요 전력과 부하설비 용량의 비를 산출해야 하는데, 이것을 수용률이라 한다.

$$\text{수용률} = \frac{\text{최대 수요 전력 [kW]}}{\text{부하설비 용량 [kW]}} \times 100[\%] \qquad (1 \cdot 5)$$

수용률은 보통 1년간의 것으로 정하는데, 표 1.13에 수용률의 예를 나타낸다.

② **부등률**(diversity factor)

몇 개의 부하군이 하나의 배전 변압기로부터 전력을 공급받고 있을 때 각 부하군에서의 최대 수요 전력의 발생시각은 시간적으로 차이가 있게 된다. 따라서 이러한 경우에는 배전 변압기나 간선에서의 합성 최대 수요 전력은 각 부하군의 최대 수요 전력의 합보다 적은 값이 되는데 이를 부등률이라 한다.

$$\text{부등률} = \frac{\text{수요설비 각각의 최대 수요 전력의 합 [kW]}}{\text{합성 최대 수요 전력 [kW]}} \qquad (1 \cdot 6)$$

부등률은 계절과 부하의 내용에 따라 다르며, 이 부등률의 예를 표 1.14에 나타낸다.

표 1.14 부등률

종 별	전등[%]	동력[%]
상 점 가	1.05	1.20
번 화 가	1.02	1.36
주 택 가	1.15	1.11
공장지대	1.09	1.11
농 촌	1.27	1.14

③ **부하율**(load factor)

변전설비 용량은 최대 수요 전력에 의하여 정해지는데, 항상 그만큼의 전력을 공급하고 있지는 않다.

따라서 변전설비가 얼마나 유효하게 사용되었는가를 나타낼 목적으로 어떤 기간 중의 평균 수용 전력과 그 기간 중의 합성 최대 수요 전력과의 비를 부하율로 나타낸다.

$$\text{부하률} = \frac{\text{평균전력 [kW]}}{\text{합성 최대 수요 전력 [kW]}} \times 100[\%] \qquad (1 \cdot 7)$$

부하율은 그 기간에 따라 일 부하율, 월 부하율, 연 부하율 등으로 나타내며, 부하율이 클수록 그에 대한 전력공급설비가 유효하게 사용되고 있음을 알 수 있는데, 표 1.15에 부하율의 예를 나타낸다.

표 1.15 부하율

종 별	부하율[%]
전등 수용가(대)	58
전등 수용가(소)	45
동력 수용가	47
고압 배전선	55

따라서 최대 수요 전력은 식 (1 · 5) (1 · 6) (1 · 7)로부터 다음과 같이 구할 수 있다.

최대 수요 전력[kW]=부하설비 용량[kW]×수용률 (1 · 8)

(4) 변전실의 위치와 넓이

① 변전실의 위치

업무용 빌딩의 경우는 부하가 수직적으로 분포되며, 공장의 경우는 부하가 수평적으로분포되는 경우가 대부분이다. 특히 변전실의 위치 선정시 고려해야 할 사항으로는 다음과 같은 것들이 있으며, 빌딩의 경우 변전 시설의 배치 방법을 그림 1.35에 나타낸다.

ⓐ 가능한 한 부하의 중심에 가깝고 배전에 편리한 장소일 것

ⓑ 외부로부터 전선의 인입이 쉬운 곳일 것

ⓒ 전기 기기의 반출입이 용이할 것

ⓓ 습기와 먼지가 적은 곳일 것

ⓔ 주위에 폭발, 화재 등의 위험성이 적을 것

ⓕ 침수의 우려가 없을 것

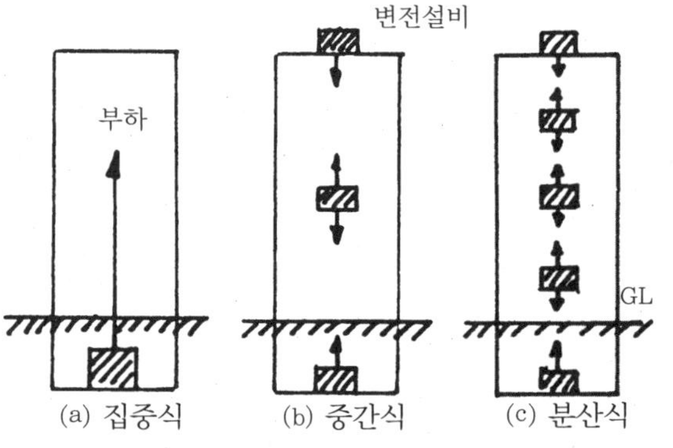

그림 1.35 빌딩의 변전실 배치 방법

② 변전실의 넓이

변전실의 넓이는 다음의 항목을 고려하여 결정하는데, 그 표준 면적을 표 1.16에 나타낸다.

ⓐ 설치될 기기의 크기와 대수

ⓑ 장래에 있을 기기의 증설

ⓒ 보수, 점검을 위한 공간의 확보

변전실 외에도 수변전 설비를 수용하는 각종 기기의 방에 대하여 건축 설계시 고려할 점들을 표 1.17에 나타낸다.

표 1.16 수변전실의 표준 면적

고 압 수 전				특별 고압 수전		
변압기용량 [kVA]	실면적 [m^2]	변압기용량 [kVA]	실면적 [m^2]	특별고압변압기 용량[kVA]	변전실 면적[m^2]	
					특고 → 고압	특고 → 400[V]
50	15	700	96	1,000	210	175
75	20	800	106	2,000	350	280
100	25	900	115	3,000	460	380
150	33	1,000	123	4,000	570	470
200	40	1,100	132	5,000	660	540
250	47	1,200	140	6,000	750	610
300	53	1,300	148	7,000	830	690
400	65	1,400	156	8,000	900	740
500	76	1,500	164	9,000	990	820
600	86	2,000	200	10,000	1,090	900
필요면적=0.98×(변압기 용량)$^{0.7}$에서 구한 값임.				특고에서 고압으로 변성하는 경우 필요면적=1.7×(변압기 용량)$^{0.7}$ 특고에서 400[V]로 변성하는 경우 필요면적=1.4×(변압기 용량)$^{0.7}$		

표 1.17 전기설비실의 건축시 고려사항

전기설비실명	고 려 사 항
변전실	1. 유입변압기의 경우는 타실과 분리한다(화재방지를 위하여) 2. 벽, 문, 창 등은 방음, 방화구조로 한다. 3. 자냉식 변압기에 대해서는 충분한 환기를 고려한다. 4. 소화설비를 고려한다. 5. 기기반입구, 배열 등에 충분한 넓이와 높이를 취한다(벽과는 0.4m 이상, 천장과의 간격은 1~1.5m 정도). 6. 견고한 기초의 내진장치를 설치한다.
모선 및 차단기실	1. 될 수 있는 대로 다른 것과 분리한 방으로 한다. 2. 적당한 분리벽은 모선 또는 기기간에 설치한다. 3. 분출유의 배기구를 설치한다. 4. 기기반출 및 점검에 충분한 공간을 설치한다.
감시제어실	1. 공기조화, 조명, 음향 등의 쾌적한 환경을 만든다. 2. 운전조작, 감시제어에 지장이 없는 충분한 공간을 갖는다. 〈제어반과 벽과의 거리〉 전면 3~4m(최소 1.5m) 측면 1~2m(최소 1.0m) 배면 1.0~1.5m(최소 0.6m)
축전지실	1. 될 수 있는 대로 배전반실에 가까운 곳에 설치한다. 2. 태양의 직사광을 피한다. 3. 실내 마감은 어느 정도 내산성으로 한다. 4. 배수, 환기에 주의한다. 5. 가능한 한 별도의 방에 설치한다.

1.3 예비 전원 설비

산업 시설인 공장 등은 물론이고 빌딩 내의 전기 설비는 중요한 기능을 하므로 전력회사에서 공급받고 있는 상용전원이 정전되었을 때는 그 영향이 매우 크다.

그러므로 상용 전원이 정전될 경우를 대비하여 예비 전원 설비가 필요하게 된다. 예비 전원 설비에는 여러 가지가 있으나 본 절에서는 일반적으로 빌딩에 설치되고 있는 자가발전 설비와 축전지 설비에 대하여 설명하기로 한다.

1.3.1 예비 전원 설비의 개요

(1) 예비 전원이 필요한 설비

예비 전원을 필요로 하는 설비는 보안상 필요한 것과 영업상 필요한 것으로 나눌 수 있다.

보안상 필요로 하는 설비에는 자체 보호를 위한 것과 관련 법규(소방법, 건축법)의 규정 때문에 필요한 것이 있다.

이처럼 예비 전원을 필요로 하는 부하 설비에는 어떤 것이 있는지를 표 1.18에 나타낸다.

표 1.18 예비 전원을 필요로 하는 부하 설비

목적		보안상 필요한 부하 대상	영업용 부하 대상
자체보호	조명용	상시등 정전의 경우 운전 조작에 필요한 장소의 전원	필요한 영업장소
	공조·환기용	자가발전 설비실, 중앙감시실, 중앙관리실(방재 센터)·환기용 전원	위와 같음
	승강기용	정전일 때 긴급 강제 착상용(着床用) 전원	
	위생용	급수 펌프, 배수 펌프 전원	위와 같음
	제어용	중앙감시반, 기타 감시제어장치 전원	
	보안·방재용	항공장해등, 셔터, 자가발전 설비용 보조기기 전원	
	기타	표 1.19 참조	영업상 필요한 설비 기기용
법령상의 규제		건축법에 따른 설비용, 소방법에 의한 설비용 전원	

(2) 예비 전원 설비와 관련된 법규

건축법과 소방법의 규정에 의하여 예비 전원이 필요한 설비의 종류 등을 표 1.19에 나타낸다.

(3) 예비 전원이 갖추어야 할 조건

예비 전원이 비상시에 기능을 완전히 발휘하려면 표 1.19에 비추어서 다음과 같은 특성을 구비해야 한다.

① 충전기를 갖춘 축전지

축전지 및 충전기에 의한 것은 정전 후에 충전함이 없이 20분 이상의 방전에 견딜 수 있어야 한다.

② 자가발전 설비

비상 사태 발생 후 정격 전압을 확립하여 20분 이상 안정적으로 전기를 공급할 수 있어야 한다. 또한 비상용 엘리베이터 및 배연 설비가 있는 경우에는 2시간 이상의 전원을 공급해야

표 1.19 법령의 규제에 의하여 예비 전원이 필요한 설비

관계법령	설비의 종류	설치대상	관련법규	비고
건 축 법	자 동 방 화 셔 터	전 부	(령) 제46조 (고시) 제327호	(주 3) 참조
	비 상 용 승 강 기	전 부	(기준) 제10조	(주 4) (주 2) 참조
	배 연 설 비	전 부	(기준) 제14조	〃
	비 상 급 수 설 비	전 부	(기준) 제11조	〃
소 방 법	옥내소화전설비		(기준) 제9조	화재시 펌프가 자동 기동되도록 비상전원에 대신하여 내연기관을 설치한 경우는 제외
	스프링클러설비	전 부	(기준) 제21조	
	물분무등소화설비	전 부	(기준) 제33조	
	포 소 화 설 비	전 부	(기준) 제45조	
	이산화탄소소화설비	전 부	(기준) 제57조	
	할로겐화물소화설비	전 부	(기준) 제63조	
	분말소화설비	전 부	(기준) 제70조	
	옥외소와전설비	(해당없음)		
	자동화재탐지설비	전 부	(기준) 제89조	축전지 설비 필요
	누전경보기	(해당없음)		
	자동화재경보설비	전 부	KOFEIS 0307	축전지 설비 필요
	비상경보설비	전 부	(기준) 제96조의2	축전지 설비 필요
	유도등	전 부	(기준) 제108조	
	비상조명등	전 부	(기준) 제108조의2	예비 전원을 내장한 것은 제외
	제연설비	전 부	(기준) 제120조	
	연결송수관설비	전 부	(기준) 제128조	
	연결살수설비	(해당없음)		
	비상콘센트설비	전 부	(기준) 제135조	
	무선통신보조설비	전 부	(기준) 제142조	설비자체에 부착

(주) 1. 소방법에 해당하는 설비의 관련법규란에(기준)이라 표기한 것은 내무부령 제595호(1993. 11. 11) "소방기술기준 등에 관한 규칙"을 의미함.

2. 건축법에 해당하는 설비의 관련법규란에 (령)이라 표기한 것은 "건축법 시행령"을 뜻하고 (고시)라고 표시된 것은 건설부고시 제327호(1981. 8. 27) "자동방화셔터의 기준"을 뜻하며 (규칙)이라 표기된 것은 "건축법 시행규칙"을 뜻하며, (기준)이란 "건축물의 설비기준 등에 관한 규칙"을 의미함.
3. 자동방화셔터의 예비 전원은 자동충전장치, 시한충전장치를 가진 축전지로서 충전을 하지 않고 30분간 계속하여 셔터를 개폐시킬 수 있어야 함.
4. 비상용 승강기의 예비 전원은 상용전원이 차단되는 경우 60초 이내에 정격 전력 용량을 발생하는 자동전환방식으로 하되 수동시동이 가능하도록 하고 2시간 이상 작동이 가능해야 함.

한다. 또한 소방법에 의하면 자동화재탐지 설비, 비상경보 설비, 유도등 설비는 자가발전설비만으로는 비상 전원으로 인정하지 않고 축전지 설비를 해야 한다.

③ 충전기를 갖춘 축전지와 자가발전 설비와의 병용

자가발전 설비는 비상사태 발생 후 시동하여 20분 이상 안정된 전기를 공급할 수 있어야 하며, 축전지 설비는 정전 후 충전을 행함이 없이 20분 이상의 방전에 견딜 수 있는 용량의 것을 필요로 한다. 또한 비상용 엘리베이터, 배연 설비가 있을 경우에는 2시간 이상의 전기 공급이 필요하다.

자가발전 설비를 법규에서 규정한 예비 전원과 일반적인 예비 전원을 겸하게 하는 경우, 500[kW]를 넘는 자가발전 장치는 발전용 화력설비 기준에 따라 수온 상승, 단수, 과속도 등이 일어날 때 기관을 비상 정지하게 해야 하므로 방재 피난 설비용으로 설치하는 것은 주의를 요한다.

1.3.2 자가발전 설비

빌딩에 공급되고 있는 상용 전원이 정전될 경우, 급배수, 공조, 조명, 엘리베이터 설비 등의 작동 불능으로 인하여 재해 사고가 일어날 우려가 크다. 이러한 사고를 방지하기 위하여 각종 법령에서는 자가발전 설비를 설치하도록 규정하고 있다.

(1) 자가발전 설비의 구성

자가발전 설비의 전체 구성도를 그림 1.36에 나타내며, 장치의 각각에 대하여 설명하기로 한다.

(a) 외관

그림 1.36 자가발전 설비(디젤엔진)

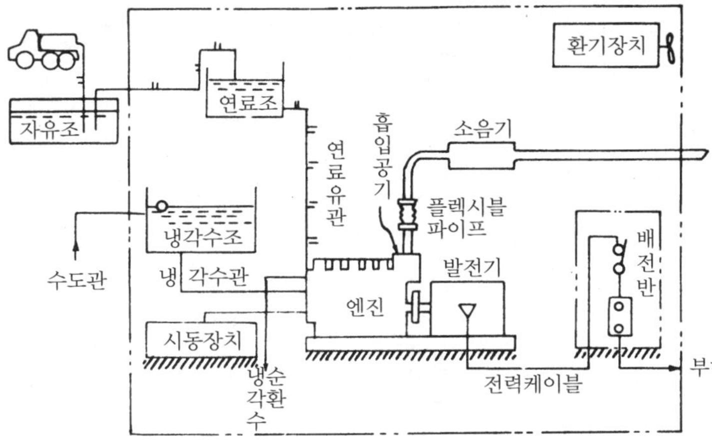

(b) 계통도

그림 1.36 (계속)

시동 장치의 동작으로 시동이 된 디젤 엔진은 연료탱크로부터 연료유를 공급 받아서 발전기 실내의 연소 공기를 흡입하여 운전을 계속한다. 동시에 엔진은 냉각수조로부터 냉각수를 공급 받아 엔진 각부를 냉각시킨 후 순환시킨다. 엔진의 속도가 상승함에 따라 발전기는 정격 회전수로 되어 일정 전압을 발생하여 빌딩 내에 공급하게 된다.

운전 중에는 발전기실 내에 소음과 열이 많이 발생하므로 환기 장치나 실내 냉각기를 운전하는 것이 좋다.

① 엔진(기관)

자가발전 설비는 사용 연료에 따라 경유를 사용하는 디젤 엔진과, 가솔린을 사용하는 가솔린 엔진 및 가스 연료를 사용하는 가스터빈 엔진이 있으나, 연료의 경제성 및 방화 문제 때문에 현재까지는 디젤 엔진 발전기가 주로 사용되고 있다.

외국에서는 가스터빈 엔진을 생산하여 병원 등에 사용하고 있는데, 이들을 비교하여 표 1.20에 나타낸다.

② 교류 발전기

디젤 엔진에 직결되어 전기를 만들어 내는 교류 발전기가 쓰인다.

③ 배전반

발전기반, 여과장치반, 자동제어반, 자동검정반, 보조기기반 등이 있다.

표 1.20 디젤 엔진과 가스터빈 엔진의 특성

항 목 (엔진형태)		디 젤 엔 진	가스터빈 엔진
일반 특성	작동원리	단속연소, 폭발연소가스의 열팽창률을 이용한 왕복운동변환	연속연소로 인한 연소가스의 열팽창을 이용한 회전운동변환
	출력특성	주위조건에 별 관계는 없으며 통상 사용조건이 출력감소 현상에 영향을 미치지 않는다.	흡입공기 온도가 높을 경우 수명에 악영향을 주며, 출력에 치명적인 제한을 받는다.
	경부하운전	연소의 완전연소를 기할 수 없어 엔진내부 고착현상 발생	특별한 문제점이 없음
	진동	왕복운동기관으로 진동방지대책 필요	회전운동으로 진동이 거의 없다. 진동방지용 별도 기초 불필요
	소음(dB)	왕복운동의 충격음	회전 고속음, 차음이 가능
	부피 및 중량	구성부품이 많고 부피가 크며 중량이 무겁다.	구성 부품의 수가 적어 부피가 작고 중량이 가볍다.
	냉각수	필요(약 30~40l/PS h)	불필요
	몸체가격	-	디젤 엔진보다 고가(약 1.5~4배)
연료 특성	연료소비율	-	디젤에 비해 크다(약 2배 이상)
	사용연료	경유, A중유(B중유, C중유, 등유)	등유, 경유, A중유, 천연가스, LNG
배기급기특성	급기배기장치	배기시 소음기 부착	급기 및 배기장치 별도 필요
	배기단열시공	기본단열로 가능	별도 단열대책 요망
전기적 특성	전압변동률(정지부하)	±4%	±1.5%
	기동시간	5~40초(대개 8~10초)	20~40초(대부분 40초)
	부하투입	단계적 부하투입	100% 투입(Single shaft) 70% 투입(Two shaft)
기 타	현재 엔진 국내 제작공급 여부	용량에 따라 국내제작 가능	국내 제작공급 불가 (92년도 기준)
	엔진의 분해수리	국내 분해수리 가능	현재는 국내 분해수리 불가 (92년도 기준)

④ 엔진 시동 장치 관계

ⓐ 공기식 시동형은 중고속의 직접 분사식에 많이 채용되고 방폭 지역에 효과적인데, 공기 압축기, 공기압축 제어반, 공기조 등으로 구성되어 있다.

ⓑ 전기식 시동형은 엔진용 구동모터에 의한 방식으로 직류 24[V]의 축전지에 접속된 구동 모터와 피니언 기어를 연결시켜서 엔진을 회전하여 시동하는 것으로 시동용 축

전지, 축전지용 충전지 등으로 구성되어 있다.

⑤ **부속 장치 관계**

ⓐ 연료 관계-저유조, 연료조, 연료 이송펌프, 연료유관

ⓑ 윤활유 관계-윤활유

ⓒ 냉각수 관계-감압수조, 냉각탑, 지하수조

ⓓ 배기관계-소음기, 배기관

ⓔ 전기관계-배선, 배관

⑥ **기타**

ⓐ 배관 피트-급수, 배수, 윤활유, 연료유, 배선용 피트(pit)

ⓑ 체인 블록 장치

ⓒ 환기 장치

ⓓ 조명 장치

(2) 발전기 용량의 산정

발전기의 용량을 결정하는 경우에는 부하의 종류, 용량 등을 산정하고, 또 장래의 여유를 두고 결정하는 것이 보통이다.

일반적으로, 다음 방식에 의하여 산출된 값 중 최대 용량의 것을 선택한다.

① **단순한 부하인 경우**

발전기에 걸리는 부하의 총 입력합계×수용률 값 이상으로 한다.

② **기동 용량이 큰 부하인 경우**

직입 기동 농형 유도 전동기 또는 관성 모멘트가 큰 부하가 있을 때에는 그 중 큰 기동 용량을 가지는 전동기의 출력에 의하여 발전기 출력은 좌우된다.

$$\text{발전기 정격 전류[A]} = \text{부하의 기동 전류[A]} \times \text{발전기 과도리액턴스[\%]} \times \left(\frac{1}{\text{부하 투입시 전압강하}} - 0.01\right) \quad (1 \cdot 9)$$

$$\text{발전기 정격 출력[kVA]} = \sqrt{3} \times \text{발전기 정격 전류[A]} \times \text{정격 전압[V]} \times \frac{1}{1{,}000} \quad (1 \cdot 10)$$

윗 식에서, 발전기의 과도 리액턴스는 극 수, 절연 종별에 따라 약간의 차이는 있지만, 일반적으로 25[%], 또 부하 투입시의 허용 전압 강하율은 일반적으로 20[%]로 계산한다.

③ ①과 ②가 합해져 있는 부하인 경우

대부분의 경우, 전등 부하가 먼저 발전기에 걸리고 그 후에 전동기 부하가 걸리므로 위의 ① ②에 의하여 계산한 출력의 합계를 발전기 출력으로 한다.

교류 발전기의 정격을 표 1.21에 나타낸다.

표 1.21 교류 발전기의 정격

항 목	비 고
정격전압[V]	110, 220, 380, 3,300, 6,600
정격주파수	60[Hz]
정 격 출 력	보통 [kVA]로 표시
정 격 역 률	보통 늦은 역률 80[%]로 한다.
정 격 부 하	연속 부하
상, 선 수	$3\phi3W$, $1\phi2W$, $1\phi3W$, $3\phi4W$
회 전 속 도	[rpm]=120×주파수/극 수

(3) 상용 전원과 비상 전원의 교체

상용의 전원 회로에 고장이 발생하여 정전시에는 비상 전원으로 자동 교체되어야 하는데, 이를 그림 1.37에 나타낸다. 이 때 수전 회로의 차단기와 비상 전원 회로의 차단기 사이에는 반드시 전기적, 기계적으로 인터록(interlock)을 설치해야 한다.

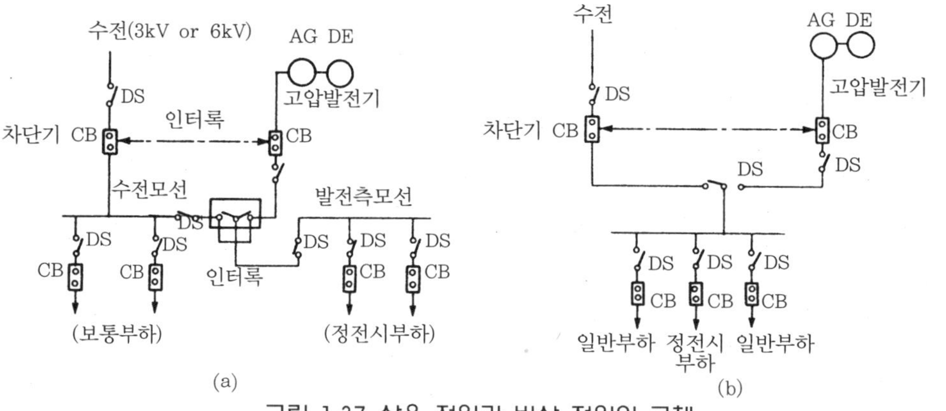

그림 1.37 상용 전원과 비상 전원의 교체

(4) 발전기실의 위치와 면적

① 발전기실의 위치

발전기실의 위치를 선정할 때에는 다음 사항을 고려한다.

ⓐ 기기의 반입 · 반출 및 운전 보수면에서 편리할 것

ⓑ 배기 배출구에 가급적 가까이 위치할 것

ⓒ 실내 환기를 충분히 행할 수 있을 것

ⓓ 급배수가 용이할 것

ⓔ 연료유(燃料油)의 보급이 간단할 것

ⓕ 변전실에 가깝고, 침수의 우려가 없을 것

② 발전기실의 면적

발전기실의 바닥면적을 결정하려면, 보통의 경우 실내에 들어가는 기기와 벽면의 간격을 800~1,000[mm]을 잡는 동시에, 발전기 · 기관 등의 분해 · 조립 · 보조용 기기 등에 필요한 공간을 생각할 필요가 있다.

방의 가로 · 세로의 관계는 기둥 간격에 좌우되는 경우가 많기 때문에 그 자유도(自由度)가 적지만, 내부 배치를 잘 연구 검토해서 합리적인 배치를 해야 한다. 보통의 경우 가로 · 세로의 관계는 1 : 1.5~1 : 2가 되는 것이 비교적 편리할 때가 많다.

천장 높이는 주로 엔진 높이, 체인 블록의 취부에 소속되는 높이, 체인 블록 장치와 천장과의 거리 등을 감안해서 결정해야 한다. 보통은 5[m]를 필요로 하는 경우가 많다.

표 1.22는 발전기 출력과 발전기실 면적과의 관계를 예시한 것이다.

발전기실의 면적을 수식에 의해서 구할 때는 다음 식을 이용한다.

$$S > 1.7\sqrt{P}\,[\mathrm{m}^2] \qquad (1 \cdot 11)$$

추장치(推將値) $S \geq 3\sqrt{P}\,[\mathrm{m}^2]$

S : 발전기실의 소요면적[m^2]

P : 기관의 마력[PS]

표 1.22 발전기 출력과 발전기실의 크기

발전기 출력[kVA]	회전속도[rpm]	실린더수	발전기실 크기 길이[m]×폭[m]×천장높이[m]
20	1,500, 1,800	3~4	4×3×3
40	1,500, 1,800	4~4	4.5×3.5×3
100	1,500, 1,800	4~6	5.5×3.5×3.5
200	1,500, 1,800	6	6.5×5×4
300	1,000, 1,200	6	7.5×5×4
500	1,000, 1,200	6	9×6×4.5
1,000	900, 1,000	6~12	10×7×4.5
1,250	900, 1,000	6~12	10×7×5
1,500	900, 1,000	6~12	10×7×5
1,750	900, 1,000	6~12	10×7×5

발전기실의 높이를 구할 때는 다음 식을 이용한다.

$$H = (8\sim17)D + (4\sim8)D \qquad (1 \cdot 12)$$

D : 실린더 지름[mm]

(8~17)D : 실린더 상부까지의 엔진 높이(속도에 따라 결정)

(4~8)D : 실린더를 떼어 낼 때 필요한 높이

(체인 블록의 유무에 따라 결정, 체인 블록이 없으면 4D 정도)

끝으로 국내의 주요 빌딩에 설치되어 있는 비상 발전기의 용량과 수변전 설비용량을 표 1.23에 나타낸다.

표 1.23 주요 건물의 비상발전기 용량

건물의 종류	바닥연면적[평]	비상발전기용량[kW]	수변전 설비용량[kVA]
정부종합청사	21, 318	2,300	6,000
3 · 1로빌딩	10,785	410(신축시)	2,250
무역회관	10,060	750(신축시)	2,500
삼성생명빌딩	22,320	1,000	5,500
여의도시범아파트	32,000	1,000	6,000

1.3.3 축전지 설비

축전지 설비란 축전지, 충전장치, 제어장치 등으로 구성된다. 축전지 설비는 순수한 직류 전원이며, 상용 전원이 정전되었을 때 자가발전 설비가 가동하여 정격 전압을 확보할 때까지의 중간 전원으로 사용하는 경우가 많다.

(1) 축전지 설비의 개요

전기를 발생하는 장치 중 화학적 에너지 변화를 이용하는 것을 전지(電池)라고 하는데, 이는 물질의 화학적 변화에 의한 화학 에너지를 전기 에너지로 변환해서 외부 회로에 전류를 공급하는 장치를 전지라 하며, 전지는 1차 전지와 2차 전지로 분류한다.

① 1차 전지

한 번 사용하여 방전된 전지는 구성 물질을 바꾸지 않는 한 다시는 전지로 사용할 수 없는 것을 말하며, 건전지가 이에 해당된다.

② 2차 전지

축전지를 말하며, 전기 에너지를 화학 에너지로 바꾸어서 저장(충전)한 다음 필요에 따라 전기 에너지를 꺼내어 쓸 수 있는(방전)전지이다. 1차 전지와 크게 다른 점은 충 · 방전이 가능한 점이고, 현재 사용되고 있는 2차 전지에는 연(鉛) 축전지와 알칼리 축전지 등이 있다.

(2) 축전지의 종류

① 극판 형식에 의한 분류

연 축전지와 알칼리 축전지로 분류할 수 있으며, 각각의 외관을 그림 1.38과 그림 1.39에 나타내며, 이들의 특성을 표 1.24에 비교하였다.

표 1.24 극판 형식에 의한 축전지의 분류

종 별		납 축 전 지		알 칼 리 축 전 지	
형 식 명		클래드식(CS형)	페이스트식(HS형)	포 켓 식 (AL, AM, AMH, AH형)	소 결 식 (AH, AHH형)
작용물질	양 극 음 극 전해액	이산화연(PbO_2) 연(Pb) 황산(H_2SO_4)		수산화 니켈(NiOOH) 카드뮴(Cd) 가성가리(KOH)	
전해액비중		1.215(20℃)	1.240(20℃)	1.20 ~ 1.30(20℃)	
반 응 식		양극 음극 방전 양극 음극 $PbO_2+2HSO_4+Pb \rightleftarrows PbSO_4+2H_2O+PbSO_4$ 충전		양극 음극 방전 양극 음극 $2NiOOH+2H_2O+Cd \rightleftarrows 2Ni(OH)_2+Cd(OH)_2$ 충전	
기 전 력		2.05~2.08[V]		1.32[V]	
공 칭 전 압		2.0[V]		1.2[V]	
공 칭 용 량		10시간율[Ah]		5시간율[Ah]	
셀 수	100[V]	50~55셀		80~86셀	
	60[V]	30~31셀		50~52셀	
	48[V]	24~25셀		40~42셀	
	24[V]	12~13셀		20~21셀	
방 전 특 성		보 통	고율방전에 우수하다.	보통(고율방전 특성이 좋은 것도 있다)	특히 고율방전 특성이 우수하다.
수 명		길 다	약간 짧은편	길 다	길 다
자 기 방 전		보 통	보 통	약간 적은 편임	약간 적은 편임
특 징		수명이 길다. 경제적이다.	고율방전 특성이 좋다. 경제적이다.	수명이 길다. 기계적으로 견고하고, 방치나 과방전에 견딘다.	고율방전 특성이 좋다. 소형이다.

(주) 1. 알칼리 축전지의 전해액은 작용물질로서는 특별한 의미가 없다.
2. 축전지의 용량은 보통 암페어 시[Ah]가 사용되고 있다.
3. 자기 방전은 축전지 내부에서 일어나는 방전 현상이며, 충방전중에도 일어난다.

(a) 클래드식　　　　　　(b) 페이스트식

① 양 극 판　④ 전 조　⑧ 방 말 판
② 음 극 판　⑤ 액 구 전　⑨ 폴
③ 세퍼레이터　⑥ 덮 개　⑩ 스페이스
④ 초자질매트　⑦ 단 자　⑪ 방폭배기전

그림 1.38 연 축전지

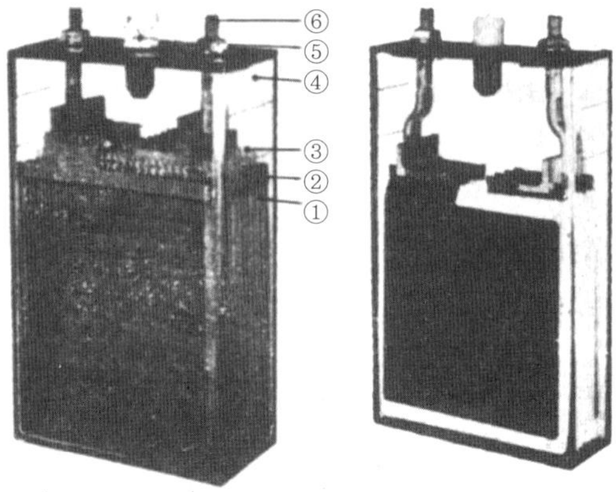

(a) 포켓식　　　　　　(b) 소결식

① 음 극 판　④ 전 조
② 양 극 판　⑤ 액 조
③ 세퍼레이터　⑥ 포 울

그림 1.39 알칼리 축전지

② 설치형식에 의한 분류

거치용과 이동용이 있다.

거치용(据置用)은 일정한 장소에 설치하여 놓고 기기 제어용이나 전화교환 설비용에 사용되며, 이동용은 상시 이동하면서 사용하는 것으로 차량용에 사용된다.

거치용에 사용되는 연 축전지와 알칼리 축전지의 특성을 비교하여 표 1.25에 나타낸다.

표 1.25 거치용 축전지의 특성

연축전지	알칼리축전지
1. 공칭전압 : 2[V/셀] 2. Ah당 단가가 낮다. 3. 축전지의 필요 셀수가 적어도 된다. 4. 충방전 전압의 차이가 적다. 5. 전해액의 비중에 의해 충방전상태를 추정할 수 있다. 6. 기대수명 : CS형 10~15년 HS형 5~7년	1. 공칭전압 : 1.2[V/셀] 2. 극판의 기계적 강도가 강하다. 3. 과방전, 과전류에 대해 강하다. 4. 고율방전특성이 좋다. 5. 저온특성이 좋다. 6. 부식성의 가스가 발생하지 않는다. 7. 보존이 용이하다. 8. 기대수명 : 12~20년

③ 구조에 의한 분류

실드형, 벤드형, 오픈형이 있다.

실드형(sealed type)은 축전지로부터 산이나 알칼리 가스가 나오지 못하게 하고, 사용 과정에서 물의 보충을 필요로 하지 않는 구조의 것으로, 종래의 연 축전지 중 전밀폐형과 알칼리 축전지 중 밀폐형이 이에 해당된다.

벤드형(bended type)은 연 축전지에서는 배기전(排氣栓)에 필터를 설치하여 산무(酸霧)가 나오지 않도록 한 구조의 것이며, 알칼리 축전지에서는 적당한 방말(防沫)구조의 배기전을 설치함으로써 많은 가스가 나오지 못하도록 한 구조의 것으로, 종래의 연 축전지 중 밀폐형과 알칼리 축전지 중 개방형이 이에 해당된다.

(3) 축전지의 용량 계산

축전지의 용량 계산에 관해서는 AIEE법(Paper 54-177 recommended and approved by AIEE 1954, Some discharge characteristics of lead acid batteries · E.A. Hoxie)에 준거해서 작성한 일본의 축전지공업회(Storage Battery Association)규격 SBA 6001의 '거치 축전지의 용량 산출법'에 대해서 살펴보기로 한다.

① 용량 산출식

축전지의 용량은 부하의 크기와 성질, 예상 정전시간, 순시 최대 방전전류의 세기, 제어케이블에 의한 전압강하, 경년에 의한 용량의 감소, 온도 변화에 의한 용량 보정 등을 고려하여 종합적으로 계산되어져야 하는데, 거치식 축전지의 용량 산출은 다음 식을 사용한다.

$$C = \frac{1}{L}[K_1 I_1 + K_2(I_2 - I_1) + K_3(I_3 - I_2) + \cdots + K_n(I_n - I_{n-1})] \qquad (1 \cdot 13)$$

여기서, C : 25[℃]에 있어서의 정격 방전율 환산 용량[Ah]

L : 보수율(사용년수의 경과, 사용조건의 변동 등에 의한 용량 변화 보정값 : 0.8)

K : 방전시간 T(예상되는 최대부하시간, 방전 전류가 증감하는 경우에 일어나리라 예상되는 범위에서 되도록이면 방전의 끝부분에 큰 방전 전류가 오도록 한다.)와 축전지의 최대 온도 및 허용되는 최저 전압으로 정해지는 용량 환산시간(축전지의 표준특성곡선에서 구해진다.)

I : 방전 전류[A]

② 용량 산출의 보기

문 다음과 같은 조건하에서 축전지의 용량을 산출하여 보라.

ⓐ 부하특성 : 그림 1.40과 같이 방전 전류가 시간에 따라 증가한다.

ⓑ 경년 용량 저하율 : 0.8

ⓒ 최저 축전지 온도 : 5[℃]

ⓓ 허용 최저 전압 : 1.06[V/cell]

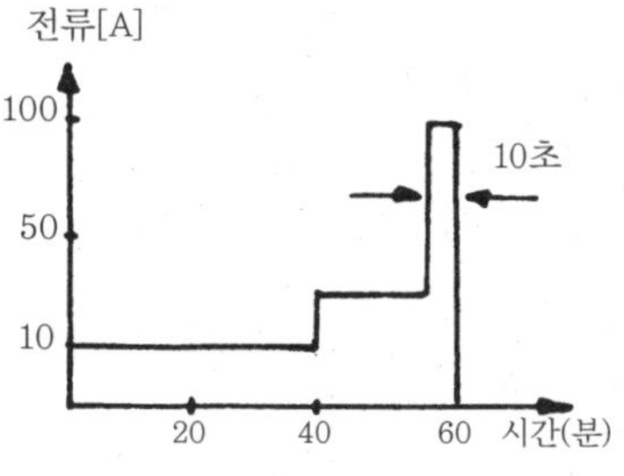

그림 1.40 부하특성

풀이 조건이 주어지면, 일반식에서

$L=0.8$

$I_1=10$, $I_2=20$, $I_3=100$

최저 축전지 온도 5[℃]의 소결식 알칼리 축전지의 표준특성곡선에서 $T_1=60$, $T_1=20$, $T_1=0.167$(10초)일 때의 $K_1=1.45$, $K_2=0.69$, $K_3=0.25$가 얻어진다.

$$C=\frac{1}{L}[K_1 I_1+K_2(I_2-I_1)+K_3(I_3-I_2)$$

$$=\frac{1}{0.8}[1.45\times 10+0.69(20-10)+0.25(100-20)]$$

$$=51.8\,[Ah/5h]$$

따라서 5[h], 51.8[Ah] 이상인 축전지를 선정할 필요가 있으며, 소결식 알칼리 축전지의 60[Ah]를 사용하면 된다.

(4) 축전지의 충전 방식

축전지의 사용중에 충전은 물의 보충과 함께 수명이나 방전의 가부를 결정하는 요소가 되므로 신중히 다루어야 하는데, 이러한 사용중의 충전 방식에는 다음의 5가지가 있다.

① 보통 충전

필요할 때마다 표준 시간율로 소정의 충전을 하는 방식

② 급속 충전

비교적 짧은 시간에 보통 충전 전류의 2~3배의 전류로 충전하는 방식

③ 부동 충전(浮動充電)

축전지의 자기 방전을 보충함과 동시에 사용 부하에 대한 전력 공급은 충전기가 부담하되, 충전기가 부담하기 어려운 일시적인 대전류 부하는 축전지로 하여금 부담하게 하는 방식이다.

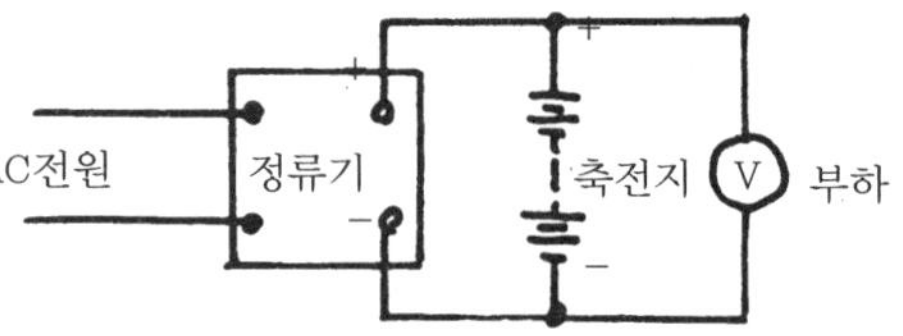

그림 1.41 부동 충전식 충전회로

이 방식은 일반적으로 거치용 축전지 설비에서 가장 많이 채용되는 방식으로 그 충전회로를 그림 1.41에 나타낸다.

④ 균등 충전(均等充電)

부동 충전 방식에 의하여 사용할 때 각 전해조에서 일어나는 전위차를 보정하기 위하여 1~3개월마다 1회, 정전압으로 10~12시간 충전하여 각 전해조의 용량을 균일화하기 위하여 행하는 충전 방식이다.

⑤ 세류 충전(細流充電)

자기 방전량만을 항상 충전시키는 부동 충전 방식의 일종이다.

(5) 축전지실

종래의 축전지실은 연 축전지를 대상으로 하였기 때문에 산무(酸霧)에 의한 부식을 방지할 목적으로 내산 처리를 필요로 하였다. 그러나 요즈음은 연 축전지의 경우 실드형, 벤드형 등 밀폐화된 구조이므로 산무의 발산이 거의 문제가 되지 않는다. 또한 알칼리 축전지도 유해한 가스를 발산하지 않으므로 축전지실이 필요하지 않은 경향이다. 따라서 앞에서 설명한 큐비클식이 널리 채용되고 있으며, 변전실, 기계실 등에 다른 기기와 함께 설치하기도 한다. 축전지실을 설치하는 경우에는 건축적, 전기적, 위생적인 면에서 다음과 같은 사항에 주의해야 한다.

① 진동이 없는 곳이어야 한다.
② 천장 높이는 2.6m 이상으로 한다.
③ 개방형 축전지의 경우 조명 기구 등은 내산형으로 한다.
④ 충전 중에 수소 가스가 발생되므로 배기 설비를 필요로 한다.
⑤ 충전기는 가급적 부하에 가까운 곳에 설치한다.
⑥ 축전지실의 전기 배선은 비닐 전선을 사용한다.
⑦ 축전지실에는 싱크를 시설한다.
⑧ 관계 법령의 기준에 맞도록 한다.

축전지의 배열은 보수·점검을 하는데 편리하도록 방의 크기를 정한다. 또한 축전지 가대(架臺)와 축전지실과의 간격은 다음 치수 이상을 확보함이 바람직하다.

① 축전지와 벽면과의 치수	1[m] 이상
② 축전지와 비보수측(非保守側) 벽면과의 치수	0.1[m] 이상
③ 축전지와 부속 기기 사이의 치수	1[m] 이상
④ 축전지와 입구 사이	1[m] 이상
⑤ 천장 높이	2.6[m] 이상

축전지 가대의 배치 예를 그림 1.42에 나타낸다.

(6) 축전지의 점검 및 유의 사항

축전지는 충전할 때 물의 전기분해($H_2O \rightarrow H_2 + \frac{1}{2} O_2$)로 인하여 수소 가스와 산소 가스를 발생한다. 물의 전기분해에 의한 이론적인 발생량은 1[Ah]의 전기량에서,

H_2 : 418[cc](0℃, 1기압), 464[cc](30℃, 1기압)

O_2 : 209[cc](0℃, 1기압), 232[cc](30℃, 1기압)

가 발생하고, 전해액 중의 수분 0.366[cc]가 줄어든다. 이 숫자는 100[A]가 흐를 때 수소·산소의 혼합가스는 전지 1개당 매분 대략 1[l]가 발생한다고 볼 수 있다. 발생가스량은 통과 전류의 크기에만 관계되고 전지의 형식, 전해액 농도와는 관계가 없다.

(a) 1단 배열

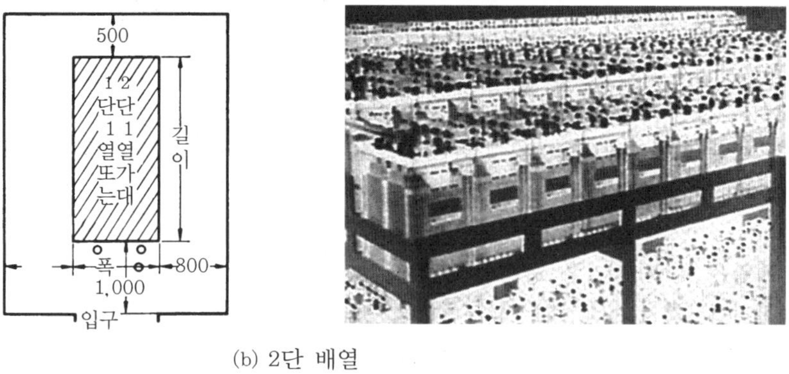

(b) 2단 배열

그림 1.42 축전지 가대의 배치 예

이와 같이 충전중 가연성 가스가 발생하므로 특히 화기에 주의해야 한다. 화재를 피하기 위한 보수상의 주의점은 다음과 같다.

① 화기를 가까이 하지 말 것.

② 축전지상에 철물을 놓아 단락의 원인이 되지 않도록 유의할 것.

③ 축전지를 청소할 때 정전기(靜電氣)로 인해서 불꽃이 일어나지 않도록 유의할 것(특히, 화학 섬유로 닦는 일은 절대 금물임).

④ 조임 부분이 놀지 않도록 할 것. 방폭형(防爆形) 마개를 할 것. 또는 방폭형 축전지일지라도 마개가 풀리면 가스가 나오는 경우가 있으므로 화기는 주의해야 한다.

축전지의 부동 전압 점검 및 전해액면 점검 등에 관한 사항을 그림 1.43과 표 1.26에 나타내며, 축전지의 고장 원인에 관한 사항을 표 1.27에 나타낸다.

표 1.26 축전지의 점검 사항

항 목	점검 · 시험내용, 방법	주 의 사 항
(1)부동충전상태의 감시 총 단자전압 측정	부동충전 방식에서는 상시 충전기와 부하가 병렬로 접속되어 있으므로 축전지의 총 단자전압을 측정한다. 0.5급 직류전압계를 사용한다.	부동 충전 전압이(기준값)×(셀 수) 배의 값일 것.
(2)충전중인 각 셀의 전압 측정	부동충전으로 오랫동안 사용하면 각 셀 속에는 전압이나 비중이 달라지는 것이 생긴다. 때문에 각 셀의 전압을 0.5급 직류 전압계로 측정한다.	각 셀의 전압은 기준값 ±0.05의 범위 내일 것.
(3)축전지 전해액의 온도 측정	알코올 온도계로 각 셀의 전해액온도를 측정한다.	전해액의 온도가 높으면 자기방전이 증대하여 극판의 부식, 만곡, 격리판의 탄화 등을 일으키기 쉽다.
(4)전해액의 액면 점검	축전지의 액면은 물의 분해, 증발 등에 의해 저하되므로 항상 규정 액면을 유지하도록 보급한다.	물을 보급하는 데는 정제수(증류수)를 사용한다.
(5)외관·구조의 목시점검	① 전조, 격리판, 뚜껑 등의 파손, 변형, 누액의 유무 등을 조사한다. ② 배기 콕, 액구 콕의 이상 유무 ③ 먼지 등에 의한 오손의 유무 ④ 가대의 파손, 산부식, 내진장치의 양부 등을 점검한다. ⑤ 단자, 도체의 점검, 단자부의 부식, 체결부의 이완 등을 조사한다.	① 오손되어 있을 때에는 미온수로 적신 직포로 닦아낸다. 신너, 벤젠, 알코올 등은 절대로 사용하지 않을 것. ② 녹이 발생되었을 때에는 닦아낸 다음 방청유를 도포한다. ③ 단자부의 이완조임을 한다. 이완조임을 할 때에는 단락시키지 않을 것.
(6)비중 측정	① 납축전지에서는 완전충전상태에 있는 경우는 전해액의 비중이 20℃에서 1.215±0.01이다. 방전하면 방전량에 비례하여 비중이 저하되므로 비중을 측정하여 방전량을 알 수 있다. ② 비중을 측정하는 데에는 흡입비중계를 사용하고 전해액을 흡입액면 수준과 측정자의 눈높이를 동일하게 하여 눈금을 판독한다.	① 납축전지의 비중 변화는 다음의 화학반응에 따라 방전하면 물을 생성한다. $PbO_2+2H_2SO_4 \xrightarrow{\text{방전}} 2PbSO_4+2H_2O$

표 1.26 (계속)

	③ 비중을 측정하는 동시에 액온을 측정한다. ④ 측정한 비중과 액온으로 다음 식에 의거, 20℃ 비중을 계산한다. $S_{20}=S_t+0.0007(t-20)$ S_{20}:20℃의 비중 S_t:t℃로 측정한 비중 t : 측정시의 온도[℃]	② 액온 측정에는 알코올 온도계를 사용한다. 수은 온도계는 파손되었을 때 수은이 전해액에 혼합되면 악영향을 준다. ③ 비중계나 온도계는 납축전지용과 알칼리 축전지용을 공용하지 않을 것.

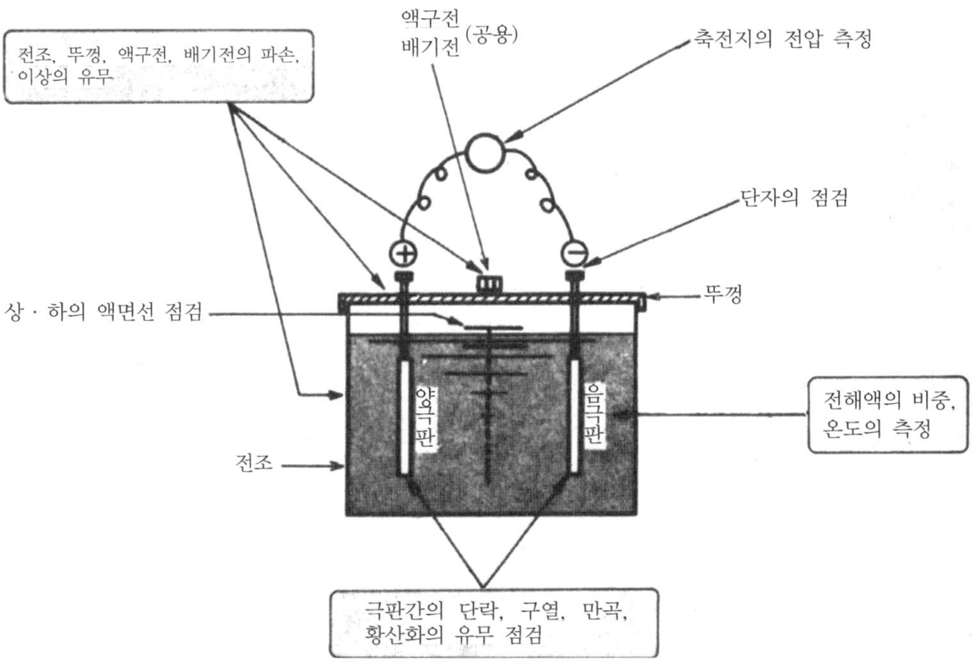

그림 1.43 축전지의 점검 및 시험 방법

표 1.27 축전지의 고장 원인

고 장 의 상 황	원 인
① 충방전 중 단자, 접속부의 변색, 온도 상승	① 접속부의 체결 불완전
② 충전중 비중이 낮다.	② 충전전압이 낮다. 균등 충전 부족
③ 어느 셀만 비중, 전압이 극단적으로 낮다.	③ 극부 단락
④ 충전중 비중이 낮고 전압이 높다.	④ 황산화, 충전부족, 극판 노출, 불순물 침입
⑤ 비중이 너무 크고, 전압은 정상	⑤ 액면 저하, 보수(補水)시 희황산의 혼입
⑥ 전해액 변색, 전압, 비중 저하	⑥ 전해액에 불순물 혼입
⑦ 전해액의 감소가 빠르다.	⑦ 충전전압이 높다. 실온이 높다. 전조의 누액
⑧ 극판의 활성물 탈락	⑧ 과충전, 고온 사용, 고비중, 불순물 혼입
⑨ 완전 충전시 액이 탁해진다. 용량 감퇴	⑨ 극판 부식, 활성물 탈락
⑩ 전조, 뚜껑의 파손	⑩ 수송, 외부로부터의 충격

연습문제

1. 수전 설비의 구비조건은 무엇인가?
2. 수변전 설비의 기기에는 어떠한 종류들이 있는가?
3. 자가변전 설비는 법규상 어떻게 정의되어 있는가를 설명하라.
4. 3상부하인 경우 단상 변압기와 3상 변압기를 사용하는 경우에 각각의 장단점을 비교하라.
5. 변전실 내의 기기 배치의 조건은 무엇인가?
6. 교류 차단기와 직류 차단기의 종류를 들고 최근의 경향을 설명하라.
7. 어느 빌딩의 부하설비용량이 2,000[kW], 부하의 역률은 90[%], 수용률은 65[%]이다. 수전설비용량을 계산하라.
8. 큐비클식 고압 수전설비의 종류를 들고 설명하라.
9. 수전 전압과 계약 전력의 관계를 설명하라.
10. 수전 인입방식을 열거하고 각 특징을 비교 설명하라.
11. 예비 전원을 필요로 하는 설비에 대하여 설명하라.
12. 축전지의 종류를 조사하라.
13. 축전지의 충전 방식을 설명하라.
14. UPS와 CVCF란 무엇인가?
15. 무정전 전원장치의 필요성과 용도에 대하여 설명하라.
16. 축전지실에 요구되는 사항은 무엇인가?

제 2 장

배선설비

2.1 전기 방식
2.2 간 선
2.3 분전반
2.4 분기 회로
2.5 배선 전선
2.6 배선 기구, 재료 및 공구
2.7 배선 공사 방법
* 연습문제

빌딩 내의 수변전 설비로부터 부하설비(조명등, 전동기 등) 등에 전기를 보내주는 역할을 하는 것이 배선설비(配線設備)이다.

2.1 전기 방식

일반 가정용 전등과 전기 기기는 현재 220[V]로 공급받고 있으며, 기존의 110[V] 공급지역에서는 단상 3선식으로 110/220[V]로 병용해 사용하고 있다.

저압으로 수전하는 업무용 빌딩이나 소규모 공장에서는 전압 강하, 전력 손실, 설비비 등을 고려해 단상 교류는 220[V], 3상 교류는 380[V]를 사용하게 되지만, 고압으로 수전하는 대형 빌딩이나 공장에서는 자가용 변전 설비를 사용해 사용하기에 적합한 전기 방식 및 전압으로 낮추어서 건물 내에 공급하고 있다.

일반적으로 배선 설비의 전기 방식에는 단상 2선식, 단상 3선식, 3상 3선식, 3상 4선식 등이 있는데, 이들을 표 2.1과 그림 2.1에 나타낸다.

표 2.1 전기 방식과 주요 사용처

전 기 방 식	대지전압	주 요 사 용 처
단상 2선식 110[V]	110[V]	백열등, 형광등(400W 미만), 가정용 전기기계기구
단상 2선식 220[V]	220[V]	형광등(400W 이상), 대형 사무기기, 단상 전동기, 공업용 전열기
단상 3선식 110/220[V]	110[V]	대형 주택, 전전화(全電化)주택, 상점, 빌딩, 공장 등의 간선 회로
3상 3선식 220[V]	220[V]	전동기(37kW 정도까지), 공업용 전열기, 빌딩 · 공장 등의 동력 회로
3상 4선식 220/380[V]	380[V]	대형 빌딩 · 공장 등의 간선 회로

전기 배선 설비에 있어서 전압에는 대지 전압과 선간 전압이 있다.

그림 2.1과 같이 2종 접지되어 있는 전선과 다른 전선간의 전압을 대지 전압(voltage to ground)이라 하고, 접지선 이외의 전선과 전선 사이의 전압을 선간 전압(line voltage)이라 한다.

다음은 그림 2.1에 나타낸 각각의 전기 방식에 대해 알아보기로 한다.

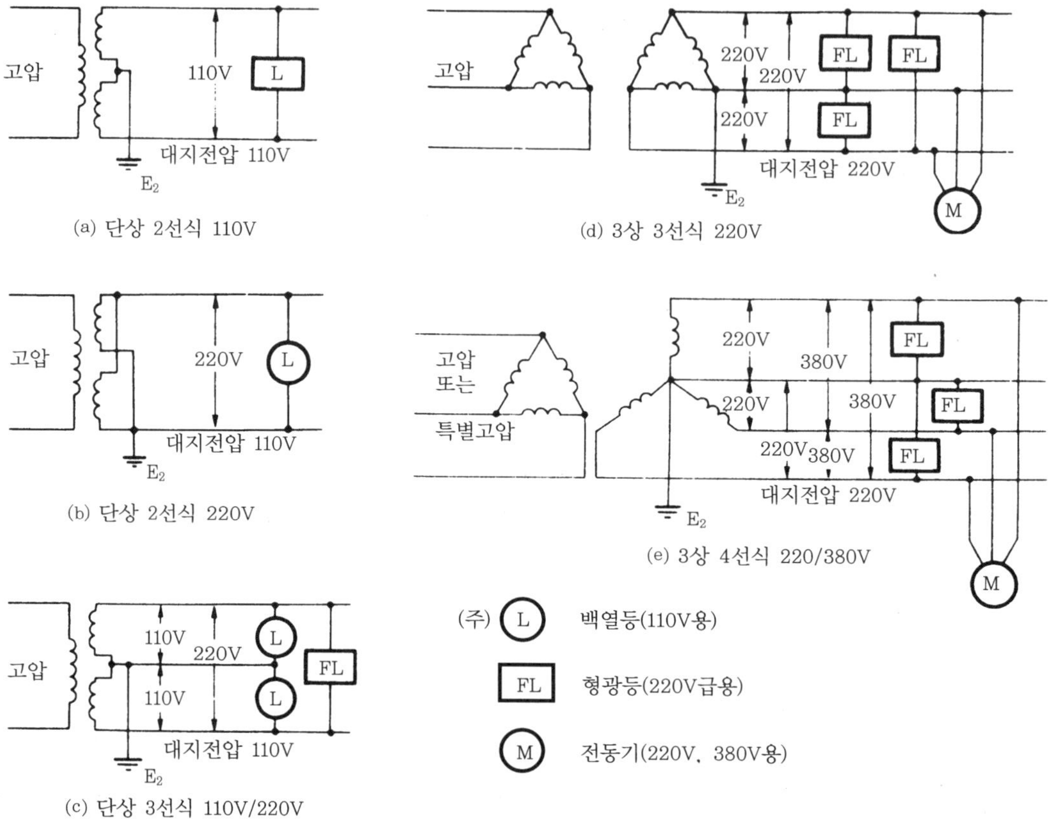

그림 2.1 전기 방식의 종류

2.1.1 단상 2선식 110[V]

과거에는 이 방식을 많이 사용했으나 최근에는 점차 110[V] 사용을 줄여 나가는 동시에 모든 가전제품의 110[V] 제작을 법적으로 금지시키고 있다. 그러나 개인용 컴퓨터 기기, 과거에 생산된 가전제품, OA 기기용 등 수용가에 따라 110[V] 전압이 필요한 경우에는 강압용 소형 변압기를 사용하고 있다.

2.1.2 단상 2선식 220[V]

전열기기, 단상 전동기, 형광등과 같은 부하에 사용되는 전기 방식이다.

만약 옥내 배선에 이 방식을 사용할 경우에는 배선의 대지 전압을 150[V] 이하로 낮추거나 누전 차단기를 설치해야 한다.

2.1.3 단상 3선식

단상 2선식 110[V]의 배선은 용량이 클 경우 전선의 양이 커지므로 비경제적이다. 그러므로 전류를 줄이기 위해 회로의 전압을 220[V]로 하고, 다른 한편에서는 110[V]의 전압을 얻을 수 있도록 하는 방식이다.

이 방식은 중성선과의 전압은 각각 110[V]이고, 양쪽 선로간의 전압은 220[V]가 되므로 두 가지 전압을 얻을 수 있는 것이 장점이다.

2.1.4 3상 3선식

빌딩이나 공장 등에 시설되는 전동기의 전원으로는 이 방식을 사용하고 있다.(0.2~37[kW] 범위)

이 방식은 각 상간의 전압이 모두 220[V]이고, 일반적으로 한 상을 접지해서 사용하므로 대지 전압은 220[V]가 된다.

2.1.5 3상 4선식

이 전기 방식은 120/208[V], 220/380[V], 254/440[V]의 세 종류가 있다.

(1) 120/208[V] 방식

중선선과 각 상간의 전압을 120[V]이고, 각 상간의 선간 전압은 208[V]이므로 단상 전등 부하와 3상 동력 부하에 전력 공급이 가능하다. 이 방식은 미국에서만 사용하며, 큰 건물에서 시설비 절감을 위해 사용되는 경우가 있다.

(2) 220/380[V] 방식

전등 부하는 220[V]를 사용하고 동력 부하는 380[V]를 사용할 수 있으므로 우리나라는 승압 계획에 따라 이 방식을 주로 사용하고 있다.

표 2.2 각종 전기 방식의 비교

비교 조건	전력손실 동일	전류밀도 동일		전선굵기 동일	
비교항목 / 전기방식	동량비	손실비	동량비	손실비	동량비
단상 2선식	100	100	100	100	100
단상 3선식	37.5	50	75	25	150
3상 3선식	75	86.6	86.6	50	150
3상 4선식	33.3	50	66.7	16.7	200

(3) 254/440[V] 방식

한국 전력에서는 공급하지 않고 자가용 설비에서 사용하는 방식이다.

위에서 열거한 각종 전기 방식을 전력 손실을 같게 한 경우, 전류 밀도를 같게 한 경우, 전선의 굵기를 같게 한 경우의 세 가지 항목에 대하여 비교한 것을 표 2.2에 나타낸다.

2.2 간 선

2.2.1 간선의 정의

건축 전기 설비에는 전기 에너지를 공급하기 위한 전력 간선(電力幹線)과 통신계통의 주요 부분을 구성하는 통신 간선(약전간선X弱電幹線〉 이라고도 한다)이 있으나, 여기서는 전력 간선에 대해 다루기로 한다.

건축물 내에서 사용되고 있는 전력은 전력회사를 통해 수전하는 전력, 자가 발전기에 의한 전력, 축전지에 의한 전력 등을 들 수 있으나 전력회사로부터 수전하는 전력이 대부분이다. 이러한 전력은 변압기 · 배전반 등의 수변전 설비를 경유하여 건물 내의 각 수용(需用) 장소에 설치한 동력 제어반 · 전등 분전반 등으로 배전되어, 그곳으로부터 조명 기구 · 콘센트 · 전동기 등의 전력 부하(電力負荷)로 공급된다.

일반적으로 간선(幹線, feeder)이란 빌딩 내의 수변전 설비 등의 전원측에서 전등 분전반, 동력 제어반까지의 배선 선로를 말한다.

그림 2.2에서 전등 분전반 또는 동력 제어반으로부터 각 부하에 이르는 배선인 분기회로를 살펴볼 때, 1개의 간선에는 많은 분기 회로가 연결되어 있으므로 전력 공급면에서 볼 때 간선 설비는 매우 중요함을 알 수 있다. 따라서 간선에서 고장이 발생하면 분기 회로에서 고장이 났을 때보다 그 피해는 매우 넓은 범위에까지 미치게 되므로 간선 설계시에는 높은 공급 신뢰도를 갖도록 다음의 사항을 고려해야 한다.

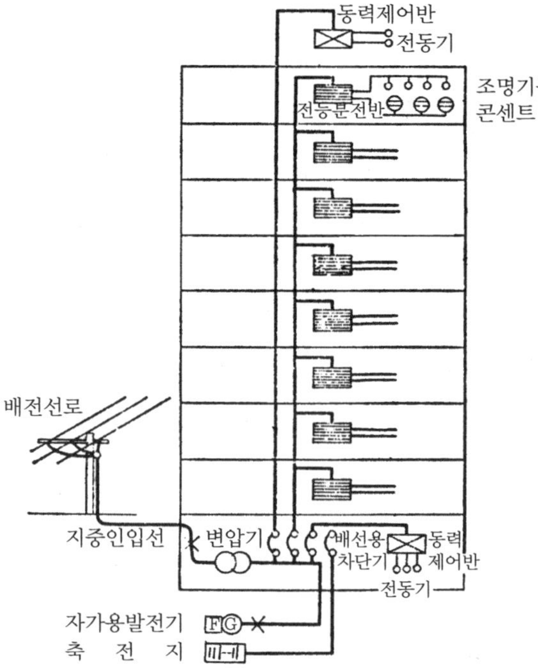

그림 2.2 간 선

(1) 전선의 허용 전류

전선의 허용 전류(allowable current)는 도체를 피복한 절연물의 최고 사용온도를 기준으로 하여 계산되고 있다. 즉 도체에 발생되는 줄열은 도체 주위의 절연물을 통해서 대기중으로 방열되므로 절연 물질이 어느 정도의 온도까지 절연 성능을 유지할 수 있는가가 중요하다. 각 전선의 허용 전류값을 일일이 계산하기란 많은 시간과 노력이 필요하므로 비닐전선이나 케이블 등 많이 사용되는 전선에 대해는 표에 주어진 값을 이용한다.

(2) 전선의 전압 강하

전선이 허용할 수 있는 전압 강하(voltage drop)는 그 회로의 공칭전압 값의 2[%] 정도로 고려해 준다. 그리고 장래의 변경 및 증설 등을 고려하여 약간의 여유를 둘 필요가 있다.

(3) 전선의 기계적 강도

빌딩이 초고층이 되면 간선이 수직으로 부설되므로 수직 하중에 따른 무게를 견딜 수 있는 전선의 굵기는 물론, 별도의 지지 및 인장력 등이 있는 구조를 갖도록 기계적 강도를 고려하여 전선을 선정한다.

2.2.2 간선의 종류

간선의 종류는 그 사용 목적, 사용 전압, 배선 방식에 따라 분류할 수 있다.

(1) 사용 목적에 의한 분류

- 간선
  - 전등 간선
    - 일반 전등용 간선
    - 비상 전등용 간선
  - 동력 간선
    - 일반 동력 간선
    - 비상 동력용 간선
  - 특수용 간선
    - 전자계산기용 간선
    - 기타 특수용

① 전등 간선

조명 기구, 콘센트, 소형 전기기기 등에 전력을 공급하기 위한 것으로서, 일반 전등용간선과 비상 전등용 간선이 있다.

② 동력 간선

공기조화기, 급 · 배수 펌프, 엘리베이터, 에스컬레이터 등의 기기에 전력을 공급하기 위한 것으로서, 일반 동력용 간선과 비상 동력용 간선으로 분류된다.

③ 특수용 간선

전자계산기나 의료기기 등 중요한 기기에 높은 신뢰도를 주기 위해 설치하는 간선이다.

(2) 사용 전압에 의한 분류

- 간선
  - 저압 간선
    - 단상 3선식 : 110/220[V]
    - 3상 3선식 : 220[V]
    - 3상 4선식 : 120/208[V], 220/380[V], 254/440[V]
    - 직류 : 100[V]
  - 고압 간선
    - 3상3선식 : 6[kV](또는 3[kV])
  - 특별고압 간선
    - 3상 3선식 : 22.9[kV](비접지 방식)
    - 3상 4선식 : 22.9[kV](다중 접지 방식)

① 저압 간선

단상 3선식 110/220[V]는 전등 간선용으로, 3상 3선식 220[V]는 동력 간선용에 채택되고 있다. 3상 4선식은 전등과 동력의 공용 간선으로 사용되고, 직류 100[V] 간선은 비상등에 사용된다. 간선의 도체로는 비닐 절연 전선, 케이블, 버스 덕트 등을 사용한다.

② 고압 간선

하나의 건물 안에 2개소 이상의 변전소(전기실)가 있는 경우에 필요한 것으로서, 주 변전실과 부 변전실을 접속하는 1차측 간선으로 사용되며, 또한 대용량의 고압 기기에 전력을 공급하는 간선이다.

간선의 도체로는 케이블이나 버스 덕트를 사용한다.

③ 특별고압 간선

고압 간선과 같이 소내 변전소의 접속에 사용된다. 하나의 건물 내에 2개소 이상의 특별고압 변전소를 설치하는 것은 특히 규모가 큰 건물에 한하며, 초고층 빌딩의 경우는 이 방식을 채택한다.

간선의 도체로는 케이블이나 버스 덕트를 사용한다.

(3) 배선 방식에 의한 분류

간선
- 나뭇가지식
- 평행식
- 나뭇가지 평행식

① 나뭇가지식

그림 2.3(a)와 같이 배전반에서 나온 1개의 간선이 각 층의 분전반을 거치며, 부하가 감소됨에 따라 점차로 간선 도체의 굵기도 감소되므로 소규모 건물에 적당한 방식이다.

② 평행식

그림 2.3(b)와 같이 용량이 큰 부하 또는 분산되어 있는 부하에 대해 단독의 간선으로 배선하는 방식이다.

배전반으로부터 각 층의 분전반까지 단독으로 배선되므로 전압 강하가 평균화되고, 사고 발생시 파급되는 범위가 좁지만, 배선의 혼잡과 동시에 설비비가 많이 든다.

③ 나뭇가지 평행식

그림 2.3(c)와 같이 나뭇가지식과 평행식을 혼합한 배선 방식으로 부하가 집중되어 있는 층 부근에 분전반을 설치하여 다른 층의 분전반으로 배선하는 방식으로 이 방식이 많이 사용된다.

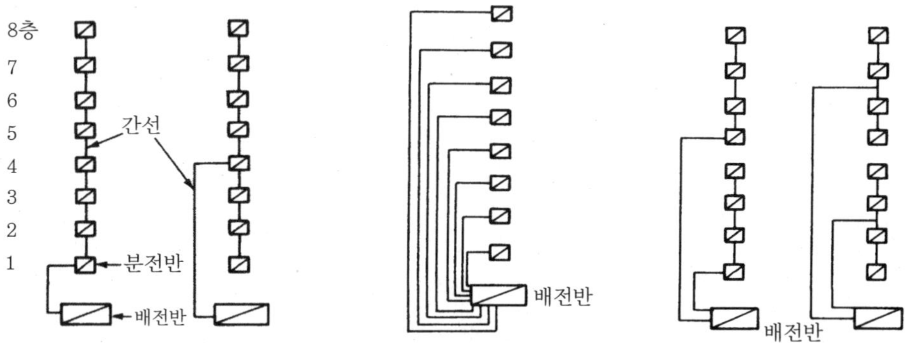

(a) 나뭇가지식 (b) 평행식 (c) 나뭇가지 평행식

그림 2.3 배선 방식에 의한 간선의 종류

그림 2.3의 경우는 대부분의 사무용 빌딩 등에서 사용되는 간선의 배선 방식인데, 주거용 공동 주택 등에 사용되는 간선의 배선 방식은 그림 2.4와 같이 수직 방식과 수평 방식의 2가지가 있다.

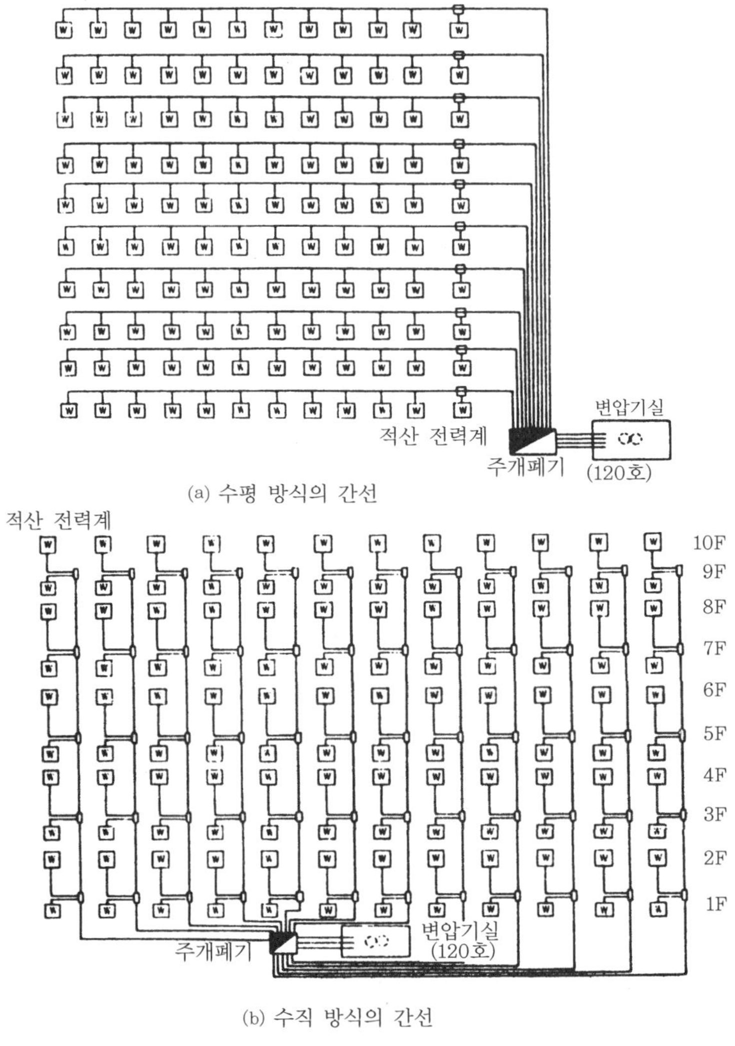

그림 2.4 공동주택의 간선

2.2.3 간선의 부설 방식

간선의 부설 방식은 간선용 배선 재료와 건물의 형태 등에 따라 달라진다. 보통 간선의 1 계통에는 수평 부설부분과 수직 부설부분이 있다.

케이블이나 비닐 절연 전선 등은 바닥에 설치된 배선용 피트(pit), 천장에서 내려오는 금속 덕트(duct), 케이블 래크 또는 전선관 등을 이용해 부설한다. 수직부설 부분은 보통 배선용 전용 샤프트 내에 부설하지만 소규모의 간선일 때는 벽 내부에 매입된 금속관을 통해 배선한다.

간선의 경로를 선정할 때 유의할 점은 공기 덕트, 급 · 배수관, 가스관 및 약전 설비 등의 관로와 중복 또는 교차에 대한 검토와 안전상 필요한 이격 거리의 확보, 완공 후 보수 작업의 용이성 등에 대해 충분히 검토되어야 한다.

이와 같은 간선의 부설 방식에는 피트, 금속 덕트, 케이블 래크, 금속관 등이 있는데 이들에 대하여 다루기로 한다.

(1) 배선용 피트

주로 전기실 · 발전기실 · 기계실 등 일반인의 출입이 적은 실내에 사용된다. 보통은 그림 2.5와 같이 실내의 바닥(일반적인 경우는 콘크리트 슬래브 위에 시공한 신더 콘크리트)에 소정의 폭으로 홈을 파고 내부는 모르타르로 마감한다. 홈의 덮개는 무늬가 있는 강판을 사용한다.

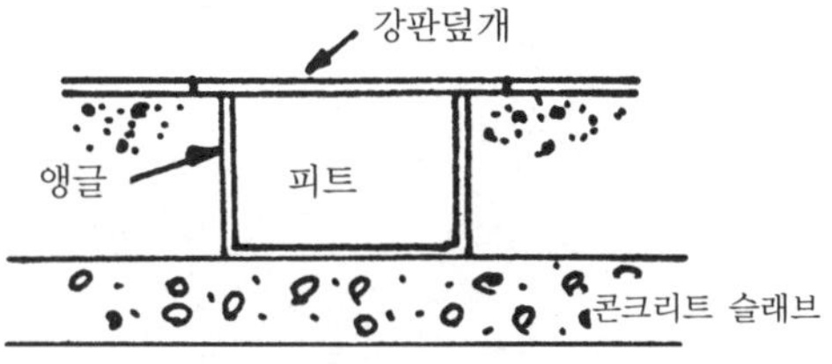

그림 2.5 배선용 피트

피트의 폭과 깊이는 그 속에 시설되는 케이블의 크기와 수에 따라 결정된다. 피트의 깊이는 콘크리트 슬래브 위에 시설한 신더 콘크리트의 두께와 같고 보통 200[mm]~300[mm] 정도이다. 폭은 그 속에 넣는 모든 케이블이 포개어지지 않고 일렬로 나란히 배열될 수 있는 정도로 한다.

(2) 금속 덕트

금속 덕트(duct)는 빌딩, 공장 등의 전기실에서 다수의 옥내 배선을 인출할 경우 등에 절연전선이나 케이블을 넣기 위해 사용하는 철판제 덕트이다. 금속 덕트 배선은 옥내의 건조한 곳으로 노출된 장소나 점검할 수 있는 은폐된 장소에 시설한다. 금속 덕트는 폭이 5[cm]를 넘고 두께가 1.2[mm] 이상인 철판으로서, 내면은 전선이나 케이블에 손상을 줄만한 돌기물이 없도록 견고하게 제작되어야 한다. 전선 피복이나 케이블이 손상되지 않도록 하기 위해 직각으로 구부러지는 부분은 그림 2.6과 같이 내각을 낮추도록 한다. 금속 덕트 내부에는 전선 및 케이블 어느 것이나 부설할 수 있다. 이때 덕트 내에 부설하는 모든 전선 및 케이블의 절연 피복을 포함한 단면적의 총합이 덕트 단면적의 20[%] 이하가 되어야 한다. 그리고 전선이나 케이블 부설시 포개어 지지 않도록 유의해야 하는데, 이는 방열 효과 및 보수 작업시 용이하기 때문이다. 특히 금속 덕트 내부에서는 전선이나 케이블의 접속은 할 수가 없으므로 접속이 필요한 개소에는 점검구를 설치해야 한다.

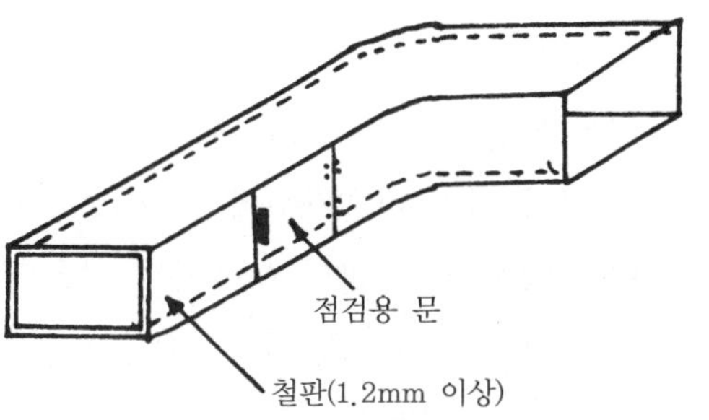

그림 2.6 금속 덕트

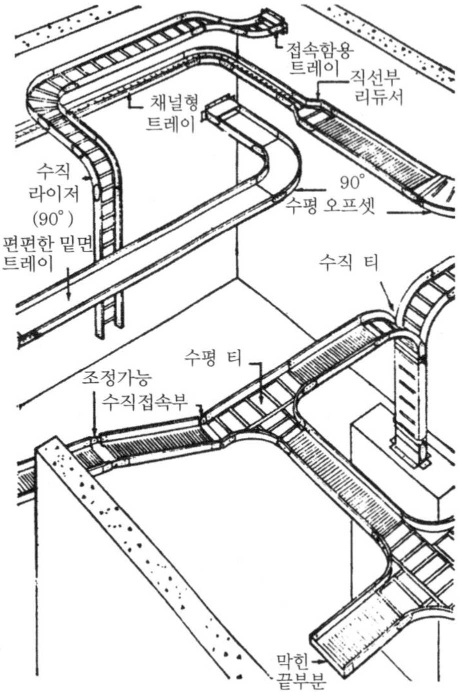

그림 2.7 케이블 래크

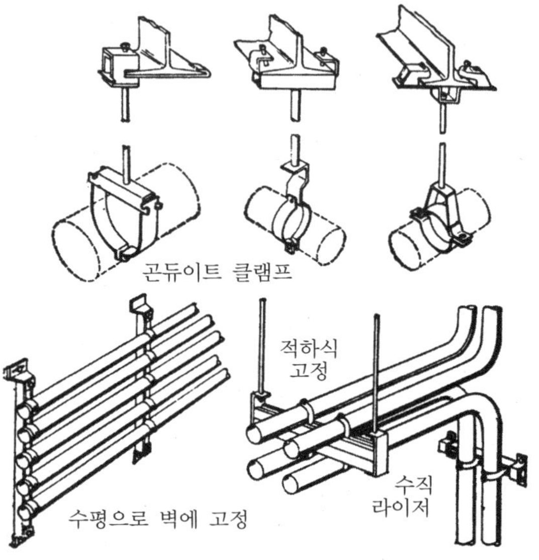

그림 2.8 금속관 공사

(3) 케이블 래크

케이블 래크(cable rack)는 그림 2.7과 같은 금속제 사다리식 전로재로서, 천장으로부터의 볼트로 고정시킨다. 또한 장소에 따라서 벽면에 볼트로 고정할 수도 있다. 케이블을 부설할 때는 케이블 래크 위에 부설하되, 밴드로써 케이블을 래크에 고정시킨다.

케이블 래크 위에는 절연전선을 부설할 수 없다. 케이블 래크에 부설된 케이블은 금속덕트와는 달리 케이블이 노출되어 있으므로 외력에 대해 보호할 수가 없지만 작업하기는 매우 쉽다. 따라서 부설 경로를 선정할 때는 이러한 점을 고려해야 한다.

(4) 전선관

전선관(電線管, conduit pipe)에는 금속관, 합성 수지관, 가요 전선관이 있는데, 어느 것이나 전기 설비 기술기준에 맞게 설치해야 한다.

이 중에서 가장 많이 사용되는 것은 금속관이다. 금속관의 두께는 콘크리트 내에 묻어서 사용할 경우 두께 1.2[mm] 이상, 그 외의 경우는 1[mm] 이상이어야 한다. 금속관에 부설되는 전선의 굵기와 가닥수 사이에는 전선의 절연 피복을 포함한 총 단면적이 금속관 내 단면적의 40[%] 이하가 되도록 규정하고 있다. 합성 수지관은 근래에 금속관 대용의 전로재로서 거의 금속관과 같은 정도로 공사에 사용되고 있다. 금속관과 다른 점은 파이프 재질이 절연물인 관계로 관로의 접지가 불필요하며, 또한 같은 회로의 전선을 각 상마다 분리해서 따로따로 관 내에 부설할 수도 있다는 이점이 있다. 가요 전선관은 금속관이나 합성 수지관과는 달리 구부리기가 매우 쉬운 전선관으로서, 간선의 분기점에서 분전반에 이르는 짧은 전로 등에 사용되며, 금속관의 부설 방식을 그림 2.8에 나타낸다.

(5) 풀 박스

풀 박스(pool box)는 금속관 배관시 경간이 너무 길거나 구부러지는 개소가 많아 절연전선의 배관내 입선이 용이하지 않는 경우 전선의 접속 목적이 아닌 단순한 입선 목적에만 사용되는 중간 박스를 말한다.

풀 박스의 크기를 결정하는 방법은 여러 가지인데 어느 것이든지 일종의 기준이라고 간주하는 것이 타당할 것이며, 박스를 설치하는 장소의 상황에 따라서 조정되어야 할 것이다.

풀 박스 내의 상태를 그림 2.9에 나타낸다.

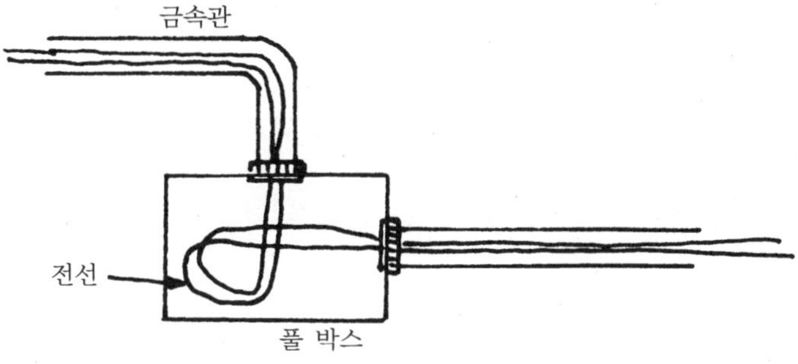

그림 2.9 풀 박스

2.3 분전반(分電盤)

분전반(panel board)은 간선과 분기 회로의 연결 역할을 하는 설비로 많은 형식이 있다.

분전반은 주개폐기, 분기 회로용 분기 개폐기나 자동 차단기를 한곳에 모아서 설치한 것이며, 분전반은 강판제 캐비닛형이 많이 사용되고, 개폐기로는 나이프 스위치(knife switch)나 배선용 차단기(molded case circuit breaker)가 주로 사용된다. 단상 3선식 110/220[V] 전압이 공급되는 빌딩용 분전반의 구조와 내부 결선도를 그림 2.10에 나타낸다. 그리고 단독 주택용 분전반을 그림 2.11에 나타내며, 단독 주택의 분전반은 누전차단기와 배선용 차단기(MCCB)로 이루어져 있다.

큰 규모의 건물에서는 분기 회로의 전선과 전선관의 치수가 크면 공사가 매우 어렵고 때로는 공사가 불가능한 것도 있으므로 분전반의 수를 많이 하고 분기 회로의 길이를 짧게 하는 것이 사고 범위를 축소시키고 공사를 유리하게 할 수 있다.

보통은 분전반 1개로 공급하는 범위는 1,000[m^2] 정도로 하기도 하고, 1개의 분전반에 넣을 수 있는 분기 개폐기의 수는 예비 회로를 포함하여 40회로(단, 2극의 것은 2회로로 계산한다), 예비 회로는 당초 사용회로의 30[%] 정도로 한다.

일반적으로 한 층에 분전반을 적어도 1개씩 설치하고, 될 수 있으면 분기 회로의 길이를 30[m] 이하가 되도록 위치를 선정하는 것이 바람직한데, 이를 그림 2.12에 나타낸다.

(a) 구성 부품

(b) 분전반의 외관

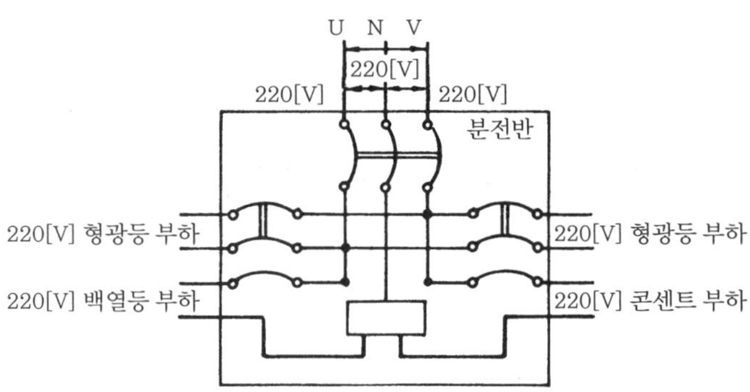

(c) 분전반의 결선 예

그림 2.10 빌딩용 분전반

(a) 분전반의 외관

배선용 차단기 누전 차단기

(b) 분전반의 구성 기기

그림 2.11 주택용 분전반

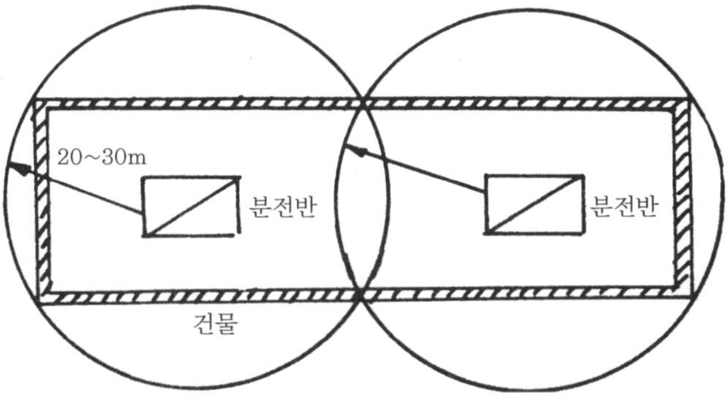

그림 2.12 분전반의 분기 회로 범위

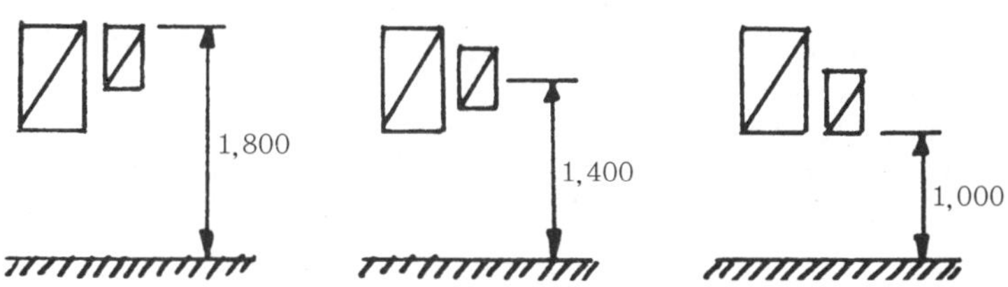

그림 2.13 분전반의 설치 높이

또한 보수나 조작에 편리하도록 복도 및 계단 부근의 벽에 설치하는 것이 보통인데 이를 그림 2.13에 나타낸다.

2.4 분기 회로(分岐回路)

분기 회로(branch circuit)란 분전반으로부터 전등이나 콘센트 등의 기기에까지 이르는 배선을 말한다(그림 2.14).

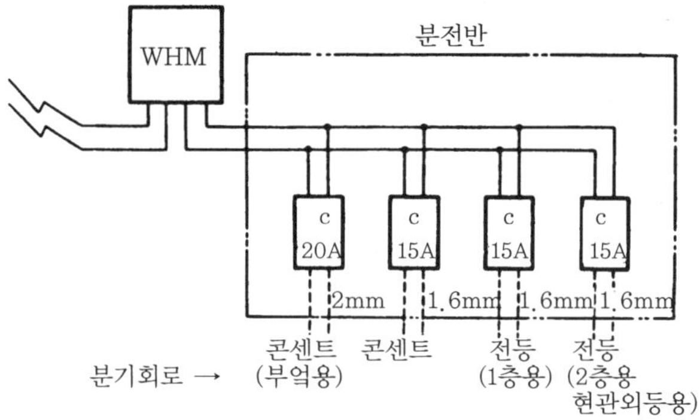

그림 2.14 분기 회로

전기 기기를 안전하게 사용함은 물론 고장이 났을 경우 파급되는 범위를 가능한 좁혀서 신속하게 복귀를 하기 위해 건물 내의 모든 부하는 분기 회로에서 사용되어야 한다.

분기 회로 공사에 대해서는 전기 설비 기술기준에 정해져 있으며, 분기 회로의 종류와 수구수 등에 대해 알아보기로 한다.

2.4.1 분기 회로의 종류

분기 회로의 종류는 15[A], 20[A], 30[A], 40[A], 50[A] 회로가 있으며 퓨즈, 배선용차단기의 차단 용량은 특수한 경우를 제외하고는 보호되는 모든 부분이 가장 가는 전선의 허용전류 이하로 해야 한다. 분기 회로의 종류를 표 2.3에 나타낸다.

표 2.3 분기 회로의 종류(전기설비기술기준 제196조)

분기 회로의 종 류	과전류 차단기의 정격전류	콘센트의 정격전류	나사 접속기 또는 소켓	전선 굵기
15A분기 회로 20A배선용차단기 분기 회로	15A 20A	15A 이하	· 나사형의 소켓을 공칭직경 39mm 이하의 것 · 나사형 이외의 소켓 · 공칭직경이 39mm 이하의 나사 접속기	1.6mm 이상
20A분기 회로	20A (퓨즈에 한함)	20A	· 할로겐 전구용 소켓	2.0mm 이상
30A분기 회로	30A	20~30A	· 백열전등용의 공칭직경이 39mm 소켓	2.6mm 또는 5.5mm^2 이상
40A분기 회로	40A	30~40A	· 방전등용의 공칭직경 39mm의 소켓 · 공칭직경이 39mm의 나사 접속기	8mm^2 이상
50A분기 회로	50A	40~50A		14mm^2 이상

(주) 룸에어컨디셔너 등의 전동기 전용회로에 시설된 콘센트의 정격전류는 본 표의 값에 관계없이 전동기의 정격전류 이상이 좋다. 분기점에서 1개의 접수구(콘센트를 제거)에 이르는 부분(길이 3m 이하의 경우에 한함)으로는 20A, 30A 분기 회로로는 2.0mm 이상으로 한다.

2.4.2 분기 회로의 수구수

분기 회로의 최대 수구수(受口數)는 표 2.4와 같으나, 전등 회로의 경우 접속 개수에 제한이 없지만 부하 전류 합계가 15[A]의 경우 80[%] 정도로 하고, 일반 콘센트 전용 회로는 일반 사무실 빌딩인 경우 7~8개에 1회로를 선정한다.

표 2.4 분기 회로의 최대 수구수

명 칭	종 별	최 대 수 구 수	
		주 택 아파트	기 타
15A 분기 회로	회로전등수구전용	무제한	무 제 한
	전등수구 콘센트 겸용	무제한	전등 무제한, 콘센트……10
	콘센트 전용	무제한	미용원, 세탁업 등에서 영업용 기기를 사용하는 점 내 콘센트 2개 이하로서 타실과의 겸용을 인정하지 않음
	220V 전기시계 전용	30	
	전구사인 및 전식 전용	100	
	가공전식 및 임시전등 전용	50	
20A, 30A 및 50A 분기 회로	전등대형 수구전용	수구 1개당 500VA 이상으로 할 것	
	콘센트 전용	1	

2.4.3 분기 회로 구성시 유의사항

① 복도, 계단 등은 될 수 있는 한 같은 회로로 한다.

② 같은 스위치로 점멸되는 전등은 같은 회로로 한다.

③ 같은 방, 같은 방향의 수구는 가능한 한 같은 회로로 한다.

④ 분기 회로는 별도의 분기 개폐기를 시설해 사고 범위를 축소시킨다.

⑤ 습기가 있는 장소의 수구는 가능하면 별도의 회로로 한다.

⑥ 전등과 콘센트는 별도의 회로로 구분하는 것을 원칙으로 하며, 단 소규모 주택은 예외로 한다.

⑦ 분기 회로의 전선 길이는 전압 강하와 시공을 고려해 30[m] 이하로 하고, 분기 회로 전선의 굵기도 8[mm^2] 이하의 것을 사용한다.
전선관의 굵기도 28[mm] 이하를 사용하도록 한다.

⑧ 부하 계산의 예상이 어려운 사무실, 상점, 큰 건물에서는 36[m^2]마다 1회로로 구분한다.

2.5 배선 전선

배선 설비에 사용되는 전선에는 많은 종류가 있는데, 이 중에서 적당한 전선을 선택하기 위해서 다음과 같은 사항들을 고려해야 한다.

2.5.1 전선의 선택시 고려사항

배선 설비에 사용되는 전선의 규격을 결정할 때 중요한 3요소로는 허용 전류, 전압 강하, 기계적 강도를 들 수 있다.

(1) 허용 전류

전선에 전류가 흐르게 되면 반드시 전류의 제곱에 비례하는 줄열이 발생한다. 이 때 발생되는 열은 전도, 대류, 복사 등으로 방열되는데, 이 때 발생한 열에 의해 전선의 온도가 상승한다. 그러므로 전선에 흐르는 전류가 어느 한도를 넘게 되면 열로 인해 전선의 절연물이 손상되고, 때로는 감전 및 화재의 원인이 되므로 이러한 위험을 방지하기 위해 전선의 굵기 및 공사 방법에 따라 절연물의 손상 없이 안전하게 흘릴 수 있는 최대 전류의 값을 허용 전류(allowable current)라고 한다.

일례로서 코드 및 비닐 절연 전선의 허용 전류를 각각 표 2.5와 표 2.6에 나타낸다.

표 2.5 비닐 코드의 허용전류

허용전류[A]	심 선 굵 기	
	소선수/지름[mm]	단면적[mm^2]
7	30/0.18	0.75
12	50/0.18	1.25
17	37/0.26	2.0
23	45/0.32	3.5
35	70/0.32	5.5

· 내선규정 표 1.9

표 2.6 비닐 절연 전선의 허용전류

지름[mm]	허용 전류[A]	
	옥내용	옥외용
1.2	19	19
1.6	27	27
2.0	35	35
2.6	48	48
3.2	62	63
4.0	81	83
5.0	107	110

· 600V용

전선의 굵기를 선정함에 있어서 기계적 강도와 전압 강하를 고려했어도 절연 전선이 금속관 공사나 경질비닐관 공사 등에 사용될 때는 애자사용 공사에 비해 전선의 방열이 불량하고, 같은 관 내에 넣는 전선의 수가 많아질수록 관 내의 온도가 높아진다. 그러므로 같은 관 내에 넣는 전선 수에 따라 허용 전류를 계산해 표로 나타낸 것이 표 2.7과 표 2.8이다.

표 2.7 600V IV를 금속관 공사시 전선의 허용전류 (주위온도 30℃ 이하)

도	체		동일관 속에 넣는 전선수			
단 선 연선별	공 칭 단면적 [mm]	소선수 /지름 [mm]	3이하	4	5~6	7~15
			허용전류[A]			
단선		1.2	13	12	10	9
		1.6	19	17	15	13
		2.0	24	22	19	17
		2.6	33	30	27	23
		3.2	43	39	34	30
연선	5.5	7/1.0	34	31	27	24
	8	7/1.2	42	38	34	30
	14	7/1.6	61	55	49	43
	22	7/2.0	80	72	64	56
	30	7/2.3	97	87	78	68
	38	7/2.6	113	102	90	79
	50	19/1.8	133	119	106	93
	60	19/2.0	152	136	121	106
	80	19/2.3	180	162	144	126
	100	19/2.6	208	187	167	146
	125	19/2.9	241	216	192	168
	150	37/2.3	276	249	221	193
	200	37/2.6	328	295	262	230
	250	61/2.3	389	350	311	272
	325	61/2.6	455	409	364	318
	400	61/2.9	521	469	417	365
	500	61/3.2	589	530	471	412

(주) 1. 케이블 및 캡 타이어 케이블의 경우에는 심선수로 한다.
2. 본 표에 있어서 중성선, 접지선은 동일관 내에 넣는 전선 수에는 계산하지 않는다.
3. 최고 허용온도는 60[℃]

표 2.8 경질비닐관 공사시 전선의 허용전류 (주위온도 30℃ 이하)

도	체		동일관 속에 넣는 전선수			
단 선 연선별	공 칭 단면적 [mm]	소선수 /지름 [mm]	3이하	4	5~6	7~15
			허용전류[A]			
단선		1.2	11	10	8	7
		1.6	16	14	12	10
		2.0	21	18	16	13
		2.6	29	25	22	18
		3.2	37	33	28	24
연선	5.5	7/1.0	29	26	22	19
	8	7/1.2	36	32	28	23
	14	7/1.6	53	46	40	34
	22	7/2.0	69	61	53	45
	30	7/2.3	83	73	64	54
	38	7/2.6	97	86	74	63
	50	19/1.8	114	100	87	74
	60	19/2.0	130	115	100	84
	80	19/2.3	154	136	118	100
	100	19/2.6	179	158	137	116
	125	19/2.9	206	182	158	134
	150	37/2.3	237	209	181	154
	200	37/2.6	281	248	215	183
	250	61/2.3	333	294	255	217
	325	61/2.6	390	344	299	253
	400	61/2.9	447	395	342	290
	500	61/3.2	505	446	387	328

(주) 최고 허용온도는 60[℃]

(2) 전압 강하

전원에서 공급해준 전압보다 부하에 실제로 걸리는 전압은 낮아지게 된다. 이것은 전류가 전선을 통해 흐르는 사이에 임피던스에 의해 전압이 떨어지기 때문인데, 이를 전압 강하(voltage drop)라고 한다.

실제로 정격 전압에 대해 부하에 공급되는 전압이 1[%] 강하하면, 백열전구의 광속은 3[%] 감소하고, 형광등의 광속은 1~2[%] 감소하고, 유도 전동기의 토크는 2[%] 감소하고, 전열기의 발열량은 2[%] 정도 감소하게 된다.

따라서 옥내 배선의 전압 강하는 될 수 있는 한 작게 해야 하지만, 경제성 등을 고려해 대개 인입선에서 1[%], 간선에서 2[%], 분기 회로에서 2[%] 이하가 되도록 정하고 있다. 다만, 배선의 길이가 60[m]를 넘는 경우의 허용 전압 강하는 표 2.9에 따를 수 있다.

표 2.9 60m 이상 전선의 허용 전압 강하

공급변압기의 2차측 단자 또는 인입선 접속점에서 최원단의 부하에 이르는 사이의 전선의 길이[m]	전 압 강 하 [%]	
	사용장소 내에 설치한 변압기에서 공급하는 경우	전기사업자로부터 저압으로 전기의 공급을 받고 있는 경우
120 이하	5 이하	4 이하
200 이하	6 이하	5 이하
200 초과	7 이하	6 이하

(3) 기계적 강도

배선 공사 중 단선 등의 어려움이 있거나 특수한 경우를 제외하고는 직경이 1.6[mm] 이상인 연동선이나 동등 이상의 기계적 강도를 갖는 전선을 허용 전류, 전압 강하 등을 고려해서 선택하여 사용한다.

2.5.2 전선의 종류

우선 전선을 그 형태와 용도에 따라 크게 분류하면 다음과 같다.

- 전선의 형태
  - 단선
  - 연선
- 전선의 용도
  - 절연전선
  - 코드
  - 케이블

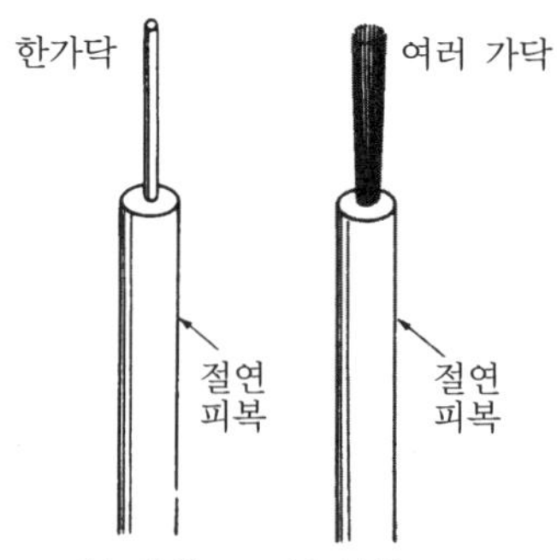

(a) 단선 (b) 연선

그림 2.15 단선과 연선

(1) 단선과 연선

① 단선

전선의 도체가 한 가닥으로 된 전선을 말하는데 전선의 굵기는 지름을 [mm]로 나타내며, 주로 2.0[mm] 이하의 것이 많이 사용되는데 가요성이 적다.

② 연선

전선의 도체가 여러 가닥으로 꼬아져서 된 전선을 말하는데, 전선의 굵기는 도체의 단면적을 [mm^2]로 나타내거나 또는 소선의 가닥수와 소선의 지름으로 나타내기도 한다. 연선은 가요성이 풍부하다.

(2) 절연 전선의 종류

절연 전선(insulated wire)이란 도체의 표면에 절연물로 피복을 한 것이다.

전기를 통하지 않게 하는 절연물로서 많이 사용되는 것은 합성수지, 면, 고무 등이다. 절연물은 강도가 크면서도 유연하고, 절연 저항 및 내열성이 큰 것이 필요하며, 사용 장소에 따라서는 내산성이나 내유성 등이 요구된다. 옥내에 쓰이는 절연 전선의 종류를 그림 2.16에 나타내며 이들의 특징과 용도에 대해 각각 설명하기로 한다.

① 옥외용 비닐 절연 전선

OW전선(out-door weather proof polyvinyl chloride insulated wire)이라고도 부르며, 단심의 전선으로서 경동선(硬銅線) 또는 경동 연선 위에 내후성(耐候性)이 좋은 비닐 절연물로 피복을 한 것이며, 저압의 가공 배전 선로에 사용된다.(그림 2.16a)

② 인입용 비닐 절연 전선

DV전선(polyvinyl chloride insulated drop wire)이라고도 부르며, 경동선 또는 경동연선 위에 비닐 절연 피복을 한 다심(多心)의 전선으로, 저압의 가공 인입선로에 사용된다.(그림 2.16b)

③ 600[V] 비닐 절연 전선

IV전선(indoor polyvinyl chloride insulated wire)이라고도 부르며, 흔히 PVC전선이라고 하는데, 단선 또는 연선의 도체 위에 비닐을 피복한 것으로, KS C 3302에서 정한 바에 따라 600[V] 이하의 옥내 배선에 아주 널리 사용되고 있다.(그림 2.16c)

④ 600[V] 2종 비닐 절연 전선

HIV전선(heat resistance indoor polyvinyl chloride insulated wire)이라고도 부르며, 경동선 또는 연동선의 단선이나 연선 위에 내열성이 있는 비닐을 피복한 것으로, IV전선의 최고허용온도가 60[℃] 정도인데 비해 HIV전선은 75[℃]까지 허용되므로 내열성이 요구되는 옥내 배선에 사용된다.(그림 2.16d)

⑤ 600[V] 고무 절연 전선

RB전선(rubber insulated wire)이라고도 부르며, 경동선 또는 연동선의 단선이나 연선에 주석 도금을 하고 천연 고무를 사용해 절연 피복한 후 종이 테이프나 면 테이프를 감은 후

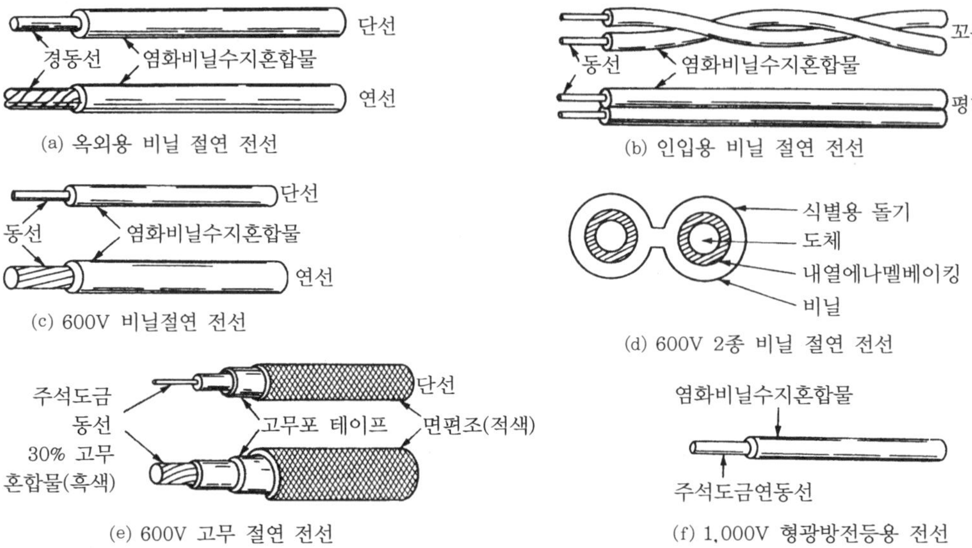

그림 2.16 절연 전선의 종류

합성 섬유로 편조하고 방습용 도장을 실시한 것으로, KS C 3301에 정한 바에 따라 600[V] 이하의 옥내 배선용이기는 하나, 최근에는 별로 사용하지 않는다.(그림 2.16e)

⑥ 1,000[V] 형광방전등용 전선

단면적 0.75[mm^2]의 연동선을 주석 도금하고 염화비닐 수지로 절연 피복한 것으로, 형광방전등의 고압측에 사용되고 있다.(그림 2.16f)

⑦ 옥외용 가교 폴리에틸렌 절연 전선

OC전선(outdoor crosslinked polyethylene insulated wire)이라고도 부르며, 옥외에서 고압의 가공 전선로에 사용된다.

(3) 코드의 종류

표 2.10 코드의 굵기

소선수/지름	단면적[mm^2]	허용전류[A]
30/0.18	0.75	7
50/0.18	1.25	12
37/0.26	2.0	17
45/0.32	3.5	23
70/0.32	5.5	35

코드(cord)란 가는 연동선을 여러 가닥 꼬아서 묶음을 만들고, 그 위에 비닐이나 면이나 고무 등의 절연물로 피복을 한 전선으로 휘기가 쉽고 기계적 강도가 크기 때문에 전기기구를 접속하는데 널리 쓰인다.

코드의 굵기는 표 2.10에서와 같이 소선수와 소선의 지름으로 나타내며, 가정에서는 주로 30/0.18의 코드와 50/0.18의 코드가 사용되고 있다.

그리고 전기 냉장고나 전기 난로 등 전류가 많이 흐르는 가전제품에는 37/0.26의 코드도 많이 사용되고 있다.

이와 같은 코드의 종류 및 특징을 표 2.11에 나타내며, 그 모양을 그림 2.17에 나타낸다.

표 2.11 코드의 종류 및 특징

코드의 종류	장 점	단 점	용 도
대편고무 코드	휘기 쉽다.	울퉁불퉁하게 보인다.	전등, 전열기의 인출선
원편고무 코드	보기가 좋다.	휘기 어렵다.	전등의 인출선
비닐 코드	보기가 좋고, 휘기 쉽다.	열에 약하다.	형광등, 소형 전기기구, 라디오, 텔레비전의 인출선

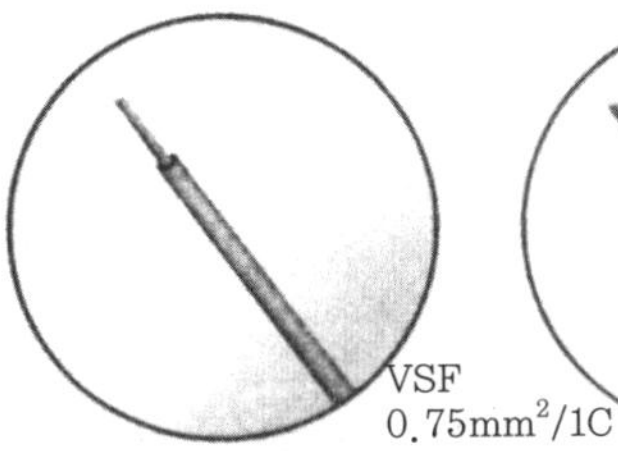

(a) 단심 비닐코드

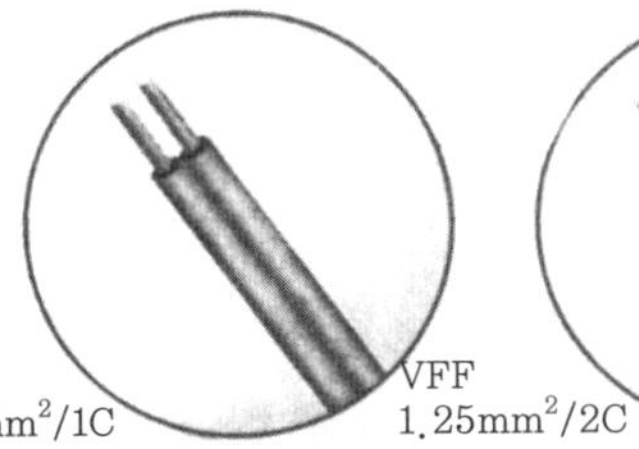

(b) 비닐 평형 코드

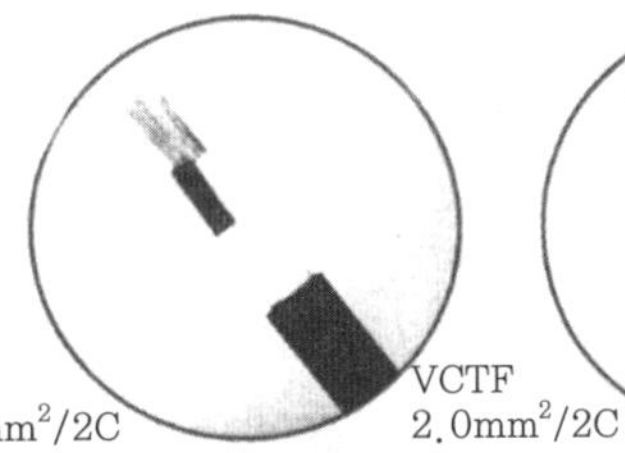

(c) 비닐 캡타이어 원형 코드

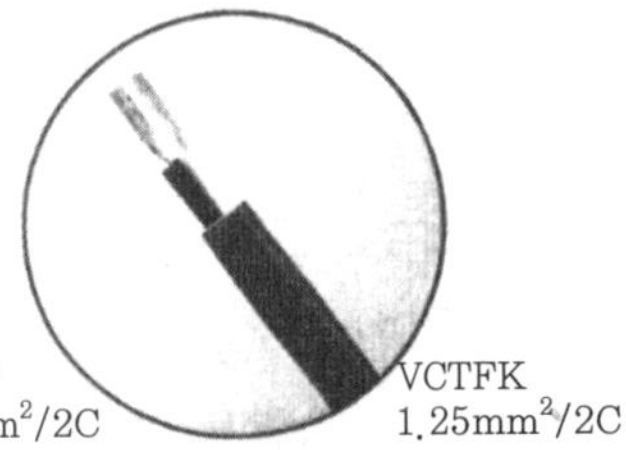

(d) 비닐 캡타이어 타원형 코드

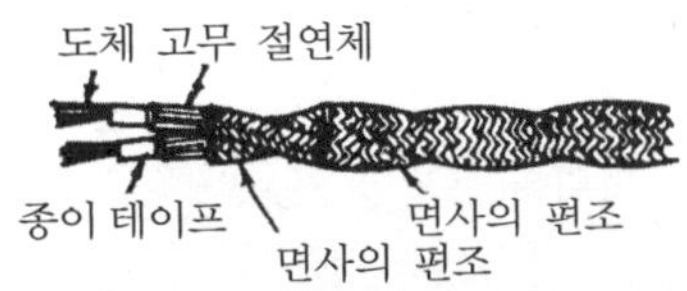

(e) 대편 고무코드

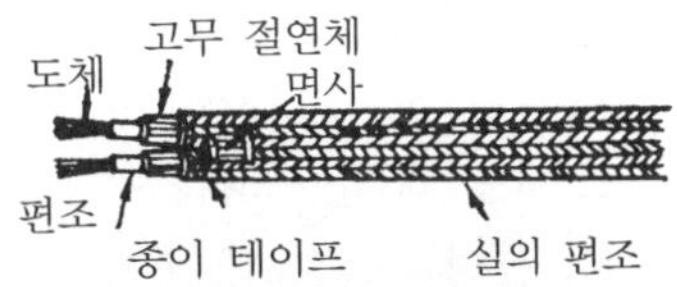

(f) 원편 고무코드

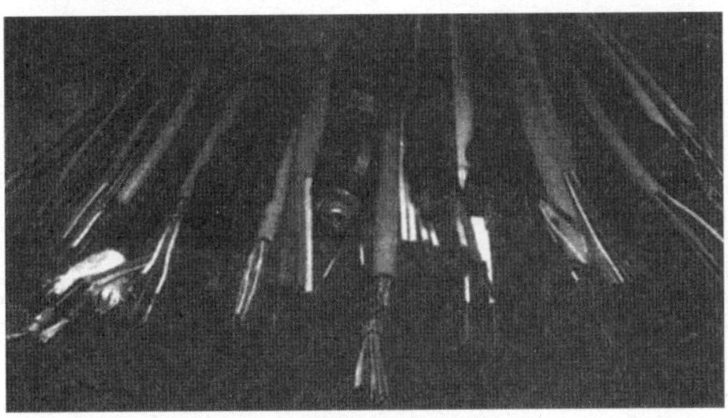
(g) 각종 코드의 실물 사진

그림 2.17 코드의 종류

(4) 케이블의 종류

케이블(cable)은 캡타이어 케이블, 전력 케이블, 제어 케이블로 크게 분류할 수 있다.

① 캡타이어 케이블

캡타이어 케이블(captire cable)에는 고무 캡타이어 케이블과 비닐 캡타이어 케이블이 있

으며, 공장, 무대, 의료, 수중 조명, 전기 드릴, 농업용 기계 등에 사용된다.(그림2.18)

그림 2.18 캡타이어 케이블

표 2.12 전력 케이블의 종류와 특징

케이블의 종류	약 칭	주요 용도	사용 전압
비닐 절연 비닐 외장 케이블(절연과 피복에 비닐을 사용한 것.)	VV 케이블 (PVC insulated PVC sheathed power cable)	600[V] 이하인 회로에 사용한다.	600[V] 이하
고무절연 클로로프렌 외장 케이블(절연체로는 천연 고무, 외장재로는 클로로프렌을 피복한다.)	RN 케이블 (rubber insated chlo-roprene sheathed cab-le)	3[kV] 이하의 회로에 사용한다. 클로로프렌은 내후성, 기계적 특성이 우수한 관계로 사용 조건이 가혹한 곳에 견딜 수 있다.	600[V] 이하 3.3[kV]
부틸고무절연 클로로프렌 외장 케이블(부틸 고무계 합성고무를 절연체로 사용하며, 외장재는 RN 케이블에 준함.)	BN 케이블 (butyl rubber insulated power cable)	절연체는 내열성이 우수한 외에 안정된 성능을 구비하고 있어 광범위한 용도를 갖는다.	600[V] 이하 3.3[kV] 6.6[kV] 22[kV] 33[kV]
폴리에틸렌 절연비닐 외장 케이블(절연체로서 폴리에틸렌을 사용하고, 외장으로는 비닐 또는 폴리에틸렌을 피복함.)	EV 케이블 (polyethylene insulat-ed PVC sheathed po-wer cable)	전기특성이 우수하므로 저압에서 특별고압에 이르기까지 널리 사용된다. 내약품성이 우수하다.	600[V] 이하 3.3[kV] 6.6[kV] 22[kV] 33[kV]
가교 폴리에틸렌 절연 비닐 시스 케이블(폴리에틸렌의 결점인 열적 특성을 가교 반응에 의해서 개선한 것.)	CV 케이블 (cross-linked polyeth-ylene insulated cable)	플라스틱 전력 케이블의 대표격으로, 저압에서 특별고압에 이르기까지 널리 사용되고 있다.	600[V] 이하 3.3[kV] 6.6[kV] 22[kV] 33[kV]
콘크리트 직매용 케이블	CB-VV 등	600[V] 이하의 저압 분기 회로에 사용한다.	600[V] 이하
내화전선(방재설비용 내화 케이블)	FP	방재설비의 전원, 조명, 비상용 콘센트 등의 전원회로에 사용한다.	600[V] 이하 3,300[V] 6,600[V]
내열 전선(방재설비용 내열 케이블)	HP	방재설비의 표시, 경보등의 제어용에 사용한다.	약전류용

② 전력 케이블

전력 케이블(power cable)은 그 사용 전압과 사용 장소에 따라 여러 가지 종류가 있는데, 그 종류와 특징을 표 2.12에 나타내며, 외관을 그림 2.19에 나타낸다. 전력 케이블은 도체 위에 절연물로 피복을 해 심선이 외상을 받지 않고, 또한 물, 가스, 화학약품 등의 침투를 방지하기 위해 절연 피복을 한 것으로, 절연 전선보다도 안전도가 높고 공사방법이 간단하므로 지중 전선, 가공 전선 등에 널리 사용되고 있다.

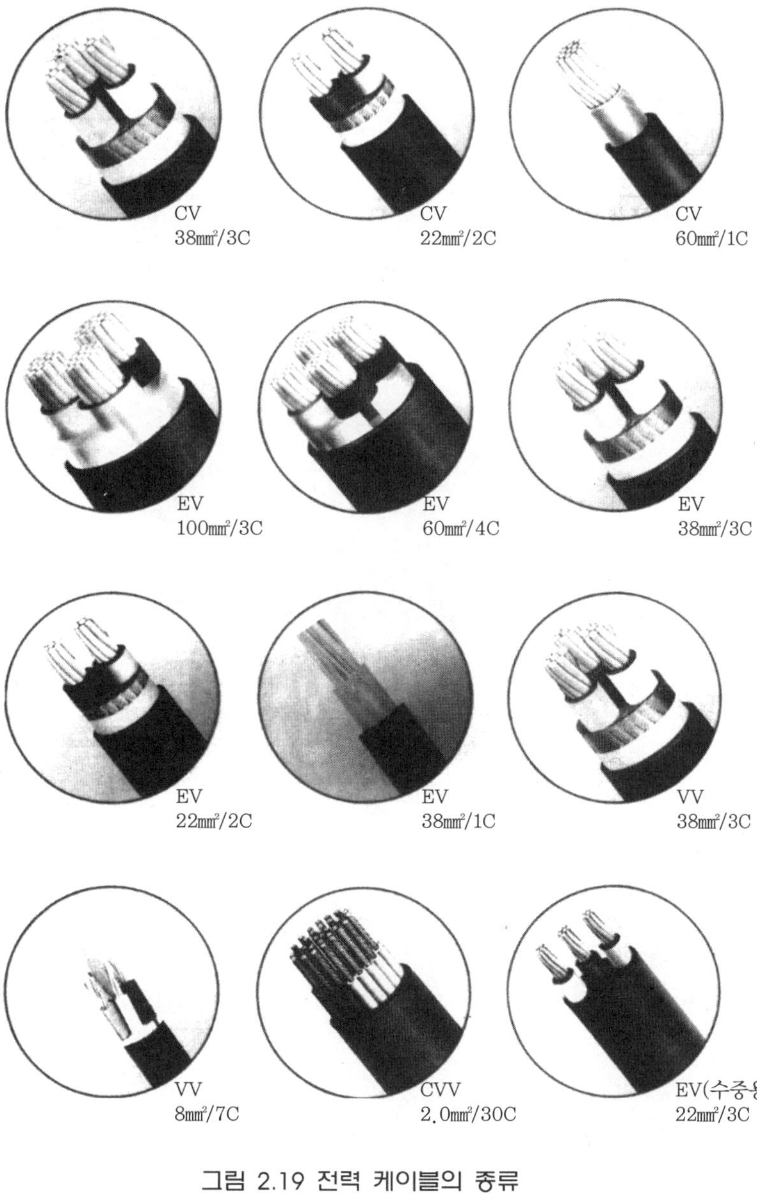

그림 2.19 전력 케이블의 종류

③ 제어 케이블

제어용 케이블은 빌딩, 공장, 발전소, 수변전소, 기타 600[V] 이하인 제어 회로에 사용되는 케이블이다.

사용 조건에 따라 절연 방법 및 외장 재료 등의 조합 방법은 여러 가지가 있는데, 제어 케이블의 종류를 표 2.13에 나타내며, 통신용 케이블은 그림 2.20에 나타낸다.

표 2.13 제어용 케이블

명 칭	약 칭	주 요 용 도
제어용 절연 비닐시스 케이블	CVV CVS(충실형)	일반용
제어용 폴리에틸렌 절연 비닐시스 케이블	CEV	일반용, *난연용(難燃用)
제어용 절연 비닐시스 케이블	CCV	내구성, *내열성
제어용 고무절연 클로로프렌시스 케이블	CRN	일반용, 가요성, 저온특성 우수
제어용 부틸 고무절연 클로로프렌시스 케이블	CBN	내구성, 내열성, *난연성

* 일반용 제어 케이블 도체의 최고 허용온도는 60~80℃이고, 그 이상의 경우에는 내열용 제어 케이블을 사용한다.

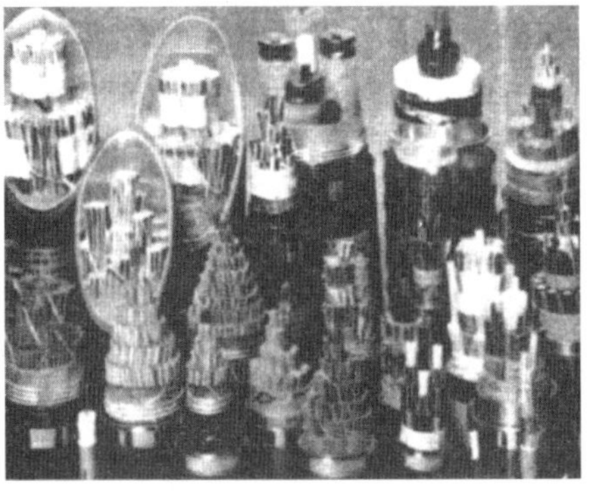

그림 2.20 통신용 케이블

2.5.3 전선의 접속 방법

전선의 접속이 불량하면 부분적인 과열이나 단선 및 접속 부분의 절연 불량 등으로 인해 감전, 누전 등의 인재 및 화재 위험이 따르게 되므로 다음과 같이 전선 접속시의 유의사항을 설명한다.

(1) 전선과 전선의 접속

① 접속 부분의 온도 상승값이 접속 부분 이외의 온도 상승값을 넘지 않도록 한다.

② 접속시에는 접속관, 접속기를 사용해 접속하고 전선 상호간을 직접 접속하는 경우에는 접속부를 납땜한다.

③ 접속시 전선의 인장 강도를 20[%] 이상 감소시키지 않는다.

④ 절연 전선인 경우에는 전선의 절연물과 동등 이상의 절연 효력이 있는 접속기를 사용하는 경우를 제외하고는 접속 부분을 절연 전선의 절연물과 동등 이상의 절연 효력이 있는 것으로 충분히 피복한다.

⑤ 구리와 알루미늄 등 다른 종류의 전선을 접속할 때에는 접속부에 전기적 부식이 생기지 않도록 한다.

⑥ 코드 상호간, 캡타이어 케이블 상호간 등의 접속은 코드 접속기, 접속함, 기타 기구를 사용한다.

⑦ 코드나 캡타이어 케이블의 옥내 배선은 콘센트, 로제트, 개폐기 등을 사용해 접속한다. (그림 2.21)

(2) 전선과 기구단자의 접속

① 구리 전선과 전기 기구 및 기계의 단자를 접속하는 경우에는 진동 등으로 인해 헐거워질 염려가 있는 곳에 스프링 와셔, 2중 너트 등을 사용해 헐거워지지 않도록 한다.

② 도체가 연선인 경우 소선 수를 줄여서 감선할 필요가 있는 경우에는 나머지 소선의 허용 전류가 기구의 정격 전류 이상이 되어야 한다.

③ 접속점에 장력이 가해지지 않도록 한다.

(a) S형 슬리브 (b) 와이어 커넥터 (c) 로제트

(d) 코드 접속기 (e) 케이블 접속기 (f) 알루미늄선의 직접 접속용 접속관

그림 2.21 전선의 접속 기구

2.6 배선 기구, 재료 및 공구

본 절에서는 전기 배선 공사에 사용되는 기구, 재료 및 공구 등에 대해 알아 보기로 한다.

2.6.1 배선 기구

배선 기구는 개폐기, 자동 차단기, 접속기, 기타 이에 준하는 것을 말한다.

(1) 개폐기

개폐기란 옥내 배선의 전기 회로를 조작하거나 보수하기 편리하도록 시설하는 스위치에 해당하는 배선 기구로서 다음과 같은 종류가 있다.(그림 2.22)

① 컷아웃 스위치(cut-out switch)

자기(磁器)재로 그 내측에 퓨즈를 부착하고, 뚜껑의 개폐로써 회로를 개폐하는 스위치이다. 저압 전로에서 주로 일반 수용가의 인입구에 사용한다. 안전기, 안전 개폐기, 인입 개폐기, 두꺼비집, 베이비 스위치라고도 한다.

② 나이프 스위치(knife switch)

AC 600[V] 이하의 교류 회로의 전로 개폐시에 사용하는 스위치이다.

③ 커버 나이프 스위치(cover knife switch)

나이프 스위치에 플라스틱으로 덮개를 씌운 스위치이다. 이 스위치 내에는 퓨즈가 설치되어 있어서 회로의 고장시에 사고를 방지해 준다.(그림 2.23)

④ 텀블러 스위치(tumbler switch)

노출형과 매입형이 있으며, 손잡이를 상하나 좌우로 움직여서 점멸하는 기구이다.

⑤ 로터리 스위치(rotary switch)

손잡이의 회전에 의해 점멸을 하는 스위치이다.

⑥ 푸시 버튼 스위치(push button switch)

버튼을 눌러서 회로의 개폐를 하는 스위치이다.

⑦ 풀 스위치(pull switch)

끈을 잡아 당겨서 전등을 점멸하는 스위치이다.

⑧ 캐노피 스위치(canopy switch)

풀 스위치의 일종으로서 조명 기구의 캐노피 내에 넣은 스위치로, 밑에서 줄을 잡아당겨

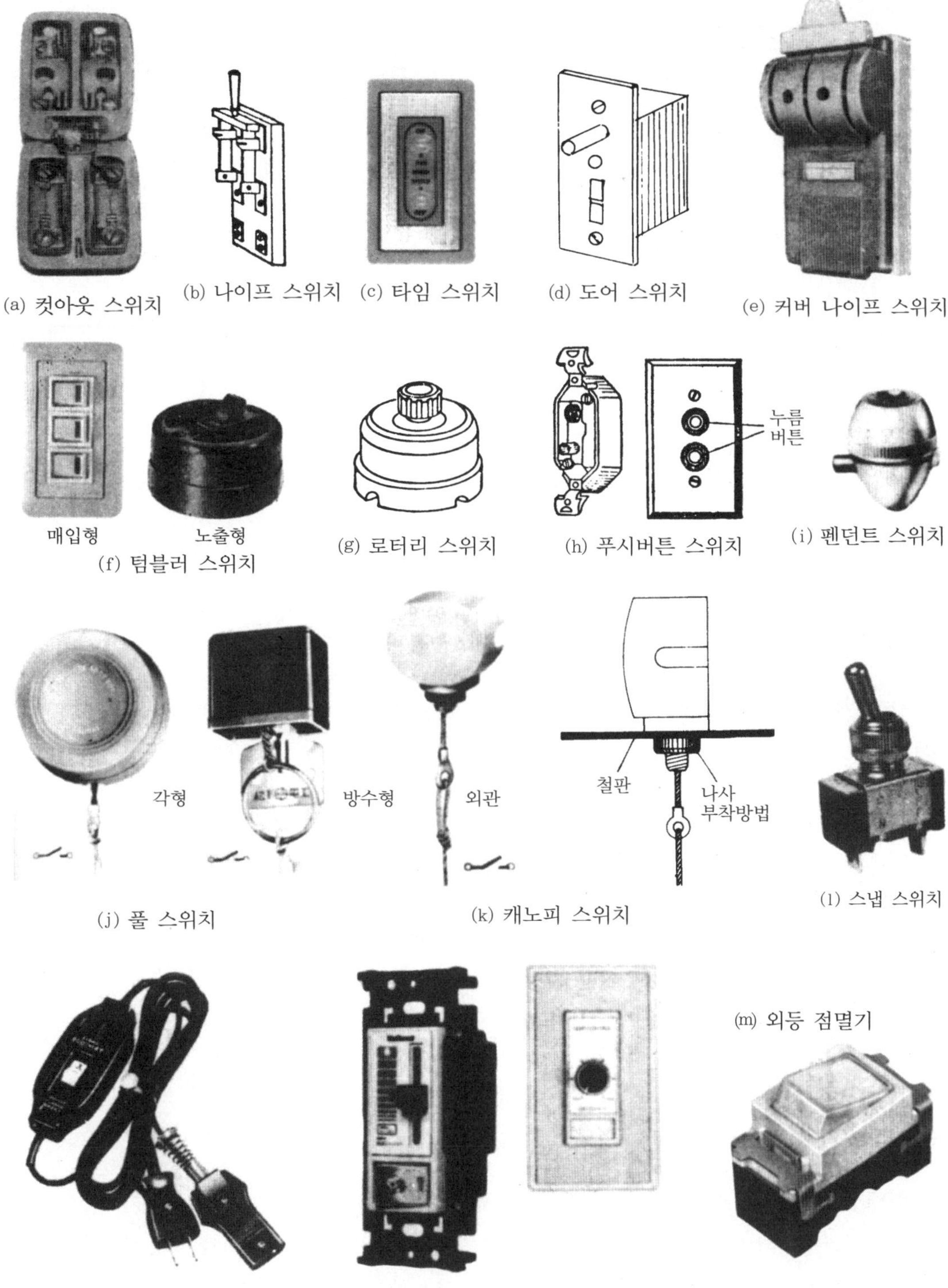

그림 2.22 개폐기의 종류

점멸한다.

⑨ **펜던트 스위치**(pendant switch)

형광등의 코드 밑에 달아 점멸을 행한다.

⑩ **도어 스위치**(door switch)

냉장고 등의 문에 달아서 회로를 개폐하는 스위치이다.

⑪ **코드 스위치**(cord switch)

코드의 중간에 접속해 점멸하는 스위치이다.

⑫ **리모콘 스위치**(remote control switch)

원격 제어에 쓰이는 스위치, TV 등에 사용된다.

⑬ **타임 스위치**(time switch)

계단 등에 사용해 짧은 시간 동안 등을 점멸하는 스위치이다.

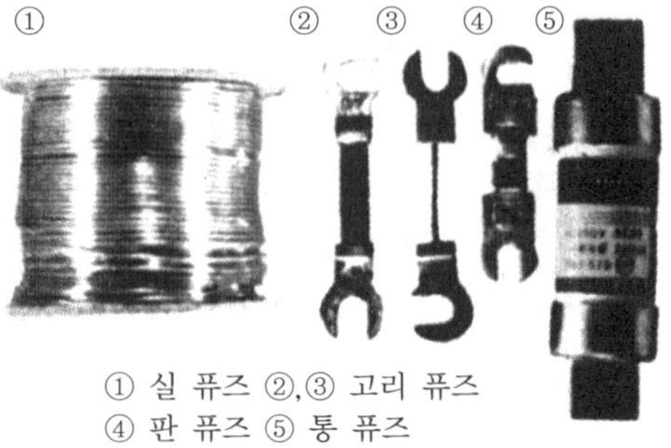

① 실 퓨즈 ②,③ 고리 퓨즈
④ 판 퓨즈 ⑤ 통 퓨즈

(a) 퓨즈의 종류

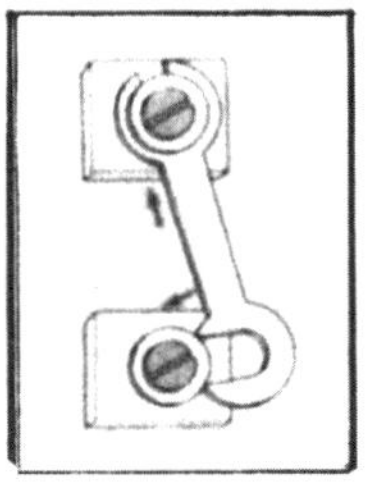

(b) 퓨즈 끼우는 법

그림 2.23 퓨즈

⑭ **스냅 스위치**(snap switch)

전등, 전동기 등의 회로에 사용하는 풀 스위치, 누름버튼 스위치 등의 총칭이다.

⑮ **외등 점멸기**

단극 스위치로서 녹을 방지하기 위해 플라스틱 함 속에 넣어서 전주 등에 부착한다.

⑯ **3로 스위치**(three-way switch)

3개의 단자를 구비한 전환용 스위치로서, 한 개의 전등을 2개소 위치에서 점멸할 때 사용한다.

(2) 자동 차단기

자동 차단기는 옥내에 들어오는 전기 회로를 수동으로 개폐할 수 있음은 물론 옥내의 단락 및 누전 사고 등이 발생하는 경우에는 자동 차단기에 있는 보호장치가 동작하여 화재나 감전 등의 전기사고를 방지해 주는 배선 기기로서 배선용 차단기, 누전 차단기 등이 있다(그림 2.23).

① **배선용 차단기**(Molded Case Circuit Breaker, MCCB)

요즈음 가정 및 빌딩에서는 커버 나이프 스위치 대신 배선용 차단기를 사용하는데, 이 차단기는 전자석이나 바이메탈을 이용해 전기 회로에 규정 이상의 전류가 흐를 때는 차단기가 자동적으로 개방 되도록 KS C 8321에서 규정하고 있다.

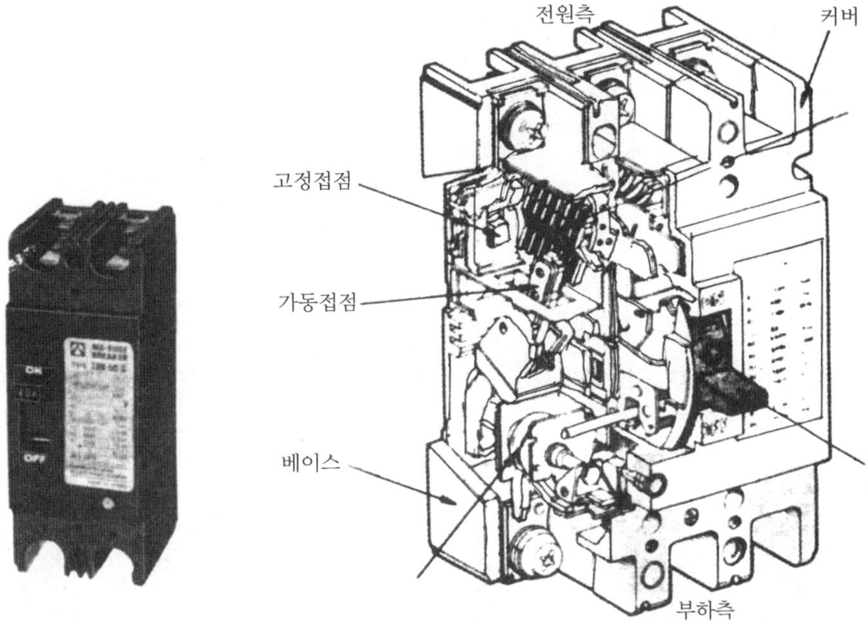

(a) 배선용 차단기

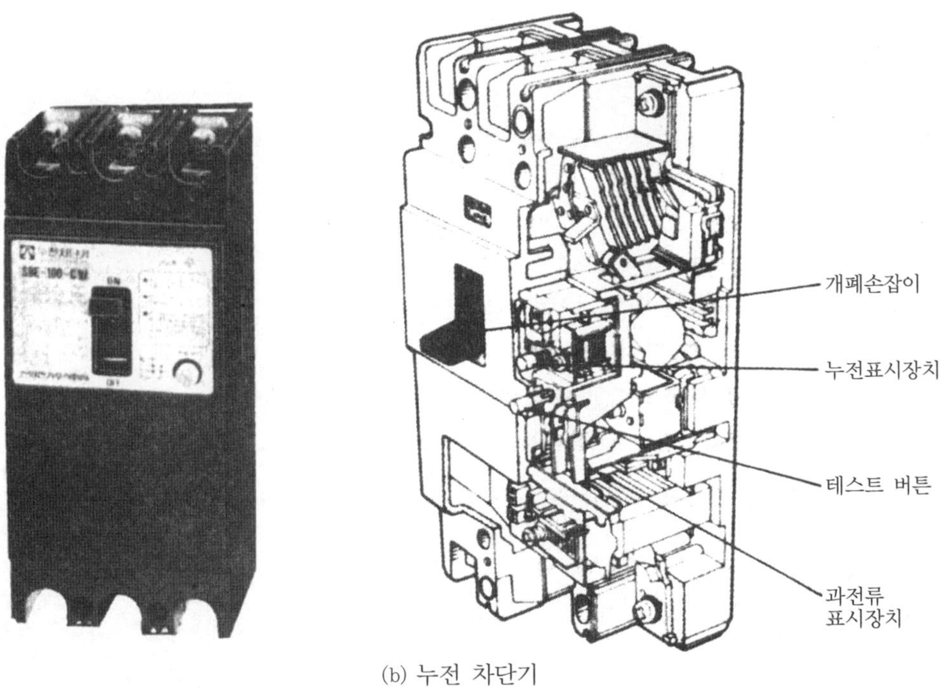

(b) 누전 차단기

그림 2.24 자동 차단기의 종류

② 누전 차단기

옥내의 전기 회로에 누전 발생시 자동으로 회로를 차단시켜 주는 역할을 하는 차단기로서

KS C 4613에 규정하고 있다.

(3) 접속기

접속기의 종류에는 옥내 배선과 코드 등의 접속에 쓰이는 로제트라든지, 코드와 전구를 접속하는 소켓류 등이 있다.

① **소켓**(socket)

절연 전선이나 코드의 끝에 접속해 전구를 끼워 사용하는 배선 기구로서, 전구를 하나만 끼울 수 있는 일반 소켓과 전구를 2개 이상 끼울 수 있는 분기 소켓이 있다. 점멸장치가 부착된 키 소켓이 있다.(그림 2.25)

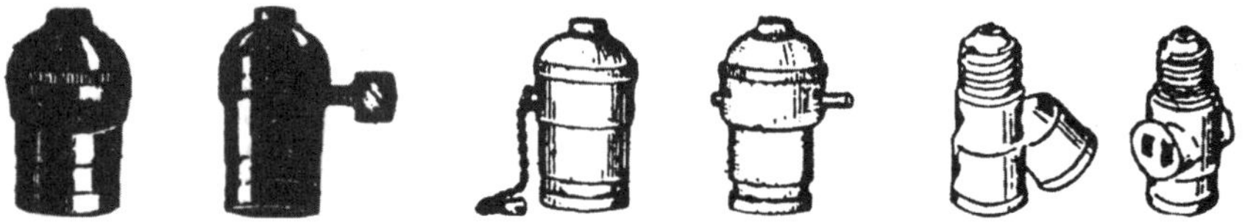

키리스 소켓　키 소켓　풀 소켓　누름버튼 소켓　(b) 분기 소켓

(a) 일반 소켓

그림 2.25 소 켓

② **콘센트**(consent)

소형 전기 기구의 플러그를 꽂아 사용하는 배선 기구로서 직접 전선에 접속해 벽에 고정한다.

콘센트의 설치 방법에 따라 분류하면 다음의 두 종류로 나눌 수 있다.

즉, 매입형 콘센트는 벽이나 기둥 속에 매입해 설치하는 콘센트이고, 노출형 콘센트는 벽이나 기둥의 표면에 노출되도록 설치하는 콘센트이다. 여러 가지 콘센트 중에서 2구용 콘센트는 플러그를 2개 꽂아서 사용하는 것이고, 단구용 콘센트는 플러그를 한 개만 꽂아서 사용하는 것이며, 접지극이 달린 콘센트는 세탁기나 냉장고처럼 접지를 필요로 하는 전기 기구를 접속할 때 사용하는 콘센트이다.

그리고 110[V]용 콘센트와 220[V]용 콘센트는 그림 2.26에서처럼 그 구조가 다르게 되어 있으므로 사용시 주의를 해야 한다. 그리고 이들 콘센트의 심벌을 표 2.14에 나타낸다.

표 2.14 콘센트 심벌

심 벌	비 고
	벽에 붙이는 쪽을 칠한다.
2	2극 콘센트
3P	3극 콘센트
WP	방수 콘센트
	비상 콘센트

(a) 110V용 (b) 220V용

그림 2.26 콘센트

③ 플러그(plug)

전기 기구의 끝에 접속해 콘센트에 꽂아 사용하는 배선 기구로서, 그 종류에는 2극, 3극, 접지극이 달린 플러그 등이 있다. 사용시 주의점은 코드와 연결할 때 혼촉되지 않도록 하며, 플러그날이 콘센트의 클립에 꼭 끼이게 해 사용해야 한다.(그림 2.27)

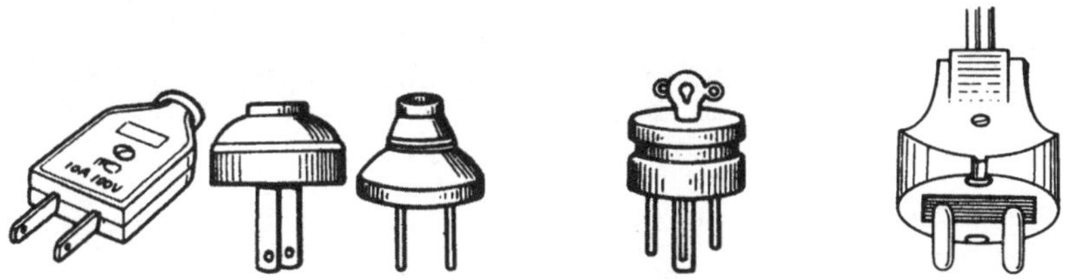

(a) 110V용 (b) 접지극이 달린 플러그 (c) 220V용

그림 2.27 플러그

④ 리셉터클(receptacle)

전구를 끼울 수 있게 만든 배선 기구로서 벽이나 천장 등에 나사못으로 고정해 사용한다.(그림 2.28)

그림 2.28 리셉터클

그림 2.29 로제트

⑤ 로제트(rosette)

천장 속에 있는 배선을 끌어 낼 때 사용하는 배선 기구로서, 천장에 나사못으로 고정해 절연 전선과 코드를 접속하는데 사용하는 접속기이다.(그림 2.29)

⑥ 기타

위에서 살펴본 접속기를 포함한 각종 배선 기구를 그림 2.30에 나타낸다.

2.6.2 배관 재료

전기 배선 설비에 사용되는 배관 재료에는 전선관, 전선관 부속품, 박스류 등이 있다.

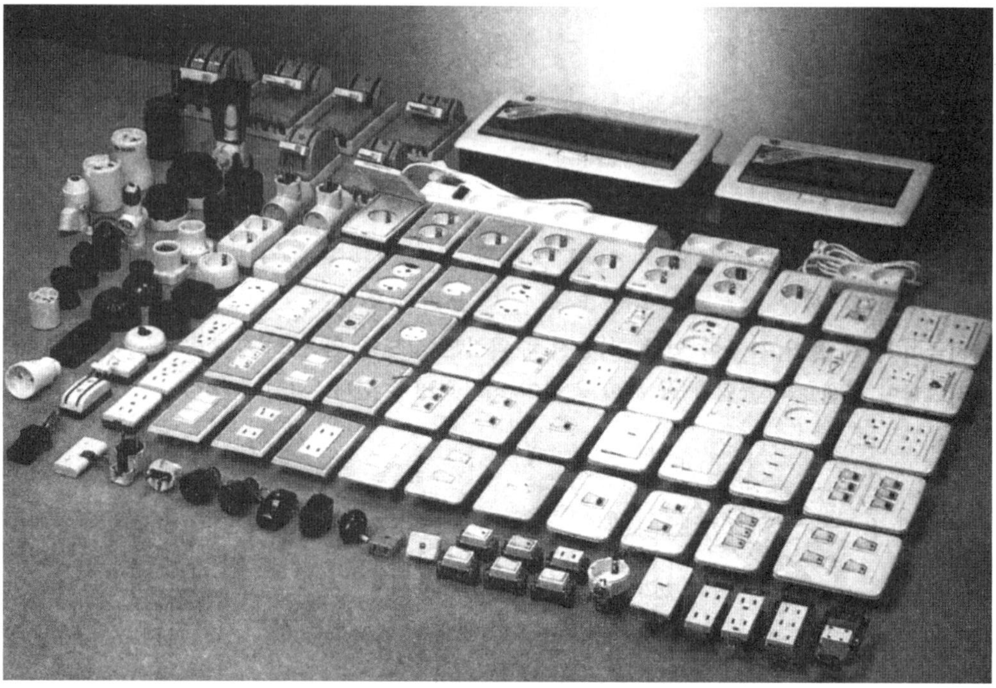

그림 2.30 각종 배선 기구의 사진

(1) 전선관

전선관에는 그 재료와 형태에 따라 금속제, 합성 수지제, 가요 전선관 등이 있다.

① 금속관

전선관은 도체가 외부로부터 받는 손상을 방지하기 위해 설치하는 것으로, 주로 강(鋼, steel)으로 만들어지며, 강관의 두께가 두꺼운 후강 전선관과 두께가 얇은 박강 전선관이 있다.

후강 전선관은 공장 및 빌딩 등의 배관에서 강도를 필요로 하는 경우나 폭발성 가스 및 부식성 가스가 있는 장소에 사용된다. 관의 호칭은 안지름의 근사치를 짝수로 표시하며, 16, 22, 28, 36, 42, 54, 70, 82, 92, 104[mm]의 각종 크기가 있다.

박강 전선관은 일반적인 장소에 쓰이는 것으로, 관의 호칭은 바깥지름의 근사치를 홀수로 표시하며, 15, 19, 25, 31, 39, 51, 63, 75[mm] 등의 각종 크기가 있다.

② 합성 수지관

거의가 경질염화비닐로 만든 관으로, 공사시에는 열을 가해 전선관을 굽혀 사용한다. 경질비닐관은 기계적 충격, 중량물에 의한 압력 등의 외력에 대해서는 약하지만, 가볍고 녹슬지 않는 점과 가격이 싼 점 등 때문에 근래 많이 보급되고 있다. 호칭은 안지름의 근사치를 짝수로 표시하며, 14, 16, 22, 28, 36, 42, 54, 70, 82[mm]의 것이 있다.

③ 금속제 가요 전선관

아연 도금을 한 연강 띠를 나선형으로 감아서 사용하며, 엘리베이터 등의 동력 설비에 사용된다.

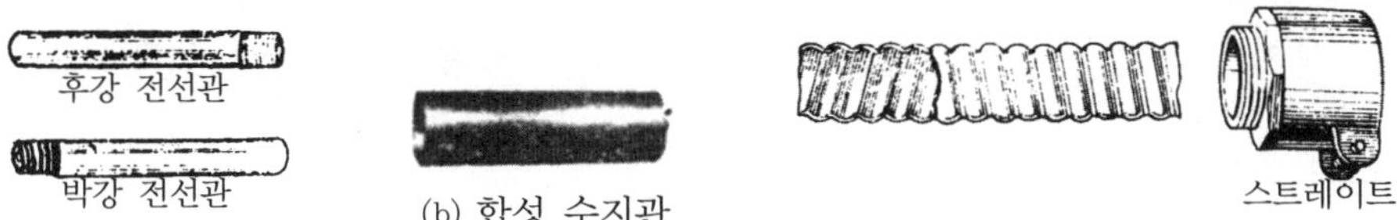

(a) 금속관 (b) 합성 수지관 (c) 금속제 가요 전선관

그림 2.31 전선관

(2) 전선관 부속품

전선관 공사시에 사용되는 부속품의 종류에는 다음과 같은 것이 있다. 이중 ①~⑧까지는 금속관 공사에 사용되는 부속품(그림 2.32)이고, ⑨~⑫까지는 합성 수지관 공사에 사용되는 부속품(그림 2.33)이다.

① 새들(saddle)

노출 배관 공사나 점검할 수 있는 은폐 배관 공사 등에서 전선관을 조영재에 고정할 때 사용한다.

② 록 너트(lock nut)

박스에 금속관을 고정할 때나, 커플링으로 금속관 상호간을 접속할 때에 커플링이 도는 것을 방지하기 위해서 사용한다. 6각형으로 된 것과 톱니형으로 된 록 너트가 있다.

③ 부싱(bushing)

전선의 절연 피복을 보호하기 위해서 금속관의 관 끝에 취부한다.

④ 링 리듀서(ring reducer)

금속관을 아웃렛 박스 등의 녹아웃(knock out)에 취부할 때 녹아웃의 지름이 관의 지름보다 큰 관계로 록너트만으로는 고정할 수 없을 때 보조적으로 사용한다.

⑤ 커플링(coupling)

금속관 사이를 접속할 때 사용한다.

⑥ 노멀 밴드(normal bend)

배관이 직각으로 구부러진 곳에 사용한다.

⑦ 유니버설 엘보(universal elbow)

노출 배관에서 관을 직각으로 분기하는 곳에 사용한다. 3방향으로 분기할 수 있는 T형과

4방향으로 분기할 수 있는 크로스(cross)형이 있다.

⑧ **터미널 캡**(terminal cab)

저압 가공 인입선에서 금속관 공사로 옮겨지는 곳 또는 금속관으로부터 전선을 뽑아 전동기 단자 부분에 접속할 때 전선을 보호하기 위해서 관 끝에 취부한다.

⑨ **픽스처 스터드**(fixture stud)

무거운 조명 기구를 박스 등에 취부할 때 사용하는 것이다.

⑩ **접지 클램프**(earth clamp)

금속관과 접지선 사이의 접속에 사용한다.

⑪ **플로어 박스**(floor box)

바닥 밑으로 매입 배선을 할 때나 콘센트를 바닥에 취부할 때 사용한다.

⑫ **커넥터**(connector)

합성 수지관과 박스와의 접속에 사용한다. 1호와 2호 커넥터가 있다.

⑬ **커플링**(coupling)

합성 수지관 상호간의 접속에 사용한다. 1호 커플링, TS커플링, 2호 커플링 등이 있다.

⑭ **노멀 밴드**(normal bend)

직각으로 구부러지는 곳의 합성 수지관 공사에 사용한다.

⑮ **터미널 캡**(terminal cap)

합성 수지관 끝에 취부하여 전선을 인출할 때 전선 보호용으로 사용한다.

(a) 새들 (b) 록너트 (c) 부싱 (d) 링 리듀서 (e) 커플링 (f) 노멀 밴드

(g) 유니버설 엘보 (h) 터미널 캡 (i) 픽스처 스터드 (j) 접지 클램프 (k) 플로어 박스

그림 2.32 금속 전선관의 부속품

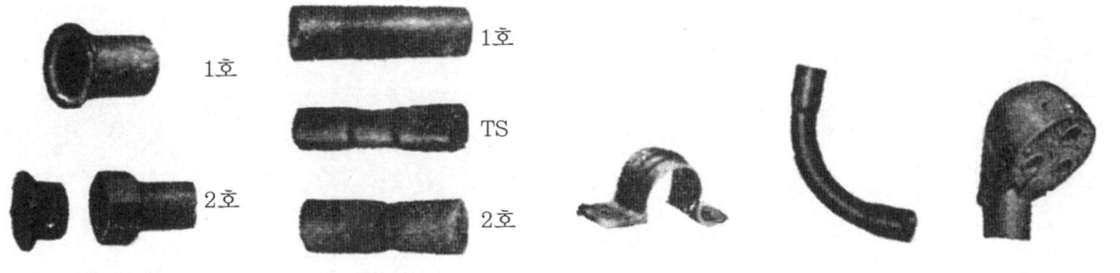

(a) 커넥터　(b) 커플링　(c) 새들　(d) 노멀 밴드　(e) 터미널 캡

그림 2.33 합성수지 전선관 부속품

(3) 박스

전선관 공사에 쓰이는 박스류에는 다음과 같은 것들이 있다(그림 2.34).

① **콘크리트 박스**(concrete box)

건축물의 콘크리트에 매입하여 사용하는 것으로 4각형과 8각형의 것이 있다.

② **아웃렛 박스**(outlet box)

은폐되는 배관 공사에 사용하는 것으로 KSC8411에서 규정하고 있다. 전선의 접속, 조명기구, 콘센트 등의 취부에 사용되고 있다.

③ **시리즈 박스**(series box)

주로 스위치나 콘센트 등을 부착할 때 사용하는 것으로 그림 2.34(c)에서처럼 1개용에서 5개용까지 있다. 이것은 용도에 따라 스위치 박스, 콘센트 박스라고 한다.

④ **노출 박스**

노출되는 배관 공사시에 사용하는 것으로 원형과 사각형의 것이 있다. 원형은 1방출구에서 4방출구까지 있고, 4각형은 1방출구와 2방출구가 있으며 1개용에서 3개 용까지 있다.

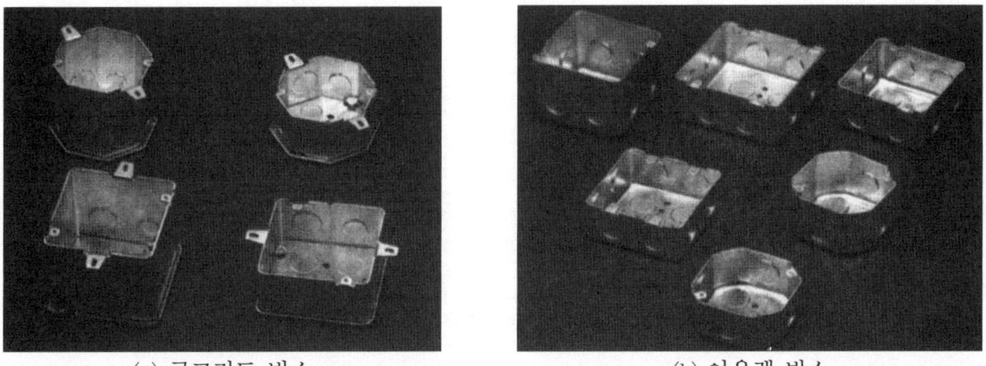

(a) 콘크리트 박스　(b) 아웃렛 박스

그림 2.34 박스와 박스커버

(c) 시리즈 박스

(d) 박스 커버

(e) 노출 박스

그림 2.34 (계속)

⑤ 박스 커버(box cover)

각종 박스의 뚜껑으로 사용된다. KSC8416에서 규정하고 있다.

2.6.3 배선용 공구

옥내 배선 공사에 주로 사용되는 공구를 그림 2.35에 나타낸다.

① 전공 칼

굵은 전선의 피복을 벗기는데 사용한다.

② 와이어 스트리퍼(wire stripper)

단선 및 연선의 절연물을 벗기는데 사용한다.

③ **드라이버**(driver)

배선 기구를 고정하거나 전선을 접속할 때 단자의 나사를 풀거나 죄는 용도이다.

④ **펜치**(pench)

굵은 전선의 절단이나 전선 접속에 사용한다.

⑤ **라디오 펜치**(long nose plier)

작은 부품을 집거나 작은 너트를 죄거나 전선 끝의 링 형상을 만들 때 사용한다.

⑥ **콤비네이션 플라이어**(combination plier)

금속관 등의 나사를 죄거나, 록너트, 부싱을 죄거나, 볼트, 너트 등을 죌 때 사용한다.

⑦ **멍키 렌치**(monkey wrench)

볼트, 너트, 록 너트 등을 죌때 사용한다.

⑧ **망치**

못 등을 박는데 사용한다.

⑨ **전동 드릴**

금속 등에 구멍을 뚫을 때 사용한다.

⑩ **압착 펜치**

링 슬리브 등의 압착에 사용한다.

⑪ **리머**(reamer)

금속관 끝의 찌꺼기(burr) 등을 제거할 때 사용한다.

⑫ **들보**

목재의 구멍 뚫기에 사용한다.

⑬ **히키**

가는 금속관을 굽힐 때 사용한다.

⑭ **파이프 펜치**(pipe wrench)

금속관 등의 나사나 커플링을 죌 때 사용한다.

⑮ 쇠톱

금속관, 비닐관 등을 절단하거나 굵은 전선 및 케이블 등을 절단할 때 사용한다.

⑯ 전기 납땜 인두

전선의 접속부에 납땜할 때 사용한다.

⑰ 파이프 바이스(pipe vice)

금속관을 절단하거나 나사 내기 할 때에 관을 작업대 위에 고정시킬 때 사용한다.

⑱ 토치 램프(torch lamp)

합성 수지관을 구부릴 때 가열하거나 납땜질 할 곳을 가열할 때 사용한다.

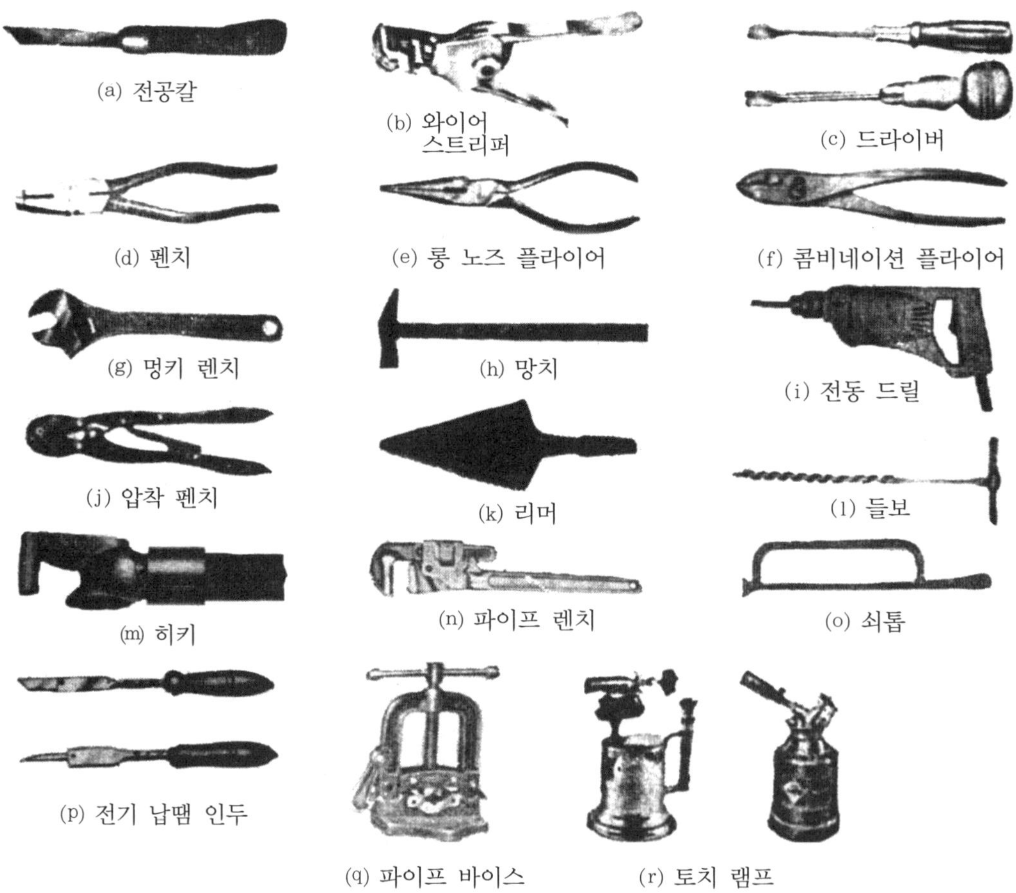

그림 2.35 배선 공사용 공구

2.7 배선 공사 방법

옥내 배선 공사에 사용되는 방법은 전기설비 기술기준에 따라 애자 사용 공사, 목제 몰드 공사, 합성 수지 몰드 공사, 금속 몰드 공사, 합성 수지관 공사, 금속관 공사, 가요 전선관 공사, 금속 덕트 공사, 버스 덕트 공사, 라이팅 덕트 공사, 플로어 덕트 공사, 케이블 공사의 12가지가 있으며, 시설 장소에 따라 시공할 수 없는 것도 있기 때문에 표 2.15에 따라 공사의 종류를 선택해야 한다.

표 2.15 저압 옥내 배선의 공사 방법

공사종류 \ 시설장소	전개된 장소		점검할 수 있는 은폐 장소		점검할 수 없는 은폐 장소	
사용전압	400[V] 이 하	400[V] 넘는 것	400[V] 이 하	400[V] 넘는 것	400[V] 이 하	400[V] 넘는 것
1. 애자 사용 공사	○	○	○	○	△	△
2. 목제 몰드 공사	△	×	△	×	×	×
3. 합성 수지 몰드 공사	△	×	△	×	×	×
4. 금속 몰드 공사	△	×	△	×	×	×
5. 합성 수지관 공사	○	○	○	○	○	○
6. 금속관 공사	○	○	○	○	○	○
7. 가요 전선관 공사	○	○	○	○	○	○
8. 금속 덕트 공사	○	△	△	△	×	×
9. 버스 덕트 공사	△	△	△	△	×	×
10. 라이팅 덕트 공사	△	×	△	×	×	×
11. 플로어 덕트 공사	×	×	×	×	△	×
12. 케이블 공사	○	○	○	○	○	○

(주) ○표는 시설할 수 있는 것.
×표는 시설할 수 없는 것.
△표는 건조한 곳에 한하여 시설할 수 있는 것.

배선 공사의 종류에 대하여 설명하기에 앞서 배선 공사시 기초가 되는 전선과 단자의 접속 방법에 대하여 간단히 알아보기로 한다.

전선을 각종 기구의 단자에 접속하기 위하여 기본적으로 반드시 알아 두어야 할 사항을 다음에 설명하고 그림 2.36에 나타낸다.

① 전선 1본만을 접속할 수 있는 구조로 된 단자에 2본 이상 접속하지 않도록 한다.

② 소선수를 줄일 필요가 있는 경우에는 나머지 소선수의 허용 전류가 기구의 용량 이하가 되는 일이 없도록 한다.

③ 구리 전선 등을 기계나 기구의 단자에 접속할 때는 진동 등으로 인하여 나사의 죔이 풀

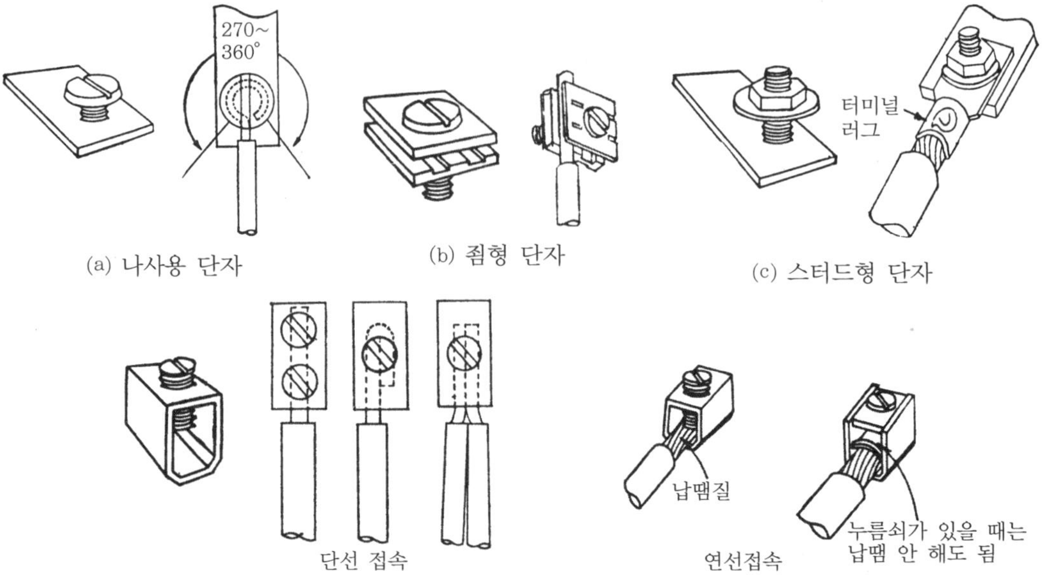

그림 2.36 단자의 종류와 전선의 접속 방법

릴 염려가 있으므로 2중 너트, 스프링 와셔 등을 써서 나사가 풀리는 것을 방지하여야 한다.

④ 전기 기계나 기구의 단자가 누름 나사형, 크램프형일 때를 제외하고는 지름 3.2[mm] 이상의 단선이나, 단면적 5.5[mm^2] 이상의 연선일 경우에는 터미널 러그를 사용한다. 만일 연선에 터미널 러그를 사용하지 않을 때는 전선의 끝부분에 납땜질을 하든가 연동관을 사용한다.

2.7.1 애자(碍子) 사용 공사

애자 사용 공사(insulator work)는 건물의 천장, 벽면 등에 놉 애자(knob insulator), 핀 애자(pin insulator) 등을 사용하여 전선을 지지하는 공사방법이다.

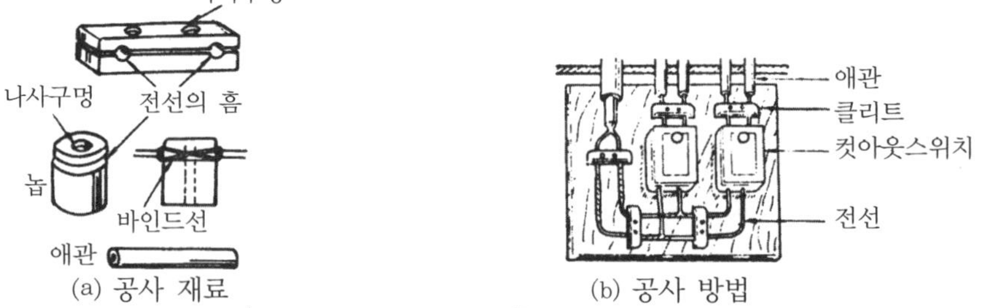

그림 2.37 애자 사용 공사

전선이 조영재를 관통하는 부분 또는 교차하거나 접근하는 부분에는 난연성 및 내수성의 절연관(애관)을 사용한다.

절연 전선을 애자에 지지시키고, 전개된 장소의 공사는 천장 표면, 벽 등 사람의 눈에 띄는 장소에 행하는 배선, 은폐 장소의 공사는 천장 안, 천장 등 사람의 눈에 띄지 않는 장소에 행하는 배선이다. 과거에는 많이 사용되었으나 최근에는 비닐 케이블 등의 사용으로 애자사용 공사는 거의 하지 않고 있다.(그림 2.37)

2.7.2 목제(木製) 몰드 공사

옥내 배선의 전부를 목제 몰드 공사(wooden molding work)로 하는 경우는 없고, 점멸기와 콘센트 등의 인하선에 이용되는 정도이다.

목제 몰드 공사에는 접속점이 없는 절연 전선을 사용한다. 목제 몰드는 건조하고 튼튼하며 치밀한 목재로 만들고, 내수성 도료를 칠해야 하며, 전선이 눌리지 않도록 홈의 크기가 충분해야 한다.(그림 2.38)

2.7.3 합성 수지 몰드 공사

합성 수지 몰드 공사에는 반드시 접속점이 없는 절연 전선을 사용하여 전선이 노출되지 않도록 시설한다. 전선을 합성 수지 몰드 안에 넣어 시설하며, 건조한 노출 장소에 행할 수 있으며, 몰드 내의 폭은 35[mm] 이하, 두께는 2[mm] 정도이다.

공사시에 몰드 고정 방법으로는 나무나사로 고정하거나 접착제로 고정하는 방법이 있다. 최근에는 몰드 바닥에 전면 접착 테이프가 부착되어 있기 때문에 시공이 간편하다.(그림 2.39)

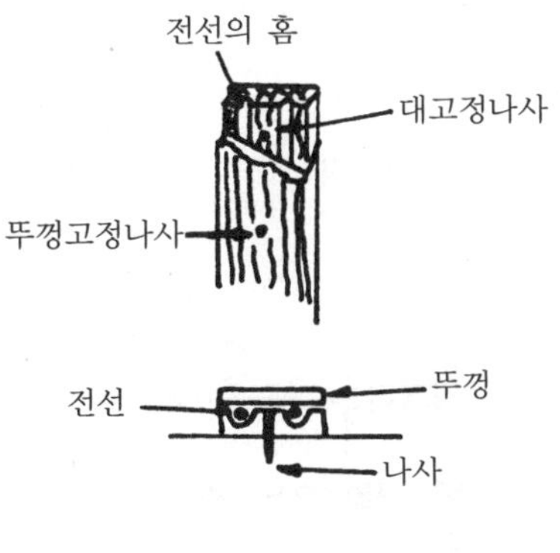

그림 2.38 목제 몰드 공사

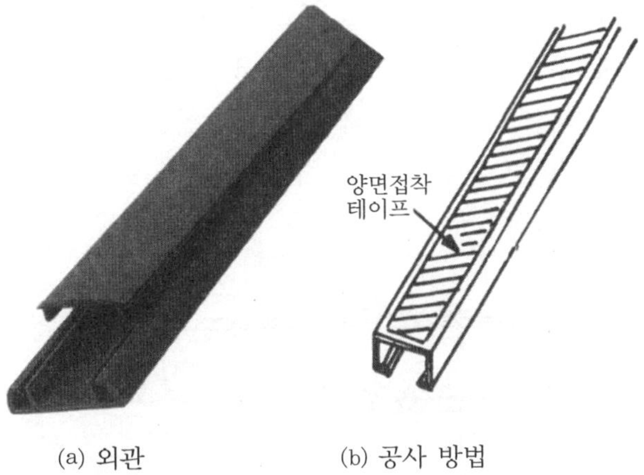

(a) 외관 (b) 공사 방법

그림 2.39 합성 수지 몰드 공사

2.7.4 금속(金屬) 몰드 공사

금속 몰드 공사(metal molding wiring)는 금속제의 두께 0.5[mm] 이상인 몰드 홈에 전선을 넣고 뚜껑을 덮어 배선하는 방법이며, 건조한 노출 장소에 행하고, 주로 철근 콘크리트 건물에서 기설의 금속관 배선에서 증설 배선하는 경우에 이용한다.

접속점이 없는 절연 전선을 사용하고, 금속 몰드 상호 및 몰드와 박스 기타와의 접속은 기계적, 전기적으로 완전히 접속되어야 하며, 접지는 금속관 접지 공사에 준한다.

알루미늄으로 된 금속 몰드를 그림 2.40에 나타낸다.(그림 2.40)

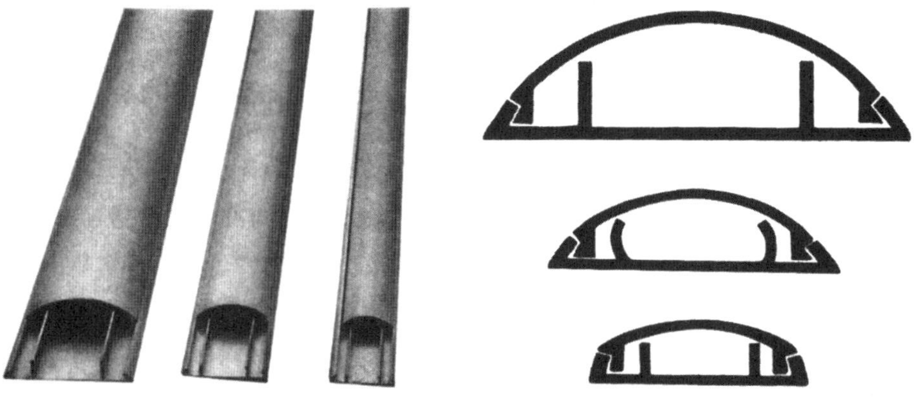

(a) 외관 (b) 몰드의 단면 형상

그림 2.40 금속 몰드 공사

2.7.5 합성 수지관 공사

합성 수지관 공사(rigid-nonmetallic conduit wiring)에 사용되는 합성 수지관에는 여러 가지가 있지만, 거의가 경질 비닐관이 사용되는데 경질 비닐관은 관 자체가 절연물이고 비자성체이며, 무게가 가볍고 내식성으로서 금속관보다 시공이 간편하다. 그러나 온도 변화에 따라 기계적 강도가 변하고, 외력에 의해 손상을 받을 우려가 많으므로 중량물의 압력 또는 심한 기계적 충격을 받지 않도록 시설해야 한다. 특히 화학 공장, 연구실의 배선 등에 적합하다.(그림 2.41)

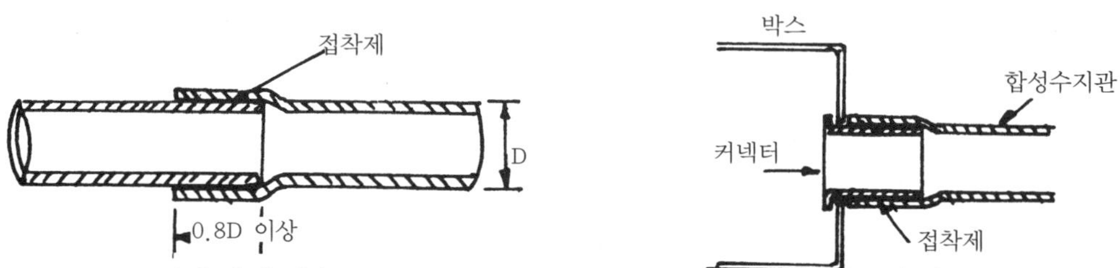

(a) 관과 관의 접속 (b) 관과 박스의 접속

그림 2.41 합성수지관 공사

2.7.6 금속관(金屬管) 공사

금속관(steel conduit) 공사는 케이블 공사와 함께 모든 공사에 채용될 수 있는 방법이며, 주로 철근 콘크리트조의 매입 공사로서 가장 많이 행해지고 있다.

관 상호 및 관과 박스, 기타의 부속품과는 나사 접속, 기타 이와 동등 이상의 효력이 있는 방법에 의하여 견고하고 또한 전기적으로 완전하게 접속해야 하며, 금속관의 끝은 전선의 피복을 손상하지 않도록 부싱을 사용해야 한다. 다만, 금속관 공사로부터 애자 사용 공사로 옮기는 경우에는, 관의 끝 부분에 절연 부싱 또는 이와 비슷한 단자 캡, 인입 캡 등을 사용해야 한다.

습기가 많은 장소, 또는 수분이 있는 장소에 시설하는 경우에는 방습 장치를 하며, 금속관에는 제3종 접지공사를 해야 한다.(그림 2.42)

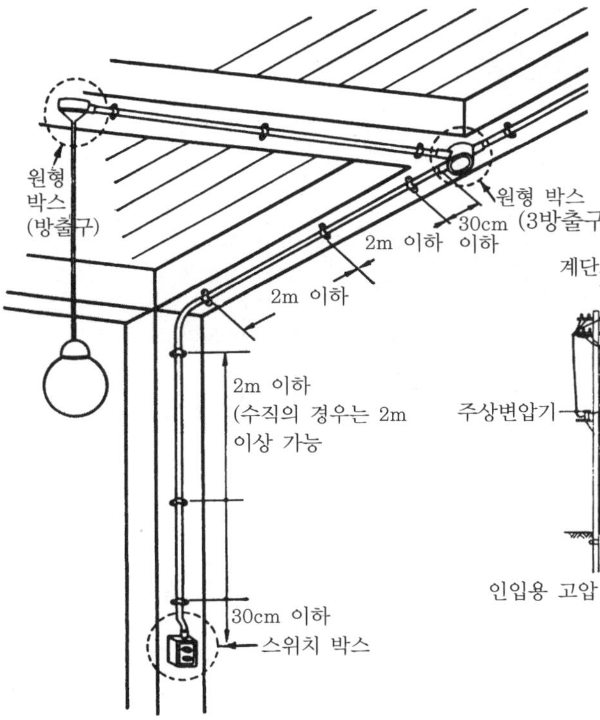

(a) 노출 공사

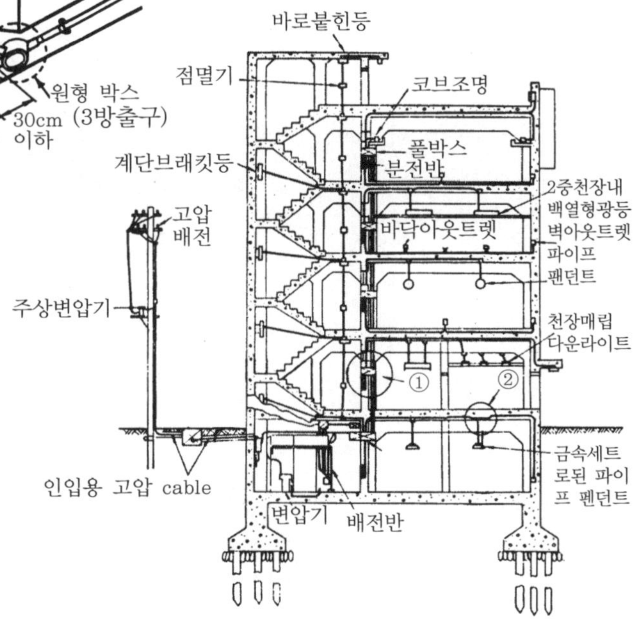

(b) 콘크리트 매입 공사

그림 2.42 금속관 공사

2.7.7 가요(可撓) 전선관 공사

가요 전선관(flexible metal conduit wiring)공사는 일명 플렉시블 콘딧 공사라고도 하는데, 이 공사는 굴곡 장소가 많아서 금속관에 의하여 공사하기 어려운 경우와 같이 금속관 공

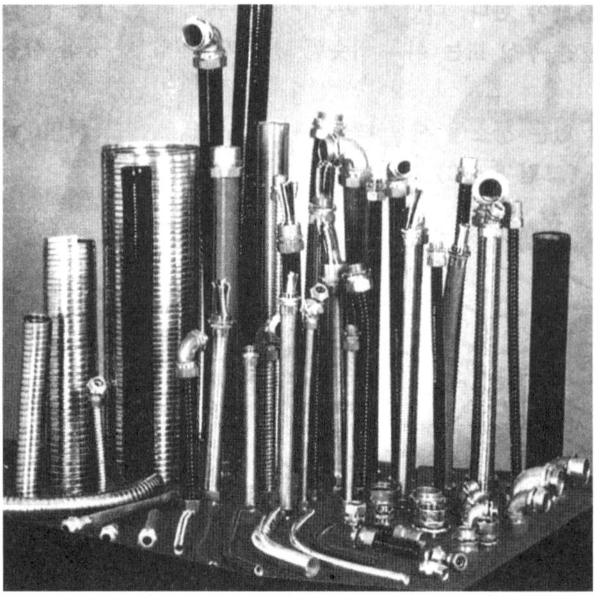

(a) 부품

(b) 공사 방법

그림 2.43 가요 전선관 공사

사나 금속 덕트 공사 등에 병용하여 부분적으로 이용되고, 가요성이 있으므로 엘리베이터의 배선이나 공장 등의 전동기에 이르는 짧은 배선에 사용된다.

가요 전선관의 재질로서는 아연도강판, 황동, 동, 스테인리스스틸, 알루미늄 등이 사용되고 있다.(그림 2.43)

2.7.8 금속 덕트 공사

금속 덕트 공사(wire way wiring)는 전선을 금속 덕트에 수납하여 시설하는 것이며, 큰 공장이나 빌딩 등에서 모양 변경, 배치 변경, 증설 공사 등을 할 경우 전기 배선 변경이 용이하므로 많이 이용된다. 또한 수전실 부근의 간선에 이용되고, 천장이나 벽면에 노출하여 부착된다.

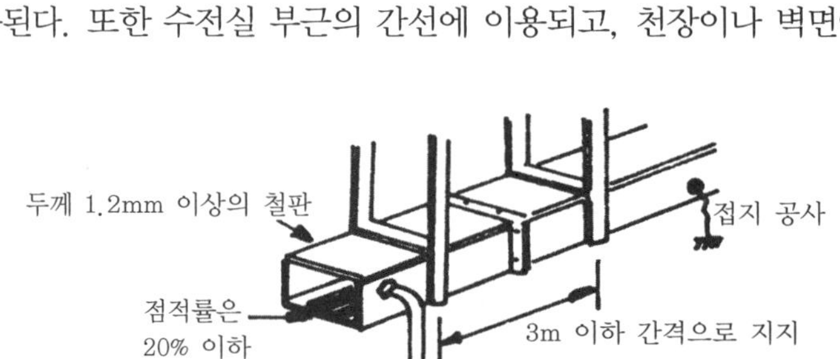

그림 2.44 금속 덕트 공사

금속 덕트 내의 전선은 분기점 이외에서는 접속점이 없어야 하고, 전선을 외부로 인출하는 부분은 금속관 공사, 또는 가요 전선관 공사에 의하여야 한다.(그림 2.44)

2.7.9 버스 덕트 공사

버스 덕트 공사(bus way wiring)는 빌딩, 공장 등에 있어서 비교적 큰 전류의 저압 배전반 부근 및 간선에 이용된다.

버스 덕트 공사의 종류를 표 2.16에 나타내며, 그 외관을 그림 2.45에 나타낸다.

표 2.16 버스덕트의 종류

명 칭	형 식		비 고
피더 버스 덕트 (feeder bus way)	옥내용	환기형·비환기형	도중에 부하를 접속하지 않는 것
	옥외용	비 환 기 형	
플러그인 버스 덕트 (plug-in bus way)	옥내용	비 환 기 형	도중에서 부하를 접속할 수 있도록 꽂음 구멍이 있는 것
트롤리 버스 덕트 (trolley bus way)	옥 내 용 옥 외 용		도중에서 이동 부하를 접속할 수 있도록 트롤리 접속식 구조로 한 것

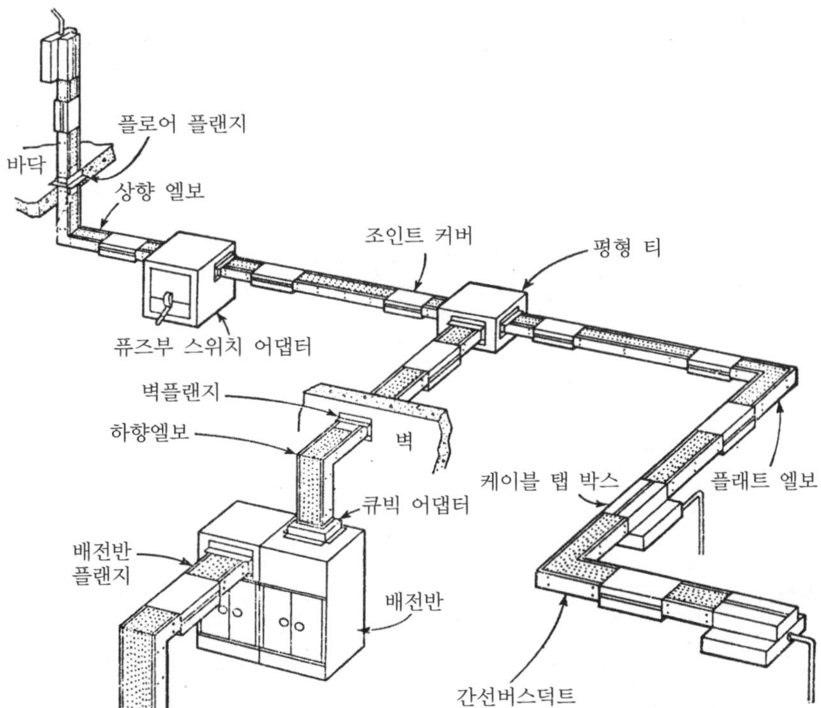

(a) 공사 예

그림 2.45 버스 덕트 공사

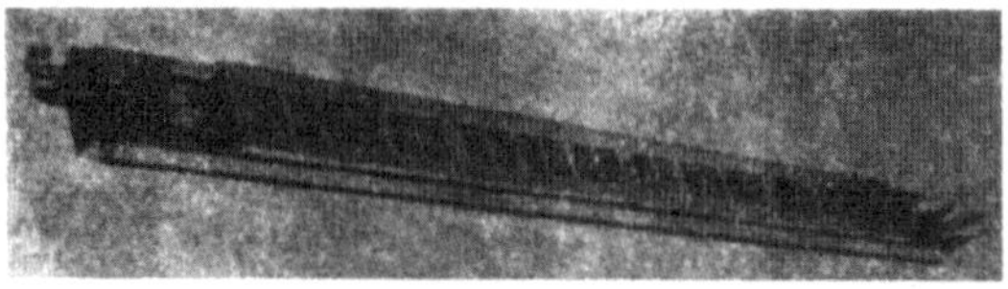

피더 버스 덕트

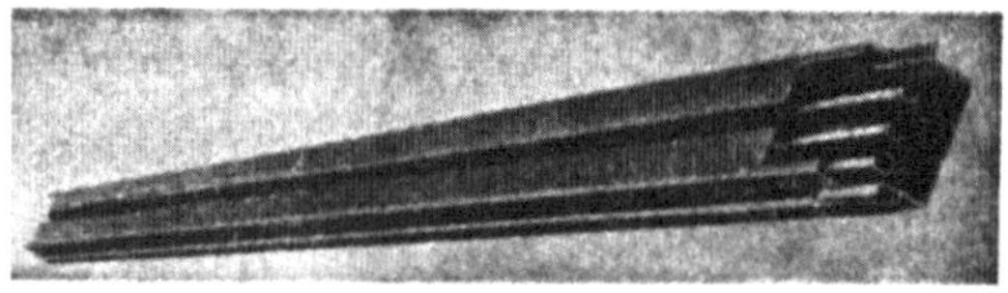

트로리 버스 덕트

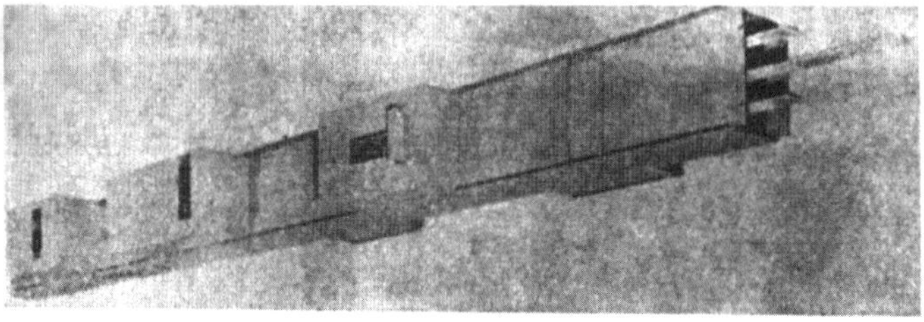

플러그인 버스 덕트

(b) 버스 덕트 종류의 외관

그림 2.45 (계속)

2.7.10 라이팅 덕트 공사

라이팅 덕트 공사(lighting duct wiring)는 전선관과 전선이 일체로 되어 있는 형의 전로재이다. 덕트 본체에 실링(sealing)이나 콘센트를 구성하여 사용한다. 주로 점포의 악센트 라이트, 화랑의 벽면 조명 혹은 아틀리에의 스포트 조명등, 광원을 이동시킬 필요가 있는 경우에 사용한다.(그림 2.46)

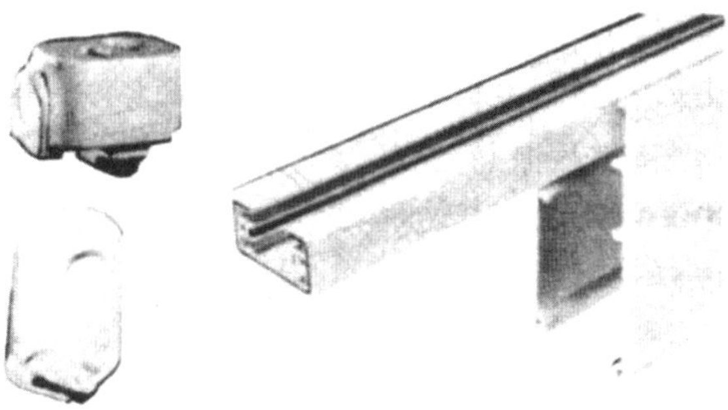

그림 2.46 라이팅 덕트 공사

2.7.11 플로어 덕트 공사

플로어 덕트 공사(floor duct work)는 은행, 회사 등의 사무실에 전기 스탠드, 선풍기, 전자계산기 등의 강전류 전선과 전화선, 신호선 등의 약전류 전선을 콘크리트 바닥에 매입하여 바닥면과 일치하게 설치한 플로어 콘센트에 의하여 사용하는 것이다.

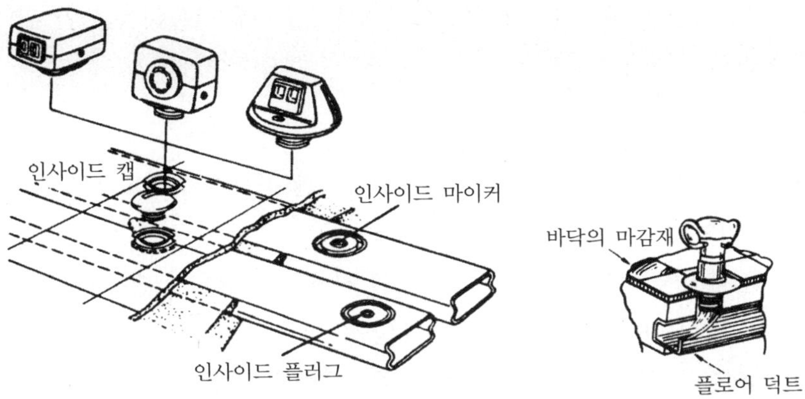

그림 2.47 플로어 덕트 공사

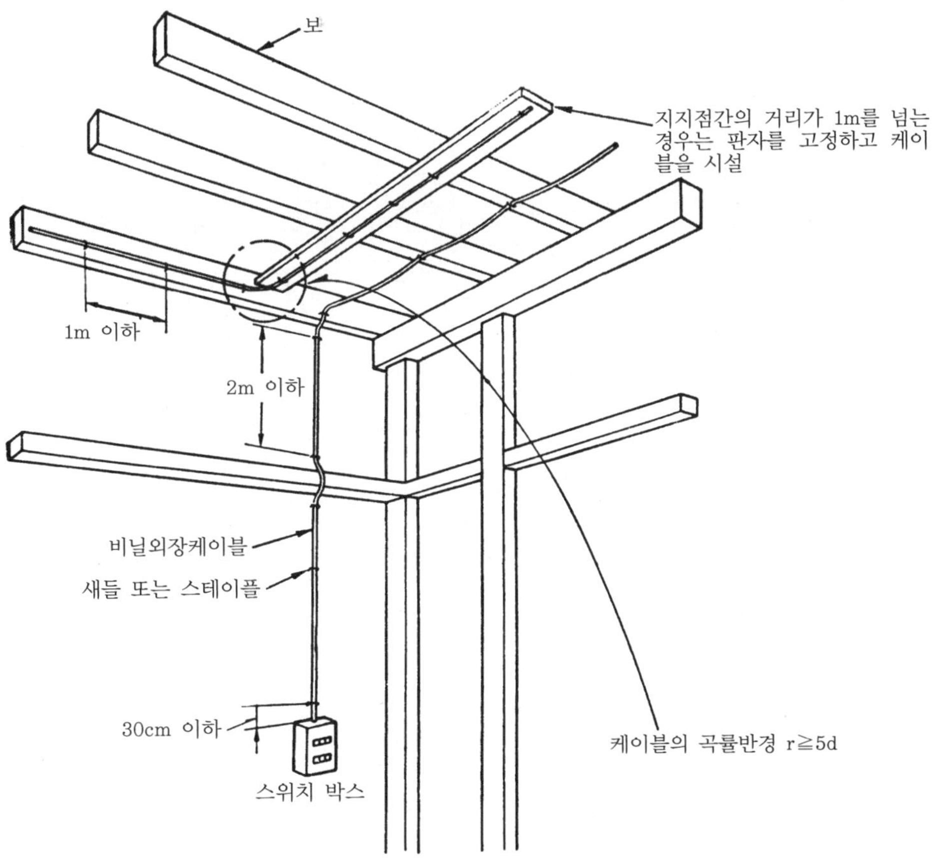

그림 2.48 케이블 공사

플로어 덕트의 시설은 부식성이나 위험성이 있는 장소에 시설해서는 안 된다.

2.7.12 케이블 공사

케이블 공사(cable wiring)는 옥내 배선에서 금속관 공사와 동일하게 모든 장소에 시설할 수 있는 공사방법이다.

전선으로는 캡타이어 케이블 이외의 케이블을 사용하는 경우와 캡타이어 케이블을 사용하는 경우가 있다. 캡타이어 케이블은 공장의 이동용 저압 전기 기기에 사용되며, 캡타이어 케이블 이외의 케이블로서는 비닐 외장 케이블, 클로로프렌 외장 케이블, MI케이블 등을 들 수 있다.

비닐 외장 케이블에는 VVR, VVF, EV 케이블 등이 있는데 이중 VVF 케이블이 많이 사용된다.(그림 2.48)

끝으로 주택에서의 옥내 전기 배선의 예를 그림 2.49에 나타낸다.

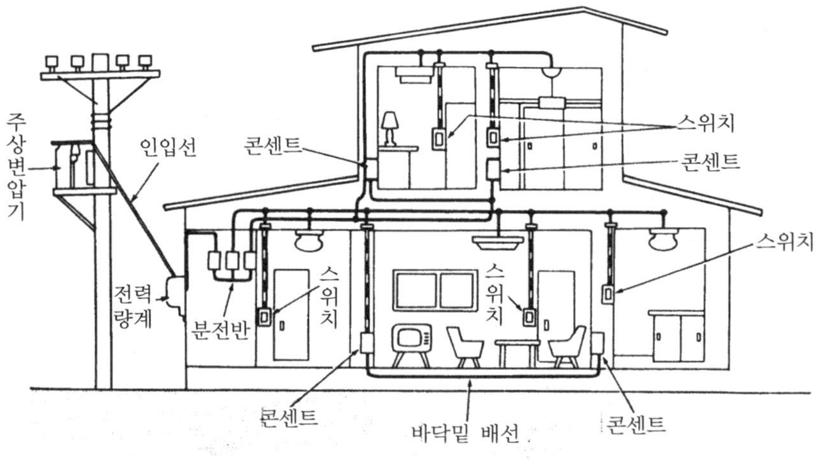

그림 8.49 옥내 전기 배선의 예

연습문제

1. 배선 설비에 공급되는 전기방식에는 어떠한 것이 있는가?
2. 간선의 분기 방법에 대하여 기술하라.
3. 다음의 용어를 설명하여라.
   ① 수용률
   ② 허용 전류
   ③ 전압 강하
4. 절연 전선의 종류와 특징을 자세히 설명하라.
5. 간선의 사고를 방지하기 위한 보호 장치를 설명하라.
6. 배선용 차단기에는 어떠한 종류들이 있는가?
7. 배선용 파이프 굵기의 선정 방법은?
8. 옥내 배선의 공사 종류에 따른 특징을 설명하라.
9. 배선용 공구의 종류와 특징은?
10. 배선도 작성시에 사용되는 심벌은 무엇이 있는가?
11. 배선도는 어디에 필요한가?
12. 전선의 굵기를 결정하는 요소는 무엇이 있는가?
13. 배선도 작성 순서를 설명하라.
14. 케이블 선정에 있어서 주의해야 할 사항들은?
15. 전선 접속시 주의사항을 기술하라.

제 3 장

부하설비

3.1 동력 설비

3.2 콘센트 설비

* 연습문제

부하 설비란 전기를 공급받아서 전기 에너지를 소비하는 전기 기계 및 기구를 말하는데, 이에는 전동기를 사용하는 동력 설비, 전기 기기를 언제든지 접속 하여 사용할 수 있는 콘센트 설비, 조명을 위한 조명 설비 등이 있는데, 조명 설비는 특별히 제4장에서 별도로 설명하기로 한다.

3.1 동력 설비

동력 설비란 빌딩, 공장 등의 건물에서 공조, 급배수, 환기, 엘리베이터 등과 같이 전동기(電動機)를 필요로 하여 가동되는 설비를 말한다.

3.1.1 동력 설비의 종류

동력 설비의 종류와 용량은 건물의 구조와 용도에 따라 다르므로 획일적으로 결정할 수는 없다. 동력 설비를 사용되는 부하에 따라 용도별로 분류하여 표 3.1에 나타낸다.

표 3.1 빌딩의 동력 설비 종류

동력 설비의 종류	사용되는 부하의 예
공기조화용 동력	냉동기, 냉각수 펌프, 냉수 펌프, 쿨링 타워 팬, 공기 조화기 팬, 급 · 배기 팬, 배열 팬
급 · 배수 위생용 동력	양수 펌프, 오수 펌프, 급수 펌프
승강기용 동력	엘리베이터, 에스컬레이터, 리프트, 덤 웨이터, 카리프트, 셔터, 턴 테이블
사무 기기용 동력	전자계산기, 각종 OA 기기
통신 기기용 동력	인버터, 직류 발전기
주방용 동력	고속 믹서, 케이크 믹서, 냉동기, 냉장고
의료 기기용 동력	뢴트겐, 치과용 모터, 전동 수술대
방재용 동력	소화전 펌프, 스프링클러 펌프, 배연 팬

(1) 공기조화용 동력

공기 조화 설비는 빌딩 내에서 인간의 쾌적함과 보건을 목적으로 하는 쾌감용 공기 조화 설비와 반도체 제조 공장이나 생체 산업 등 최근에 주목받고 있는 산업용 공기 조화 설비로 분류되는데 본 절에서는 전자의 경우만 다룬다.

실내의 온 · 습도를 희망하는 일정의 값으로 유지하고, 먼지나 이산화탄소 등에 의한 실내 공기의 오염을 방지하는 설비이며, 그 구성은 대규모 빌딩에서의 중앙식(덕트 방식)에서부터 주택의 각 실에 에어컨디셔너를 놓는 것까지 여러 가지 방식이 있다.

그림 3.1은 중앙식 공기조화기의 예로서, 온 · 습도가 조정된 공기가 덕트를 통하여 실내에 보내진다.

또, 공기조화기의 냉각용 냉매로는 냉동기에서 냉각된 냉수, 가열용 열매로는 보일러에서 발생한 증기 또는 온수가 각각 보내지고 있다.

이와 같이, 공기조화기로부터 덕트를 통하여 실내에 송풍하는 방식을 덕트방식이라 부르며, 또 실내에 설치된 팬 코일 유닛에 냉수 또는 온수를 보내고, 신선한 외부 공기를 별도로 조정하여 실내에서 냉각 또는 가열하는 방식을 팬 코일 유닛(FCU, fan coil unit)방식이라 하고, 소형의 공기조화기를 실내에 설치하고, 여기서 직접 냉풍이나 온풍을 뿜어내는 방식을 실내 유닛 방식이라 한다.

실내 유닛에는 에어 핸들링 유닛(AHU, air handling unit), 패키지 에어컨(package air conditioner) 등이 쓰인다. 그림 9.1에서 알 수 있는 바와 같이, 냉방용 동력으로는 냉동기 외에 응축기의 냉각수를 순환시켜 사용하기 위한 냉각탑(cooling tower), 펌프 및 공기조화기의 송풍기 등이 있다.

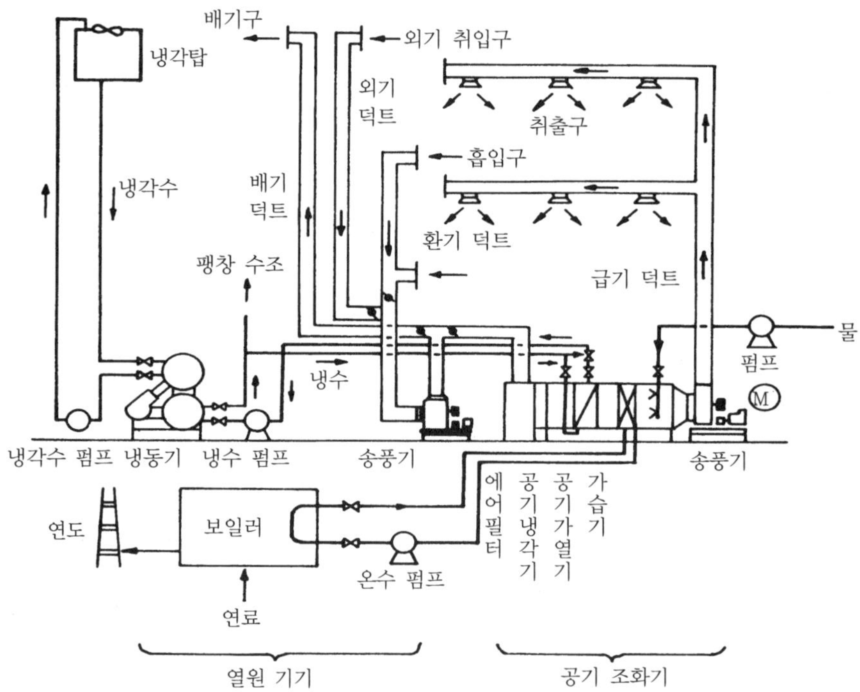

그림 3.1 중앙식(단일덕트방식) 공기조화기의 예

공기조화기는 공기의 온·습도를 조정하는 것이므로 공기 냉각기, 공기 가열기, 가습기, 송풍기 및 에어 필터 등으로 구성된다.

공기 조화 설비에 사용되는 전동기의 설비 용량은 표 3.2에서 알 수 있는 바와 같이 건물의 종류, 구조, 공기조화 방식 및 기상 조건 등에 따라 다르지만, 한랭지를 제외한 지역의 일반 업무용 빌딩에서 터보 냉동기를 사용하는 경우에는 표 3.2에서와 같이 건물 면적당 0.04~0.05[kW/m^2]이다. 또한 연중 전력소비량은 운전시간이나 설정온도 및 습도에 따라 다르지만 30~50[kWh/m^2] 정도가 된다.

표 3.2 공기조화설비용(냉 · 난방환기)전력의 예

빌딩명	연면적 [m^2]	기기별 용량				합 계 [kW]	[m^2]당 전력 [kW/m^2]	적 요
		냉동기	펌프류	송배풍기	기 타			
A	5,557	142.5	32.25	50.63	6.56	231	0.041	
		61.8[%]	13.7[%]	21.7[%]	2.8[%]	100[%]		
B	6,422	218.25	44.25	76.5	10.86	349.88	0.054	쿨링 타워 사용
		62.4[%]	12.7[%]	21.8[%]	3.1[%]	100[%]		
C	12,936	300	75	164		539	0.041	우물물 이용
		56[%]	14[%]	30[%]		100[%]		
D	18,424	324	60	130.5	12.75	527.25	0.028	우물물 이용
		61.5[%]	11.4[%]	24.7[%]	2.4[%]	100[%]		
E	23,285	510	182.5	77.2	4.5	774.2	0.033	우물물 이용
		66[%]	23.6[%]	9.82[%]	0.52[%]	100[%]		
F	28,265	390	174	166		730	0.026	우물물 이용, 히트 펌프 방식
		53.2[%]	24[%]	22.8[%]		100[%]		
G	37,158	775	254	408	23.8	1,406.8	0.039	우물물 이용, 히트 펌프 사용
		53[%]	17.4[%]	28[%]	1.6[%]	100[%]		
H	52,856	1,370	518.1	888.5	123.4	2,900	0.054	쿨링 타워 사용
		47.2[%]	17.9[%]	30.7[%]	4.2[%]	100[%]		
I	75,900	21,000	748	739	129	3,176	0.048	쿨링 타워 사용
		56.5[%]	20.5[%]	19.5[%]	3.5[%]	100[%]		

(2) 급배수 위생용 동력

빌딩에 있어서의 급·배수 설비 및 위생 설비 계통도는 그림 3.2와 같이 나타낼 수 있다.

수도 본관으로부터 취입한 수돗물은 일단 저수조에 저장되고, 양수 펌프(급수 펌프)로써 빌딩의 옥상에 있는 고가 수조(옥상 탱크)에 옮겨진다. 동시에 보일러(급탕 설비)에서 데워진 온수는 고가 수조의 냉수와 함께 빌딩내의 세면기, 싱크대, 목욕실 등으로 공급되고, 여기서 이용된 후 잡배수로 된다. 그리고 변기에서 사용된 고가 수조의 물은 오수가 되고, 병원 및

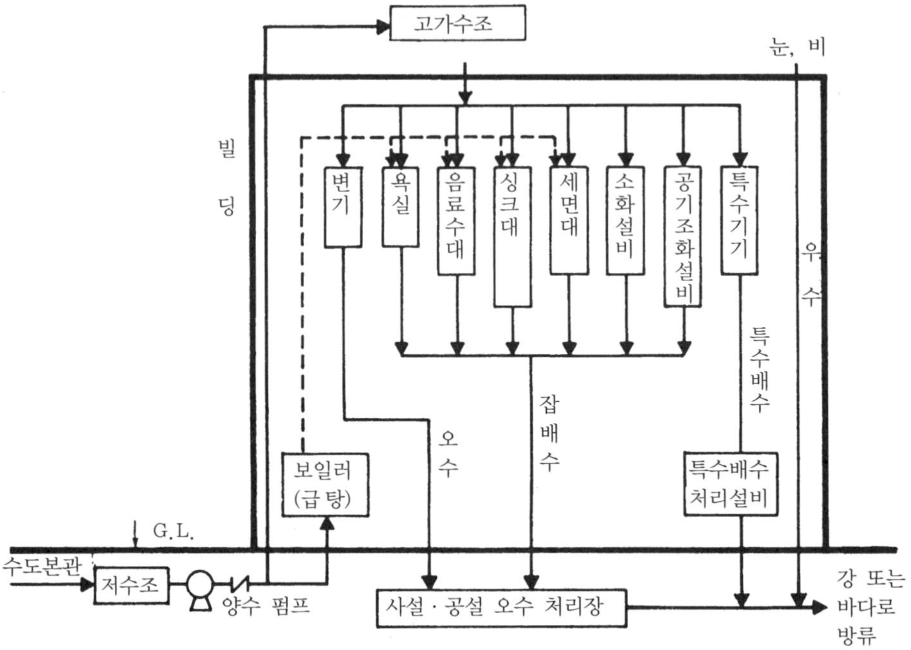

그림 3.2 급배수 및 위생설비의 계통도

표 3.3 급배수 설비의 전동기 용량

명칭	적용개수		전동기 용량
오수 펌프	정화탱크 36m³ 이상 정화탱크 16~35m³ 정화탱크 15m³ 이하		1.5kW 0.75kW 0.4kW
양수 펌프	스파이럴 펌프	양정 10m 양수량 0.15m³/min 양정 10m 양수량 0.3m³/min 양정 10m 양수량 0.6m³/min	0.75kW 1.5kW 2.2kW
	터 빈 펌 프	양정 20m 양수량 0.15m³/min 양정 20m 양수량 0.3m³/min 양정 20m 양수량 0.6m³/min	1.5kW 2.2kW 3.7kW
배수 펌프	양정 8m 양수량 0.15m³/min 양정 8m 양수량 0.4m³/min 양정 8m 양수량 0.6m³/min		0.75kW 1.5kW 2.2kW
수 중 펌 프	양정 20m 양수량 0.15m³/min 양정 20m 양수량 0.6m³/min 양정 20m 양수량 1.5m³/min		1.5kW 3.7kW 11kW
소 화 펌 프	양정 40m 양수량 0.15m³/min 양정 40m 양수량 0.3m³/min 양정 40m 양수량 0.8m³/min		2.2kW 5.5kW 11kW

연구소 등의 특수 기기에서 이용된 물은 특수 배수처리 설비를 거쳐 방류가 된다.

이러한 급배수 설비 및 위생 설비의 동력원으로는 펌프가 이용된다.

이 펌프는 전동기와 직결되어 사용되는데, 이와 같은 설비들에 적용되는 펌프 구동용 전동기의 용량을 표 3.3에 나타낸다.

① 급수 설비

음료수로서는 보통 수돗물이 사용되고 있으며, 수세식 변소용 · 청소용 · 산업용 · 살수용(撒水用) 등 잡용수로서는 우물의 물을 사용하는 경우가 많다. 그러나 도시에서는 지하수 채취에 제한을 받으므로 잡용수(雜用水)까지도 수돗물을 사용해야 할 형편에 있다.

급수 방식은 수도 직결식, 고가 수조식(高架水槽式), 압력 수조식, 직송식 4가지가 있다.

ⓐ 수도 직결 급수 방식 : 이 방식은 도로에 시설된 수도 본관 내의 수압을 이용하여 목적의 개소에 급수하는 방식이며 수도 본관의 수압 및 관경에 제약되기 때문에 주택 또는 소규모 건물 이외에 이용할 수는 없다.

그림 3.3에 직결 급수 방식을 나타낸다. 이 방식은 수도 본관에서 분수전에 의하여 분기하고, 여기에 배관(수도용 연관, 배관용 탄소강 강관, 비닐관, 급수 주철관)을 접속하여 각 건물에 인입하고, 건물 경계선에서 도로 측에 지수전, 부지 내에 양수기를 설치하여 건물 내의 수전까지 배관한다. 이 방식을 채용하는 경우는 설계의 단계에서 수압을 확인할 필요가 있다.

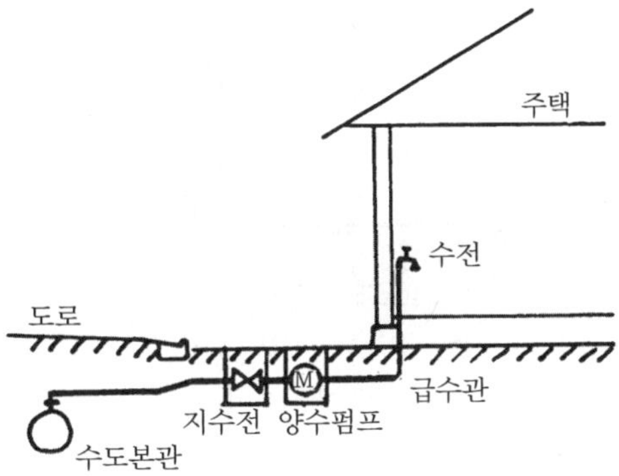

그림 3.3 수도직결 급수방식

ⓑ 고가 수조 급수 방식 : 상수도 물을 지하에 설치한 저수조에 저장하고, 이 물을 양수펌프로 옥상에 설치한 고가탱크(수조)에 올려서 압력을 이용하여 각 층의 수도전에 물을 공급하는 방식을 고가 수조식이라 한다.(그림 3.4) 수도의 압력이 충분한 경우에 2층 정도의 건물이면 고가 수조를 설치하지 않고 수도 직결식을 사용한다.

지하수를 사용하는 경우에 깊은 우물용 펌프로 지하 탱크까지 물을 올린 후 다시 양수펌프로 옥상에 설치한 탱크까지 물을 올린다. 우물이 얕은 경우에는 우물용 취수펌프로써 옥상의 탱크까지 직접 올리는 방식을 취한다. 이 때 수돗물과 우물물의 탱크, 펌프 배관 등은 각각 별도로 해야 한다.

고가(옥상) 탱크까지의 양수는 고가 수조 내에 시설한 액면 조정용 플로트 스위치

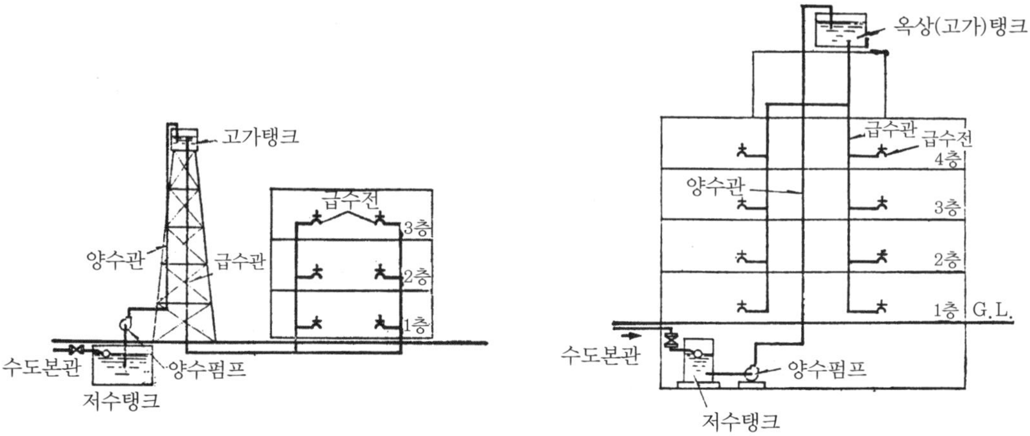

(a) 고가 탱크　　(b) 옥상 탱크

그림 3.4 고가 수조 급수 방식

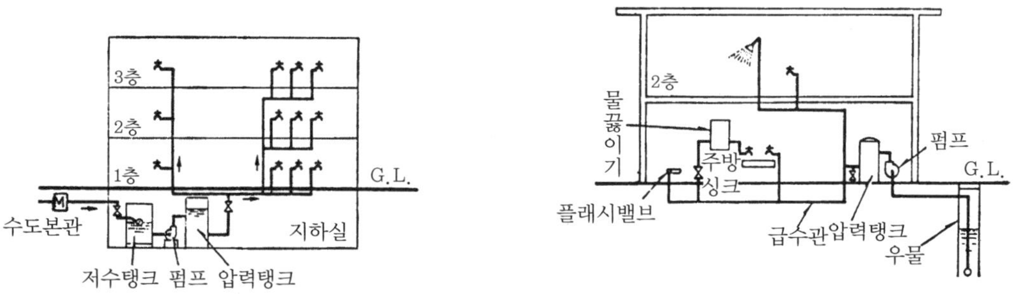

(c) 압력 탱크 방식　　(b) 가정용 펌프(압력 탱크)에 의한 급수

그림 3.5 압력수조 급수 방식

(float switch) 또는 전극을 사용해서 수조 내의 수면 변동을 이용하여 전동기를 운전 또는 정지시킨다.

ⓒ 압력 수조 급수 방식 : 압력 수조식이란 고가 수조 대신에 압력 수조를 써서 급수하는 방식이다. 압축 공기가 봉입된 밀폐 탱크 속에 물을 펌프로 압입하면 탱크 내의 공기가 압축되는 관계로 물에 압력이 걸려서 높은 곳까지 물을 공급할 수 있다. 물이 공급되어 탱크 내의 압력이 일정치 이하로 되면 압력 스위치가 작동하여 펌프는 자동적으로 기동되고, 탱크 내의 압력이 일정치까지 올라가면 펌프가 정지한다. 이 방식은 규모가 큰 빌딩에서는 별로 사용되지 않고, 가정용 급수 방식에 많이 채용된다. 그림 3.5에 이 방식을 나타낸다.

ⓓ 직송 급수 방식 : 최근에는 주택 단지의 급수 설비로서 펌프에 의한 직송 급수 방식(tankless방식)이 채용되고 있다(그림 3.6). 이 방식은 유럽 등에서는 호텔을 비롯

하여 많은 건물에 이용되고 있는 방식이다. 이 방식은 고가 수조를 설치하지 않고도 항상 급수관에 일정한 급수압을 가하여 필요한 급수를 행하는 방법이고 압력 수조식과 비슷하지만, 이 방식은 펌프 자체를 제어하여 압력을 유지한다.

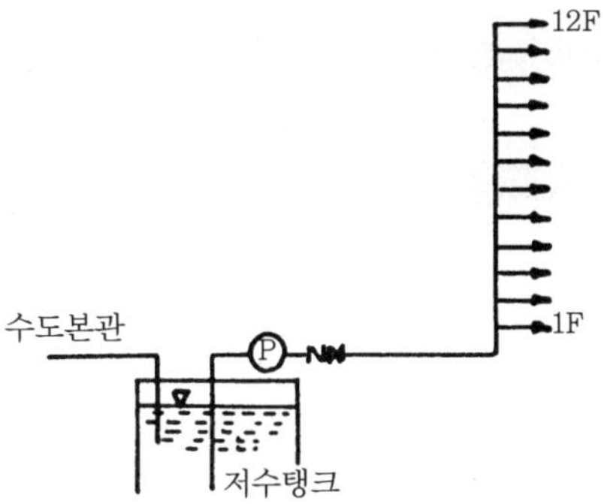

그림 3.6 직송 급수 방식

펌프의 제어는 종래 방식에 따르면 펌프의 회전수는 일정하고 운전과 정지만을 반복했던 것인데, 이 방식에서는 펌프의 회전수를 변화하게 한 것이다.

즉, 변속하게 하면 펌프의 양정(揚程)이 회전수의 제곱에 비례하는 관계로 가변속 전동기를 사용하여 토출(吐出) 일정 제어를 행하는 경우 유량 변화에 따라 회전수를 변경하여 주면 동력은 회전수의 3제곱에 비례하므로 경제적 운전이 가능하다.

이 펌프를 구동하는 변속 전동기로서는 3상 교류 정류자 전동기가 사용되고 있으나, 규모가 커지면 정류자 전동기 몇 대를 설치해서 대수 제어(臺數制御)를 행한다. 이와 같이 몇 대 설치하는 경우는 건설비의 절감을 기하기 위해서 유도 전동기와 조합하는 경우가 있다(근래는 SCR 주파수 변환 장치를 사용해서 유도 전동기의 속도 제어는 비교적 손쉽게 할 수 있으므로 정류자 전동기보다는 유도 전동기의 가변속 제어 방식이 많아지고 있다). 이 방식을 사용할 때 주의할 점은 정전사고로 인한 단수 문제를 해결하기 위해서 예비전원설비를 확보해야 하는 점이다.

② 배수 설비

배수 계통에는 여러 가지가 있으나, 그것을 사용하는 목적에 따라 나누어 보면 변소 배수의 오수 계통, 변소배수 이외의 잡용수 계통, 빗물 배수 계통의 세 가지가 있다.

지상 각 층으로부터의 배수는 중력에 의한 배수 방식이 보통이다. 지하 각 층 또는 지상일지라도 배수 위치가 낮은 관계로 중력을 이용한 배수가 어려울 때는 일단 지하의 잡배수조 또는 오수조까지 보낸 후 배수 펌프나 오수 펌프를 써서 배수하여 준다.

우선 그림 3.7(a)와 같이 하수도의 설비가 잘 되어 있는 곳에서는 지상 각 층에서의 배수는 우수, 잡수용 및 변소 배수 등이 합류하여 중력으로 하수도에 빠진다. 그러나 지하 각 층에서의 배수는 일단 지하의 최하층에 시설한 오수조로 보내진 후 오물 펌프에 의하여 하수관으로 다시 배출되도록 한다.

다음은 그림 3.7(b)와 같이 하수도 시설이 되어 있지 않은 곳이면, 배수는 오수와 잡용수,

빗물의 두 계통으로 나누어지며, 지하 각 층에서의 변소 배수만은 정화조에 보낸 후 정화하여서 중력에 의해서 하수구로 방류하는 방법과, 오수 펌프로 배수하는 방법이 있다. 정화조보다 낮은 지대에 변소가 있을 때에는 변소로부터의 배수를 최하부에 있는 오수조로 보낸 후 오물 펌프에 의하여 정화조까지 보낸다.

끝으로 그림 3.7(c)와 같이 정화조가 최하부에 시설된 경우에는 빗물과 잡용수는 직접 하수구로 방류시킨다.

오물 펌프는 수세식 변소로부터의 배수와 같이 생오물이 섞인 물을 배수하는 펌프이고, 구경(口徑)치수의 약 80[%] 정도 크기의 덩어리가 들어 있어도 막히지 않도록 설계되어 있다.

잡배수 펌프는 일반 배수의 경우와 같이 먼지가 들어 있는 물을 배수하는 펌프로서, 구경치수의 약 40[%] 정도 크기의 덩어리가 들어갈지라도 막히는 일이 없도록 설계되어 있다.

오수 펌프는 정화조로부터의 배수 경우처럼 거의 덩어리로 된 고형물이 들어 있지 않는 오수를 배출하는 펌프를 말한다.

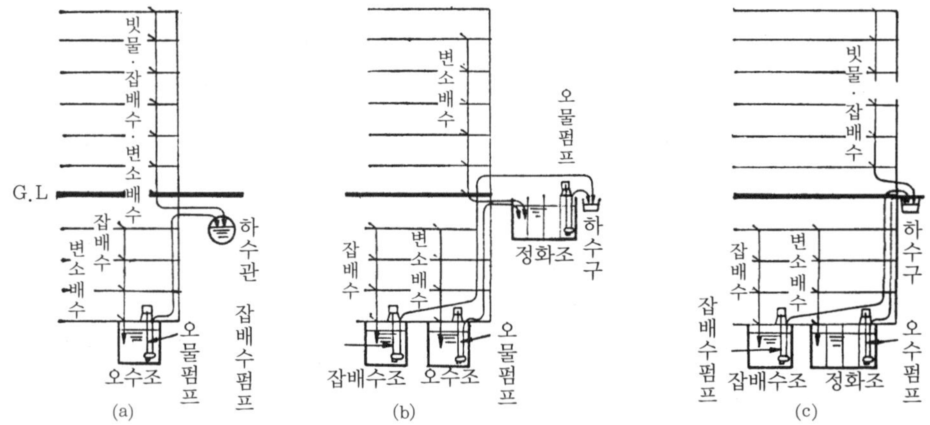

그림 3.7 배수 설비의 방식

(3) 수송 설비용 동력

빌딩 내에서의 수송 설비로는 표 3.4와 같이 여러 가지가 있으며, 이들 중 엘리베이터와 에스컬레이터에 대해서만 간단히 설명하고자 한다.

① 엘리베이터

엘리베이터의 분류 방법에는 여러 가지가 있으나, 동력 설비의 권상(卷上) 전동기의 전원에 따라 나누어 보면 다음과 같다.

ⓐ 교류 엘리베이터 : 3상 유도 전동기에 의해서 운전하는 것이다. 교류 엘리베이터에

사용하는 전동기는 다음과 같다.

-3상 교류 단일 속도 농형(籠型) 유도 전동기

-3상 교류 2단 속도 2중 농형 유도 전동기

표 3.4 수송 설비의 전동기 용량 예

명　칭	적 용 개 수	전 동 기 용 량
엘리베이터	$kW = \frac{\text{적재}kg \times \text{정격속도}(m/min) \times 0.6}{4,500 \times \eta(0.5 \sim 0.8)}$ 600kg 60m/min 900kg 90m/min 1,600kg 150m/min	 7.5 kW 15 kW 29 kW
에스컬레이터	5,000명/h~8,000명/h 양정 7.6m 양정 11m	 7.5 kW 11 kW
덤웨이터	적재 중량 150kg 적재 중량 300kg	0.75kW 1.5 kW
타워파킹	수용 대수 12대 수용 대수 16대 수용 대수 20대 수용 대수 24대	15 kW 22 kW 30 kW 37 kW
카리프트	적재중량 2,500kg 속도 10m/min 행정 4m	15 kW
턴테이블	5m지름 회전용 횡행용(横行用)	0.75kW 0.75kW
콘베이어	중량 40kg/개 수송량 1,000개/h 양정 5.6m 속도 15m/min	3.7 kW
크레인	중량 3t 중량 30t 중량 100t	10kW+2kW+7.5kW 40kW+15kW+5kW+30kW 60kW+30kW+15kW+60kW
호이스트	중량 100kg 중량 500kg 중량 2t	0.2 kW 0.75kW 3.7 kW
에어슈터	바깥지름 40ø 중량 200g 바깥지름 75ø 중량 250g 바깥지름 100ø 중량 500g	0.4 kW 0.75kW 1.5 kW

-3상 교류 2단 속도 2중 권선형 유도 전동기

-3상 교류 2단 속도 탠덤형 유도 전동기

전동기의 특성을 가급적 엘리베이터 운전에 적합하도록 특별히 설계한 농형 유도 전동기는 권선형에 비해서 구조가 간단하고 또한 신뢰성이 높은 관계로 많이 사용되고 있다.

탠덤형은 고속측 · 저속측 모두 농형 전기자이며, 극수는 6/24, 8/32인 1:4의 감속화를 가지는 것이 보통이다. 이것은 엘리베이터의 속도가 45~60[m/min]인 것에 일반적으로 사용되지만, 병원의 침대차용 등 특히 착상차(着床差)가 적은 것을 필요로 할 때는 20~30[m/min]인 저속 엘리베이터에도 사용된다.

ⓑ 직류 가변 전압 엘리베이터 : 엘리베이터 한 대마다 전동 발전기 세트를 시설하고 권상용 전동기로써 직류 전동기를 사용한다. 직류 전동기의 제어는 직류 발전기의 직류 출력 전압을 가감하여 가변 전압을 공급함으로써 할 수 있다.

직류 가변 전압에 의한 엘리베이터의 속도 제어는 워드-레나드(Ward-Leonard)방식의 응용이며, 권상용 직류 전동기 외에 전동 발전기가 필요하다. 전동 발전기는 직류 권상 전동기에 가변 전압을 공급하는 직류 발전기 · 여자(勵磁) 전원 · 제어 회로 전원 · 전자 브레이크 전원 · 엘리베이터의 문을 개폐하는 전동기 전원용 여자기, 발전기 구동용 교류 유도 전동기 등으로 구성된다. 이 방법은 발전기의 계자(界磁) 전류를 가감함으로써, 또는 전류 방향을 변경함으로써 발전기 전압을 조정할 수 있는 관계로 전동기의 전기자 전압의 조정이 용이하고, 따라서 원활한 속도 제어가 가능하다. 이 방법의 특징으로는 다음과 같은 것을 들 수 있다.

-아주 넓은 범위까지 원활한 속도 제어가 가능하므로 엘리베이터에 탔을 때의 기분이 좋다.

-전동기 운전에서 회생제동을 걸면 운동 에너지는 전력으로써 전원에 회수되는 관계로 기동시 저항손이 적고 경제적인 운전이 가능하다.

-전류가 적게 흐르는 계자 회로를 제어함으로써, 접촉자의 손상이 적고 또한 보수비도 적게 든다.

② **에스컬레이터**

에스컬레이터는 연속 정격인 3상 유도 전동기가 보통 사용된다. 에스컬레이터는 엘리베이터처럼 기동 · 정지가 빈번하지 않은 관계로 기동 토크는 문제시 할 필요가 없어 배선이나 전동기 용량에 관해서 특별한 고려는 필요하지 않다.

어떤 메이커의 표준 전동기 용량을 예시하면 밟는 계단 넓이 1[m], 층계 높이 4.7[m] 이하는 7.5[kW], 4.7[m] 초과 7.0[m]까지는 11[kW], 밟는 계단 넓이 0.6[m]인 것으로 층계 높이 7.4[m]까지는 7.5[kW]로 되어 있다.

3.1.2 동력용 전동기

빌딩에서 동력 설비를 가동시키는데 핵심 기기가 바로 전동기(電動機, motor)이다. 이 전동기는 전기 에너지를 받아서 기계적 에너지로 변환하며, 전동기의 종류를 표 3.5에 나타낸다.

전동기는 크게 직류 전동기와 교류 전동기(유도 전동기, 동기 전동기)로 분류하는데, 빌딩 내에서는 주로 유도 전동기 특히 농형 유도 전동기가 사용되고 있다.

표 3.5 전동기의 분류

<table>
<tr><td rowspan="4">직 류 기</td><td rowspan="4">직류 전동기</td><td>타여자 전동기</td><td rowspan="3"></td></tr>
<tr><td>분권 전동기</td></tr>
<tr><td>직권 전동기</td></tr>
<tr><td>복권 전동기</td><td>가동 복권 전동기
차동 복권 전동기</td></tr>
<tr><td rowspan="3">교 류 기</td><td rowspan="2">유도 전동기</td><td>단상 유도 전동기</td><td>분상 기동형 단상 유도 전동기
콘덴서 기동형 단상 유도 전동기
영구 콘덴서형 단상 유도 전동기
셰이딩 코일형 단상 유도 전동기</td></tr>
<tr><td>3상 유도 전동기</td><td>농협 유도 전동기
권선형 유도 전동기</td></tr>
<tr><td>동기 전동기</td><td>단상 동기 전동기
3상 동기 전동기</td><td></td></tr>
</table>

(1) 직류 전동기(直流電動機)

직류 전동기(DC motor)는 직류 전원 장치가 필요하기 때문에 유도 전동기처럼 널리 사용되지는 않지만, 속도 제어가 용이하고, 기동 토크가 크고, 저속도의 큰 토크로 운전이 가능하다. 따라서 이러한 특성 때문에 엘리베이터용 전동기, 전차용 전동기, 제철소의 압연용 전동기 등에 이용되고 있으며 전자 제품 등의 소형 전동기에 이용되고 있다.

본 절에서는 직류 전동기의 원리와 종류 및 특성 등에 대하여 배우기로 한다.

① 직류 전동기의 구조

직류 전동기의 구조를 그림 3.8에 나타내는데, 주요 부분은 고정자와 회전자로 되어 있다.

고정자는 외함과 계자로 되어 있는데, 계자는 계자 철심과 계자 권선으로 되어 있으며, 계자 권선에 직류 전류를 흘려서 여자하여 강한 자장을 만드는 역할을 한다.

회전자는 전기자와 정류자 및 브러시로 되어 있는데, 전기자는 규소 강판을 잘라서 만든 성층 철심과 전기자 권선으로 되어 있으며, 정류자는 경동의 정류자편을 운모로 절연하여 조립되어 있다. 브러시는 스프링으로서 정류자 면 위에 일정한 압력으로 접촉되도록 되어 있는데, 재질로는 탄소 브러시나 흑연 브러시 등이 사용된다.

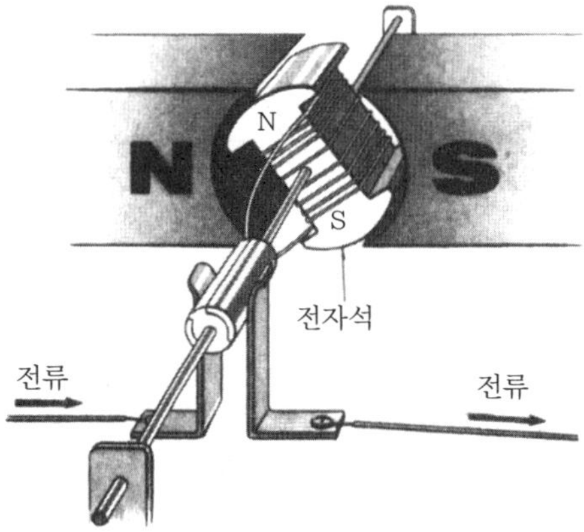

(a) 개념도

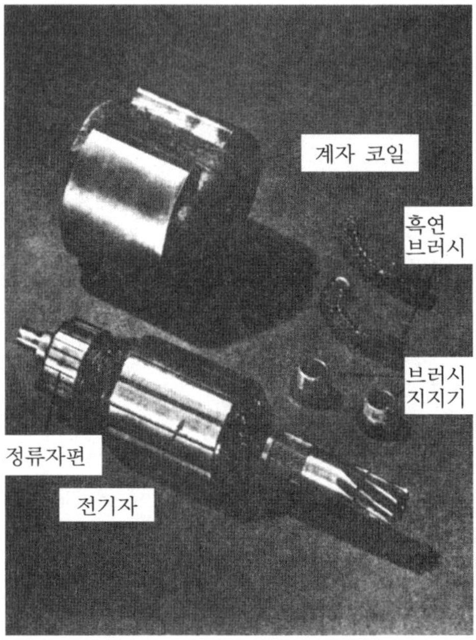

(b) 구 조

그림 3.8 직류 전동기의 구조

① 직류 전동기의 원리

앞에서 살펴본 구조를 간단히 하기 위하여 그림 3.9와 같이 나타내면, 브러시 B_1과 B_2 사이에 직류 전압을 가하면 회전자 도체에 화살표 방향의 전류가 흐르게 되고 동시에 계자 N에서 S방향으로 자장이 형성되므로 플레밍의 왼손 법칙(Fleming's left hand rule)에 의하여 엄지 손가락 방향으로 힘이 발생되므로 회전자가 회전을 하게 되는 것이다.

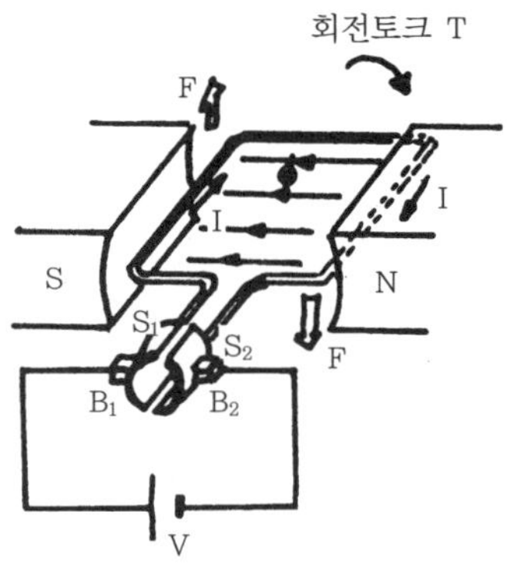

그림 3.9 직류 전동기의 원리

② 직류 전동기의 종류와 특성

직류 전동기는 계자 권선과 전기자 권선의 접속방법에 따라 표 3.5와 같이 분류를 하게 되며, 이들의 접속 회로도를 그림 3.10에 나타낸다.

직류 전동기의 특성은 속도 특성 곡선(speed characteristic curve)과 토크 특성 곡선(torque characteristic curve)으로 설명할 수 있는데, 이러한 특성 곡선을 그림 3.11에 나타낸다.

④ 직류 전동기의 용도

ⓐ 타여자 전동기 : 속도를 광범위하게 조정할 수 있기 때문에 압연기나 엘리베이터 등에 사용되고, 일그너(Illgner)방식 또는 워드-레너드(Word-Leonard)방식의 속도 제어 장치를 사용하는 경우에 주 전동기로 사용된다.

ⓑ 분권 전동기 : 계자 저항기로 쉽게 회전 속도를 조정할 수 있기 때문에 공작 기계나 압연기 등에 사용된다.

ⓒ 직권 전동기 : 기동 토크가 전기자 전류의 제곱에 비례하기 때문에 전동차나 크레인 등과 같이 부하 변동이 심하고 기동 토크가 큰 것을 요구하는 곳에 적합하므로 전기 철도에 사용하는 전동기는 직권 전동기이다.

ⓓ 복권 전동기 : 가동 복권 전동기는 크레인, 공작 기계, 엘리베이터, 공기 압축기 등에 사용되며, 차동 복권 전동기는 특수한 경우에만 사용한다.

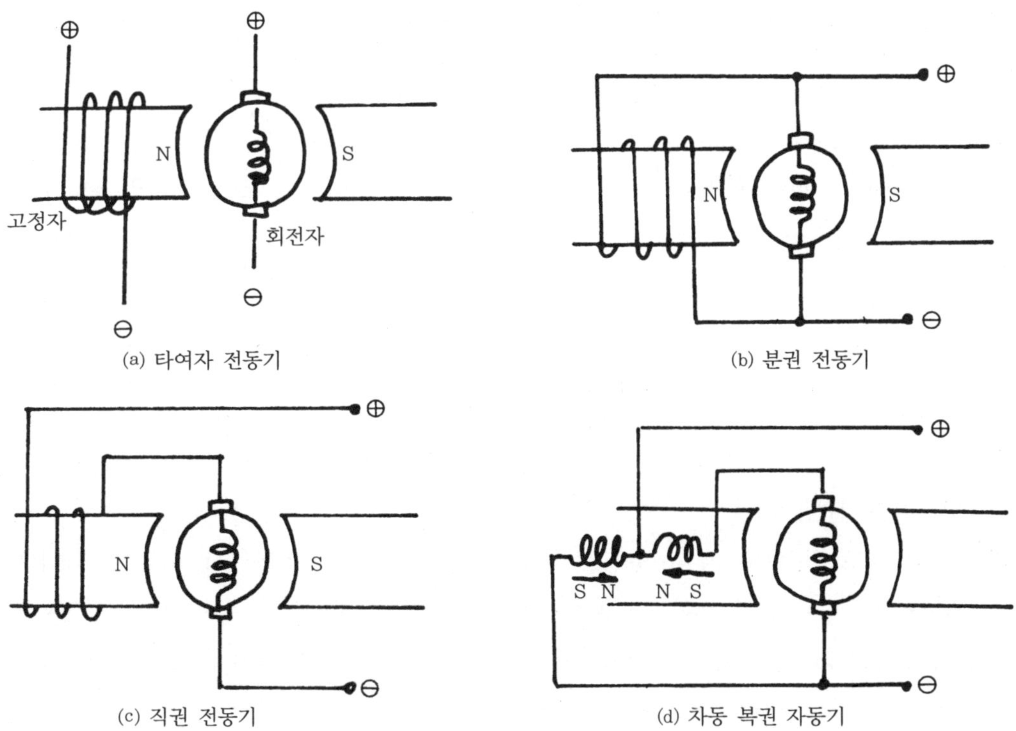

(a) 타여자 전동기 (b) 분권 전동기

(c) 직권 전동기 (d) 차동 복권 자동기

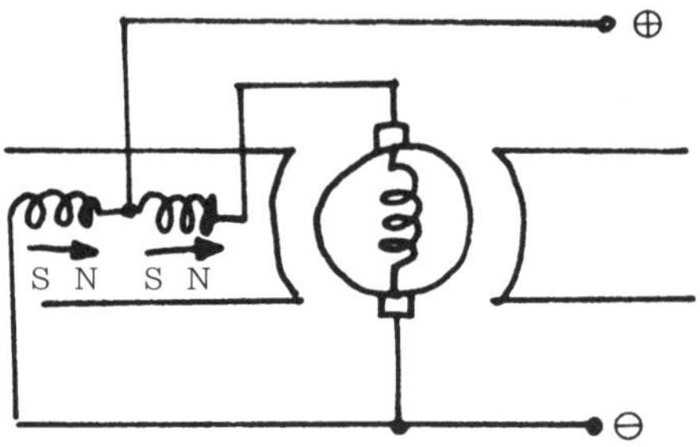

(e) 가동 복권 전동기

그림 3.10 직류 전동기의 종류

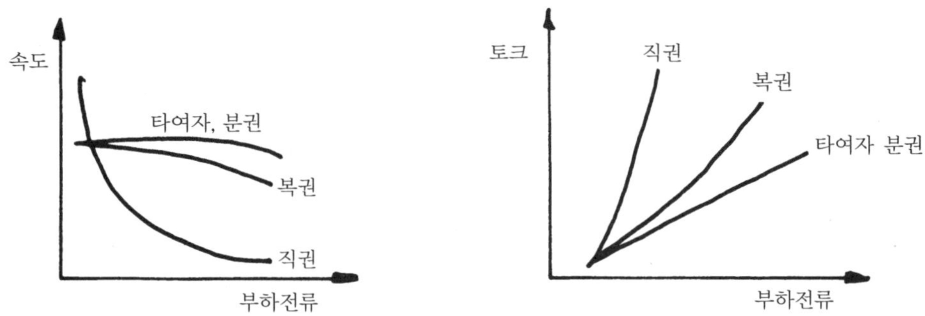

그림 3.11 직류 전동기의 특성 곡선

(2) 유도 전동기(誘導電動機)

유도 전동기(induction motor, IM)는 가장 많이 사용되는 전동기로서, 단상 유도 전동기는 냉장고, 선풍기, 펌프 등의 작은 동력을 필요로 하는 곳에 널리 쓰이고, 3상 유도 전동기는 공장의 큰 동력용이나 빌딩 및 고층 아파트의 엘리베이터나 에스컬레이터 등에 사용되고 있다.

이처럼 유도 전동기가 널리 이용되는 것은 교류 전원을 쉽게 얻을 수 있고, 전동기의 구조가 간단하고 튼튼하며, 가격이 싸고, 취급이 간단하며 운전이 쉬워서 사용이 간편하기 때문이다.

① 단상 유도 전동기

우선 단상 유도 전동기(single phase induction motor)의 구조를 그림 3.12에 나타낸다.

단상 유도 전동기는 회전자와 고정자로 구성되어 있는데, 회전자는 농형이고, 고정자 권선은 단상 권선으로 되어 있다. 즉 계자의 단상 권선에는 교번 자기장(alternating field)이 발생되며, 회전 자기장(rotating field)이 발생되지 않는다.

이와 같이 단상 유도 전동기의 고정자 권선에 단상 교류 전압을 가하면 권선의 축의 방향으로 크기만이 변화하는 교번 자기장이 형성될 뿐이므로 회전자에 기동 토크가 발생되지 않아 기동이 될 수 없다.

따라서 단상 유도 전동기는 기동을 시키기 위하여 여러 가지 보조 회로가 필요한데, 이 방법에 따라서 표 3.5에서와 같이 분상 기동형, 콘덴서 기동형, 셰이딩 코일형 등의 여러 가지 종류가 있는 것이다.

그림 3.12 단상 유도 전동기의 구조

ⓐ 분상 기동형 단상 유도 전동기(split-phase AC induction motor) : 세탁기, 냉장고, 소형 공작 기계, 펌프 등에 널리 사용되는 단상 유도 전동기로서 그림 3.13에 그 구조를 나타낸다.

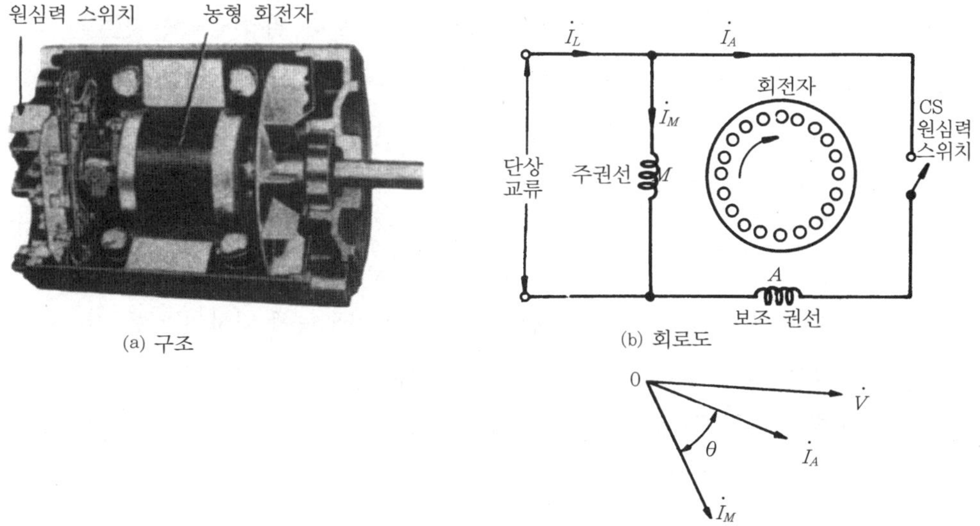

그림 3.13 분상 기동형 단상 유도 전동기

이 전동기는 고정자 철심에 주권선(운전 권선)과 보조 권선(기동 권선)이 전기적으로 π /2[rad] 만큼의 간격을 두고 감겨져 있다. 주권선은 굵은 도체이고 보조 권선은 가는 도체를 사용하였다. 그리고 보조 권선에는 원심력 스위치를 직렬로 연결하고, 주권선과 병렬로 접속하여 단상 교류 전압을 가하면 그림 3.13(c)와 같이 리액턴스가 큰 주권선 M에는 공급된 전압 V 보다 매우 뒤진 위상의 전류 I_M이 흐르고, 리액턴스가 작고 저항이 큰 보조 권선 A에는 공급된 전압 V 보다 위상이 조금 뒤진 전류 I_A가 흐르게 된다.

따라서 전류 I_M과 I_A 사이에는 θ 만큼의 위상차가 생기고 회전 자기장이 발생되어서 기동 토크가 발생하고, 전동기가 회전을 시작하게 되는 것이다.

전동기의 회전자 속도가 점차로 증가하여 동기 속도의 약 70~80[%] 정도가 되면 원심력 스위치 CS가 작동하여 보조 권선 A의 전기 회로가 개방되어 주권선 M에 의하여 전동기는 계속 회전을 하게 된다.

이 전동기는 종래에 가장 널리 사용되어 오던 단상 유도 전동기였지만, 기동 토크가 작고, 원심력 스위치 때문에 부피가 커지고, 기동시에 큰 전류가 흐르기 때문에 보통 200[W] 이하의 소용량에 사용되고 있다.

ⓑ 콘덴서 기동형 단상 유도 전동기(capacitor start single phase induction motor) : 그림 3.14와 같이 콘덴서 C와 원심력 스위치 CS를 기동 권선 A와 직렬로 접속하고 주권선 M과는 병렬로 접속한 단상 유도 전동기이다.

이 병렬 회로에 단상 교류 전압 V를 가하면 그림 3.14(b)와 같이 기동 전선 A에 흐르는 전류 I_A는 콘덴서 때문에 공급된 전압 V 보다 위상에 앞선 전류가 되고, 주권선 M에 흐르는 전류 I_M은 공급된 전압 V보다 위상이 뒤진 전류가 된다.

따라서, 전류 I_A 와 I_M 사이에는 약 90° 만큼의 위상차가 생기므로 회전 자기장이 발생되어 기동 토크가 발생되어 회전자가 회전을 시작하게 된다.

분상 기동형과 마찬가지로 회전자 속도가 동기 속도의 약 70~80[%] 정도 되면 원심력 스위치 CS가 작동하여 기동 권선 A의 회로를 개방하고, 주권선 M만으로 전동기는 계속 회전을 하게 된다. 이 전동기는 분상 기동형에 비하여 기동 전류가 작고, 기동 토크는 크기 때문에 기동 특성이 좋아서 200[W] 이상의 가정용 펌프, 송풍기 또는 소형의 공작 기계 등에 널리 사용되고 있다.

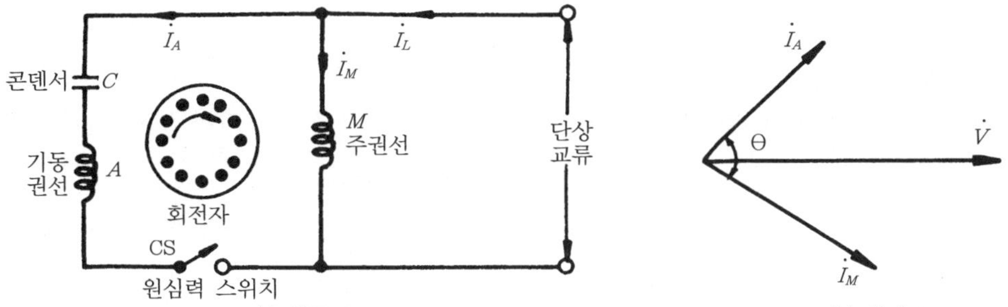

(a) 회로도 (b) 벡터도

그림 3.14 콘덴서 기동형 단상 유도 전동기

ⓒ 영구 콘덴서형 단상 유도 전동기(permanent capacitor single phase induction motor) : 콘덴서 기동형에서 원심력 스위치를 제거하여, 기동할 때나 운전할 때나 항상 콘덴서를 기동 권선과 직렬로 접속한 구조의 전동기인데, 이를 그림 3.15에 나타낸다.

이 전동기는 기동 이후의 정상운전시에도 계속하여 콘덴서를 사용하게 되며, 이 콘덴서는 콘덴서 기동형 단상 유도 전동기에서 사용한 것보다 정전 용량이 적기 때문에 큰기동 토크를 발생하지는 않는다. 그러나 원심력 스위치 *CS*가 없기 때문에 구조가 간단해지고 역률이 좋기 때문에 큰 기동 토크를 요구하지 않는 선풍기나 세탁기 등에 널리 사용되고 있다.

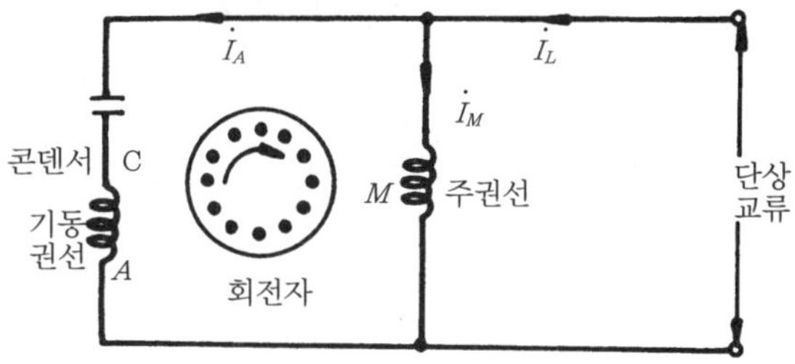

그림 3.15 영구 콘덴서형 단상 유도 전동기

ⓓ 셰이딩 코일형 단상 유도 전동기(shading coil single phase induction motor) : 그림 3.16과 같이 회전자는 농형이고, 고정자 철심이 조금 분할된 돌극(凸극)을 포함하는 전동기이다.

이 돌극에는 셰이딩 코일(shading coil)이라고 하는 구리 단락 고리 C가 끼워져 있는데, 그림 3.16(b)에 그 구조를 자세히 나타내고 있다. 고정자 권선에 단상 교류 전압을 가하면 자극에는 자속 $\dot{\phi}$ [wb]가 생기고 이 자속 $\dot{\phi}$ 는 $\dot{\phi}_a$ 과 $\dot{\phi}_b$ 로 나누어진다. 이 중에서 자속 $\dot{\phi}_b$ 는 셰이딩 코일을 통과하게 되며 이때 셰이딩 코일에는 이 자속보다 위상이 π /2[rad] 만큼 뒤진 유도 기전력이 발생하고 단락 전류가 I_2만큼 흐르게 된다.

이 단락 전류 $\dot{I}_2$ 는 자속 $\dot{\phi}_b$ 의 변화를 방해하는 방향으로 작용하므로 $\dot{\phi}_b$ 는 $\dot{\phi}_a$ 보다 시간적으로 좀 늦게 변화하고 결국 회전자 주위에는 공극을 따라 그림 3.16(a)의 a 부분에서 D부분으로 향하게 되는 이동 자기장이 생긴다.

따라서 이 이동 자기장 내에 놓여 있는 회전자 도체에는 유도 기전력이 발생되고, 이로 인한 2차 전류와 자속에 의하여 기동 토크가 발생하므로 회전자가 회전을 하게 된다.

이 전동기는 기동 토크가 매우 작고, 운전 중에도 셰이딩 코일에 전류가 계속 흐르므로 효율과 역률이 매우 나쁘다. 그러나 구조가 간단하고 견고하기 때문에 전축용 전동기나 소형 선풍기 등 출력이 수십[W] 이하의 소형 전동기로서 사용되고 있다.

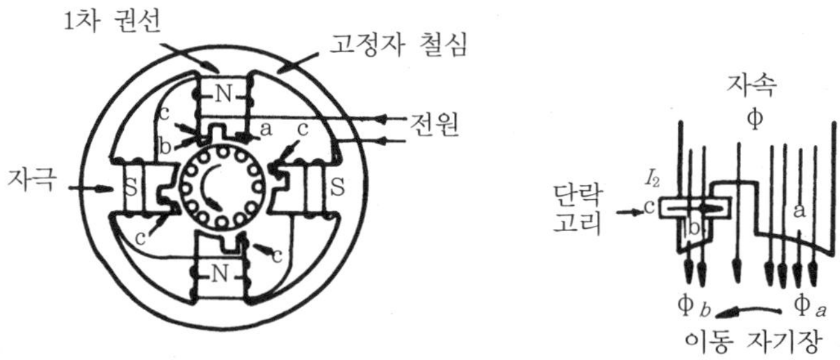

(a) 구조　　(b) 자극의 구조

그림 3.16 셰이딩 코일형 단상 유도 전동기

② 3상(三相) 유도 전동기

3상 유도 전동기(three phase induction motor)는 고정자와 회전자로 구성되어 있고, 고정자 권선에서 발생되는 회전 자기장에 의하여 회전자에 토크(회전력)가 발생하므로 전동기가 쉽게 회전하게 된다.

이때 회전 자기장은 시간과 더불어 시계의 회전 방향과 같은 방향으로 회전하는데, 1분 동안의 회전수 N_s는 다음과 같이 나타낼 수 있다.

$$N_s = \frac{120f}{P}\,[\mathrm{rpm}] \qquad (3 \cdot 1)$$

여기서, 회전 자기장의 회전수 N_s를 동기속도(synchronous speed)라고 하며, 이 동기속도는 교류 전원의 주파수 f 와 고정자 권선의 극수 P에 의하여 구해지는 것이다.

3상 유도 전동기는 회전자의 구조가 농형이냐 권선형이냐에 따라 농형 유도 전동기와 권선형 유도 전동기로 분류한다.

ⓐ 농형 유도 전동기(squirrel cage induction motor) : 그림 3.17과 같이 3상 권선을 감아 놓은 고정자, 농형으로 권선을 배치한 회전자 등으로 구성되어 구조가 매우 간단하다.

고정자는 고정자 프레임(stator frame), 고정자 철심(stator core), 고정자 권선(stator coil)의 세 부분으로 구성되어 있다.

회전자는 회전자 철심(rotor core), 축, 회전자 권선의 세 부분으로 구성되어 있는데, 그림 3.17(b)에서와 같이 농형 회전자(squirrel cage rotor)는 철심의 홈을 원형이나 사각형 모양의 반폐 홈으로 만들고, 이 홈에 똑같은 형태의 단면을 가진 구리 막대를 넣어서 양 끝을 구리로 만든 단락 고리(end ring)에 붙여 전기적으로 접속한다.

농형 회전자는 회전자의 홈이 축 방향에 대하여 평행하지 않고, 조금씩 비뚤어져 있는 홈(skewed slot)을 가지고 있는데, 이것은 소음을 억제하는 효과가 있다.

농형 유도 전동기는 회전자의 구조가 간단하고 튼튼하며, 운전 중의 성능은 좋으나 기동시에 매우 큰 기동 전류가 흐르므로 권선이 타기 쉽고 공급 전원에 나쁜 영향을 끼친다.

(a) 구조

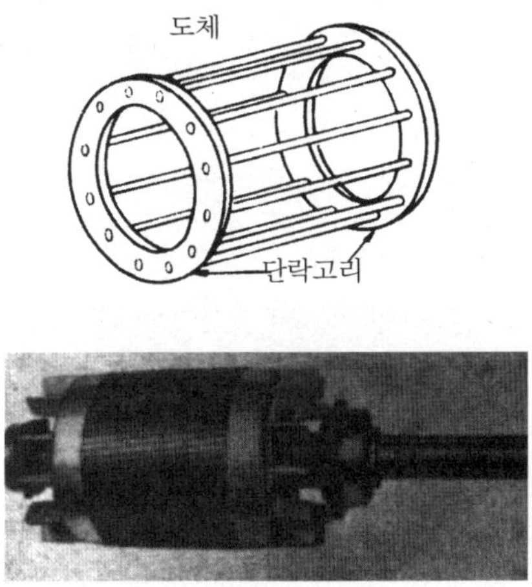

(b) 농형 회전자

그림 3.17 3상 농형 유도 전동기

ⓑ 권선형 유도 전동기(wound rotor induction motor) : 농형 회전자와는 달리 회전자 철심의 홈 속에 구리 도체를 넣어서 고정자 권선과 마찬가지로 3상 결선을 한 것인데, 그 구조는 그림 3.18과 같다.

권선형 회전자의 권선은 소형일 경우에는 2층권으로 감지만, 대형일 경우에는 큰 전류가 흐르므로 막대 모양의 평각 구리선을 홈 속에 끼우고, 그 양끝을 구부려 3상 접속을 하고 납땜을 한다. 권선형 회전자의 권선 결선은 대개 Y결선(star connection)으로 하고, 3상 권선의 세 단자는 각각 3개의 슬립링(slip ring)에 접속하고, 그림 9.18과 같이 슬립링에 접촉되어 있는 브러시(brush)를 통해서 외부에 있는 기동 저항기와 연결한다.

그래서 농형 전동기보다는 구조가 복잡하고 운전이 어렵지만, 기동 저항기를 이용하여 기동시의 기동 전류를 감소시킬 수 있고 속도 조정도 자유로이 할 수 있는 이점이 있다.

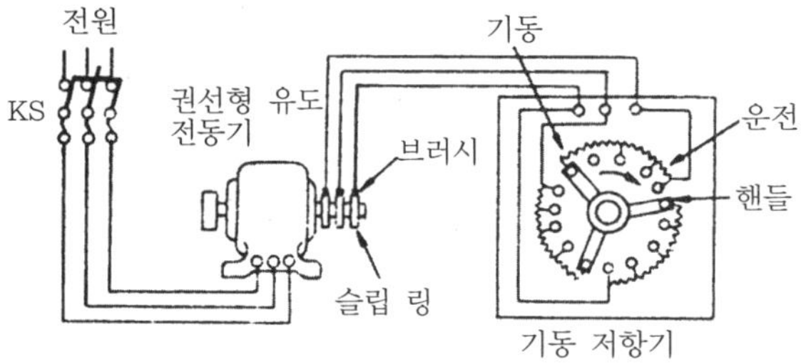

(a) 기동 회로

(b) 기동 저항기의 외관

그림 3.18 3상 권선형 유도 전동기

(3) 동기 전동기(同期電動機)

동기 전동기(synchronous motor)는 정속도 전동기로서 좋은 역률로 운전되고, 다른 전력 계통의 전류 및 역률을 조정할 수 있는 동기 조상기(synchronous phase modifier)로서도 사용된다. 또한 매우 작은 것은 정속도 성질을 이용하여 기록 계기나 시계용으로 널리 사용되고 있다.

① 동기 전동기의 구조

동기 전동기는 고정자와 회전자로 되어 있을 때, 고정자로 3상 유도 전동기와 똑같은 구조를 갖는다. 그러나 회전자는 그림 3.19와 같이 자극과 여자 권선으로 구성되어서 이것이 슬립링과 브러시에 접촉됨으로써 외부로부터 여자 권선에 직류 전류를 공급하여 여자하게 되어 있다.

② 동기 전동기의 원리

3상 동기 전동기는 3상 유도 전동기와 같이 3상 권선을 고정자에 설치하고, 3상 교류전류를 흘려서 회전자장을 발생시켜 회전자를 회전시킨다.

지금 그림 3.20(a)와 같이 고정자의 3상 권선에 3상 교류 전압을 가해서 3상 교류 전류 i_a, i_b, i_c가 흐르면 그림 3.20(b)의 시각 t_1에서는 그림 3.20(c)와 같이 고정자 철심으로부터 자속이 발생되어 공극을 지나 회전자를 거쳐 다시 고정자 철심으로 들어가는 자속 분포를 이루게 된다.

그림 3.19 동기 전동기의 회전자 구조

고정자 철심으로부터 자속이 나오는 부분은 대문자 N극으로 Ⓝ으로 나타내고, 이 자속이 다시 고정자 철심으로 들어가는 부분은 S극으로 Ⓢ로 나타낸다.

이러한 자속 분포는 시각 t_2, t_3에서도 같은 방법으로 형성되며, 시간의 변화에 따라 결국 시계방향으로 회전하는 회전 자기장이 발생되고, 고정자의 3상 권선에 3상 교류 전류를 계속 흘려 주면 회전 자기장의 속도는 동기 속도가 될 것이다.

이러한 회전 자기장 내에 N극과 S극을 갖는 회전자를 놓으면 이 회전자는 동기 속도로서 계속하여 회전하게 되는데 이것이 3상 동기 전동기의 원리이다.

그런데 이 동기 전동기는 회전자를 동기 속도까지 회전시키지 않으면 토크가 발생하지 않으므로 특별한 기동 방법을 필요로 한다.

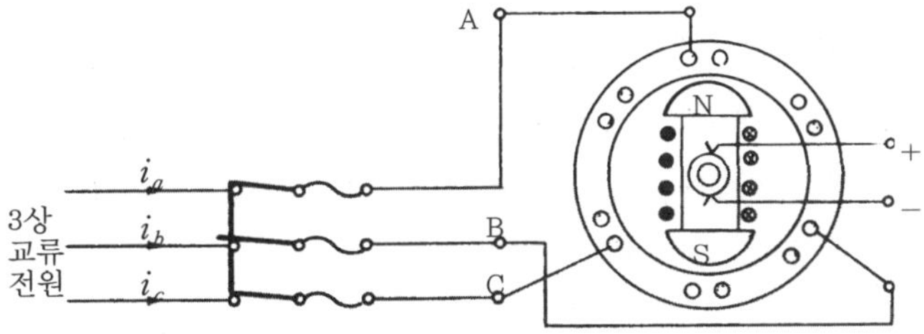

(a) 기본 회로

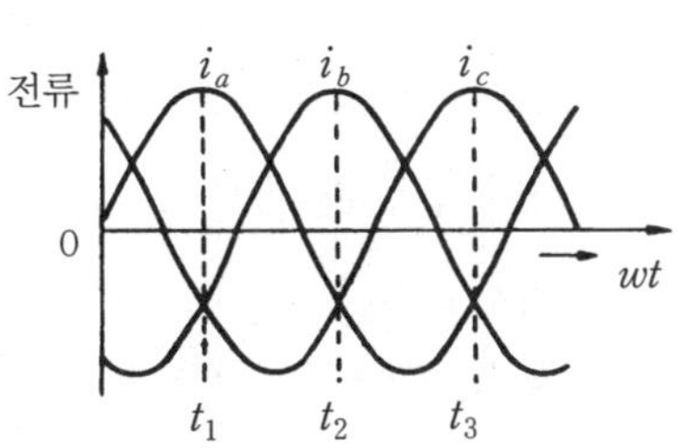

(b) 3상교류 전류

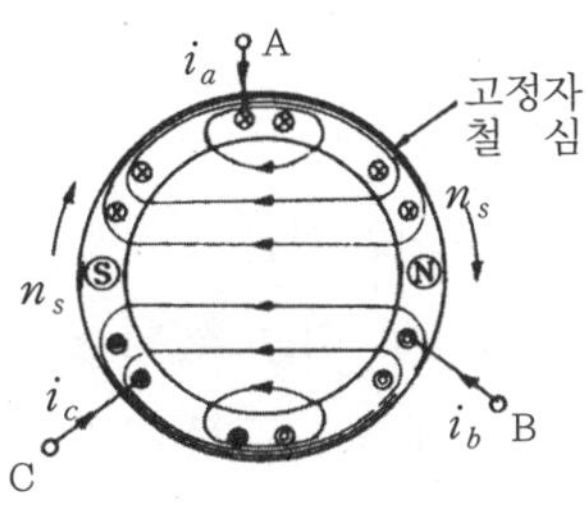

(c) 자속

그림 3.20 3상 동기 전동기의 회전 원리

③ 동기 전동기의 기동 방법

동기 전동기는 회전자가 동기 속도로 회전하고 있을 때에만 토크를 발생하므로 기동 토크는 0이다. 따라서 동기 전동기에서는 스스로 기동을 할 수가 없기 때문에 별도의 기동 방법이 필요한데, 회로상으로는 그림 3.21과 같이 동기 전동기의 외부에 별도의 기동 보상기를 설치해야 한다.

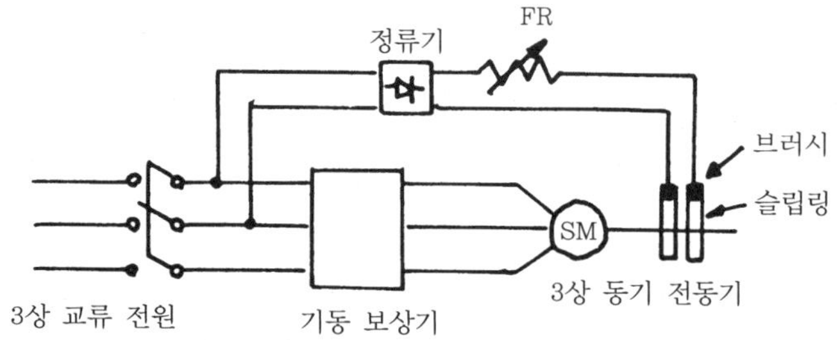

그림 3.21 3상 동기 전동기의 기동 보상기

ⓐ 자기 기동법 : 이 기동 방법은 회전자 자극 N 및 S의 표면에 기동 권선을 설치하여 두고, 기동시에는 농형 유도 전동기처럼 동작하게 하여 기동시키는 방법이다. 기동 권선은 회전자 계자극의 자극편 철심에 홈을 파고 도체를 넣어 도체 양끝에 2개의 단락 고리를 접속한 구조이다.

ⓑ 기동 전동기법 : 이 기동 방법은 동기 전동기의 축에 별도의 기동용 전동기를 접속하고 이 기동용 전동기를 사용하여 기동시키는 방법이다.
기동용 전동기로서 유도 전동기를 채택할 경우에는 동기 전동기의 극수보다 2극만큼 적은 극수의 유도 전동기를 사용해야 하며, 직류 전동기를 채택할 때에는 속도가 조절되므로 같은 극수라도 무방하다.

④ 동기 전동기의 특성과 용도

동기 전동기는 일정한 속도로 회전하여 역률이 항상 1이므로 필요에 따라 앞선 전류를 취할 수도 있고, 저속의 동기 전동기는 유도 전동기에 비하여 효율이 좋은 점이 있다. 그런, 기동 토크가 작고 구조 및 취급이 복잡하므로 시동, 정지가 빈번한 용도에는 부적합하며, 별도의 직류 전원을 필요로 하는 등의 결점이 있다.

이러한 특성 때문에 동기 전동기는 대형의 공기 압축기, 송풍기, 제철소의 압연기, 시멘트 공장의 볼밀 등에 이용되고 있다.

3.1.3 동력 설비의 감시 제어

빌딩이 대규모화되면서 많은 동력 설비가 설치되면, 이들을 감시하거나 운전제어하기 위하여는 중앙의 한 곳에서 모든 사항을 감시 제어할 필요성이 생긴다.

동력 설비의 간단한 예를 그림 3.22에 나타내어 설명하기로 한다.

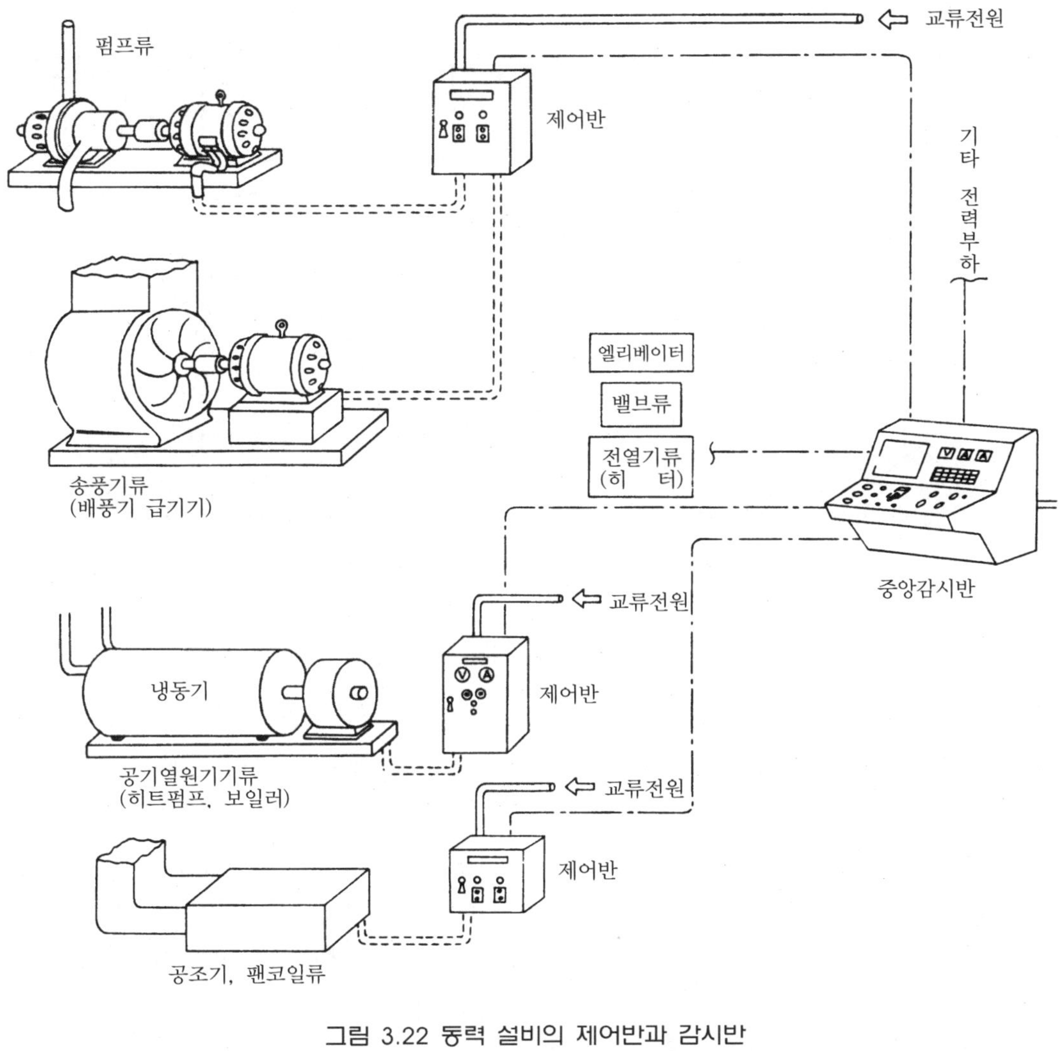

그림 3.22 동력 설비의 제어반과 감시반

(1) 동력 제어반

① 동력 제어반의 구성 부품

동력 설비가 있는 전동기 가까이에서 전동기를 제어할 수 있도록 각종 기기를 부착해 놓은 것이 동력 제어반이다. 동력 제어반의 구성 부품을 그림 3.23에 나타내며, 구성 부품은 배선용 차단기, 나이프 스위치, 퓨즈, 전자 접촉기, 수동 절환 개폐기, 보호 계전기, 타이머, 보조 계전기, 액면 계전기, 계기류, 조작 스위치, 표시등 및 신호등, 진상용 콘덴서, 단자대, 기타 등으로 구성되어 있다.

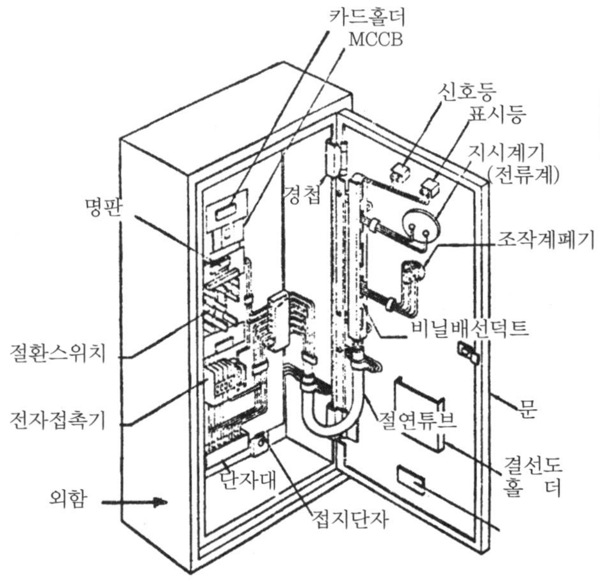

그림 3.23 동력 제어반의 구성 부품

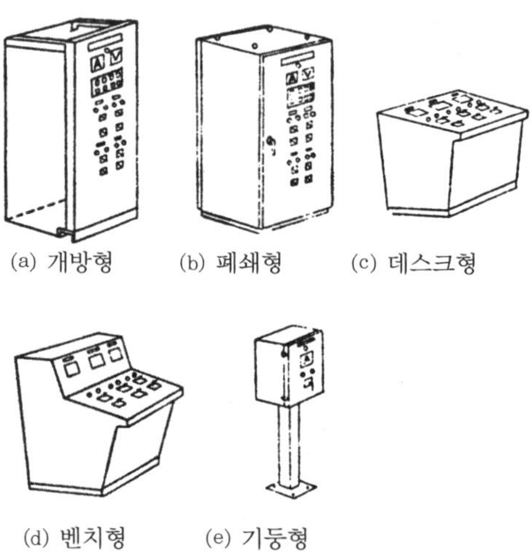

그림 3.24 동력 제어반의 종류

② 동력 제어반의 종류

제어반의 외함은 취부 장소의 조건에 의해서 결정된다. 즉 그림 3.24에서 보는 바와 같이 제어반의 종류에는 여러 가지가 있는데 개방형은 제어반의 모든 면이 개방된 구조를 갖는다.

하나의 반에 모든 기기가 설치되므로 경제적이고, 정면은 조작과 감시면으로 신호등, 스위치, 지시 계기 등을 부착하고, 뒷면은 보조계전기, 전자 릴레이, 주회로 기기 등을 설치한다.

충전 부분의 노출이 많이 되어 있어서 감전의 위험이 따르므로 많이 사용되지는 않는다.

폐쇄형은 정면에 문이 달린 상자형으로서 6면을 철판으로 폐쇄시킨 구조이다. 폐쇄형은 빌딩이나 공장의 조명등 스위치를 수납한 분전반과 같이 벽에 고정시키는 벽걸이형과 변전소나 공장 전기실에서 흔히 볼 수 있는 바닥면 위에 고정시키는 자립형이 있다. 개방형과 비교하여 경제적으로는 부담이 되지만, 전기적인 안전성과 설치공사의 용이성 등 유리한 점이 많아서 가장 널리 사용된다. 데스크형은 폐쇄형의 일부로서, 조작성을 중시하여 책상처럼 만든 제어반이다.

벤치형은 전면의 경사진 수평 부분을 조작면으로 하여 신호등, 조작 스위치를 설치하고,

수직 부분에는 기기의 운전상태를 감시하기 위한 지시 계기 등을 설치한다.

기둥형은 전동기 등을 제어하는 기기 주변에 설치하여 감시 및 조작을 쉽게 할 수 있도록 한 것으로, 최소한의 기기만을 설치한다.

(2) 동력 감시반

동력 설비가 많이 설치되어 있는 대규모 빌딩에서는 멀리 떨어진 한 곳의 중앙 감시실에서 건물 전체의 동력 설비를 하나의 반으로 감시 및 제어하는 시스템을 채용하는 경우가 많아지고 있다. 이것을 동력 감시반 또는 중앙 감시반이라 하며, 최근 인텔리전트 빌딩의 개념이 도입되면서 더욱 중요한 부분이 되고 있다.

중앙 감시반의 예를 그림 3.25에 나타낸다.

그림 3.25 동력 설비의 중앙감시반 및 제어반

동력 감시반은 건물 내의 모든 전동기의 운전상태나 각종 수조의 수위를 감시하고, 전동기의 고장, 수조의 수위 이상 발생시에는 즉시 감시반에 부착되어 있는 램프에 불이 들어오고 벨이나 부저로서 경보를 내도록 되어 있다.

또한 이 곳에서 원격 조작을 함으로써 개개의 전동기를 정지 및 운전 제어 등을 할 수 있는 등 편리한 점이 많다.

이와 같이 전동기의 현재 상태를 확인 및 운전할 수 있도록 하는 방법으로는 다음의 것들이 있다.

① 전원 표시

동력 설비에 공급되고 있는 전원이 어떠한 상태에 있는지를 알고 있으면 전동기 등의 운전에 매우 편리하다.

즉 전원이 정상적으로 공급되고 있는데도 전동기가 기동하지 못하면 운전 기구에 다른 고장이 있음을 예측할 수가 있다.

이러한 표시는 전동기가 설치된 곳 부근에 있는 조작 제어반 또는 먼 곳에 있는 중앙 감시반에 나타나는 램프를 통하여 알 수 있다. 이것을 나타낸 것이 표 3.6이다.

표 3.6 동력 설비의 감시 제어 상태

감시제어의 종 별		표 시 방 법	표 시 목 적
전원표시		백색램프 PL	전원의 공급 유무 표시
운전표시		적색램프Ⓡ	운전상태 표시
		녹색램프Ⓖ	정지상태 표시
고장표시		오렌지색 램프Ⓞ, 부저 또는 벨	전동기의 과부하, 단락, 역상상태 표시
경보표시		백색램프, 부저 또는 벨	수위의 이상상태 표시
계 측		전류계, 전압계	전원상태의 정상확인
조작	수동	누름단추스위치, 조작용 전환개폐기군, 선택에 의한	운전, 정지
		순차기동, 시간발생장치와 핀보드와의 조합에 의한	
	자동	종합적 자동제어	자동운전, 정지
감 시		오토그래픽, 그래픽패널	

② 운전 표시

전동기가 현재 운전 중에 있는지, 또는 정지 중에 있는지를 표시하는 것을 말한다. 이 표시는 조작 제어반이나 중앙 감시반 어느 쪽에서도 할 수 있다. 보통은 운전 상태를 적색 램프, 정지 상태를 녹색 램프로 표시하는 2등식이 많이 이용된다.

③ 고장 표시

단락 사고 또는 과부하 고장 등 전동기 보호 계통에 일어난 고장을 표시하는 것으로서, 조작 제어반이나 중앙 감시반에 표시하게 할 수 있다. 보통은 오렌지색 램프를 점등하게 하고, 동시에 벨, 부저 등에 의한 경보를 통해서 보수원에게 고장 발생을 알린다.

④ 램프 점검

램프를 사용하는 표시 방법은 위에서와 같이 여러 가지가 있으나, 램프의 단선 유무를 점검할 필요성이 있다. 따라서 램프의 단선 여부를 필요할 때마다 점검할 수 있도록 회로를 구성하여 놓으면 편리하다.

⑤ **집중 제어**

여러 대의 전동기를 운전할 때 전동기의 운전 및 제어, 감시를 어느 1개소에서 행하는 방식을 중앙집중감시 방식이라고 한다.

보통은 조작반과 운전 상태를 알기 위한 도시판(graphic panel)으로 구성한다. 운전자는 중앙 감시실에서 전동기의 운전 상태를 보면서 운전, 정지를 마음대로 할 수 있는 점이 특색이다.

조작반 및 도시반은 변전, 발전 설비에 대한 중앙 감시반, 화재경보장치의 수신반, 시계의 모시계 및 기계 설비에 속하는 냉동기반 등과의 협조를 받아 한 방에 시설한다.

중앙 감시 방식이 되면 감시 대상물에 대한 운전 조작용 및 감시용 제어선이 매우 많이 필요하게 된다.

최근에는 감시용 제어방식은 디지털(digital)이나 아날로그(analog)방식을 이용하고 현장에 서브 컴퓨터(sub-computer) 등을 분산 배치함으로써 제어 회로선이 대폭 줄여 설치되고 있으며, 중앙 도시판도 모자이크(mosaic)타일 형태의 변형이 자유로운 형식을 취하고 있다.

이상에서 살펴본 동력 설비의 제어 및 감시의 상태를 표 3.6에 나타낸다.

3.2 콘센트 설비

콘센트 설비는 일반용과 비상용으로 나누어지는데, 비상용은 7장의 방재설비에서 다루기로 하고 본 절에서는 일반용 콘센트에 대하여 설명하기로 한다.

콘센트는 종래에 사무실에서 보조 조명용 스탠드에 사용되었으나, 최근에는 천장조명에 의하여 충분한 조도를 얻을 수가 있기 때문에 제도실 등의 정밀 작업에 쓰이거나, 사무자동화 기기에 전기를 공급하기 위하여 쓰이고 있다. 콘센트의 용도는 매우 넓기 때문에 설치 개수를 많이 하면 좋겠지만, 설비비나 보수비가 많이 든다. 콘센트의 이용률은 대개 일반 사무실의 경우 10~15[%], 사무자동화 사무실의 경우는 25[%], 종합병원 등의 의료 기기를 사용하는 곳에서는 25[%] 정도이다.

콘센트의 설치 위치에 대하여는 설계 시공 전에 사용자측의 의견을 들어 적정한 위치와 개수를 결정해야 한다.

콘센트 설비에서 유의 할 사항을 열거하면 다음과 같다.

① 콘센트의 설치 높이는 바닥면으로부터 30[cm] 전후로 한다.

② 콘센트의 위치는 출입문이 열리는 후면이나 가구 등의 후면에 오지 않도록 한다.

③ 콘센트의 종류는 1구용, 2구용, 3구용이 있고, 또는 방수용, 접지 단자가 있는 것 등이 있다. 용량도 10[A], 15[A], 20[A] 등 여러 종류가 있으므로 사용 목적에 맞는 것을 골라야 한다.

④ 동일 구내일지라도 전기방식(AC, DC, V, Hz)이 다른 분기 회로에는 각 콘센트에 용도가 다른 플러그를 꽂아 사고가 나지 않도록 해야 한다.

⑤ 엘리베이터 홀, 복도 등에는 청소용 콘센트로서 10~15[m]당 1개씩 설치한다.

⑥ 주택의 주방에는 사용되는 전기 기구를 고려하여, 벽면에 2구용 콘센트를 1개 이상 설치하도록 하며, 전열기용으로 20[A] 콘센트를 설치하는데 이러한 대용량 회로는 단독 회로로 해야 한다.

⑦ 욕실 등에는 방수형 덮개가 달린 콘센트를 설치한다.

⑧ 기둥에 콘센트를 설치 할 경우에는 칸막이를 할 때 지장이 없도록 위치를 선정해야 한다.

⑨ 일반 사무실의 경우는 사무자동화용 기기를 사용할 때 편리하도록 플로어 콘센트를 6×6[m]당 4개 이상 설치하는 것이 바람직하다. 그리고 벽면에 콘센트를 설치할 경우에는 콘센트를 6×6[m]당 2~4개로 하는 것이 좋다.

⑩ 보일러실이나 세탁기 등 습기가 많은 장소의 콘센트는 반드시 접지형으로 설치하고, 일반 콘센트와 별도의 회로를 구성해야 한다.

이상에서 살펴본 콘센트는 KSC0201의 옥내배선용 심벌로 규정하고 있는데, 콘센트 심벌은 표 3.7에 나타내며, 최근에 그 용도가 늘어나고 있는 팬코일용 콘센트의 설치에 관한 상세도를 그림 3.26에 나타낸다.

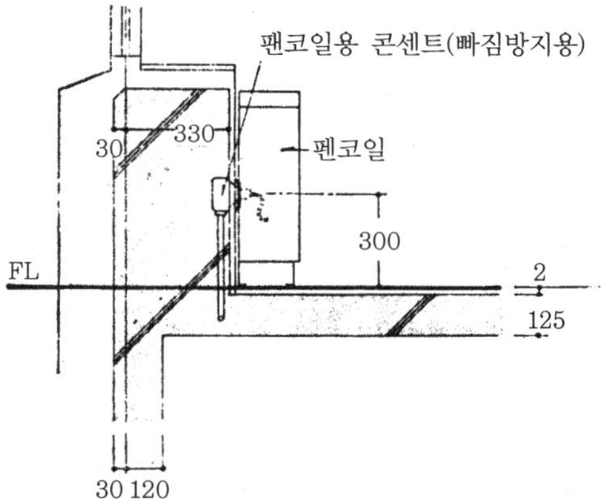

그림 3.26 팬코일용 콘센트의 설치

표 3.7 콘센트 심벌

명　칭	심　벌	적　　　요
콘 센 트		① 벽 붙이는 벽쪽을 칠한다. 벽 이외에 붙일 경우에는 칠하지 않는다. 보기 :  ② 용량의 표시 방법은 다음에 따른다. a.15A, 10A는 방기하지 않는다. b.20A 이상은 방기한다. ③ 2개 이상의 경우에는 개수를 방기한다. 보기 :  ④ 3극 이상의 것에는 극수를 방기한다. 보기 : 

명 칭	심 벌	적 요
		⑤ 방수의 것은 WP를 방기한다. 보기 :  ⑥ 방폭 파이롯램프붙이 등 특수한 것은 방기한다. ⑦ 접지극 붙이 콘센트는 E를 방기한다.
비 상 콘 센 트		

연습문제

1. 동력 설비의 종류를 상세히 조사하여 보라.
2. 동력용 전동기로 유도 전동기가 많이 사용되는 이유를 설명하라.
3. 주요한 전동기의 종류와 특징을 설명하라.
4. 전동기의 정역전 제어는 어떻게 하는가?
5. 시퀀스 제어의 개념은 무엇인가?
6. 콘센트의 종류와 특징을 조사하여 보라.
7. 3상 유도 전동기에 기동장치가 필요한 이유는?
8. 농형 유도 전동기와 권선형 유도 전동기의 차이점은?
9. 수조에 액면 릴레이 설치시 유의사항은?
10. 중앙 감시반의 역할과 특징은?
11. 제어반은 어떠한 것인가?
12. 공기조화용 동력에 대하여 자세히 조사하라.

제 4 장

조명설비

4.1 조명의 기초 사항
4.2 조명 용어
4.3 광원의 종류
4.4 조명 기구의 종류
4.5 조명 방식
4.6 좋은 조명의 조건
4.7 조명 설계
* 연습문제

조명 설비의 최근 동향은 에너지 절약과 자원의 합리적인 사용을 배경으로, 무조건 조도만을 높이던 종래의 방법에서 벗어나 합리적인 조명 설계가 요구되고 있다. 생활 수준의 향상과 건축물의 고급화로 인하여 건축전기설비 중에서 조명 설비에 필요한 소비 전력이 약 20~35[%]로 증가하고 있다. 따라서 합리적인 조명 설계를 하려면 목적에 알맞은 조도를 선정하고, 효율이 좋은 광원을 채택하며 자연광을 이용할 수 있도록 해야 한다.

4.1 조명의 기초 사항

인간이 건물 내에서 쾌적한 활동을 하기 위해서는 온도, 습도, 소리 및 조명의 여러 가지 알맞은 환경이 필요하다. 그 중 본 절에서는 조명에 관한 사항을 알아보기로 한다.

4.1.1 빛

전자파(電磁波)로서 전달되는 에너지를 방사(放射)라고 하는데, 이 전자파는 파장에 따라 각기 특유한 성질을 가지고 있으며, 이를 파장에 따라 구분하여 방송파, 교류 전력파, 적외선, 광선, 자외선, X선, β선이라고 부른다.

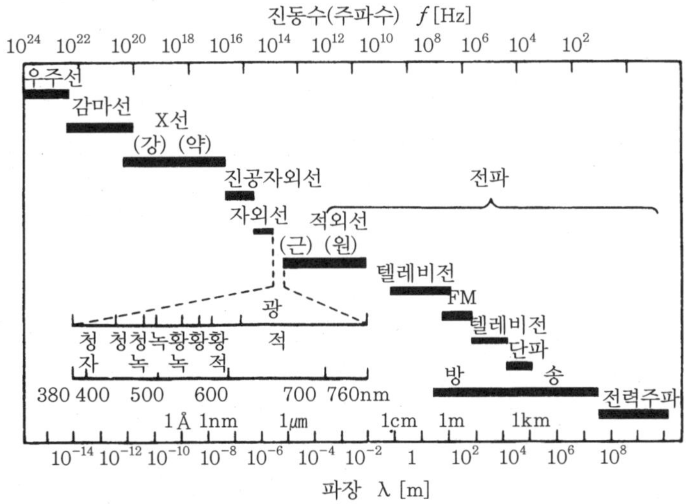

그림 4.1 전자파의 스펙트럼

우리가 빛의 감각을 느낄 수 있는 파장은 380~760[nm]의 광선이다. 적외선은 760~3,000[nm]의 파장 범위로서 온열 효과를 가지며, 자외선은 380~10[nm]의 파장 범위로서 화학, 살균 및 형광작용을 하는데, 이들 전자파의 스펙트럼을 그림 4.1에 나타낸다.

4.1.2 색의 표시와 심리적 효과

조명에서 나타나는 색은 여러 가지가 있는데, 색채가 인간의 심리적인 면에 미치는 효과는 여러 가지가 있다.

(1) 색의 표시

색을 표시할 때는 광원색과 물체색이 있다. 광원색이란 어느 정도 이상의 밝은 빛이 눈에 들어오면 어떤 색으로 느끼게 되는데, 이때 자기 자신이 빛을 발산하는 물체의 색을 말하며, 물체색이란 외부로부터 빛을 받아서 나타내는 색을 말한다. 그리고 색을 나타낼 때는 다음의 색의 3속성으로 나타낸다.

① 색상 : 붉고 푸른 느낌, H(hue)

② 명도 : 밝고 어두운 느낌, V(value)

③ 채도 : 선명하고 흐린 느낌, C(chroma)

(2) 색의 심리적 효과

색(色)이 우리의 눈에 미치는 영향으로는 잔상, 대비, 순응 등 여러 가지가 있는데, 우리가 색을 봄으로써 느끼는 심리적 효과는 다음과 같은 것들이 있다.

① 한란(寒暖)의 감정 : 차고 따뜻한 느낌의 감정은 주로 색상에 따르며, 난색계는 적색· 오렌지색 · 황색이고, 중성계는 녹색, 한색계는 청색 · 자색이라고 한다.

② 경중(輕重)의 감정 : 이 감정의 색은 3속성 중에 주로 명도에 따르는 감정이며, 밝은색은 가볍게, 어두운 색은 무겁게 느껴진다. 그리고 일반적으로 난색계는 무겁게, 한색계는 가볍게 느껴진다.

③ 경연(硬軟)의 감정 : 명도가 높고 채도가 약간 낮은 색은 부드러운 느낌을 주고, 명도는 낮고 채도가 약간 높은 색은 딱딱한 느낌을 준다.

④ 강약(强弱)의 감정 : 명도는 낮고 채도가 높은 색은 강한 느낌을 주고, 명도는 높고 채도가 낮은 색은 약하게 느껴진다.

⑤ 흥분하는 색, 가라앉는 색 : 난색계로서 명도가 높고 채도 또한 높은 색은 흥분작용을 하고, 한색계로서 명도가 낮고 채도 또한 낮은 색은 마음을 안정시키는 작용을 한다.

⑥ 진출팽창 및 후퇴수축현상 : 난색계는 진출성과 팽창성이 있고, 한색계는 후퇴성과 수축성을 가지고 있다.

⑦ 색과 피로도 : 색상에 대해서는 한색계보다 난색계가 피로가 빠르다. 명도에 대해서는

고명도가 저명도보다 피로가 빠르며, 채도에 있어서는 채도의 높이에 비례하여 피로도가 증가한다. 이 채도에 의한 피로가 명도나 색상에 의한 것에 비하여 매우 크다.

4.2 조명 용어

조명에서 주로 사용되는 용어들을 표 4.1에 나타내고 이들에 대하여 각각 설명하고자 한다.

표 4.1 조명 용어

측정량	정 의	기호	단 위	국제 단위
광 속	빛의 양(광원의 밝기)	F	루멘[lm]	
광 도	빛의 세기	I	칸델라[cd]	
조 도	어느 장소에 대한 밝기	E	럭스[lx]	
휘 도	표면의 밝기	B	스틸브[sb]	니 트[nt]

4.2.1 광 속

광속(光速, luminous flux)이란 와트수가 동일한 백열등과 형광등을 비교할 때 형광등 쪽이 훨씬 밝다. 이것은 형광등으로부터 발산되는 광량이 백열등보다 많기 때문인데 이와 같은 빛의 양(光量)을 광속이라 한다. 광속의 기호는 F이며 단위로는 루멘(lumen)으로서 [lm]으로 쓴다.

4.2.2 광도

광도(光度, luminous intensity)란 빛을 발하는 점에서 어느 방향으로 향한 단위 입체각당의 발산광속을 말한다. 자동차의 헤드라이트나 회중 전등은 램프의 크기가 작고 소비 전력도 적은데 비하여 매우 밝다. 이것은 렌즈나 반사경의 도움으로 인하여 광원에서 발산하는 광속을 모으기 때문인데 이것을 광도라 한다.

광도의 기호는 I이며, 단위로는 칸델라(candela)로서 [cd]로 쓴다. 그림 4.2와 같이 미소한 입체각 dw 내에 포함되는 광속 dF가 있을 때, 그 광원의 화살표로 표시되는 방향의 광도 I는 다음과 같이 표시된다.

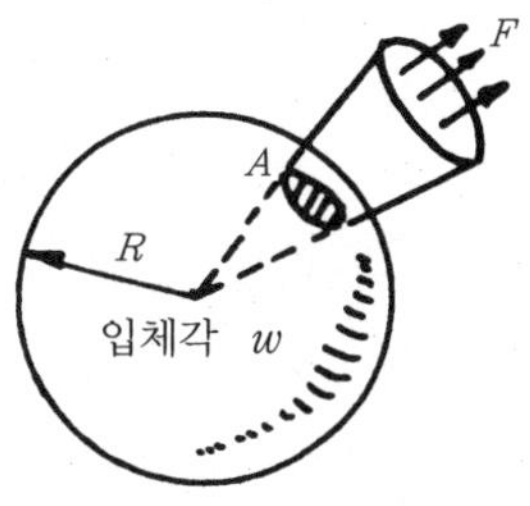

그림 4.2 입체각

$$I = \frac{dF}{dw} \text{ [cd]} \tag{4 · 1}$$

만일 입체각 w 내에서의 광속이 균등하게 F라 하면 이 입체각의 모든 방향의 광도 I는 다음과 같이 된다.

$$I = \frac{F}{w} \text{ [cd]} \tag{4 · 2}$$

광도의 단위는 칸델라[cd]이며, 이것은 백금의 응고점에서의 흑체방사의 휘도를 60[cd/cm^2]로 하는 광도단위로서 1942년 이후 국제적인 단위로 사용되고 있다. 일례로서 점광원으로부터 모든 방향으로 균등하게 광속 F가 발산된다면 광도는

$$I = \frac{F}{4\pi} \text{ [cd]} \tag{4 · 3}$$

와 같이 나타낼 수 있다.

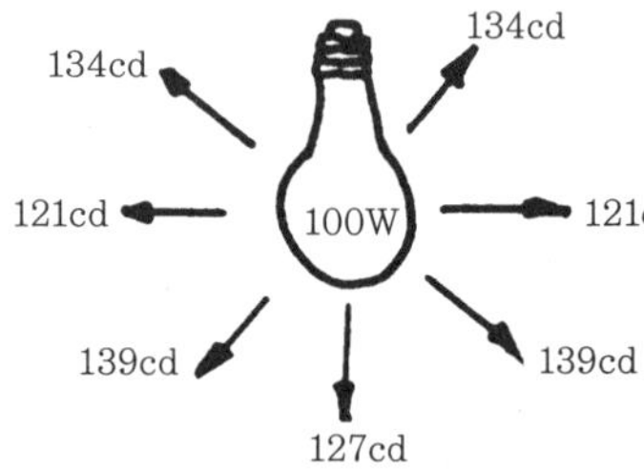

그림 4.3 백열전구의 광도분포

백열전구의 광도분포의 예를 그림 4.3에 나타낸다.

4.2.3 조 도

조도(照度, intensity of illumination)란 어떤 면에의 입사 광속밀도를 말한다. 즉 어떤 물체에 광속이 투사되면 그 면은 밝게 비춰지는데 그 정도를 표시하는데 조도를 사용한다. 즉 어느 면 위의 1점의 조도는 단위면적(m^2)당의 입사 광속을 말하는데, 그림 4.4에서와 같이 면적 A[m^2]의 평면에 F[lm]의 광속이 균등하게 입사하고 있을 때 이 면의 조도 E는

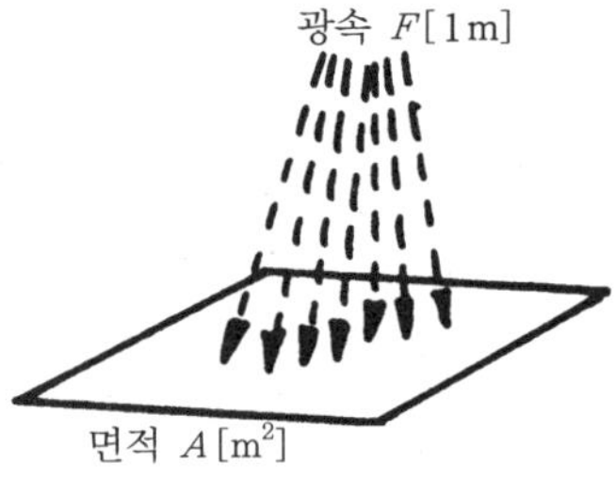

그림 4.4 조도의 개념

$$E = \frac{F}{A} \text{ [}l\text{m/m}^2\text{]} \tag{4 · 4}$$

와 같이 나타낼 수 있다.

조도의 기호는 E이며, 단위는 럭스(lux)로서 [$l\,x$]를 사용한다. 즉 1[$l\,x$]란 1[m^2]의 면적에 1[lm]의 광속이 투사되고 있을 때의 조도로서

$$1 \text{ [}l\,x\text{]} = 1 \text{ [}l\text{m/m}^2\text{]}$$

로 표시된다.

조도에 관하여는 실제 계산시 다음과 같은 법칙들이 있다.

(1) 거리의 역자승 법칙

그림 4.5에서와 같이 공간적으로 모든 방향에 대하여 균등한 광도 I[cd]를 가지는 점광원을 반지름 R[m]인 구의 중심에 놓았을 때, 구면상의 조도는 $E=F/A$이고, 또한 전광속 F는 균등광도 I[cd]의 4π 배에 해당한다. 그리고 표면적 A는 $4\pi\ R^2$이므로 조도는

$$E\frac{F}{A}=\frac{4\pi I}{4\pi R^2}=\frac{I}{R^2} \qquad (4 \cdot 5)$$

가 된다. 즉 광원으로부터 R[m] 떨어진 장소에서 빛의 방향과 수직인 면의 빛의 조도는 광원의 광도에 비례하고 거리의 제곱에 반비례한다. 즉 광원에 가까우면 밝고 광원에서 멀어지면 어두워지는데 이를 조도에 관한 거리의 역다승의 법칙(inverse square law)이라고 하며 조명에서의 기본적인 법칙이다.

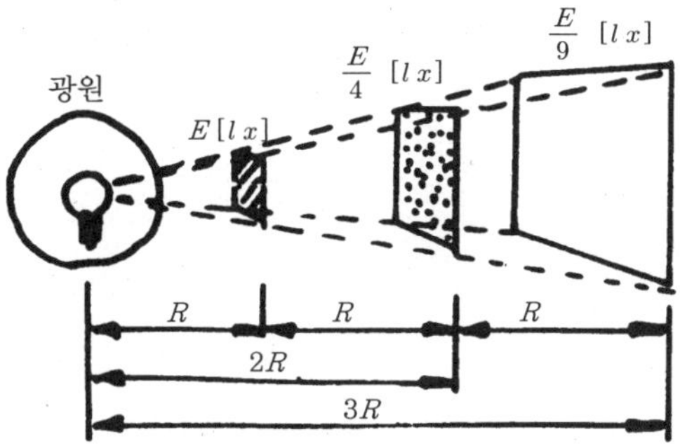

그림 4.5 조도와 거리의 관계

(2) 입사각 여현의 법칙

이번에는 그림 4.6과 같이 광속 F를 받는 면이 수직이 아니고 각도 θ 만큼 기울어져 있을 때 그 면의 조도를 구하여 보자.

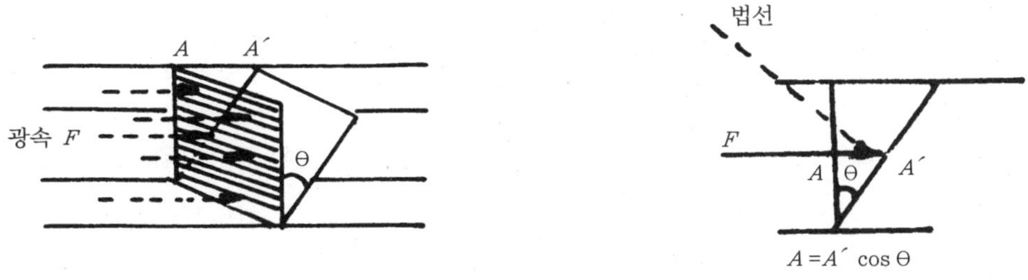

그림 4.6 입사각 여현의 법칙

광속 F와 직교하는 면의 빗금친 면적을 A라 할 때, 그 면의 조도 E는 $E=F/A$이고, 이 면을 경사지게 했을 때의 면적을 A'라 할 때, 그 면의 조도 E'는

$$E' = \frac{F}{A'} = \frac{F}{A/\cos\theta} = \frac{F}{A}cos\theta = Ecos\theta = \frac{I}{R^2}cos\theta \qquad (10 \cdot 6)$$

와 같이 된다. 즉 광속과 각도 θ를 가지는 면의 조도는 직교하는 면의 조도의 $\cos\theta$배가 되는데, 이것을 조도에 관한 입사각 여현의 법칙(cosine law of incident angle)이라고 한다.

조도에 관한 계산식은 식 (4 · 4), (4 · 5), (4 · 6)에 나타냈으며, 일반적으로 알고 있는 조도의 값은 표 4.2에 나타냈다.

표 4.2 조도의 대략값

장 소	조 도[lx]	장 소	조 도[lx]
직사일광의 지면 위(여름)	100,000	맑은 날의 북쪽의 창가	2,000
약간 흐린날 지면 위(여름)	30,000~50,000	밝은 방(맑은 날)	200~500
몹시 흐린날 지면 위(여름)	10,000~20,000	독서에 적당한 밝음	200~500
청공광 지면 위(여름)	10,000	1cd 점광원부터 1m	1.0
만월의 지면 위(여름)	0.2	1cd 점광원부터 1km	10^{-6}

4.2.4 휘도

전구를 점등상태에서 똑바로 보면 매우 눈부심을 느낀다. 그러나 이 전구를 글로브로 씌우면 글로브 전체가 하나의 광원으로 작용하는 결과가 되어 눈부심은 상당히 완화된다. 이와 같이 광원은 겉보기상으로 밝기에 대한 느낌이 달라지는데, 표면의 밝기를 휘도(輝度, brightness)라고 한다.

휘도의 기호는 B를 사용하고 , 단위는 스틸브(stilb)로서 [sb]로 나타내거나, 니트(nit)로서 [nt]로 나타낸다. 어느 면의 휘도 B는 그 방향의 광도 I를 그 면의 겉보기의 면적 A로 나눈 값이 된다.

$$B = \frac{I}{A}[\mathrm{sb}] \qquad (4 \cdot 7)$$

휘도가 높은 광원이 눈에 들어오면 눈부심이 일어나고, 시선에 가까워질수록 보는데 지장을 준다. 눈부심은 주위의 밝기와도 관계가 있으며, 비교적 낮은 휘도일지라도 주위가 어두우면 눈부심을 일으킨다.

$1[\mathrm{sb}] = 1[\mathrm{cd/cm^2}]$

$1[nt] = 1[cd/m^2]$

각종 광원의 휘도를 표 4.3에 나타낸다.

표 4.3 각종 광원의 휘도값

광　　원	휘도[cd/cm²]	광　　원	휘도[cd/cm²]
태양(대기외)	224,000	발염아크	800
태양(천장)	160,000	유리관 수은등	2
태양(수평)	600	석영 수은등	100
청　　공	0.4	고압 수은등	50
전구필라멘트		초고압 수은등	30,000
10W	120	네온(적색)	0.08
100W	600	네온(녹색)	0.03
1,000W	1,200	네온(청색)	0.02
프로스트전구		석유등(심지)	1.2
10W	2	양초	0.5
100W	14	형광등(주광색)	0.35
가스등(불꽃)	4.8	달의 면	0.3
가스등(만톨)	0.4	눈부심을 느끼는 한계	0.5
탄소아크	16,000		

4.2.5 광속 발산도

광속 발산도(光速發散度, luminous emittance)란 광원의 어느 면상에서의 단위면적으로부터 발산하는 광속을 말한다.

지금 어느 면의 임의의 점의 둘레의 미소 면적을 $dA[m^2]$, 이것으로부터 발산하는 광속을 dF[lm]이라 하면, 그 점의 광속발산도 M은

$$M = \frac{dF}{dA}[lm/m^2] \quad (4 \cdot 8)$$

가 되며, 단위로는 래드럭스(radlux)로서 [r lx] 또는 아포스틸브(apostilb)로서 [asb]로 나타낸다.

1[r lx] = 1[asb] = 1[lm/m]

어느 방향에서 보아도 휘도가 같은 표면을 완전 확산면(perfect diffusion surface)이라 하며, 맑은 청공, 산화마그네슘, 양질의 우윳빛 유리면 등이 이에 가깝다.

4.2.6 발광 효율

광원으로부터 어떤 방향의 방사속(放射束) ϕ[W]가 발산되면, 이 중에서 광속 $F[lm]$만이

육안으로 느낄 수 있다.

이 방사속 ϕ에 대한 광속 F의 비율을 그 광원의 발광 효율(發光效率, luminous efficiency)이라 하며,

$$\delta = \frac{F}{\phi}\,[lm/W] \qquad (4 \cdot 9)$$

로 나타낸다. 발광 효율의 기호는 δ 이고, 단위로는 [lm/W]를 사용한다. 예를 들면 2,200[K]의 텅스텐의 발광 효율은 6[lm/W]이고, 최대 시감도를 일으키는 파장 555[nm]의 발광 효율은 680[lm/W]이다.

4.2.7 전등 효율

전등의 전소비 전력 P에 대한 전발산광속 F의 비율을 전등 효율(電燈效率, lamp efficiency)이라 하며

$$\eta = \frac{F}{P}\,[lm/W] \qquad (4 \cdot 10)$$

와 같이 기호 η를 사용하고 단위는 [lm/W]를 쓴다.

실제로 광원에서는 발산되는 총 방사속보다 많은 에너지를 가해야 한다. 즉 총 발산방사속 외에 대류, 전도 등에 의한 손실을 포함한 총 소비 전력을 고려해야 하며, 전등효율 ζ 는 발광 효율 δ 보다 작다.

4.2.8 연색성

빛의 분광 특성이 색의 보임에 미치는 효과를 연색성(演色性, color rendition)이라 하며, 태양 광선 밑에서 본 것보다 색의 보임이 멀어질수록 연색성이 떨어진다고 한다.

또한 동일한 색을 가진 것이라도 조명하는 빛에 따라 다르게 보이며, 이 물체의 색을 달리 보이게 하는 것을 말할 때도 연색성이 이용된다. 양광 램프는 인공 광원 중에서 연색성이 아주 좋은 것이다.

4.2.9 색온도

어떤 광원의 광색이 흑체의 광색과 같을 때 그 흑체의 온도를 이 광원의 색온도(色溫度, color temperature)라고 한다. 흑체를 고온으로 가열하면 발산하는 광색(光色)은 적색, 황색, 청록색을 거쳐서 백열상태로 변화한다. 이때 흑체의 어느 온도에서의 광색과 광원이 가지는 광색이 동일할 때 그 흑체의 온도를 가지고 그 광원의 광색을 표시하는 것으로, 이 색온

도는 절대온도 T[K]로 표시한다.

표 4.4 각종 광원의 색온도

광원의 종류	색 온 도[K]	광원의 종류	색 온 도[K]
지표상에서 본 태양	5,450	형광램프(온 백 색)	3,500
지표상에서 본 만일	4,125	형광램프(명 백 색)	4,700
푸른 하늘(오전 9시)	12,000	형광램프(백 색)	4,500
구름이 낀 하늘	7,000	형광램프(천연백색)	4,500
촛 불	1,930	형광램프(주 광 색)	6,500
백열전구(60W)	2,830	수 은 등(400W)	5,600
백열전구(1,000W)	3,080	형광수은등(400W)	4,600
옥소전구(500W)	3,060	고압나트륨램프	2,200

4.2.10 시감도

사람의 눈으로 볼 때 빛으로 느껴지는 전자파는 380~760[nm]의 파장범위이며 파장이 556[nm]에서 최대 감도를 갖는다. 이 때 방사 에너지에 대한 밝음의 느낌은 파장과 개인에 따라 다르지만 많은 사람들에게 각 파장의 분광 방사가 같은 느낌을 느끼게 하는데 은하는 에너지량의 역수로 그 정도를 표시하는데 이것을 시감도(視感度, luminous efficiency)라고 한다. 파장 555[nm]에서의 방사는 최대 시감도로서 680[l m/W]이다. 이것을 1.0으로 하여 다른 파장의 시감도의 비를 나타낸 것을 비시감도(relative luminous efficiency)라고 하며, 이를 비시감도 곡선으로 그림 4.7에 나타낸다.

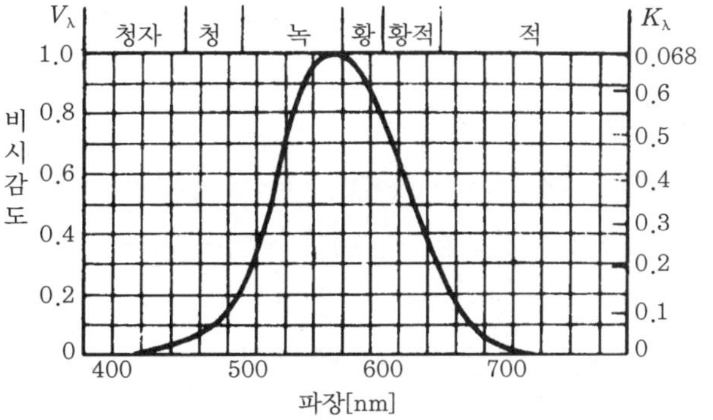

그림 4.7 비시감도 곡선

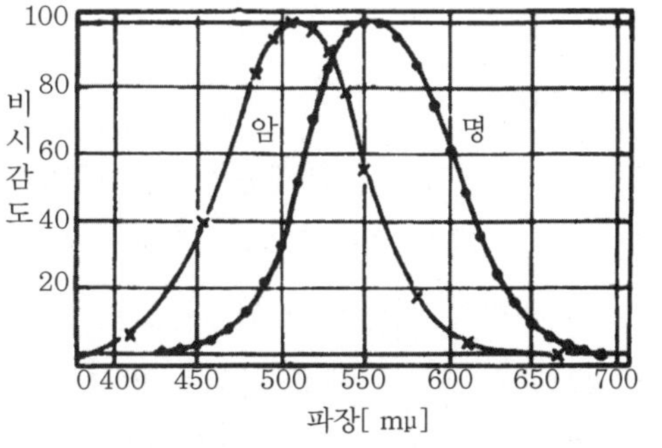

그림 4.8 퍼킨제 효과

4.2.11 순 응

대낮에 어두운 영화관에 들어가면 처음에는 캄캄하여 좌석이 보이지 않으나 10분 정도의 시간이 지나면 어두움에 익숙하게 되어 통로나 좌석이 보인다. 반대로 어두운 영화관으로부터 밝은 장소로 나오면 수초 간 눈이 부시지만 잠시 후에는 밝음에 익숙해진다.

이러한 현상은 눈에 들어오는 빛이 극히 적거나 전혀 없을 경우에는 눈의 감광도는 매우 높아지며, 반대로 눈에 들어오는 빛의 양이 크면 감광도는 오히려 떨어지기 때문이다. 이러한 현상을 순응(順應, adaptation)이라 하며, 사람의 눈에는 이러한 현상이 있으므로 매우 넓은 범위에 걸쳐서 순응하게 된다.

순응 중에서 밝은 곳으로 나갔을 경우의 순응을 명순응(明順應, light adaptation)이라 하고, 어두운 곳에서의 순응을 암순응(暗順應, dark adaptation)이라고 한다. 명순응으로 되는 시간은 약 1~2분 정도면 되지만, 암순응으로 되는 시간은 30분 정도나 걸린다.

이 문제는 터널 조명의 경우 특히 중요하다. 그리고 밝은 곳에서 같은 밝음으로 보이는 청색과 적색이 어두운 곳에서는 적색이 어둡고 청색이 더 밝게 보인다. 이러한 현상을 퍼킨제 효과(Purkinje effect)라고 한다. 그림 4.8에서와 같이 명순응된 눈의 최대 비시감도는 555[nm]이고, 암순응된 눈의 최대 비시감도는 510[nm]로서 짧은 파장 쪽으로 이동함을 알 수 있다.

4.3 광원의 종류

빛의 근원이 되는 광원(光源, light source)에는 여러 종류가 있다.

4.3.1 주광

인간은 자연계에서 오랫동안 적응하면서 살아왔기 때문에 주광(晝光, day light)이 가장 자연스러운 광원이다. 주광은 태양의 직사광뿐만 아니라 청공광, 즉 대기 중의 공기나 수증기 등에 의하여 산란된 빛이 더해진 것으로 그 양은 직사광의 25[%] 정도이다.

태양으로부터 지구에 도달되는 방사는 290~35,000[nm] 정도이며 자외선이 5[%], 적외선이 45[%], 광선이 50[%]로 구성되어 있다. 주광에 의한 지구상의 조도는 시간, 계절, 기후, 지역에 따라 변화하는데, 태양의 광학적인 계수를 표 4.5에 나타낸다.

표 4.5 태양의 광학적 계수

광 도	3.15×10^{27}cd	발광효율	103.4m/W
광 속	3.95×10^{28} l m	색 온 도	6,200K
복사속	3.82×10^{26}W	휘 도	207×10^{3}cd/cm^2

4.3.2 백열 전구

전구의 종류에는 백열 전구, 사진용 전구, 영사용 전구, 투광기용 전구, 자동차용 전구, 적외선 전구, 할로겐 전구, 의료용 전구 등 여러 가지가 있는데, 본 절에서는 일반조명용 전구로 사용되는 백열 전구에 대하여 배우기로 하고, 다음 절에서는 할로겐 전구에 대하여 배우기로 한다.

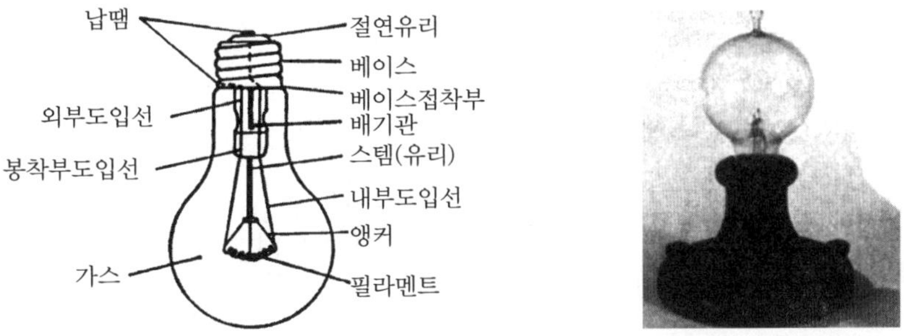

(a) 구조 (b) 최초 백열전구(에디슨)

그림 4.9 백열전구

조명용으로 쓰이는 백열 전구(白熱電球, incandescent lamp)의 구조를 그림 4.9에 나타낸다. 이 백열 전구의 주위 온도에 의한 수명 관계를 표 4.6에 나타낸다. 베이스(base)로부터 유리구 내부의 중앙에 스템(stem)이 나와 있으며, 스템 끝에 앵커(anchor)를 붙여서 필라멘트(filament)를 설치하였다. 필라멘트는 텅스텐 선을 코일로 감아서 여러 가지 모양을 하고 있다. 백열 전구의 각 부분에 대하여 알아보기로 하자.

표 4.6 주위 온도에 따른 가스입전구의 수명

주위 온도[℃]	수명감소[%]
20	100
100	60
150	50
200	50
300	40

(1) 유리구(glass bulb)

전구용 유리는 보통 연질의 소다석회 유리를 사용하고 있으나 내열성이 좋은 경질 유리인

붕규산 유리도 사용된다. 스템 유리(stem glass)로는 납유리를 사용하나, 특수용 및 고용량 전구에는 경질의 붕규산 유리가 사용된다. 각종 유리구의 모양을 그림 4.10에 나타낸다. 문자는 유리구의 형체를 나타내는 기호이며, 그 뒤에 최대 직경[mm]의 수치를 붙여 유리구의 형식으로 한다. 대부분은 회전 뽑기이나, 외면에 확산성을 가지게 하는 F형이나 광학기기 광원으로서 정밀도를 요하는 RT형 등은 멈춤 뽑기로 한다. 또 PAR형은 전면렌즈, 반사경을 각각 개별로 프레스 성형하고, 전구 조립시에 양자를 봉착시킨다.

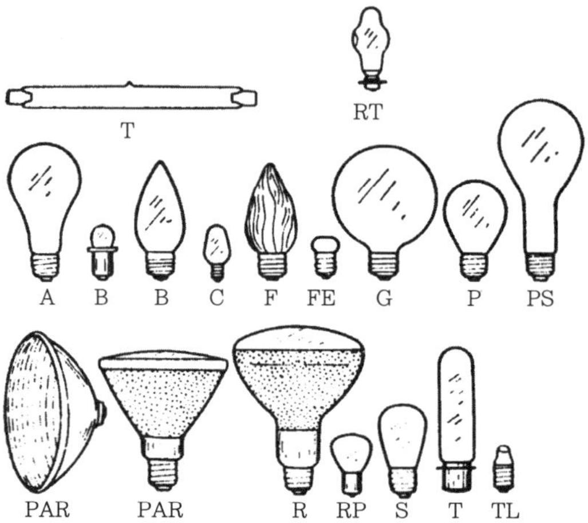

그림 4.10 각종 유리구의 모양

(2) 베이스(base)

베이스는 전구를 전원에 접속하기 위하여 유리구(glass bulb)에 부착시키는 부분이며, 재료로는 황동이나 알루미늄을 사용하며, 합성수지를 주성분으로 한 접착제로써 유리구에 접착시켜 놓았다. 높은 온도에 견디기 위한 것은 기계적으로 베이스를 붙인 것이나 또는 바이포스트 베이스(bipost base)가 사용된다.

(3) 앵커(anchor)

앵커는 필라멘트의 지지물로서 내열성이 요구되며, 보통 몰리브덴선이나 텅스텐이 사용된다.

(4) 도입선(leading..in wire)

전구의 도입선은 내부 도입선, 봉착부 도입선, 외부 도입선으로 구성되는데, 봉착부 도입선은 유리구 내에 기밀을 유지하며, 전류를 도입하는 것이므로 팽창 계수가 유리와 같아야 하며, 철, 니켈 합금에 동을 피복한 듀멧선(dumet wire)이 사용되고 있다. 내부 도입선은 소형의 경우는 니켈이, 외부 도입선은 동선을 사용하고 있다.

(5) 필라멘트(filament)

온도 방사의 여러 법칙으로부터 알 수 있는 바와 같이 발광체인 필라멘트는 높은 온도를 유지하기 위하여 융점이 높은 재료가 요구되고 있다. 그리고 높은 온도에서 될 수 있는 한 증발하지 않아야 한다. 고온에서 증발하기 쉬운 금속은 점등 중의 금속 표면으로부터 분자가 증발하여 필라멘트가 가늘게 되어, 증발 금속분자가 유리구 내벽에 부착하여 흑화(黑化, blackening)가 일어나서 광속의 감퇴 원인이 된다. 또한 전기 저항이 높고, 가공이 용이한 것이라야 한다.

이러한 조건에서 볼 때 텅스텐이 가장 적당하다. 텅스텐은 융점이 탄소보다 높고 팽창계수도 매우 적으며, 필라멘트로서 모양이 변하지 않고 전기 저항과 온도 계수가 높으므로 필라멘트가 짧아지며, 전압의 변화에 따라 광속, 전류 등의 변화가 적다. 필라멘트는 코일 필라멘트(coiled filament)와 2중코일 필라멘트(coiled coil filament)가 사용되며, 필라멘트를 코일로 함으로써 긴 것을 좁은 곳에 설치할 수 있다. 그리고 가스가 든 전구에 코일 필라멘트를 사용하면 가스에 의한 손실을 적게 할 수 있다. 즉 가스 손실은 필라멘트가 가늘수록 많아지기 때문에 2중코일은 가스 손실이 매우 적다.

텅스텐의 융점은 3,651.3[K]이고 사용 온도는 전구의 크기에 따라 다르며, 수명을 고려하여 6~1,000[W]까지의 필라멘트의 온도는 2,145~2,750[℃]이다. 그림 4.11은 필라멘트의 모양을 표시한 것이다.

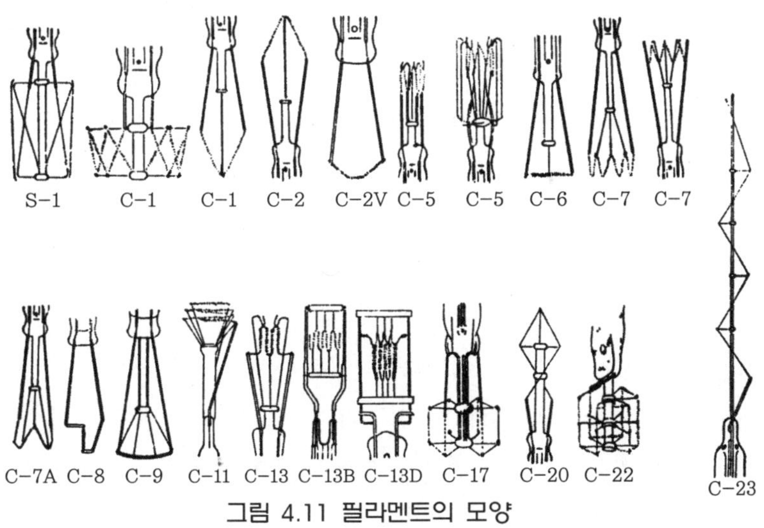

그림 4.11 필라멘트의 모양

(6) 봉입 가스(filled gas)

30[W] 이상의 전구에는 가스를 봉입한다. 백열된 텅스텐에 화합하지 않고 열전도율이 적으며 전리전압이 높은 가스를 봉입하면 가스 압력으로 텅스텐의 증발을 억제하여 수명이 길어지게 되고 고온으로 유지되므로 발광효율이 높아진다.

봉입 가스로는 110[V] 전구에서는 아르곤 85[%], 질소 15[%]를 섞지만 220[V]전구에서는 아르곤이 50[%]이다. 이와 같이 아르곤에 질소를 섞은 것은 순아르곤의 아크전압이 낮아서 아크가 일어나기 쉬우므로 이것에 질소를 섞어서 아크를 억제한다. 가스압은 보통 600[mmHg] 정도로 봉입하고 점등시는 1기압 정도로 한다. 가스종류에 따라서 발광효율이 달라지며 가스에 따라서 열손실과 증발도가 가스의 원자번호가 증가함에 따라 감소한다. 즉 He, N_2, Ar, Kr, Xe 등 순차적으로 발광효율이 좋아진다.

가스입 전구는 가스 손실이 있음에도 불구하고 진공 전구보다 효율이 높고 단코일보다는 2중코일 필라멘트가 효율이 높다.

4.3.3 할로겐 전구

할로겐(halogen) 원소란 화학 주기율표의 7족에 속하는 플루오트(F), 염소(Cl), 브롬(Br), 요오드(I) 등을 말한다.

이러한 할로겐 원소 봉입 전구는 텅스텐이 불활성 봉입 가스 속에 첨가된 미량의 할로겐과의 순환 사이클에 의해서 증발이 억제되어, 수명이 약 2배가 되고, 유리구 내벽의 흑화가 없기 때문에 수명 말기가 되어도 광속 저하는 약 7[%] 밖에 안 된다. 석영관을 사용하고 일반조명용, 투광용에는 긴 양단자관형을, 영사용, 자동차용은 한쪽 단자의 소형이 개발되고 있다. 필라멘트와 서포트는 모두 텅스텐으로 되어 있다. 긴 관의 경우 수직 점등하면, 할로겐 농도가 불균일해져서 위쪽의 감소한 부분에서는 흑화, 아래쪽의 농도가 큰 부분에서는 텅스텐의 저온도부가 이상 침입되어 조기 단선이 일어난다. 짧은 관은 점등 방향의 제한을 받지 않는다.

할로겐 사이클(halogen cycle)을 설명한 것이 그림 4.12이다.

일반적인 램프는 사용하는 동안에 필라멘트에서 증발한 텅스텐 입자가 유리벽에 점착됨으로써 램프에 그을음이 생겨 점차 조도가 감소하게 된다. 동시에 텅스텐 입자가 증발되기 때문에 필라멘트는 가늘어져서 쉽게 끊어진다. 이러한 현상을 억제하기 위해서 램프의 봉입 가스에 할로겐 원소를 첨가한 것이 할로겐 전구이다. 이 할로겐 전구에서는 그림 4.12에서와 같이 할로겐 사이클이 반복됨으로써 전구의 수명이 길어질 뿐만 아니라 수명이 다할 때까지 초기의 조도를 거의 유지하게 되는 것이다.

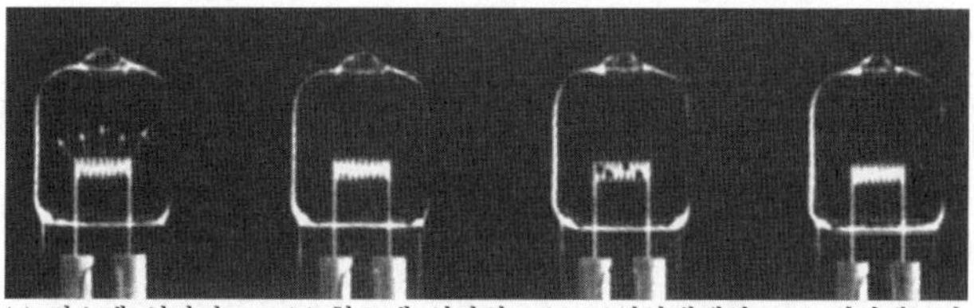

(a) 텅스텐 입자가 증발한다. (b) 할로겐 입자와 결합되어 램프 내부에서 부유한다. (c) 고열상태에서 텅스텐이 필라멘트로 복귀한다. (d) 필라멘트가 보강되어 수명이 길어진다.

그림 4.12 할로겐 사이클

이러한 할로겐 전구는 연색성이 우수하고, 수명이 길고, 효율이 높을 뿐만 아니라 매우 작고 컴팩트하게 디자인되어 있으므로 백화점, 전시장, 화랑, 박물관, 극장, 거실 등에서의 스포트 조명과 인테리어 조명의 광원으로 주로 사용되고 있다. 그림 4.13에 각종 할로겐 전구의 외관을 나타낸다.

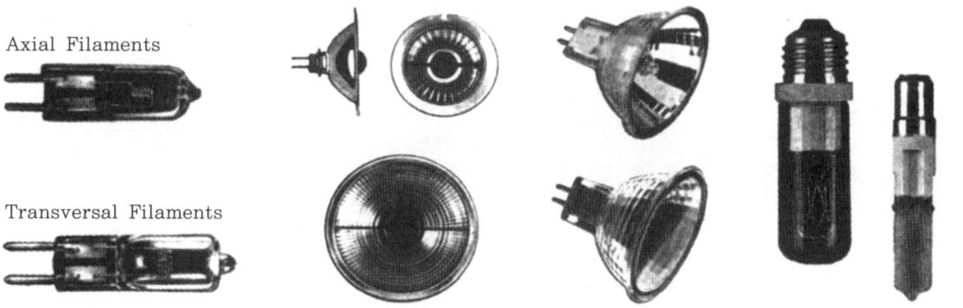

(a) (b) (c) (d)

그림 4.13 할로겐 전구

그림(a)는 6, 12, 24[V]의 저전압용으로 균일한 광속을 발산하며 필라멘트가 수직과 수평형이 있다. 그림(b)는 6, 12, 24[V]의 저전압용으로 가장 강력한 스포트용 램프로서 알루미늄 반사판을 사용하였다. 그림(c)는 12[V]의 저전압용으로 상업용 스포트 조명과 미술품, 식품, 의류 등의 장식 조명에 사용된다. 그림(d)는 220[V]의 일반 전압용으로 내부에 퓨즈가 장착되어 있고 식당, 매장, 전시장, 거실, 백화점 등에 폭넓게 사용되며, 이들은 모두 수명이 약 2,000시간 정도 된다. 할로겐 전구의 일부 정격을 표 4.7에 나타낸다.

표 4.7 할로겐 전구의 정격(KS C 7523)

형　　식	크기[W]	관의길이[mm]	관의지름[mm]	전광속[lm]	효율[lm/W]	수명[h]
J100V 50W	500	117.6 이하	12 이하	100,500±1,500	21	2,000
J220V 100W	1,000	208.4 이하	12 이하	211,000±3,000	21	2,000
J220V 150W	1,500	248.4 이하	12 이하	333,000±4,500	22	2,000

4.3.4 형광등

저압 형광등의 발광 스펙트럼 중 총 방사의 90[%] 이상의 강한 자외선 253.7[nm]를 이용하여 방전관 내벽에 칠한 형광 물질을 자극시켜서 형광을 발산하도록 하는 방전등을 형광등(螢光燈, fluorescent lamp)이라 하며, 그 구조와 회로도를 그림 4.14에 나타낸다.

다음은 형광등 구조의 각 부분에 대한 설명을 한다.

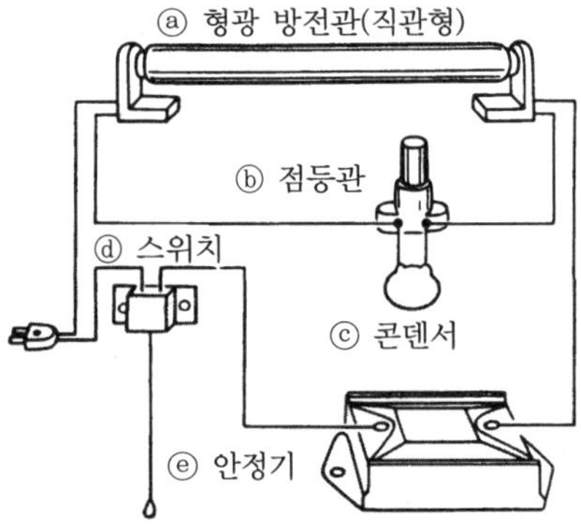

(a) 구조

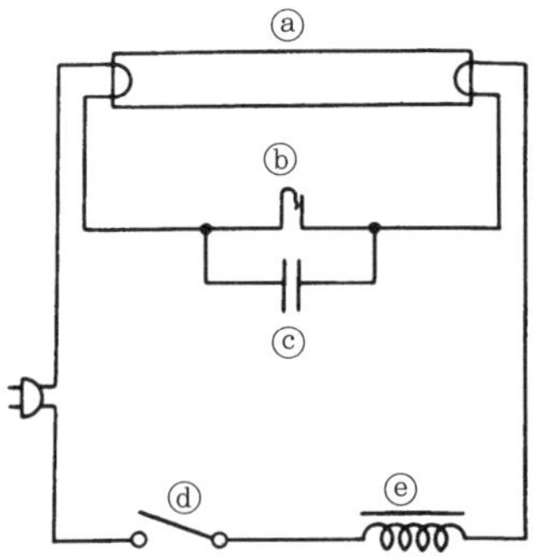

(b) 회로도

그림 4.14 형광등 기구의 구조와 회로도

(1) 형광 방전관

형광 물질을 바른 관으로 필라멘트 전극을 관의 양쪽에 설치하고 관 안에는 아르곤과 수은 가스를 넣어 밀봉한 것이다. 여기서 필라멘트 전극에는 전자 방출을 쉽게 하기 위하여 산화 바륨과 같은 산화 물질을 발라 놓았다. 이 형광 방전관의 동작원리는 그림 4.15(b)에서 보는 바와 같이 두 전극 사이에 높은 전압이 걸리면 필라멘트에서 전자가 방출되고 두 전극 사이에는 방전이 일어나며, 이 때 방전관 내부에는 자외선이 발생되고, 이 자외선은 형광 물질을 자극시켜서 빛을 내게 된다. 이 때 파장이 짧은 자외선은 방전관 벽을 뚫고 나올 수 없으므로 관벽을 뚫고 나올 수 있는 파장이 긴 가시광선을 이용한 것이다.

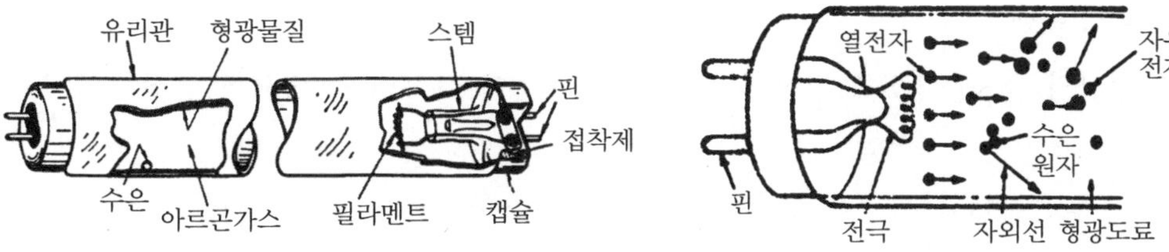

(a) 형태 (b) 동작원리

그림 4.15 형광 방전관

(2) 안정기

안정기는 그림 4.16에서 보는 바와 같이 얇은 규소 강판을 층층이 쌓아서 겹쳐 놓은 철심에 코일을 감아서 만든 것으로 형광 방전관과 직렬로 접속한다.

작용으로서는 점등시 점등관의 회로가 떨어질 때 높은 전압을 유기하여 형광 방전관의 방전을 도와주며, 점등이 된 후에는 저항의 역할을 하여 전류가 지나치게 많이 흐르는 것을 막아준다. 만일, 안정기의 용량이 맞지 않을 때에는 형광 방전관의 두 끝이 쉽게 까맣게 된다.

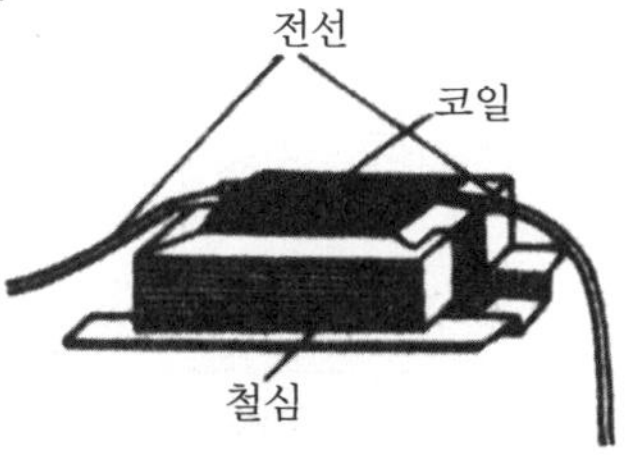

그림 4.16 안정기

(3) 점등관

점등관의 구조는 그림 4.17에서 보는 바와 같이 고정 전극과 가동 전극으로 구성되어 있으며, 그 안에는 네온가스나 아르곤가스로 밀봉되어 있다. 동작은 가동 전극이 바이메탈로 되어 있으므로 평상시에는 고정 전극에서 떨어져 있다가 전류가 흘러서 가열되어지면 화살표 방향으로 휘어져서 고정 전극에 붙게 된다.

스위치를 켤 때 점등관의 동작으로 인하여 다른 가전 기기에 잡음이 발생하므로 이를 방지하기 위하여 그림 4.14에서와 같이 잡음 방지용 콘덴서를 점등관과 병렬로 접속해 둔다.

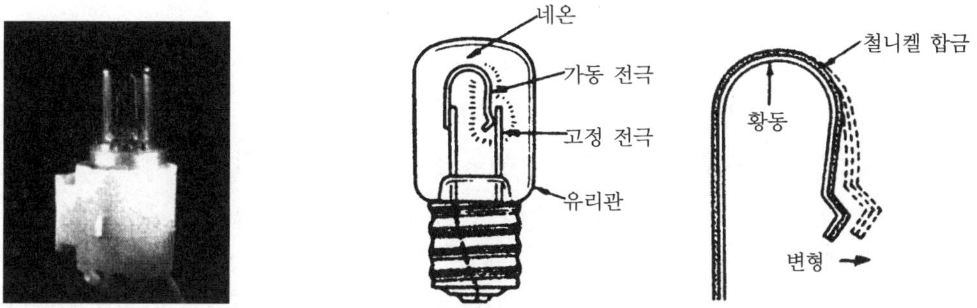

(a) 외관 (b) 구조 (c) 가동 전극

그림 4.17 점등관

(4) 형광등의 특성

형광 방전관의 규격은 KS에 정한 바에 따라 표 4.8에 나타내며, 중요한 특징을 설명하기로 한다.

① 효율이 높음 : 백열 전구나 수은등보다 효율이 높다.

② 램프의 휘도가 낮음 : 발광 면적이 넓으므로 램프의 휘도가 낮아서 0.5~1[cd/cm^2] 정도이다.

③ 원하는 광색을 얻을 수 있음 : 형광 물질을 바꾸면 원하는 광색을 얻을 수 있고, 효율이 높다.

④ 수명이 길음 : 형광등의 평균수명은 7,000시간으로 백열 전구의 1,000시간에 비하여 매우 길다.

표 4.8 형광등의 규격(KSC 7601)

형 식	종 별	용량[W]	유리관지름[mm]	길이[mm]	베이스
FL-10D FL-10W	주광색 백 색	10	25.0±1.5	330.0±1.5	G13
FL-15D FL-15W	주광색 백 색	15	38.0±2.0	436.0±1.5	G13
FL-20D FL-20W	주광색 백 색	20	38.0±2.0	580.0±1.5	G13
FL-30D FL-30W	주광색 백 색	30	38.0±2.0	630.0±1.5	G13
FL-40D FL-40W	주광색 백 색	40	38.0±2.0	1,198.0±1.5	G13

⑤ 열을 적게 발산함 : 15[W] 주광색 형광등의 경우에 방사열로 되는 에너지는 입력의 50[%] 정도이지만, 백열전구는 90[%]가 열로 방사된다.

⑥ 전원 전압의 변동에 대하여 광속 변동이 적음 : 전원 전압이 1[%] 변할 때 광속의 변동이 백열전구는 3[%]이고 형광등은 1~2[%]이다.

⑦ 기동에 시간이 걸림 : 점등관식 형광등 기구는 스위치를 넣고 형광등이 점등될 때까지 약 3초 정도 걸리므로 불편하다. 만일 주위온도가 낮으면 점등관의 특성이 나빠져서 점등에 더욱 긴 시간이 걸린다.

⑧ 낮은 역률임 : 형광등 기구의 안정기에는 대부분 초크 코일이 사용되므로 역률이 나빠서 55~65[%] 정도가 되지만, 콘덴서를 접속하면 95[%] 정도로 개선된다.

⑨ 주위온도에 영향을 받음 : 형광등 기구는 주위온도가 20~25[℃]일 경우에 효율이 높고, 온도가 이보다 낮아지거나 높아지면 형광등의 효율은 떨어지게 된다. 주위온도가 너무 낮아지면 점등할 수 있는 최저전압은 높아지며 결국 점등관은 동작되나 형광등은 점등하지 않게 된다.

⑩ 빛의 어른거림이 있음 : 형광등 기구의 전원은 교류이므로 전류의 주기적인 변화와 더불어 그의 광속에는 전원 주파수의 2배의 주파수로 빛의 어른거림이 발생된다.

⑪ 전파 잡음이 발생됨 : 형광등 기구 점등시에 전파 잡음이 발생된다. 잡음은 방전등으로부터 직접 전파의 형태로 라디오나 TV의 안테나 회로에 들어가거나 전원으로부터 전파로서 수신기의 안테나 회로로 들어가거나 형광등으로부터 전선을 통하여 라디오로 들어간다. 이 중에서 전파로서 방사되는 잡음은 비교적 약하며 라디오와 형광 방전관을 3m 이상 떨어지게 두면 거의 영향은 없어진다. 형광등기구로부터 전선을 통하여 라디오로 들어가는 잡음은 매우 크므로 이를 방지하기 위하여 점등관에 0.006[μ F] 정도의 콘덴서를 병렬로 접속하면 해결된다.

4.3.5 수은등

수은등(水銀燈, mercury lamp)은 수은 증기 중의 방전을 이용한 것이다. 상온에서의 수은 증기압은 매우 낮으므로 이 상태에서 기동시키려면 높은 전압이 필요하다. 그러므로 소량의 아르곤을 혼합시켜서 페닝 효과(penning effect)를 이용하면 기동을 쉽게 할 수 있다.

방전이 시작되면 수은이 서서히 증발하여 적당한 압력으로 된다. 고압 수은등의 경우에는 점등 중에 수은이 모두 증발되도록 설계되어 있다. 수은의 증기압과 효율과의 관계를 그림 4.18에 나타낸다. 그림에서 Ⅰ영역은 저압 수은등, Ⅱ영역은 고압 수은등, Ⅲ영역은 초고압 수은등의 동작범위를 나타낸 것인데, 이들에 대하여 각각 설명한다.

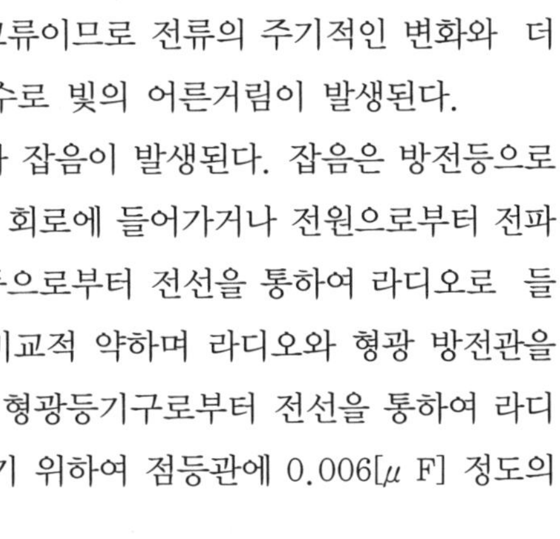

그림 4.18 수은등의 증기압과 효율관계

(1) 저압 수은등

수은 증기압이 10^{-3}~10^{-1}[mmHg] 정도인 수은등을 저압 수은등(low pressure mercury lamp)이라 한다. 이 정도의 증기압의 수은등에서는 수은의 공진선이 253.7[nm]로 가장 세고, 전방사의 90[%] 이상 된다. 가시부의 스펙트럼에서는 435.8[nm]와 546.1[nm]가 가장 세고, 광색은 청색이며 청색의 네온관이 이용되고 있다. 발광효율은 5[lm/W] 정도로서 직접 조명용으로는 사용되지 않지만 형광등이나 살균등으로 널리 이용되고 있다.

살균등(殺菌燈, germicidal lamp)이란 저압 수은등에서 253.7[nm]의 자외선이 풍부히 나오는 것을 살균용으로 이용한 것이다. 자외선의 살균 효과는 균의 종류에 따라 다소 다르지만 대체로 280[nm] 이하의 파장에서 유효하며 특히 260[nm] 부근이 가장 효과적이다.

따라서 저압 수은등은 대단히 유효한 살균 작용을 한다. 보통 유리는 253.7[nm]의 자외선을 흡수하므로, 살균등으로 이용하려면 관을 석영관으로 하거나 특수한 자외선 투과 유리로 할 필요가 있다. 253.7[nm]선은 공기 이외의 대부분의 물질을 별로 투과하지 않으므로 표면 살균에 한정된다. 또한 이 선은 사람의 눈에 유해하므로 직사광이 눈에 들어오지 않도록 조명 방법을 고려해야 한다.

반사갓은 보통의 도장은 변색되기 쉬우므로 알루미늄 전해연마 또는 크롬 도금된 면을 사용할 필요가 있다.

(2) 고압 수은등

고압 수은등(high pressure mercury lamp) 기구의 구조와 점등 방법을 그림 4.19에 나타낸다.

그림에서 보는 바와 같이 발광관의 양단에 산화물 피복 전극 및 시동용 보조 전극을 봉입하였다. 수은등은 고압으로 됨에 따라 가시광선을 다량으로 방출하게 된다. 그러므로 수은등을 직접 조명용 광원으로 이용하려면 고압으로 해야 한다. 고압 수은등은 최근에 급격히 발달하여 도로 조명, 높은 천장 공장 조명, 투광 조명 등에 널리 사용되고 있다.

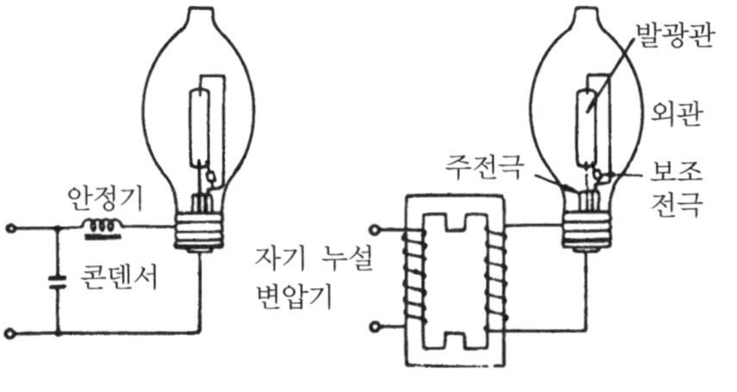

그림 4.19 고압 수은등의 점등 방법

수은 증기압을 1기압 정도로 유지하기 위하여 발광관의 온도는 아크 자신의 발열로 400[℃] 이상 유지할 필요가 있으므로 발광관의 외부에 외관을 씌워서 양관 사이를 배기하거나 적당한 가스를 봉입하여 열의 전도를 막는다. 발광관은 고온으로 되므로 석영관 또는 내열 경질유리를 사용한다.

고압 수은등에서는 외기 온도나 전원 전압의 변화에 의한 영향을 적게 하기 위하여 점등 중에는 수은이 전부 증발하도록 설계되어 있다. 수은 외에 아르곤 수 [mmHg]를 넣는 것은 저압 수은등의 경우와 같으며, 고압 수은등의 구조를 그림 4.20에 나타낸다. 고압 수은등은 기동하여 정상 상태로 도달할 때까지는 수 분간을 요한다. 이것은 기동할 때는 수은 증기압이 저압의 상태에 있으며 기동 후 아크의 열로 발광관 내의 온도가 상승하여 수은이 증발하여 점차 고압으로 되어가기 때문에 정격 상태의 증기압에 도달하기까지는 수분이 걸린다.

다음에 정상 상태로 점등되어 있는 고압 수은등을 일단 소등하면 수분 간 재기동을 할 수 없다. 이것은 점등 중의 고압 수은등에서는 수은 증기압은 1내지 수 기압의 고압으로 되어 있으므로 소등하여 이온이 짧은 시간 내에 해소하게 되면 고압의 수은 증기만 남으므로 저전압에서는 기동할 수 없기 때문이다. 따라서 수은등이 냉각되어 수은이 응집하여 저압의 상태로 될 때까지는 재기동할 수 없다.

고압 수은등은 수은의 선 스펙트럼이 대부분이기 때문에 연색성이 나쁘다. 특히 600[nm] 이상의 적색광이 없기 때문에 적색에 대한 보임이 나쁘다. 이것을 개선하기 위하여 형광 고압 수은등이 만들어졌으며, 일예로 반사형 형광 수은등을 그림 4.21에 나타낸다. 고압 수은등에서는 수은의 가시 휘선스펙트럼 외에 365[nm]의 자외선이 풍부하게 나오고 있다. 따라서 이 자외선에 의하여 여기되어 적색광을 발산하는 형광 물질을 이용하면 연색성이 좋은 수은등을 얻을 수 있다.

외관의 내면에 형광 물질을 바르게 되지만 형광 물질은 자외선 313~366[nm]의 범위에서 유효하게 발생하고 외관의 관벽 온도가 150~350[℃]에 도달하므로 이 정도의 고온에서 안정되고 효율이 좋게 발광하는 것이어야 한다. 이러한 요구에 맞는 형광 물질은 현재 플루오르화 게르마늄산 마그네슘이나 비산마그네슘이 널리 사용되고 있다. 고압 수은등은 휘도가 높고 고광속이기 때문에 낮은 곳에 가설하면 눈부심 때문에 좋지 않으므로 도로 조명용이나 공장의 높은 천장에 설치하고 있다. 고압 수은등의 특성을 표 4.9에 나타낸다.

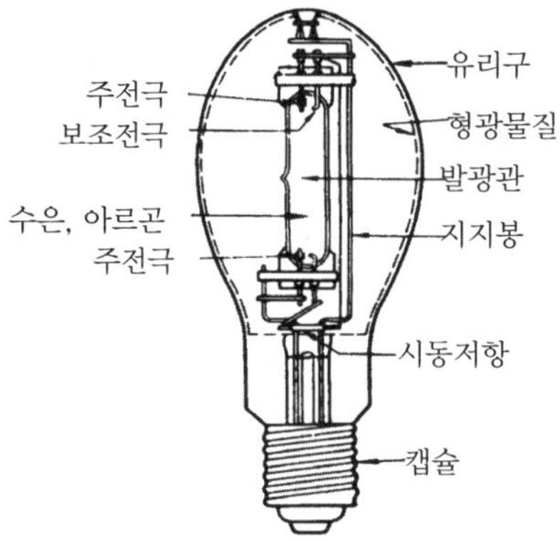

그림 4.20 고압 수은등의 구조

그림 4.21 반사형 형광 수은등

표 4.9 고압 수은등의 규격(KSC 7604)

형식	정격 전압[V]	용량 [W]	방전개시 전압[V]	램프전압 [V]	램프전류 [A]	전광속 [lm]	시동시간 [분]	재시동 시간[분]
H 40 HF 40	220	40	180 이하	90±15	0.53±0.12	900 이상 1,000 이상	8 이하	10 이하
H 100 HF 100	220	100	180 이하	115±10	1.00±0.12	2,800 이상 3,100 이상	8 이하	10 이하
H 200 HF 200	220	200	180 이하	120±10	1.9±0.3	5,800 이상 6,700 이상	8 이하	10 이하
H 250 HF 250	220	250	180 이하	130±10	2.1±0.3	8,500 이상 9,700 이상	8 이하	10 이하
H 300 HF 300	220	300	180 이하	130±10	2.50±0.35	11,000 이상 12,700 이상	8 이하	10 이하
H 400 HF 400	220	400	180 이하	130±10	3.3±0.4	15,500 이상 17,800 이상	8 이하	10 이하
H 700 HF 700	220	700	180 이하	130±10	5.9±0.7	28,700 이상 32,300 이상	8 이하	10 이하
H 1,000 HF 1,000	220	1,000	180 이하	130±10	8.3±1.0	41,000 이상 46,700 이상	8 이하	10 이하

(3) 초고압 수은등

수은 증기압이 점등 중에 10~20기압에 달하는 초고압 수은등(super high pressure mercury lamp)는 일반적으로 석영 유리를 사용하고, 그 형상은 원형(円形)과 장형(長形)이 있다.

원형은 램프 전압이 비교적 낮고 전류는 크지만, 극 사이가 짧으므로 보통 양광주 전위경도가 크다. 그림 4.22(a)는 극간격 2.5nm의 200[W] 초고압 수은등으로서 고휘도의 소형의 자외선과 가시광원이기 때문에 현미경, 투영기, 정밀공작기계 등에 사용된다. 효율은 40~70[lm/W]이다.

장형은 그림 4.22(b)에서 보는 바와 같이 높은 전력의 900[W] 정도이며, 관직경에 비해 극간격이 길기 때문에 램프 전압이 900[V]로 높고 전류가 1.25[A]로 적다.

용도는 컬러 브라운관의 형광 물질 때움 광원, 각종 인쇄용 광원으로 사용되고 있다.

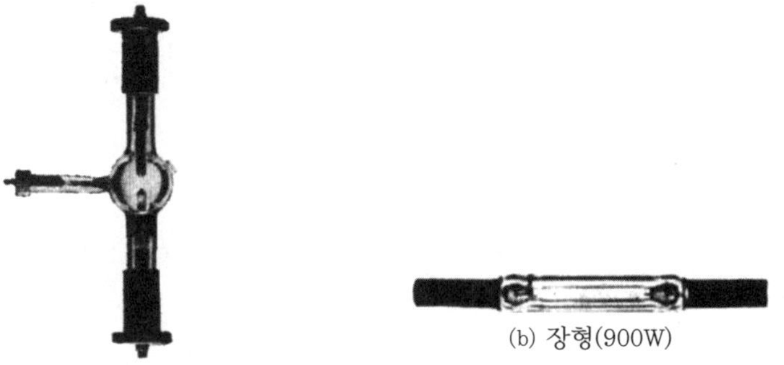

(a) 단형(200W) (b) 장형(900W)

그림 4.22 초고압 수은등

4.3.6 메탈 할라이드 램프

1960년 이후에 개발되기 시작한 것으로, 고압 수은등의 효율 및 연색성을 개선하기 위하여 수은 외에 금속 할로겐 화합물을 첨가한 것을 메탈 할라이드 램프(metal halide lamp)라고 한다.

고압 수은증기 중에 금속 또는 금속 할로겐 화합물을 혼입하면 그 금속 원자에 의한 발광 스펙트럼이 중첩되어 수은 램프의 연색성과 효율이 개선된다. 즉 탈륨(Ti), 나트륨(Na), 인듐(In), 토륨(Th) 등 여러 종류의 금속 원자를 요오드화물(沃化物), 브롬화물(臭化物) 등의 금속 할로겐화물로서 첨가하면 각각의 금속의 특유한 선 스펙트럼으로 효율 및 연색성이 향상된다. 즉 효율은 일반적으로 70~80[lm/W]로 높고, 평균연색 평가계수 R_a는 80~90의 고연색성으로 된다.

한편, 발광관 내에 봉입되는 금속 할로겐화물에 내장하는 불순 가스의 영향, 램프 소등시에 전극 표면에 부착하는 할로겐화물 때문에 전극의 전자 방출의 저하 등으로 기동 전압은 일반 수은 램프의 200[V]보다 높으며 2차 전압으로서 300[V]가 필요하다. 재점등 시간도 일반 수은 램프보다 약간 길어 약 10분 정도 필요하다. 메탈 할라이드 램프의 구조와 분광 분포를 그림 4.23에 나타낸다.

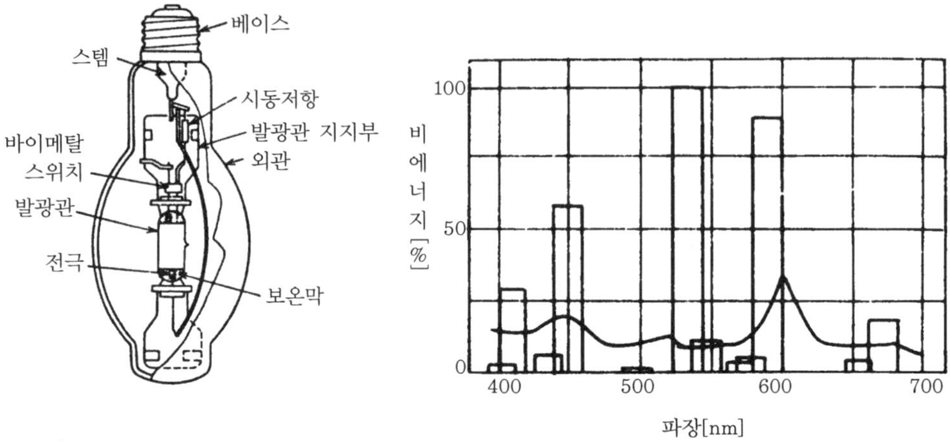

(a) 구조 (b) 분광 분포

그림 4.23 메탈 할라이드 램프(Na-Ti-In)

4.3.7 나트륨등

나트륨 증기 중의 방전에 의한 발광은 589~589.6[nm]의 D선을 주로 하기 때문에 효율이 극히 우수한 등을 나트륨등(natrium lamp)이라 한다. 발광색은 거의 순수한 등황색이며, 나트륨의 증기압에 따라 저압 나트륨등과 고압 나트륨등으로 분류한다.

(1) 저압 나트륨등

일반적으로 나트륨등은 저압 나트륨등(low pressure natrium lamp)을 말하는데 이 등 은 주로 나트륨의 여기에 의하여 발광하는 램프이다. 저압 나트륨등은 그림 4.24(a)(60W용)에서와 같이 발광관과 외관으로 구성되어 있으며, 이들 사이의 공간은 단열 효과를 좋게 하기 위하여 고진공으로 하고, 외관 내면에 SnO_2의 산화석(酸化錫)에 의한 적외선 반사막을 만들어 효율의 향상을 도모하고 있다.

발광관은 특수 나트륨 유리의 U자형을 사용하고, 나트륨 증기가 균등하게 분산할 수 있도록 관 내의 수 개소에 돌기부, 즉 냉각부가 있으며 기동용으로 미량의 아르곤, 네온가스가 봉입되어 있다.

발광관의 온도가 약 270~280[℃]일 때의 나트륨의 포화증기압은 4×10^{-3}[mmHg]로 되며 효율은 최고로 된다. 그의 분광 분포는 580~589.6[nm]의 2개의 황등색의 스펙트럼선(D선) 때문에, 램프효율은 100~160[lm/W] 이상의 높은 효율로 된다. 단일색광이므로 색수차(色收差)가 적고 물체의 형체나 凹凸의 식별에 우수한 효과를 나타내는 반면, 연색성은 매우 나쁘다. 용도는 터널, 항만, 표지, 검사용 등에 쓰이고 있다.

기동시에는 기동을 쉽게 하기 위해 봉입된 네온 때문에 적색광이 되지만, 그 후 나트륨의 증발과 더불어 등적색의 안정된 빛으로 된다. 그 사이의 시간이 수분 필요하다. 소등시에는 발광관의 돌기부에 나트륨이 되돌아오므로 램프의 점등 방향에는 제한이 있으며 일반적으로 수평 방향으로 사용한다. 저압 나트륨등의 분광 분포를 그림 4.25(a)에 나타낸다.

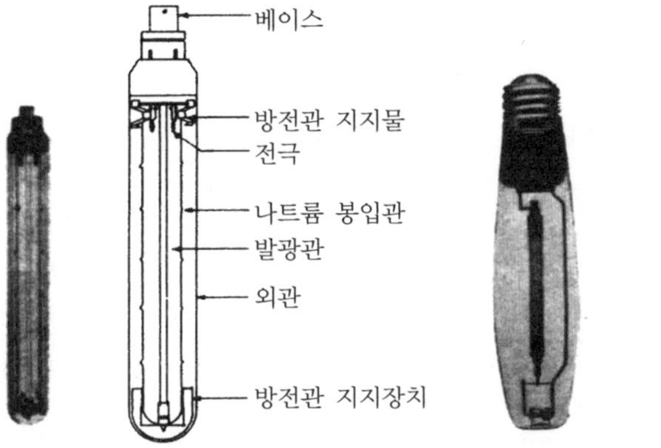

(a) 저압 나트륨등 (b) 고압 나트륨등

그림 4.24 나트륨등의 종류

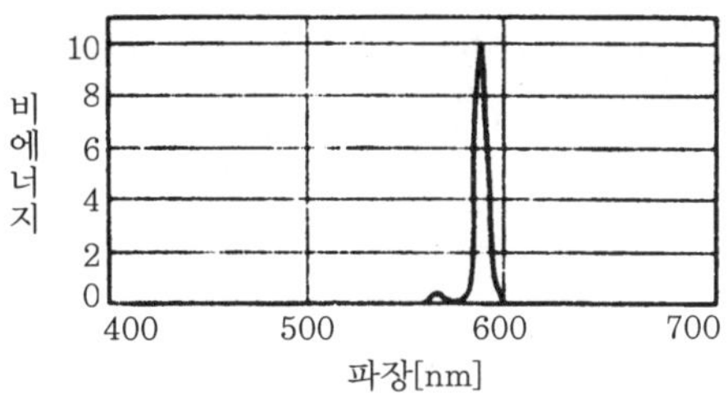

(a) 저압 나트륨등

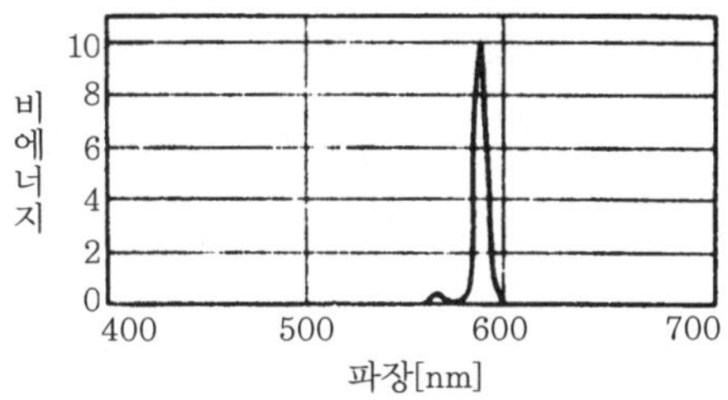

(b) 고압 나트륨등

그림 4.25 나트륨등의 분광 분포

(2) 고압 나트륨등

고압 나트륨등(high pressure natrium lamp)은 나트륨 증기압을 저압 나트륨등의 4×10^{-3}[mmHg]보다 높인 것으로 자기흡수 때문에 발광 효율은 떨어진다. 그러나 더욱더증기압을 높여가면 발광 효율은 다시 상승하고, 그의 분광 분포는 나트륨의 D선 부근을 중심으로 폭넓게 밴드 스펙트럼을 수반하지만 약 100~200[mmHg]에서 발광 효율은 최대로 되고, 최고 효율의 황백색광이 얻어진다. 400[W] 고압 나트륨등의 전광속은 4,400[lm], 램프효율 110[lm/W], 색온도 2,200[K], 평균수명 9,000시간 정도이다.

400[W]용 고압 나트륨등의 외관을 그림 4.24(b)에 나타내며, 분광 분포는 그림 4.25(b)에 나타냈다.

4.3.8 네온 전구와 네온관

이들은 글로우 방전(glow discharge)을 이용한 램프이다.

(1) 네온 전구

네온 전구(neon lamp)는 유리구 내에 네온을 10수 [mmHg] 봉입하고 코일이나 원판 모양의 전극을 1~2[mm] 간격으로 접근시켜서 설치한 것으로 안정기로는 1,500~3,000[Ω]의 직렬 저항을 베이스 내에 넣은 것으로 네온 글로우 램프(neon glow lamp)라고도 한다.

각종 네온 전구의 모양을 그림 4.26에 나타내며, 이 전구는 음극 근처의 부글로우(negative glow)를 발광으로 이용한 것으로 점등 중의 전극 사이 전압은 주로 음극 강하로부터 되며, 100V용에서는 알칼리토류 금속인 바륨, 세슘, 마그네슘, 나트륨을 칠한 전극을 사용하고 전극간 전압은 65~75[V]이며, 200[V]용에서는 철이나 니켈전극을 사용하고 전극간 전압은 120~130[V]이다.

네온 전구의 특징은 소형으로 소비 전력이 극히 적고, 수명이 길며, 사용 전압 범위가 넓은 것 등이다. 글로우의 광색은 적등색이며, 효율은 0.3[lm/W]로 낮으나, 표시용으로는 충분히 사용할 수 있다. 주 용도로는 발광을 이용한 야간등, 배전반, 다리미, 라디오 표시등, 타이머 회로 등에 사용되고 있다.

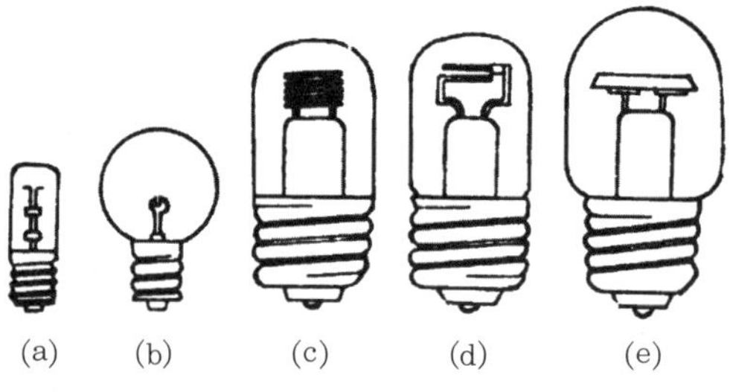

그림 4.26 네온 전구

(2) 네온관

네온관(neon tube)은 주로 광고용이며 표지 광원으로 사용된다.

네온관은 유리관의 양단에 원통형의 전극을 설치하여 네온, 아르곤, 크립톤, 크세논, 헬륨 등의 불활성 가스나 수은 증기 등을 저압으로 봉입한 방전등이며 양광주의 부분을 발광으로 이용한 것이다. 이때 봉입 가스의 종류에 따라 특유한 광색을 나타내는데 이를 표 4.10에 나타낸다.

표 4.10 기체에 따른 네온관의 발광색

기체의 종류	Ar	CO_2	H_2	He	Hg	N_2	Na	Ne
부글로우의 광색 양광주의 광색	진한 청색 진한 붉은색	청백색 백 색	밝은 청색 장미색	근사 녹색 흰다색	청록색 청록색	청색 황색	녹황색 황색	황적색 등적색

네온관의 전극 재질로는 Fe, Ni, Cu 등이 이용되고 있다. 봉입 가스 압력은 8[mmHg] 정도로 이 때의 광도는 최대광도의 50[%] 정도로 되며, 점등에 따라 가스 압력이 저하하게 되면 광도는 오히려 증가하여 1.5[mmHg]에서 최대로 되고 그 이후에는 급격히 감소한다. 점등되면 음극의 비산작용으로 가스는 전극과 유리관 벽에 흡수되어 가스 압력이 점차로 저하된다. 그러므로 수명을 고려할 때는 가스를 많이 넣는 것이 바람직하지만 광도는 처음에는 오히려 떨어진다.

점등 중의 전극간 전압은 주로 음극 강하에 양광주 부분의 전압 강하를 더한 것이 되며, 음극 강하는 전극 재료에 따라 정해지며 100~200[V] 정도이다. 네온관의 구조와 광고용으로 사용되는 예를 그림 4.27에 나타낸다.

네온사인의 발달 중에서 현저한 것이 형광사인의 출현이다. 이것은 수은과 아르곤의 혼합가스를 봉입한 청색의 네온사인관의 관 내면에 253.7[nm]의 자외선의 여기로 발광하는 각종 형광체를 바른 것으로서 청색, 청백색, 녹색, 황색, 연분홍색, 백색 및 주광색을 얻을 수 있다.

일반적으로는 네온관 1[m]당 1,000[V]의 비율로서 누설변압기를 사용하는데 전류는 50[mA] 이하로 한다. 네온사인의 점멸은 오히려 꺼져 있는 시간만큼 수명을 연장시킬 수 있다.

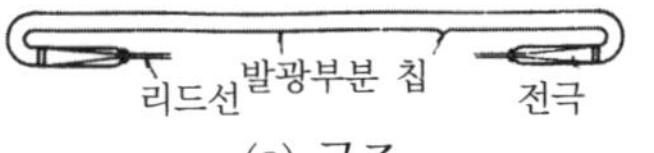

(a) 구조

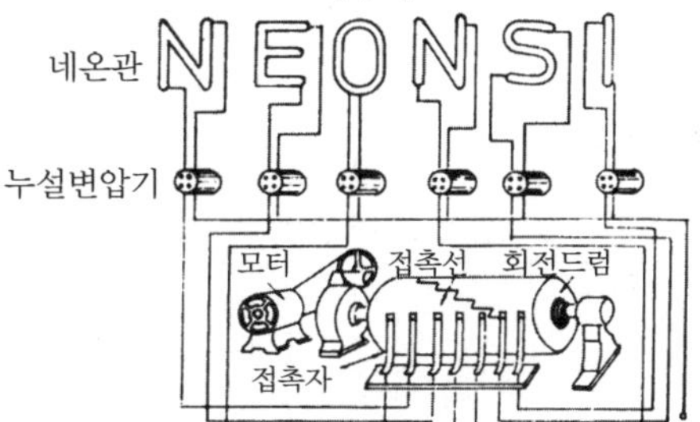

(b) 사용 예

그림 4.27 네온관

네온사인의 점멸은 여러 가지 변화를 주어 사람들의 눈을 끌며 광고 효과를 얻을 수 있다. 네온사인 변압기의 2차측은 고전압이므로 연속 개폐는 아크(arc)로 인하여 위험하므로 1차측에서 개폐하도록 한다. 점멸 기구로서 많이 사용되고 있는 것은 구리핑거식이다. 이것은 점멸 횟수를 많게 하기 쉽고 수명도 길다.

전동기는 1/10~1/14[HP] 정도이고, 웜 기어(warm gear)로 감속하여 롤러를 20~25초에10 회전시키게 된다. 이상에서 살펴본 각종 광원의 종류와 특징을 비교하여 표 4.11에 나타낸다.

4.4 조명 기구의 종류

조명 기구는 광원에서 나오는 빛을 제어, 즉 광원의 배광(配光)을 조절하는 기능을 가지며, 또한 광원을 고정하거나 보호하는 것이다.

조명 기구를 분류하는 방법에는 몇 가지가 있지만, 본 절에서는 배광에 따라 분류하고자 한다. 즉 조명 기구를 배광에 따라 분류하면 직접 조명형, 반직접 조명형, 전반확산 조명형, 반간접 조명형, 간접 조명형의 5가지로 분류할 수 있으며, 예로서 백열등의 경우를 그림 4.28에 나타냈으며, 각각에 대하여 설명한다.

표 4.11 각종 광원의 특성 비교

	① 백열 전구	② 할로겐 전구	③ 형 광 등
용 량 효 율 수 명	2~1,000W 7~22 lm/W 1,000~1,500h	500~1,500W 20~22 lm/W 2,000~3,000h	4~110W 40~80 lm/W 2,400~8,000h
점등부속장치	불필요	불필요	안정기, 점등관 필요
광질 및 특색	일반적으로 휘도가 높고 열방사가 많다. 광색에는 적색부분이 많고, 배광제어가 용이하다. 스위치를 넣고 점등에 이르는 시간이 빠르다.	고휘도이고 광색은 적색 부분이 비교적 많은 편이다. 배광제어는 용이하다. 흑화가 거의 일어나지 않는다.	저휘도이고 광색의 조절은 비교적 용이하다. 열방사가 적다. 점등까지 시간이 걸린다.(래피드 스타트식 제외)
용 도	비교적 좁은 장소의 전반조명, 악센트 조명, 기분을 위주로 한 효과를 얻기가 쉽다. 대형인 것은 높은 천장, 각종 투광 조명에 적합하다.	장관형은 높은 천장이나 경기장, 광장 등의 투광 조명에 적합하다. 단관형은 영사기용에 적합하다.	옥내외, 전반조명, 국부조명에 적합하다. 명시를 주로 한 양질조명을 경제적으로 얻을 수 있다.또한 간접조명에 의해서 무드조명에도 효과적이다.
	④ 고압 수은등	⑤ 메탈 할라이드 램프	⑥ 나트륨등
용 량 효 율 수 명	40~1,000W 30~55 lm/W 1,000h	175~1,000W 70~80 lm/W 6,000h	100~400W 80~150 lm/W 6,000h

점등부속장치	안정기가 필요	안정기 등 부속장치가 필요	안정기 등 부속장치가 필요
광질 및 특색	고휘도 배광제어는 용이하다. 광색은 청백색인 특성이 있으나, 형광 수은 램프, 전구병용 등으로 해결이 가능하다. 완전점등까지 약 10분이 소요된다.	고휘도 배광제어는 용이하다. 연속스펙트럼을 방사하기 때문에 자연색과 거의 같은 광이다. 연색성이 좋다. 수평으로 점등해야 하며, 경사지게 해서 사용하면 광색에 변화가 일어나는 수가 있다.	저압은 전광속의 60% 이상이 5,890~5,896Å인 D선이다. 등황색의 단일 광원이고 고압은 2,200K의 황백색이다. 수평점등이 원칙이며, 일반 실내조명은 연색성 불량으로 부적합하다.
용도	한 등당 큰 광속을 얻을 수 있고, 또한 수명이 길므로 높은 천장, 투광 조명, 도로조명에 적합하다.	한 등당의 광속이 많고 수명이 긴 점과 연색성이 양호한 점으로 인해서 연색성을 중요하게 고려하는 높은 천장, 옥외조명 등에 적합하다.	광질의 특성 때문에 도로 조명, 터널 조명에 적합하다.

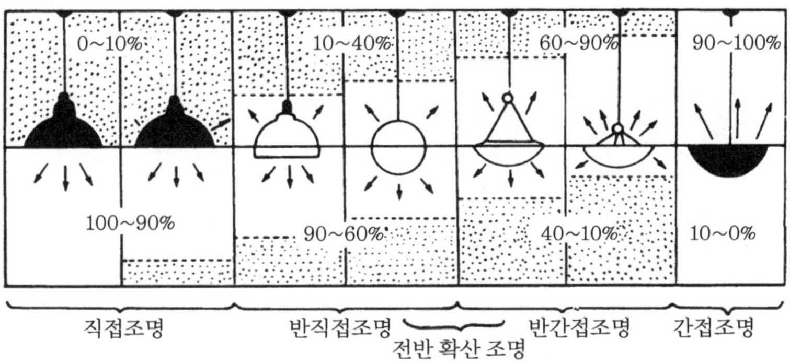

그림 4.28 배광에 의한 조명기구의 분류

4.4.1 직접 조명 기구

직접 조명 기구는 광원에서의 발산 광속을 대부분(90~100%) 아래방향으로 향하게 하여작업면을 직접 조명하는 기구로서 대표적인 직접 조명 기구를 그림 4.29에 나타낸다.

이 방식은 공장의 일반적 조명 방식으로 널리 사용되고 있으며, 작업면에서 높은 조도를 얻을 수 있으나 주위와의 심한 휘도의 차, 짙은 그림자와 반사 눈부심 등으로 작업자를 괴롭히는 것이 흠이다. 그러므로 기구를 설치할 때는 고휘도 광원이나 광원과 배경과의 심한 휘도 차이 등의 눈부심이 작업자 눈에 들어오지 않도록 적극 피해야 한다.

직사광이 직접 눈에 들어오는 것을 막기 위하여 15~25° 정도의 차광막이 필요하다. 직접 조명 기구는 강조형(强照形) 루버 기구, 스포트라이트 기구, 배조형(配照形) 반사갓과 유리 및 플라스틱판 매입 기구 등으로 이루어진다.

이 조명 기구는 보통 두 가지로 구분되며 빛을 집중시키는 것과 분배시키는 것이 있다 . 빛을 집중시키는 것은 설치 높이가 높고 작업면에 집광시키는 것이며 빛을 분배시키는 것은 설치 높이가 낮은 곳에 사용된다.

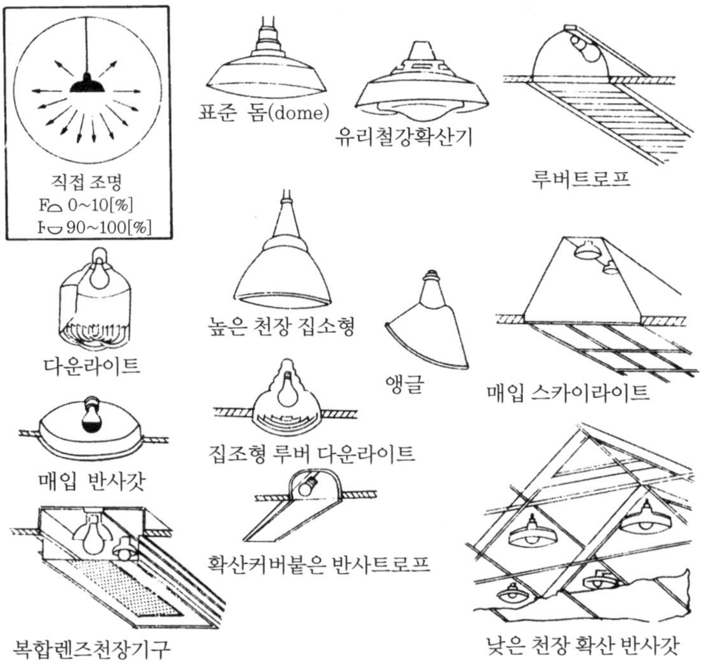

그림 4.29 직접 조명기구의 종류

4.4.2 반직접 조명 기구

반직접 조명 기구는 광원으로부터의 발산 광속 중 60~90[%]를 아래방향으로 향하게 하고 나머지 40~10[%]는 위로 향하도록 하는 조명 기구로서 대표적인 반직접 조명 기구를 그림 4.30에 나타낸다.

위 방향으로의 10~40[%]에 해당하는 빛은 천장이나 윗벽 부분에서 반사되고 이 반사된 빛이 작업면의 조도를 증가시킨다. 보통 이 조명 기구는 밑바닥이 개방되어 있으며 갓은 우유빛 유리나 반투명 플라스틱으로 되어 있어서, 일반 사무실이나 주택의 조명에 사용되는 것이다.

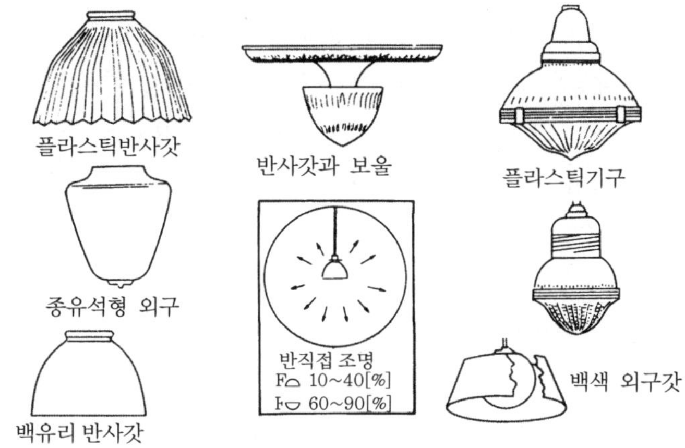

그림 4.30 반직접 조명기구의 종류

4.4.3 전반확산 조명 기구

광원에서의 발산 광속이 모든 방향으로 골고루 확산되도록 하는데 사용하는 조명 기구로서, 대표적인 전반확산 조명 기구를 그림 4.31에 나타낸다. 작업면 위의 조도는 광원으로부터 직접 쐬고, 위방향 등으로 발산되는 빛이 천장이나 벽부분에서 반사되어 작업면 위의 조도를 증가시킨다. 이 조명 기구의 대부분은 우윳빛 유리나 아크릴 등의 플라스틱 재료가 쓰이며, 상점, 주택, 고급 사무실, 공장 등의 전반 조명으로 사용되고 있다.

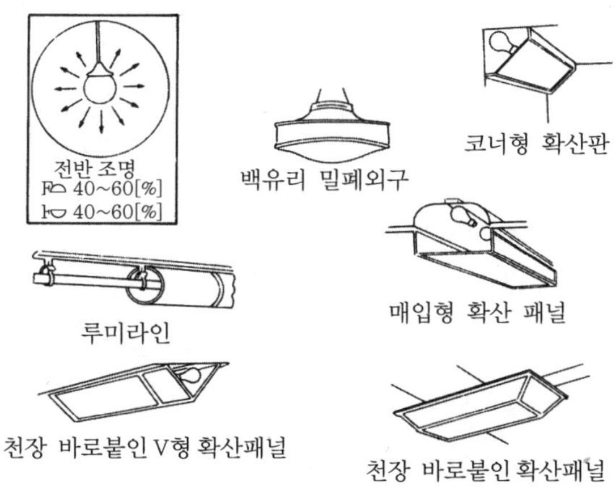

그림 4.31 전반확산 조명 기구의 종류

4.4.4 반간접 조명 기구

광원에서의 발산 광속 중 60~90[%]는 위방향으로 향하여 천장이나 윗벽 부분에서 반사되고, 나머지 빛이 아래방향으로 향하는 방식의 조명 기구로서, 대표적인 예를 그림 4.32에 나타낸다. 그러므로 천장의 색깔을 고려해야 하며, 이 조명 기구는 간접방식보다 약간 많은 광속을 발산한다. 이 방식의 조명 기구는 세밀한 일을 오랫동안 해야 되는 작업실에 적당하며 교실이나 사무실에는 적당하지 않다.

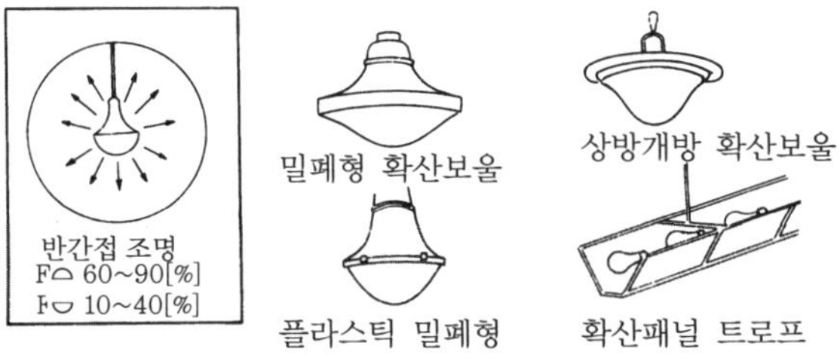

그림 4.32 반간접 조명 기구의 종류

4.4.5 간접 조명 기구

이 조명 기구는 거의 모든 광속(90~100%)을 위 방향으로 향하게 발산하며 천장 및 윗벽부분에서 반사되어 방의 아래 각 부분으로 확산시키는 방식이다. 그러므로 매우 넓은 면적이 광원으로서의 역할을 하기 때문에 직사 눈부심은 거의 일어나지 않는다. 그러나 천장과 윗벽부분이 광원의 역할을 하므로 이 부분은 밝은 색이어야 하며 빛이 잘 확산되도록 광택이 없는 마감이 되어야 한다.

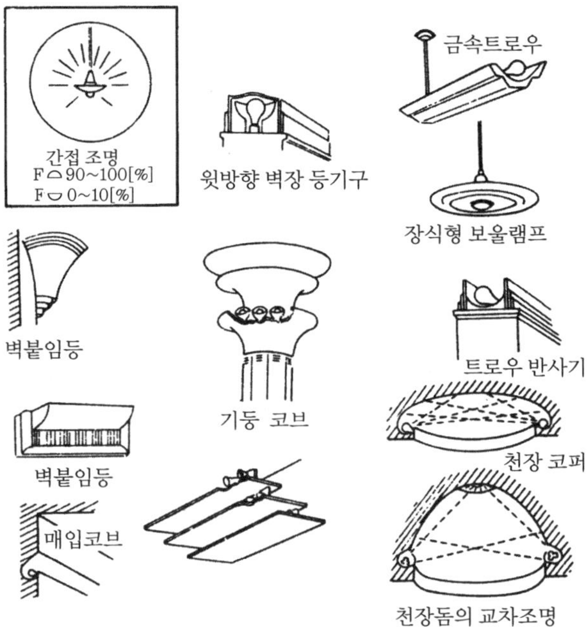

그림 4.33 간접 조명 기구의 종류

이와 같은 간접 조명 방식은 우수한 확산성과 낮은 휘도로 인해 위생적인 시각 조건을 갖추고 있으나 설비비와 경상비가 많이 드는 것이 흠이다.

이 방식은 대합실, 입원실, 회의실 등에 사용되고 있다.

4.5 조명 방식

조명 방식은 여러 가지 조명 기구의 디자인, 배광, 배치 등에 따라 그 효과가 달라지는데, 본 절에서는 조명 기구의 배치와 조명 기구의 배광에 따른 조명 방식과 건축화 조명에 대하여 알아보기로 한다.

4.5.1 조명 기구의 배치에 의한 분류

작업면에 대하여 조명 기구를 어떻게 배치하는가에 따라 조명 방식을 분류하면 전반 조명, 국부 조명, 전반 국부 병용조명의 세 가지로 분류할 수 있는데 이를 그림 4.34에 나타낸다.

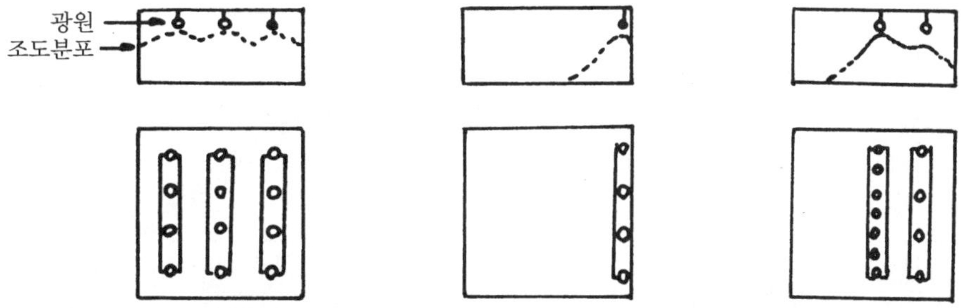

(a) 전반 조명 (b) 국부 조명 (c) 전반 국부 조명

그림 4.34 조명 기구 배치에 따른 조명 방식

(1) 전반 조명

전반 조명(全般照明, general lighting)은 작업면 전체에 걸쳐서 균일한 조도를 갖게 하는 방식으로, 광원의 높이와 간격이 일정하게 배치되며 사용하기 편리하므로 학교, 사무실 등에 주로 사용되는 조명 방식이다.

(2) 국부 조명

국부 조명(局部照明, local lighting)은 필요한 작업면에만 가깝게 광원을 위치시키는 조명 방식으로, 스탠드 등을 사용할 수 있고, 다른 부분과의 밝기 차이가 크기 때문에 눈부심을 일으키고 눈이 쉽게 피로해지는 것이 결점이다.

(3) 전반국부 병용조명

이 방식은 전반 조명을 한 후에 국부적으로 정밀 작업을 한다든지 하는 곳에 국부 조명을 함으로써, 시각 환경을 좋게 하고 필요한 곳에서는 주변보다 더 높은 조도를 얻게 되므로 좋은 조명 방식이다. 공부방이나 타자실, 정밀 작업실 등에 채용되는 방식이다.

4.5.2 조명 기구의 배광에 의한 분류

앞의 4.4절에서 배운 바와 같이 조명 기구에는 5가지가 있는데 그 방식을 그대로 배광에 적용함으로써 직접 조명, 반직접 조명, 전반확산 조명, 반간접 조명, 간접 조명의 5가지 방식이 있는데, 이를 그림 4.35에 나타낸다.

	조명 기구의 형태	응용방법 예	배 광
(a) 직 접 조 명	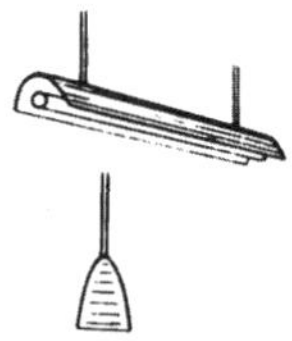	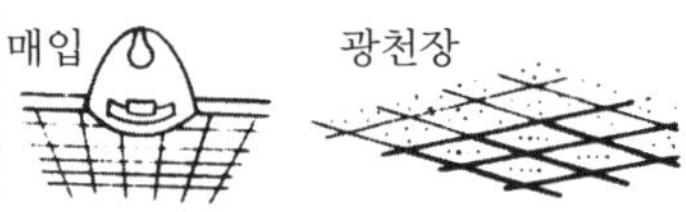	↑ 10~0 ↓ 90~100
(b) 반직접 조 명	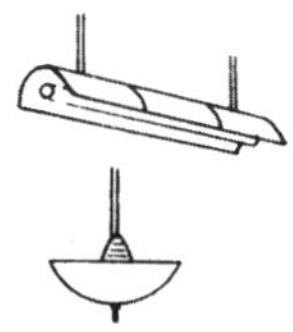	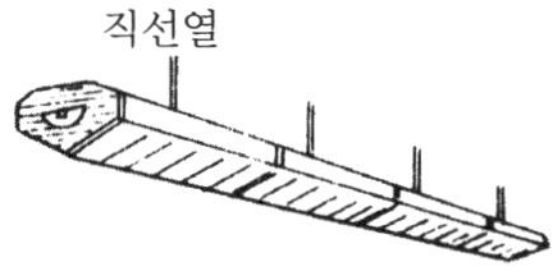	↑ 40~10 ↓ 60~90
(c) 전 반 확 산 조 명	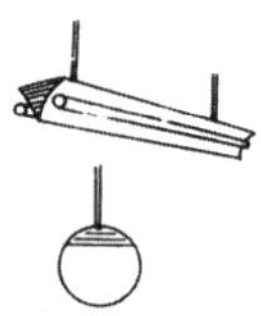	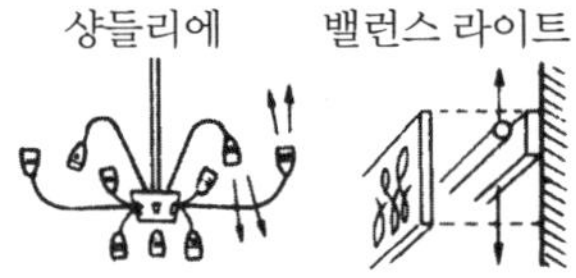	↑ 60~40 ↓ 40~60
(d) 반간접 조 명	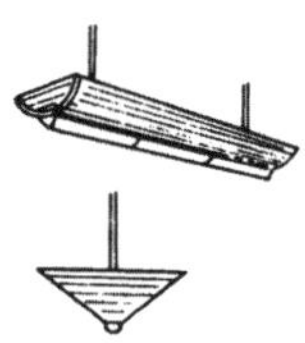	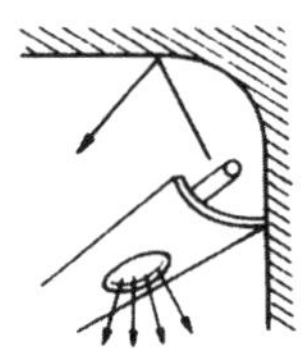	↑ 90~60 ↓ 10~40
(e) 간 접 조 명	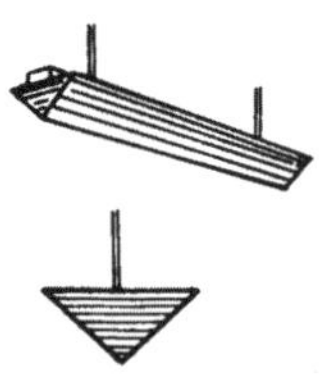	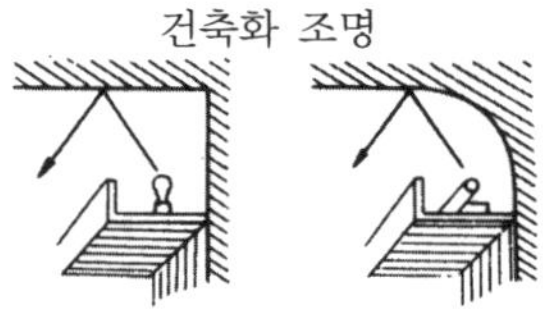	↑ 100~90 ↓ 0~10

그림 4.35 조명 기구 배광에 따른 조명 방식

4.5.3 건축화조명

조명 기구를 건축 내장재의 일부 마무리로써 건축 의장과 조명 기구를 일체화하는 조명 방식을 건축화 조명(architectural lighting)이라고 하며, 대부분 천장 매입형을 사용하고 매입 방법에 따라 여러 가지 종류가 있는데 이를 그림 4.36에 나타낸다.

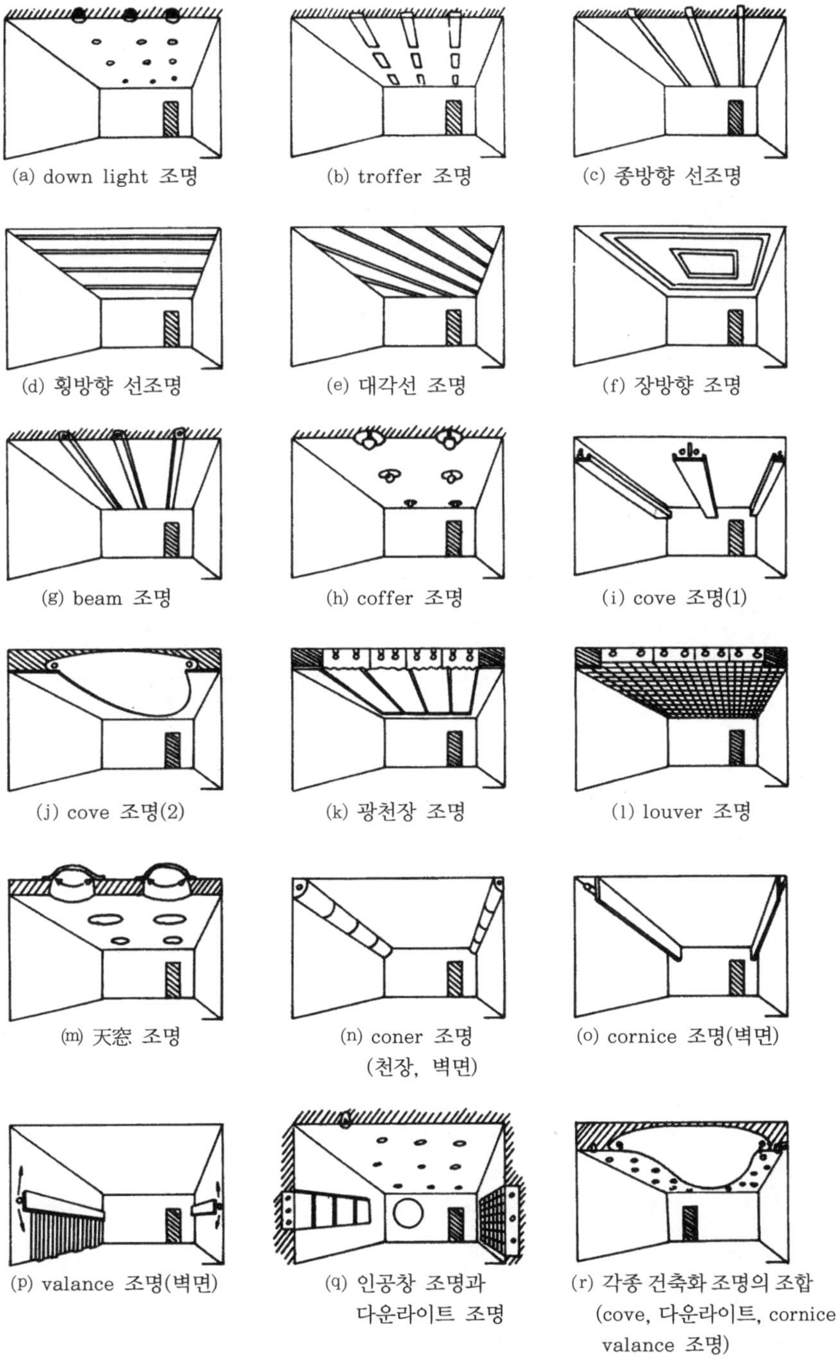

그림 4.36 건축과 조명의 예

4.6 좋은 조명의 조건

옥내에서 좋은 조명을 얻기 위한 조건으로는 여러 가지가 있는데, 외국에서 분류하고 있는 조건을 표 4.12에 나타내며 이들에 대하여 각각 설명한다.

표 4.12 좋은 조명의 조건

우수한 조명의 요건	실리적조명		장식적조명	
	물체의 보임, 장시간의 작업에 피로를 적게 주는 목적.	점수	심리적 분야의 경우, 단시간의작업, 오락.	점수
조도(충분한 밝음)	필요한 밝음이 있으며, 그 이상은 밝을수록 좋으나 경제상의 한계가 있다.	25%	필요한 밝음이 있으며 그 이상은 다른 것과 비교하여 상한이 있다.	5%
광속발산도 분포 (밝음의 얼룩이 없을 것)	밝음의 차가 없을수록 좋다. 주변 3 : 1, 작업면 1 : 5	25%	계획에 따라 명암의 조도 배분을 고려한다.	20%
정반사 (눈부심을 제거한다)	광원 직접에 의한 것이나 반사에 의한 것이 있어서는 안된다.	10%	눈부심이 가장 사람의 눈을 끈다.	0%
그늘(적당한 그늘)	방해되는 그림자가 있으면 안된다. 실체감은 조도비 3 : 1이 좋다.	10%	입체감, 원근감 때문에 때로는 2 : 1이나 7 : 1 그 이상도 사용된다.	0%
분광 분포(광색이 좋고, 방사열이 적을 것)	표준주광이 좋고 열, 자외선이 없는 것이 좋다.	5%	심리적으로 난색, 한색, 색의 미화의 색광이 이용된다.	5%
심리적 효과 (기분이 좋다)	맑은 날의 옥외의 감각이 좋다.	5%	목적에 따라 다른 감각이 필요하다.	20%
미적효과(등기의 배치, 기구의장이 좋다)	간단한 것으로, 간단한 기하도형 배열이 좋다.	10%	계획된 미의 배치, 조합이 필요하다	40%
경제(효율적인 경제설계와 보수비 검토)	1W 당의 광속이 많을 것.	10%	광속, 조도의 수치의 대소보다도 효과의 달성도를 고려한다.	10%
완전한 설계에 대한 총점수		100%		100%

4.6.1 조 도

작업을 하거나 물체를 볼 때는 밝을수록 잘 보이지만, 너무 밝아도 눈이 피로하고 경제적인 문제도 고려해야 할 것이다. 외국에서는 보통 200[lx]의 조도를 기준으로 하여 그의 약 2배씩이나 절반씩으로 조도단계를 규정하고 있는데, 조도의 단계는 표 4.13과 같다.

표 4.13 조도의 단계

조도 단계	표준조도[lx]	조도범위[lx]
aaa	1,000	1,500~700
aa	500	700~300
a	200	300~150
b	100	150~70
c	50	70~30
d	20	30~15
e	10	15~7
f	5	7~3
g	2	1~1.5

표 4.14 조도 기준(KSA 3011)

조도[lx]	사무실	공장	학교	보건소
3,000 2,000 1,500		○조립 a, ○검사 a, ○선별 a, 설계, 제도, 제어반		
1,500 1,000 750	사무실 a, 영업실, 설계실, 제도실, 현관홀(주간)	○검사 b, ○선별 b, ○조립 b, ○시험 b, 설계실, 제도실	제도실·전자계산기실: ○정밀제도 ○정밀실험 ○키펀처 ○도서열람 ○흑판 ○천장대에 의한 계량 ○정밀공작	○눈 진단 ○주사 ○검사 ○창구 사무
750 500 300	사무실 b, 종업원실, 회의실, 제어실 접수실 배전반 / 집회실 응접실 현관홀(야간) 식당	○검사 c, ○조립 c, ○선별 c, ○시험 c, ○포장 a, 제어실, ○창고 내의 사무	교실 실험실 연구실 사무실 방송실	진료실 의사실 사무실 회의실 / 통계실 계측실 심전도실 검사실
300 200 150	서고 기계실 / 강당 잡작업실 / 세면장 복도	○포장 b ○한정된 작업전기실 공기조절기계실	강당 집회실 휴게실	강당 영양실 상담실 대합실 / X선실(촬영, 조작, 독영)
150 100 75	다실 휴게실 / 세탁실 보일러실 / 탈의실, 창고 현관(주차장)	출입구, 복도, 계단, 세면장 ○포장	탈의실 세면장 화장실 숙직실	숙직실 화장실 복도 / X선 투시실 눈밑 검사실
75 50 30	옥내 비상계단	옥내 비상계단 옥외동력설비 짐 이동 작업	창고 차고 비상 계단	
30 20		옥외(통로, 구내경비용)		

일반적으로 조도가 높을수록 좋은 조명이 된다. 그러나 조도를 높게 하려면 같은 종류의 광원을 사용할 경우 설비비와 경비도 비싸게 된다. 따라서 이러한 조명비와 밝기 등을 고려하여 만든 것이 표 4.14에 나타낸 조도기준이다.

4.6.2 휘도 분포

시야 내에 눈부심(휘도)이 있거나 조도의 차이가 있으면 잘 안 보이고, 그 조건에서 작업을 하면 불쾌감을 받거나 피로의 축적이 심하게 된다. 보통 눈부심의 최대의 원인은 휘도가 높은 광원이 직접 노출되어 보일 경우, 정반사나 광택이 있는 것으로부터 광원의 모습이 눈에 들어오는 경우, 시야 내에 광속 발산도 분포의 차이가 심하게 있는 경우 등을 들 수 있다. 작업을 위한 조명으로는 눈부심을 없애고 조도의 차이를 적게 하는 것이 우수한 조명으로 되는 중요한 조건이다. 시선을 중심으로 해서 30° 의 범위 내의 글레어 존(Glare Zone)에는 광원을 설치하지 않는다.(그림 4.37)

부득이 글레어존 내에 오는 조명 기구가 있으면 될 수 있는 한 휘도가 낮은 기구로 할 필요가 있다. 일반적으로 시야 내의 휘도 분포가 허용되는 한도를 표 4.15에 나타낸다.

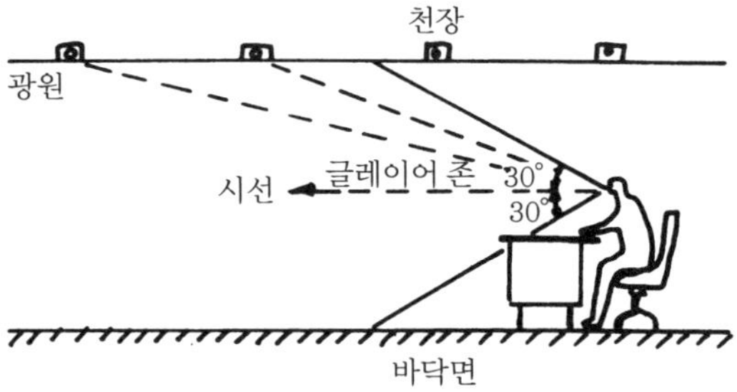

그림 4.37 글레어를 발생하는 부분

표 4.15 시야 내에서 허용되는 휘도분포

비 교 내 용	사무실 · 학교	공 장
작업대상물과 그 주위와의 사이(책과 책상면)	3:1	5:1
작업대상물과 그것으로부터 떨어진 면과의 사이(책과 방바닥)	10:1	20:1
등기, 또는 창과 그 부근의 면과의 사이	20:1	40:1
보통 시야 내에 있는 밝은 면과 어두운 면과의 사이	40:1	80:1

4.6.3 그 늘

광원과 사람 또는 물건과 작업면의 관계 위치가 적당하지 못하면 작업면에 그늘이 생긴다. 일반 작업에서는 시선에 가까운 위치에 10[%] 이상의 어두운 부분이 생기지 않는 것이 좋다. 밝은 부분과 어두운 부분과의 밝음의 비는 보통 3:1이 가장 좋다. 따라서 이러한 그림자를 방지하려면 광원의 수를 늘리거나 광원의 위치를 바꾸거나 형광등과 같이 넓은 발광 면적을 가지는 광원을 사용한다.

4.6.4 분광 분포

사람의 눈은 자연적으로 주광(day light)에 적응되어 왔기 때문에 주광색이 가장 좋고, 물체색의 분별도 이것을 기준으로 하고 있다.

일반적으로 백열 전구에서 나오는 빛 중에는 적색부가 많은 관계로 낮은 조도에서 쾌적함을 느낄 수 있는 반면에 형광등은 청광색이 많기 때문에 높은 조도에서 쾌적감을 느끼는데, 이를 그림 4.38에 나타냈으며, 이와 같이 빛의 색온도가 높을수록 밝고 쾌적한 조명이 얻어진다. 따라서 장파장이 풍부한 광원은 따뜻한 감각을 주고, 단파장이 많은 광원은 시원한 느낌을 주기 때문에 광원이 갖는 분광 분포는 실내 전반의 보임과 관계가 있으므로 이 점을 고려하여 채용하는 것이 마땅하다.

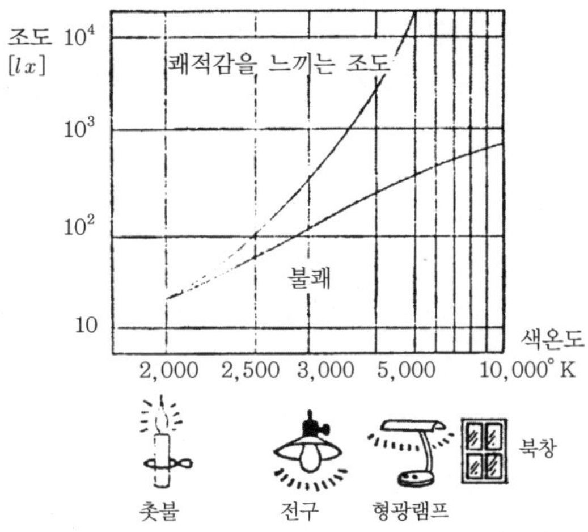

그림 4.38 색온도와 조도 관계

4.6.5 기 분

명쾌한 기분으로 작업을 할 수 있는 분위기를 조성해야 한다. 이러한 분위기는 조명을 포함한 건축 전체의 구성이 크게 영향을 준다. 또한 그 지방의 기후 · 풍토 · 계절을 인공적으로 쾌적한 환경으로 제어하고, 경우에 따라서는 설계상에 일조(日照)조정이나 광원의 제어 등을 반영시킨 근대적인 건물일 때 완전하고도 쾌적한 조명이라고 할 수 있을 것이다. 따라서 맑은 날의 옥외의 감각이 좋다.

4.6.6 경 제

우수한 조명은 염가라서 좋은 것이 아니고 경제적인 면에서 합리적이어야 한다. 상업조명의 경우는 매상의 증가와 비교하여 조명비를 고려해야 한다. 그러나 일반적으로 이러한 검토는 곤란하므로 조도와 조명비만을 비교하는 경우가 많게 된다.

조명비는 처음의 조명기구비와 배선 설치비를 10년 정도 생각하는 것으로 고려하고, 이것에 연간 전구 등의 보충, 교환에 드는 노임, 청소 비용, 연간 전력비를 합계한 것으로 하며, 두 가지의 조명 방법을 비교 검토할 때에는 각각의 조명 방법에서 1[lx], 1년간의 조명비를 계산하는 것이 보통이다.

다음은 분위기를 주체로 하는 조명에 대하여 알아보기로 하자.

지금까지 설명된 조도, 휘도 분포, 그늘, 분광 분포, 기분 및 경제 등의 조건은 주로물건을 보고 작업을 하는 장소에 대하여 고려한 조건이지만 음악을 듣거나, 음식을 먹을 때 등과 같이 짧은 시간의 레크리에이션 등에서는 이와 같은 조명 조건의 항목에 대하여 다소 변경된 조명이 요구되고 있다. 조도에 대해서는 물론 보려는 것이 명확히 보이지 않으면 불쾌하므로 좋지 않지만, 어느 경우는 낮은 조도가 좋고, 어느 경우는 보기에 충분한 조도보다 더욱 높은 조도로 하는 경우도 있다.

또한, 휘도 분포에서도 조도 차이라는 뜻이 아니고, 계획된 밝고 어두움의 배분이 쾌적한 분위기인 경우가 많다. 그늘에 대해서도 실체의 보임보다는 입체적인 감각, 원근감의 강조를 하고 극단적인 명암비가 요구되는 경우가 있다. 분광 분포에서는 다소 장파장광으로 기울여서 따뜻한 기분으로 하거나, 단파장광으로 기울여서 깨끗하고 위생적인 느낌을 만드는 것이 요구된다. 경제적인 면에서 명시 조명은 비용에 대한 조명 효율적인 생각이 중심이 되지만, 이 경우에는 비용에 대한 조명 효과로 생각된다.

4.7 조명 설계

앞에서 살펴본 좋은 조명의 조건 등을 고려하여 조명을 설계할 때는 그림 4.39와 같은 순서도에 따라 행한다.

(1) 소요 조도의 결정

조명 설계를 하는 곳의 용도, 사용 목적, 작업의 내용 등 조명의 목적을 명확히 하고, 사용자의 필요 사항 등을 고려하고, 조도기준을 참고하여 각 실에 적합한 조도를 결정한다.

(2) 조명 방식의 선정

조명 목적에 맞추어 전반 조명, 직접 조명, 간접 조명, 반간접 조명, 건축화 조명 등 조명 방식을 선정한다.

(3) 광원의 선정

조명의 목적, 조명 방식에 맞추어 백열등, 형광등, 수은등 등 광원의 종류를 선정한다.

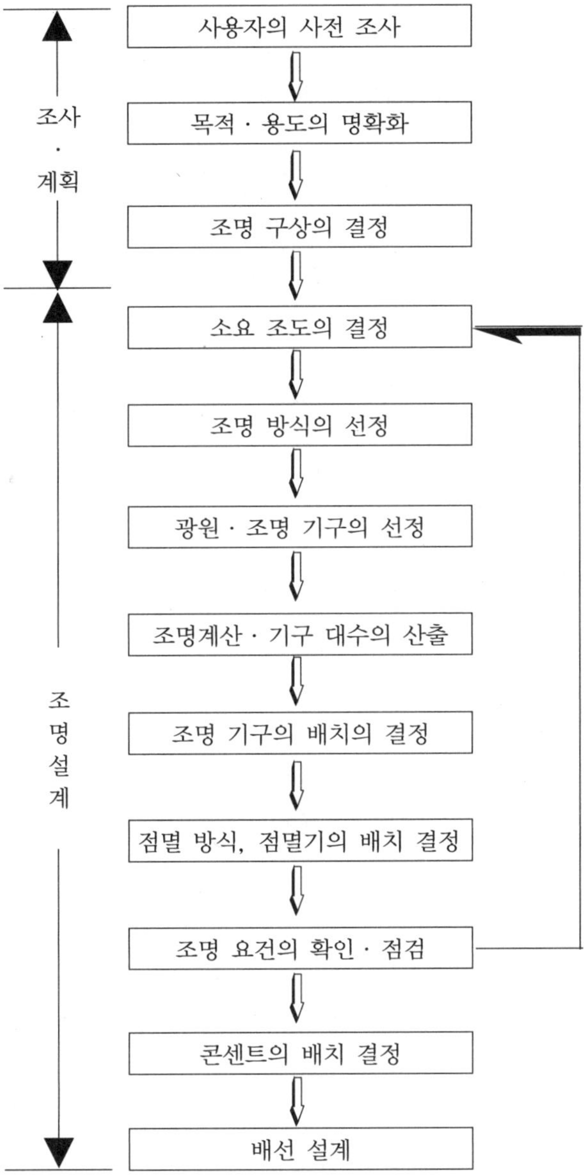

그림 4.39조명의 설계 순서

(4) 조명 기구의 선정

조명 방식, 광원, 건물과의 조화 등을 검토하여 조명 기구의 형식 등을 선정한다.

(5) 기구 대수의 산출

조명 계산에 의한 기구 대수를 산출한다.

(6) 조명 기구의 배치 결정

조명 기구의 종류, 건물이나 다른 설비와의 조화, 배광 등을 고려하여 기구의 배열, 배치를 결정한다.

(7) 점멸 방식의 선정 및 배치

각 장소의 사용에 편리하도록 점멸 방법과 점멸기의 배치를 결정한다.

(8) 조명 요건의 확인, 점검

조명 기구의 배치, 간격 등이 결정된 후 조도, 조도 분포 및 휘도 등을 확인, 점검하여 계획상에 문제가 있으면 재검토한다.

(9) 콘센트의 배치 결정

콘센트 설비의 방식에 따라 콘센트의 배치를 결정한다.

(10) 배선 설계

배선 설계 방식에 따라 배선의 설계를 한다.

연습문제

1. 조명 용어를 자세히 설명하라.
2. 형광등의 동작원리와 종류를 설명하라.
3. 백열전구와 형광등의 특성을 비교하라.
4. 조도를 측정하는 방법을 알아보라.
5. 전자식 안정기는 어떠한 것인가?
6. 할로겐 램프의 특성과 용도를 자세히 조사하라.
7. 나트륨등의 발광 효율과 용도를 설명하라.
8. 조명 기구의 종류를 자세히 조사하라.
9. 수은등의 장 · 단점은 무엇인가?
10. 조명 계산 방법은 무엇인가?
11. 국부 조명 설계의 순서를 알아보라.
12. 최근에 개발되고 있는 광원의 종류와 용도는?
13. 각종 전등의 심벌을 조사하라.
14. 조명률과 반사율이란 무엇인가?
15. 형광등의 광색을 자세히 알아보라.
16. 한국산업규격에서 정한 조도 기준을 자세히 알아보라.
17. 여러분 주위의 빌딩 내에 있는 조명 설비를 조사해 보라.

제 5 장

수송설비

5.1 수송 설비의 개요

5.2 엘리베이터

5.3 에스컬레이터

5.4 전동 덤웨이터

5.5 입체식 주차 설비

5.6 이동 보도

5.7 그 밖의 수송 설비

* 연습문제

수송 설비(transportation equipment)란 사람이나 물품을 건물 내에서 운반하는데 사용되는 엘리베이터, 에스컬레이터, 덤웨이터 등을 말한다.

5.1 수송 설비의 개요

최근에는 건물의 고층화와 대형화에 따라 각종 수송 설비가 개발되고 있으며, 주로 사용되는 건축물의 수송 설비를 표 5.1에 나타낸다. 이 중 엘리베이터, 에스컬레이터 등과 같이 사람을 대상으로 하는 수송 설비는 최근 신체장애인이나 노약자가 사용하기 쉽도록 하고 있으며, 특히 안전성과 신뢰성이 중요한 문제인데, 엘리베이터의 경우 아파트에서 가끔 사고가 발생하므로 이에 대한 대책이 있어야 할 것이다.

표 5.1 수송 설비의 개요

수송설비 명칭	용 도
엘리베이터	사람 및 물품의 수직 수송
에스컬레이터	사람의 수직 수송을 목적으로 하며 수평 이동을 수반함.
덤웨이터	사람은 타지 않고 물건만을 수직 수송하는 소형 엘리베이터
입체주차설비	자동차 주차를 위한 빌딩
모노레일	대용량 물건의 수평 이동
컨베이어	각종 물건을 수직, 수평방향으로 수송하는 시스템
이동보도 설비	사람의 수평 이동 보도 설비

5.2 엘리베이터

엘리베이터(elevator)는 승강로 내에 설치된 가이드 레일에 따라 움직이는 카를 동력으로 승강시키는 장치로서 사람 및 물품을 수직 운반하는 설비이다.

5.2.1 엘리베이터의 구조

엘리베이터는 동력원에 따라 그 구조가 다른데, 그림 5.1에서 보는 바와 같이 로프식과 유압식 구조로 대별된다. 건물 내에서 주로 사람이 이용하는 경우는 로프식 엘리베이터가 사용된다. 그림 5.1에서 보는 바와 같이 카(car)와 균형추를 로프(rope)로 권상기에 직결된 로프차에 매달아서 승강로 위의 기계실에 있는 전동기 및 제어반으로 카를 승강시킨다. 카와 제어반의 전기적 접속에는 케이블이 사용되며, 각 층의 문에는 정지하고 있는 층의 문만 열리도록 되어 있고, 문이 완전히 닫히지 않으면 카가 작동하지 않도록 안전장치가 달려 있다.

그 외에도 각종 안전장치가 여러 개 설치되어 있는데 이것은 다음 절에서 설명하기로 한다.

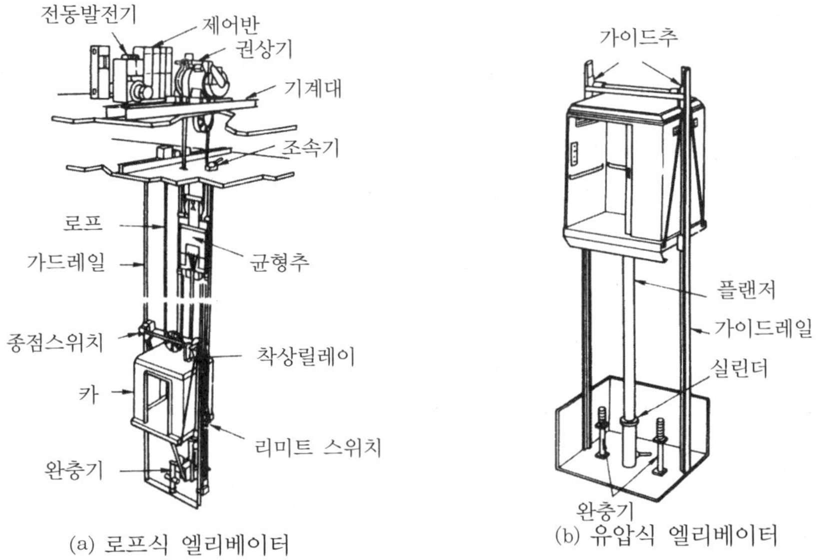

(a) 로프식 엘리베이터 (b) 유압식 엘리베이터

그림 5.1 엘리베이터의 구조

5.2.2 엘리베이터의 안전장치

엘리베이터는 그림 5.1에서 보는 바와 같이 수많은 부속기기들로 구성되어 있으며, 사람 및 물품을 안전하게 수송하는 것이 중요하기 때문에 안전장치도 많이 되어 있다.

엘리베이터에서 사용되는 중요한 안전장치를 그림 5.2에서 나타내며 이들에 대해 간단히 설명한다.

(1) 과전류 차단기(circuit breaker)

엘리베이터 작동시 전동기 등에 과전류가 흐르게 될 때 각종 기기를 보호하기 위해 있는 기기이다.

(2) 역·결상 릴레이(reverse and open phase relay)

공급되는 전원의 역상(reverse phase)이나 결상(open phase)이 발생되었을 때 이를 감지하는 릴레이로서, 이 때에는 엘리베이터를 자동으로 정지시키게 되는 기기이다.

(3) 출입문 잠금스위치(door lock switch)

홀의 출입문(hall door)의 열림을 방지하는 장치로서, 카가 목적 층에 도착해 카의 문(car door)을 여는 경우 이외에는 문이 열리지 않도록 잠금 역할을 하는 장치이다.

(4) 추락 방지판(fascia plate)

사고 발생시 층 사이에서 카 내의 승객이 카 밖으로 나가려고 할 경우, 승강로 벽과 카 사이의 공간으로 승객이 추락하는 것을 방지하도록 하는 장치이다.

(5) 출입문 열쇠(outside door latch)

출입문(hall door) 상부에 위치하며, 승강로 밖에서 출입문을 열 수 있도록 하는 장치로서 정전 또는 비상시 카 내에 있는 승객을 구출할 수 있도록 하기 위한 장치이다.

(6) 전자 브레이크(magnetic brake)

전동기가 회전을 정지했을 경우 스프링의 힘으로 브레이크 드럼(brake drum)을 눌러 카를 정지시켜 주는 장치이다.

(7) 조속기(governor)

카가 정상적인 속도 이상으로 주행해 위험하게 될 때 전동기의 전원을 자동으로 차단시켜 주고, 조속기 로프를 붙잡아서 (9)항의 강제 정지 장치를 작동시켜 주는 기기이다.

(8) 끼임 방지 장치(safety shoe)

카의 출입문(car door)에 설치되며 문이 닫히고 있을 때 어떤 물체가 문 사이에 끼게 되면 이를 검출해 문이 다시 열리도록 하는 장치로서 기계식으로 하거나 광전식으로 하는 기기이다.

(9) 강제 정지 장치(wedge)

조속기 동작에 의해 비상시 카를 안전하게 정지시키도록 하는 장치로서 카의 아래쪽에 쐐기형으로 부착되어 있어서 비상시에 가이드 레일을 움켜 잡아서 카를 정지시켜 주는 장치이다.

(10) 과부하 방지 장치(weighing device)

카의 바닥에 설치해 허용 중량 이상이 카 내에 탑승되는 것을 방지하는 장치로서 허용 중량 초과시 부저가 울림과 동시에 카가 출발되지 않도록 하는 장치이다.

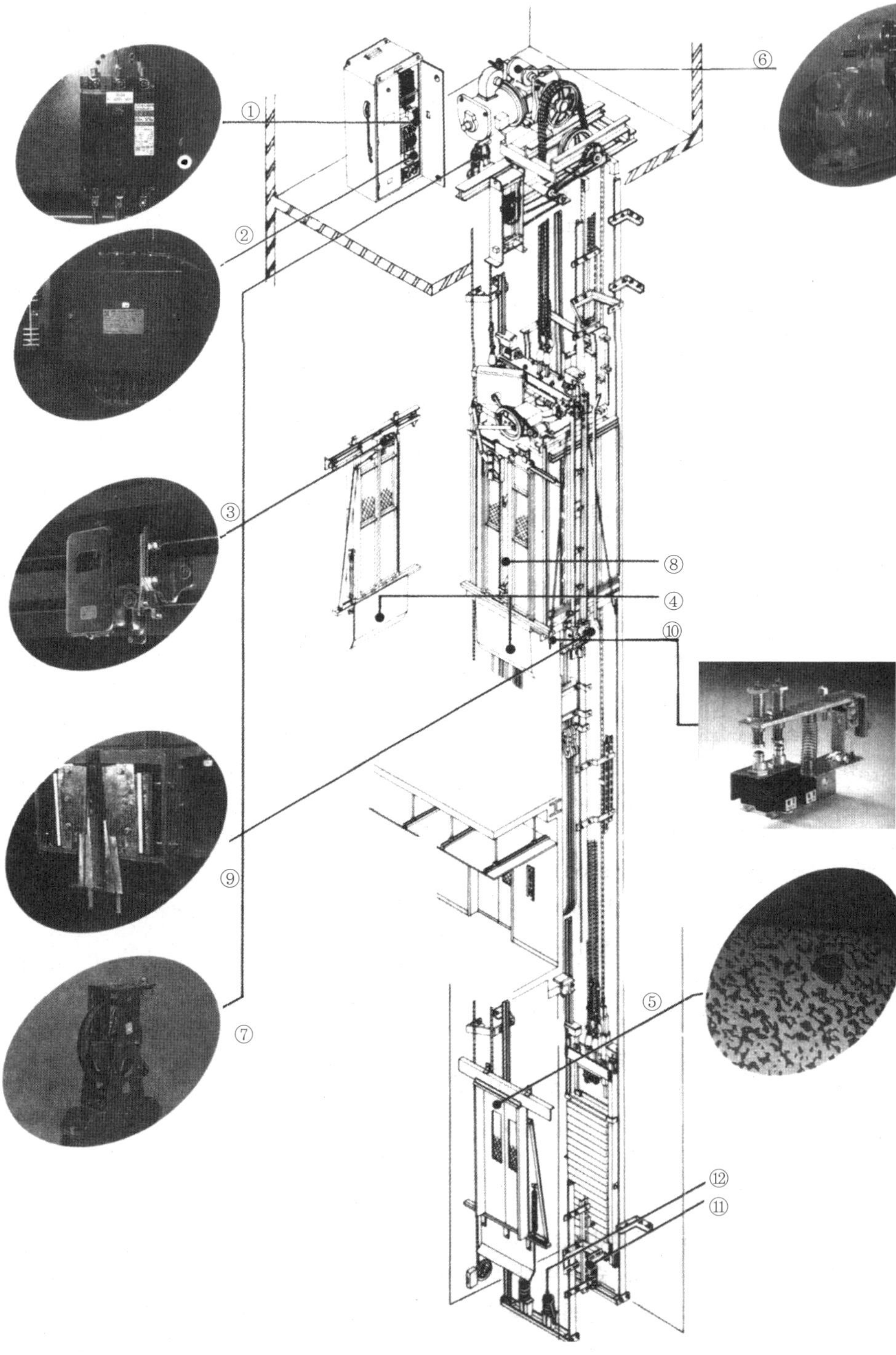

그림 5.2 엘리베이터의 안전장치

(11) 리미트 스위치(limit switch)

카가 최상층이나 최하층에서 정상 운행위치를 벗어나 그 이상으로 운행하는 것을 방지하는 안전장치이다.

(12) 완충기(buffer)

카나 카운터 웨이트(counter weight)가 최하층 아래로 하강할 경우에 이들의 운동에너지를 흡수해 카를 안전하게 정지시킴으로써 비상시 카 안에 있는 승객을 보호하는 장치이다.

5.2.3 엘리베이터의 주요 기기

엘리베이터에 사용되는 주요 기기들에 대해 설명하고자 한다.

(1) 가이드 레일(guide rail)

엘리베이터가 주행할 때에 이것을 균형있게 수평적으로 구속하고 카 또는 카운터 웨이트에 취부되어 있는 가이드슈를 가이드하는 궤도 역할을 한다(그림 5.3). 대부분의 엘리베이터에서는 카측 및 카운터 웨이트측에 각각 2본의 레일이 사용된다.

레일 1본의 무게는 1[m]당의 중량이 5, 8, 13, 18, 24, 30, 37, 50[kg]의 여러 종류가 있다.

(2) 카운터 웨이트(counter weight)

로프의 반대쪽에 매달려 있는 균형추로서, 메인 웨이트와 서브 웨이트로 되어 있다(그림 5.4).

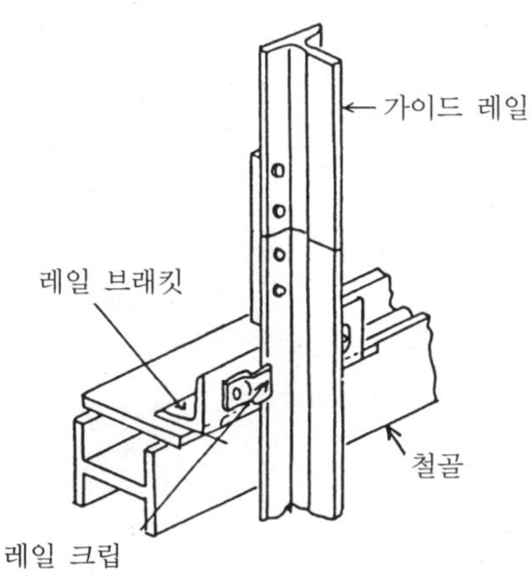

그림 5.3 가이드 레일

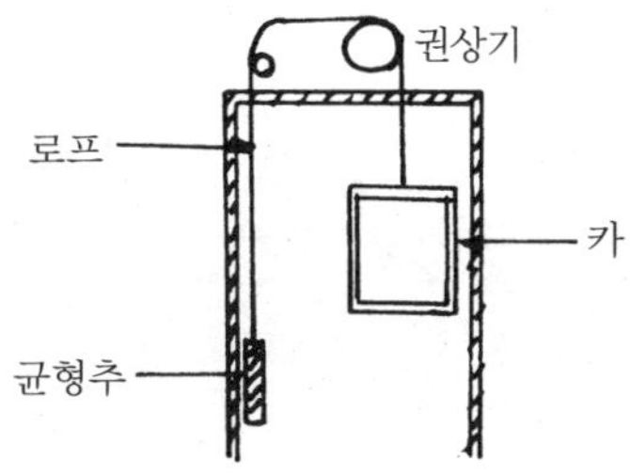

그림 5.4 균형추

카운터 웨이트의 중량은 식 (5·1)과 같이 되는 조건으로 한다.

균형추의 중량=카중량+적재 하중×0.45 (5·1)

(3) 로프(rope)

보통 사용되는 로프는 그림 5.5(a)와 같이 강심의 주위에 스트랜드 3~8본을 꼬아서 구성되어 있다. 스트랜드는 심선 주위에 소선을 일층 또는 수층 꼬아 만든 것이며, 소선을 측선이라 부른다. 이렇게 만든 로프의 단면의 예를 그림 5.5(b)에 나타낸다. 로프 사용 도중에 그림 5.5(c)와 같이 꼬이는 경우를 킹크(kink)라고 하며, 이 부분은 약하게 되어 끊어지는 원인이 된다.

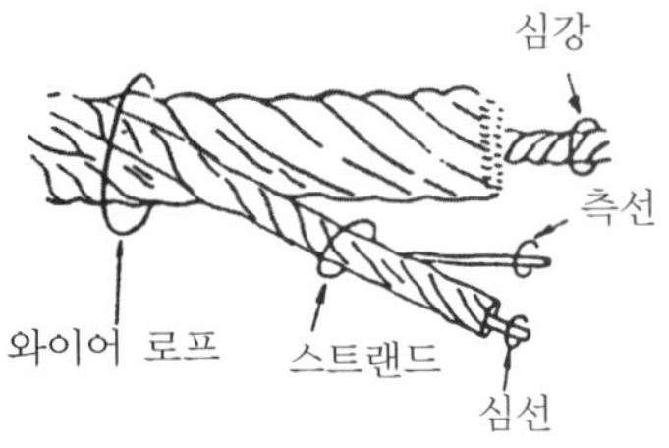

(a) 로프의 구조

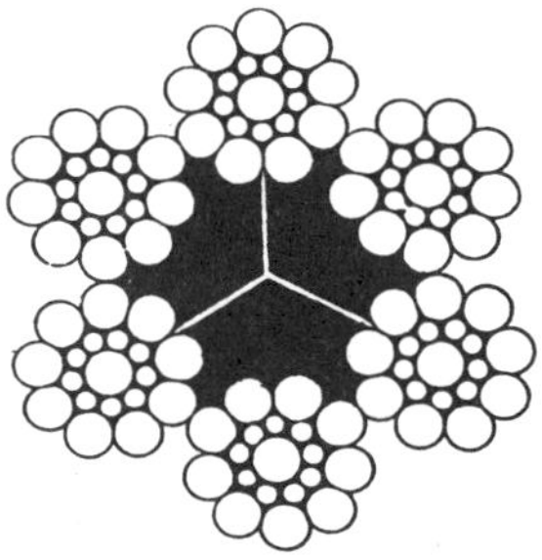

(b) 로프의 단면

(c) 로프의 킹크

그림 5.5 로프

(4) 권상기

전동기측의 회전동력을 로프에 전달하는 기기를 권상기(traction machine)라고 하는데 권상기에는 그림 5.6에서와 같이 기어드형 권상기(geared traction machine)와 기어레스형 권상기(gearless traction machine)가 사용되고 있다. 기어드형 권상기는 중·저속에 주로 사용되며, 기어레스형 권상기는 고속용에 사용되고, 승강속도는 90, 105, 120, 150, 180, 210, 240, 360, 540[m/min]이며, 최대 출력은 28, 44, 70[kW]의 것이 있다.

(a) 기어드형 권상기

(b) 기어레스형 권상기

그림 5.6 권상기

(5) 전자(電磁) 브레이크

전자 브레이크(magnet brake)는 권상기에 부수되어 있어서 전동기 축에 직결한 브레이크 커플링을 엘리베이터가 기동시에 전자석 코일을 여자해 늦춤으로써 운전하고, 정지시에는 기계적인 스프링 힘에 의해 제동되어 카를 원하는 층에 정지시켜서 그 후의 정지상태를 유지하기 위한 것이다(그림 5.7).

전자 브레이크는 주로 직류식이 사용되며, 정격전압은 DC 110[V]의 것, 정격전류는 1.3~4.5[A]까지 여러 가지가 사용되고 있다.

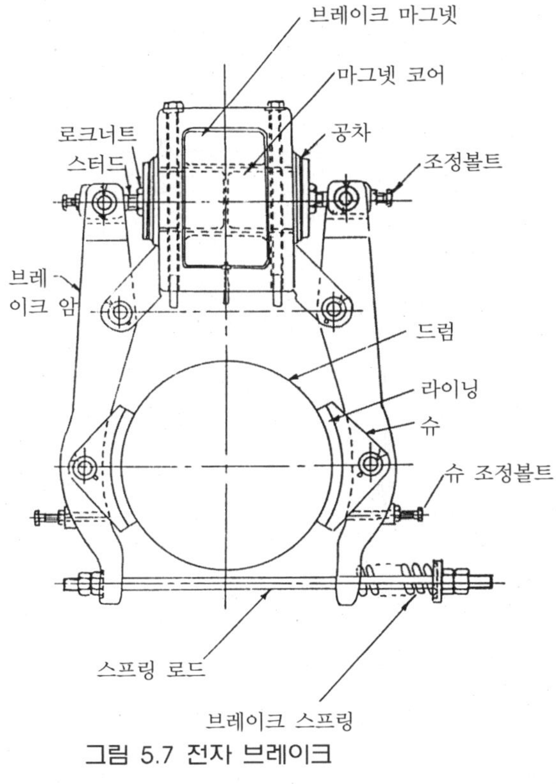

그림 5.7 전자 브레이크

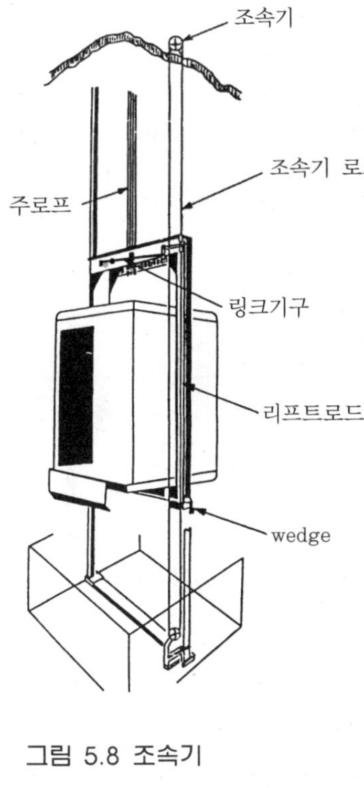

그림 5.8 조속기

(6) 조속기

조속기(調速機, governor)는 엘리베이터가 어떤 원인에 의해 과속이 되었을 경우 정격속도의 140[%] 이내에 조속기가 작동해 전동기에 공급되는 전기 회로를 차단시키고 전자 브레이크를 작동시키는 기기이다. 동시에 거버너 시브의 회전을 정지시켜 거버너 시브 홈과 로프와의 마찰력으로 카 세이프티를 작동시켜 카를 비상 정지시킨다. 조속기는 엘리베이터의 승강속도에 따라 여러 가지 종류의 것이 사용되고 있다.

(7) 홀 도어

홀 도어(hall door)는 각 층의 복도와 승강로를 차단해 승객의 안전을 도모하기 위한 것으로 그림 5.9에서 보는 바와 같이 도어에는 잠금장치가 있으므로 열쇠를 사용하지 않는 한 밖에서는 절대 열 수 없다. 도어 로크(door lock)는 엘리베이터의 카가 정지하지 않고 있는 층의 홀 도어를 잠그며, 또한 닫혀 있는 홀 도어를 확인하기 위한 전기 접점으로서 제어실과 연결되어 있다.

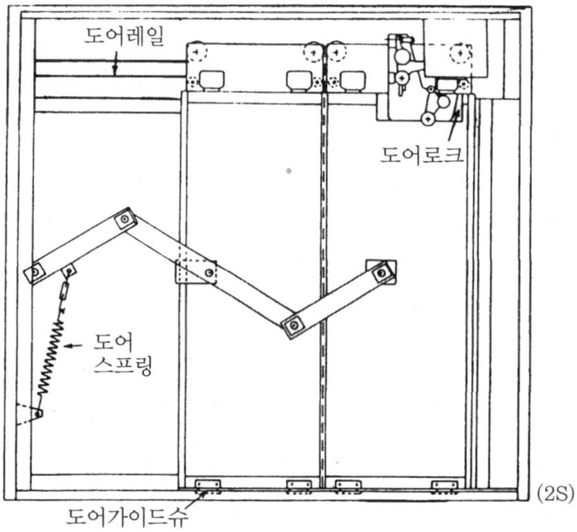

그림 5.9 홀 도어

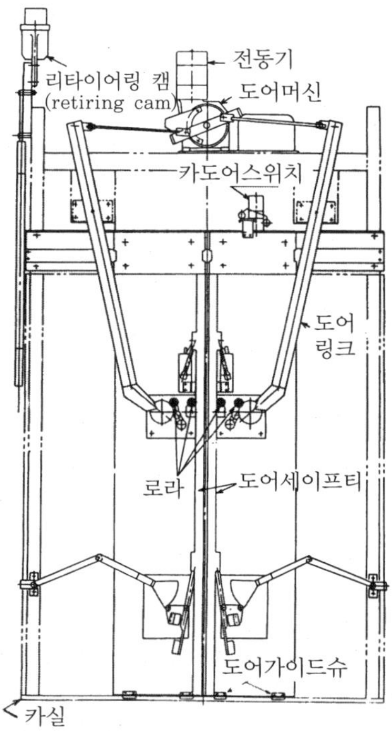

그림 5.10 카 도어

(8) 카 도어

카 도어(car door)는 엘리베이터의 카에 있는 출입문으로서 출입문을 구동시키기 위해 주로 100[W] 정도의 소형 전동기가 카 위에 설치되어 있다.(그림 5.10)

(9) 완충기(buffer)

엘리베이터의 카나 균형추가 최하층을 벗어나 바닥에 충돌할 때의 충격을 완화시키기 위해 피트(pit)에 설치하는 안전장치이다.

완충기의 종류에는 스프링식과 유압식이 있다. 스프링 완충기(spring buffer)는 정격속도 60[m/min] 이하의 엘리베이터에 주로 사용되고, 유압식 완충기(oil buffer)는 정격속도

60[m/min] 이상의 엘리베이터에 사용된다.

유압식 완충기는 그림 5.11(b)에서 보는 바와 같이 고무와 스프링 밑에 오일이 있어서 충격을 단계적으로 완화시켜 줄 수 있다.

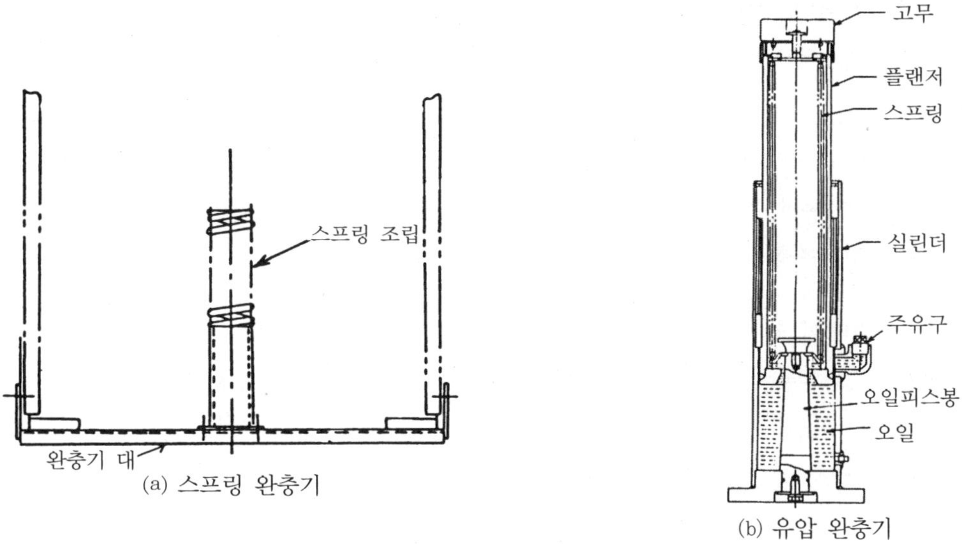

그림 5.11 완충기

5.2.4 엘리베이터의 종류

엘리베이터의 종류는 동력원이 되는 전동기에 따라 직류 엘리베이터와 교류 엘리베이터로 나눠지며, 사용되는 용도에 따라 승객용, 화물용, 병원용, 자동차용 등으로 분류할 수 있다.

(1) 구동방식에 따른 분류

여기서는 전동기에 공급되는 전원에 따른 분류이다.

표 5.2 엘리베이터의 종류

분 류	적 요
구동방식	직류 엘리베이터 교류 엘리베이터
용 도	승객용(병원용, 전망용 포함) 화물용(자동차용, 주방용 포함)

① 교류 엘리베이터

ⓐ 교류 1단 제어 방식 : 특수 농형 유도전동기를 사용한 1단 속도 제어 방식과 1단 변속 유도 전동기를 사용한 2단 속도 제어 방식이 있다. 1단 속도 제어 방식은 속도 조정을 할 수 없고, 정지시에는 전원의 차단과 전자 브레이크만으로 가능하다. 전동기의 역회전은 3상 중 2상만을 바꾸어 주면 손쉽게 가능하다. 이 방식은 승강 속도 30[m/min], 적재하중 1,000[kg] 이하의 부하에 적당하고, 착상 오차는 크지만 가격이 싸고 보수가 간단하다. 우리나라에는 거의 없다.

ⓑ 교류 2단 제어 방식 : 고저의 2단 속도 제어 방식은 3상 유도 전동기의 극수를 변환함으로써 가능하고, 역회전 방법은 1단 제어 방식과 마찬가지로 전동기의 3상 중 2상을 바꾸어 주면 된다. 승강 속도 60[m/min], 적재 하중은 1,500[kg] 이하의 부하에 사용되며, 간단하게 속도조정을 할 수 있으므로 승강시의 기분이나 정지시의 기분이 1단 제어 방식보다 양호하다. 이 방식은 가격이 싸므로 저층용에 많이 사용되고 있다.

ⓒ 교류 궤환 제어 방식 : 단속도의 3상 유도 전동기에 사이리스터(thyristor)를 사용해 연속 제어하는 것으로 엘리베이터의 속도를 구동 회로에 피드백함으로써 전동기의 속도를 제어하는 방식이다.

② 직류 엘리베이터

전동기를 사용하는 엘리베이터는 워드-레너드(Ward-Leonard)방식과 정지레너드방식(사이리스터 레너드)이 있다.

엘리베이터 1대마다 전동 발전기를 설치해 권상 전동기에서는 직류 전동기를 사용하고, 발전기에 발생되는 직류 전압을 제어해 권상 전동기에 가변 전압을 보내어 엘리베이터를 원활히 운전하는 방식이다. 엘리베이터 제어 방식으로는 단식 자동식, 승합 전자동식, 군승합 전자동식, 전자동 군관리방식이 있다. 승강 속도는 기어드식에서 90, 105[m/min], 기어레스식에서 120~600[m/min]이며, 적재하중 1,000[kg] 이상에 사용되나 설비비가 비싼 것이 단점이다.

이상에서 살펴본 교류 엘리베이터와 직류 엘리베이터를 비교하면 표 5.3과 같다.

표 5.3 교류 엘리베이터와 직류 엘리베이터의 비교

	교류 엘리베이터	직류 엘리베이터
속 도	30[m/분], 45[m/분], 60[m/분] 90[m/분], 105[m/분]	90[m/분], 105[m/분], 120[m/분], 150[m/분], 180[m/분], 210[m/분], 240[m/분]
속도조정	부하에 의한 속도변동은 있을 수 있다.	속도를 임의로 선택할 수 있고 속도제어도 가능하며 부하에 의한 속도 변동은 없다.
기 동	기동 토크가 적다.	임의의 기동토크를 얻을 수 있다.
전 효 율	40~60%	60~80%
착상오차	수 mm의 오차가 생긴다.	1mm 이내의 오차이다.
승강기분	직류에 비해 떨어진다.	원활하게 감속이 되므로 양호하다.
가 격	염가	교류의 최고 1.5~2.0배

(2) 용도에 따른 분류

엘리베이터는 용도에 따라 적재 하중과 카의 크기 및 승강 속도가 다르다. 따라서 용도에 따라 승객용(passenger elevator), 전망용(observation elevator), 병원용(bed elevator), 화물용(freight elevator), 자동차용(car elevator), 주방용(dumb waiter) 등 여러 가지가 있는데, 이들의 외관을 그림 5.12에 나타낸다.

5.2.5 엘리베이터의 운전방식

(1) 단독 운전방식

전자동 운전방식으로 엘리베이터 내의 운전반에 있는 버튼을 누르면 그 층의 운전방향과 같은 방향의 홀 부름에 응해 층 순서대로 정지하고 홀 부름이 없으면 최고층의 부름에 응한 후 자동적으로 방향을 바꾸어 반대 방향의 부름에 응하는 운전방식이다.

(a) 승객용

(b) 자동차용

(c) 전망용

(d) 화물용

그림 5.12 엘리베이터의 종류(용도별)

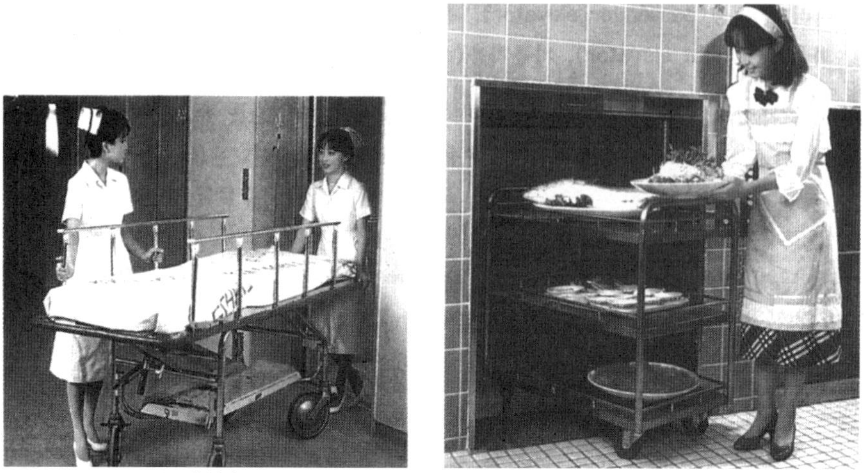

(e) 병원용　　　　　　　　　　(f) 주방용

그림 5.12 (계속)

(2) 병렬 운전방식

2대 이상의 엘리베이터가 1대는 출발층에 대기하고 다른 1대는 중간층에 대기했다가 홀의 부름에 응해 교차적으로 운전하는 방식이다.

(3) 군관리 운전방식

엘리베이터를 군(group)관리하는 목적은 종합적인 운전 효율을 높이고 이용자에 대한 서비스 향상을 위해 대기 시간을 단축시키는 운전 방식이다. 컴퓨터에 의한 제어 방식으로 국내에서 군관리 시스템에 의해 운전하는 방식의 세 가지 예를 그림 5.13에 나타낸다.

우선 그림(a)의 directional zoning 운전 방식은 엘리베이터의 상호 위치나 운전 방향의

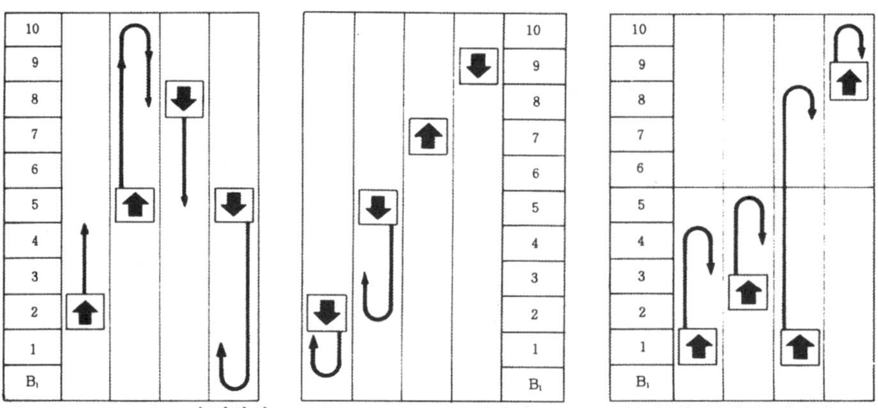

(a) directional zoning 운전방식　(b) heavy up 운전방식　(c) 분할 급행 운전방식

그림 5.13 군관리 운전방식

변화에 순시적으로 대응하는 서비스 지역을 설정하고 홀에서의 부름이 있으면 대기시간이 최소인 엘리베이터를 할당해 기동시키는 제어를 한다. 그리고 그림(b)의 heavy up 운전방식은 평상적인 교통수요에 있어서도 그 절반은 출발 기준층을 중심으로 하는 운전방식으로, 로비층의 서비스를 강화하기 위해 상승방향의 교통 수요가 많아진 경우 분산 대기를 해제하고 엘리베이터를 로비층에 집결시켜 서비스를 강화할 수 있다.

그림(c)의 분할 급행 운전방식은 출근시의 교통량이 급증하는 한 회사 점유의 빌딩 등에서 수송능력을 강화하는 방식으로 엘리베이터 군을 두 그룹으로 나누어 상층부, 하층부 전용의 급행 서비스를 함으로써, 정지 횟수가 반감되어 엘리베이터의 일주 시간이 단축되어 수송 능력을 증가시킬 수 있는 방식이다.

5.2.6 엘리베이터의 설계 및 선택

(1) 엘리베이터의 선택 방법

엘리베이터의 종류는 용도에 따라 여러 가지가 있음을 배웠는데, 건물의 규모나 사용목적 및 건물의 종류 등을 고려하면서 알맞은 엘리베이터를 선택해야 할 것이다. 건물의 종류는 업무용 빌딩, 호텔, 점포, 병원 등과 같이 이용에 따라 특징이 있기 때문에 충분히 고려해 대수를 결정해야 한다. 용도에 따라 선택해야 할 엘리베이터의 규격을 표 5.4에 나타낸다.

그리고 건물의 층수와 종류에 따라 적당한 승강속도를 그림 5.14(a)에 나타내고 몇 인승이 적당한지를 그림 5.14(b)에 나타낸다.

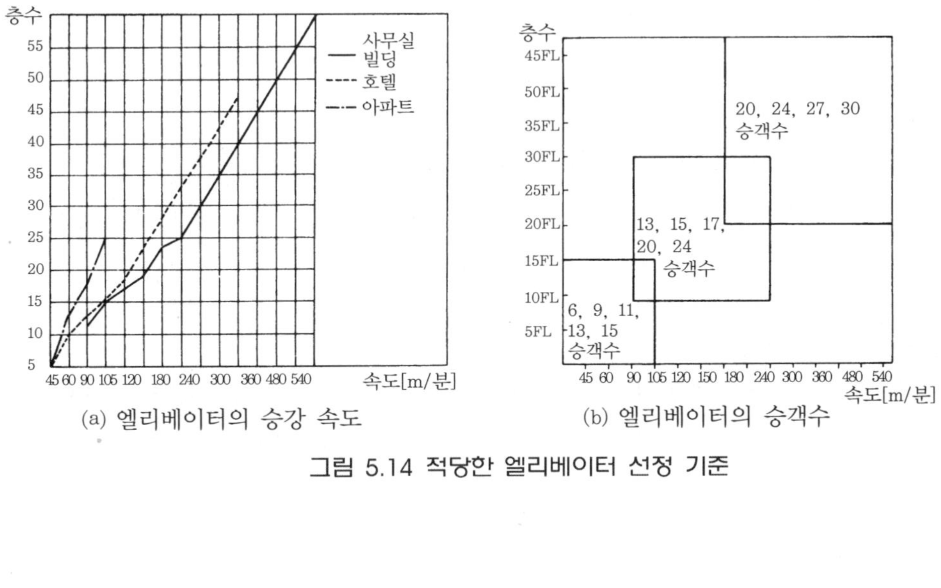

(a) 엘리베이터의 승강 속도 (b) 엘리베이터의 승객수

그림 5.14 적당한 엘리베이터 선정 기준

표 5.4 용도별 엘리베이터의 선택

<table>
<tr><th></th><th>용 도</th><th>적 재(정원)</th><th>속 도[m/min]</th><th>제 어 방 식</th></tr>
<tr><td rowspan="6">승용엘리베이터</td><td>小빌딩, 아파트, 맨션(4~6층 건물)</td><td>400kg~750kg (6인) (11인)</td><td>30 45 60</td><td>교류궤환제어, 유압식</td></tr>
<tr><td>中빌딩, 아파트, 맨션(5~10층 건물)</td><td>600kg~1,150kg (9인) (17인)</td><td>45 60 90 105</td><td>교류궤환제어, 직류기어드, 유압식</td></tr>
<tr><td>오피스빌딩, 고층호텔, 아파트(10~20층 건물)</td><td>1,000kg~1,600kg (15인) (24인)</td><td>60 90 105 120 150 210 240</td><td>교류궤환제어, 직류기어드, 직류기어레스</td></tr>
<tr><td>오피스빌딩, 고층호텔(20층 건물 이상)</td><td>1,150kg~1,600kg (17인) (24인)</td><td>210 240 300 450 540</td><td>직류기어레스</td></tr>
<tr><td>백화점</td><td>1,350kg~1,800kg (20인) (27인)</td><td>90 120 150</td><td>교류궤환제어, 직류기어레스</td></tr>
<tr><td>침대용(병원)</td><td>750kg~1,000kg (11인) (15인)</td><td>30 45</td><td>교류궤환제어</td></tr>
<tr><td rowspan="2">인하용·화물 엘리베이터</td><td>사무소빌딩, 백화점, 소창고빌딩</td><td>750kg~2,000kg</td><td>45 60 90</td><td>교류2단속도, 직류기어드, 유압식</td></tr>
<tr><td>대백화점, 대창고빌딩</td><td>1,500kg~7,000kg</td><td>15 30 45 60</td><td>교류2단속도, 직류기어드, 유압식</td></tr>
<tr><td colspan="2">자동차용 엘리베이터</td><td>2,000kg~3,000kg</td><td>15 30 45</td><td>교류2단속도, 유압식</td></tr>
<tr><td colspan="2">전동 덤웨이터</td><td>50kg~500kg</td><td>10 15 20 30</td><td>교류1단속도</td></tr>
</table>

(2) 엘리베이터의 설계

건물의 용도에 맞는 엘리베이터를 설계하기 위해 구해야 할 사항으로는 정원, 평균 일주시간, 설비 대수 등을 들 수 있다.

① 정원 산출방법

승용 엘리베이터의 경우 1인당의 하중은 65[kg]으로 해 최대 정원을 구해야 하는데, 이때 최대 정원(적재하중)과 엘리베이터 카의 바닥 면적 관계는 표 5.5에 주어진 대로 계산해 구한다.

② 평균 일주시간 산출방법

평균 일주시간이란 승객의 출입시간과 문의 개폐시간과 카의 주행시간 셋을 합쳐서 한 번 왕복하는데 소요되는 시간을 말하며, 세 가지 경우를 예로 들어 평균 일주시간 구하는 방법을 표 5.6에 나타낸다.

표 5.5 카의 바닥면적과 적재하중 관계

카 의 종 류		적 재 량 [kg]
승용엘리베이터	카의 바닥 면적이 1.5㎡ 이하의 경우	카의 바닥 면적이 1㎡에 대해 370으로 한다. 370×A(kg)A : 카의 면적
	카의 바닥 면적이 1.5㎡를 초과하고 3.0㎡ 이하의 경우	카의 바닥 면적이 1.5㎡를 초과하는 면적에 대해 1㎡당 500으로 계산한 수치에 500을 가산한다. 500(A−1.5)+550(kg)
	카의 바닥 면적이 3.0㎡를 초과할 경우	카의 바닥 면적이 3.0㎡를 초과하는 면적에 대해 1㎡당 600으로 계산한 수치에 1,300을 가산한다. 600(A−3.0)+1,300(kg)
승용 이외의 엘리베이터		카의 바닥 면적이 1㎡에 대해 250으로 계산한 수치, 자동차용인 경우 150으로 계산한 수치 ⅰ)250×A(kg) ⅱ)150×A(kg)

표 5.6 카의 평균 일주시간 산출방법

운 행 방 식	승객출입시간	문의 개폐시간	주 행 시 간
昇방향은 각층 서비스, 降방향은 급행 운전	r×t	$(1+f_p)(2t_d+t_l)$	$2.84f_p{}^3\sqrt{h}+2t_a+\dfrac{S+2s+(f-f_p)h}{V}$
昇방향은 도중층까지 급행, 이후 각층 서비스 아랫방향은 급행	r×t	$(2+f_p)(2t_d+t_l)$	$2.84f_p{}^3\sqrt{h}+4t_a+\dfrac{2S+4s+f_ph}{V}$
운전원이 특정 층에만 정지	r×t	$f\times(2t_d+t_l)$	$2ft_p+\dfrac{2S+2f_s}{V}$

S : 엘리베이터의 승강로행정[m], V : 정격 속도[m/초], f : 정지횟수, f_p : 예상정지횟수,
t : 승객 1인당의 출입시간[초], t_d : 문의 개폐시간[초], t_l : 손실시간[초],
t_a : 가감속시간[초], h : 각 층의 높이[m], s : 가감속거리[m], r : 평균 승객수

③ 설비대수 산출방법

설비대수 산출방법은 다음의 3단계에 의해 구한다.

ⓐ 대당 5분간 수송인원 : 1대당 5분간에 수송되는 인원수 P는 카의 정원 C와 평균 일주시간 T초에 의해 다음 식과 같이 계산한다.

$$p=\frac{60\times5\times0.8\times\text{정원}}{\text{평균일주시간}}=\frac{60\times5\times0.8\mathrm{C}}{T} \qquad (5\cdot2)$$

ⓑ 러시아워의 5분간 수송 인원 : 이 때 수송할 인원수 Q는 건물인구 M과 건물의 이용 목적에 따라 정해진다.

$$Q = \phi \times M \qquad (5 \cdot 3)$$

단, 수송능력 ϕ의 값은 표 5.7로 주어진다.

표 5.7 ϕ의 수치

사 무 실 의 종 류	ϕ의 값
전용사무실이나 동시 출근이 많은 임대사무실	1/3~1/4
블록임대나 플로어임대 등, 임대주 수가 적은 임대사무실	1/7~1/8
임대주, 회사 수가 많은 임대 사무실	1/9~1/10

ⓒ 설비 대수의 산출 방식 : 위의 식 (5·2), (5·3)으로부터 필요한 엘리베이터의 대수 N을 다음과 같이 구할 수 있다.

$$N = \frac{Q}{P} = \frac{\phi \times M \times T}{60M \times 5 \times 0.8C} \qquad (5 \cdot 4)$$

식 (5·4)에 의해 구한 설비 대수는 최종적으로 카의 정원, 정격속도 등을 정하고 설비 비용 등을 검토해 결정해야 할 것이다.

5.2.7 엘리베이터와 건물의 관계

(1) 설계순서

엘리베이터는 건물 내에 설치되기 때문에 건물과 밀접한 관계를 가진다. 그러므로 건물과의 중요한 관계를 고려하여 엘리베이터의 위치, 승강로, 기계실, 적재량 등에 대해 설명하고

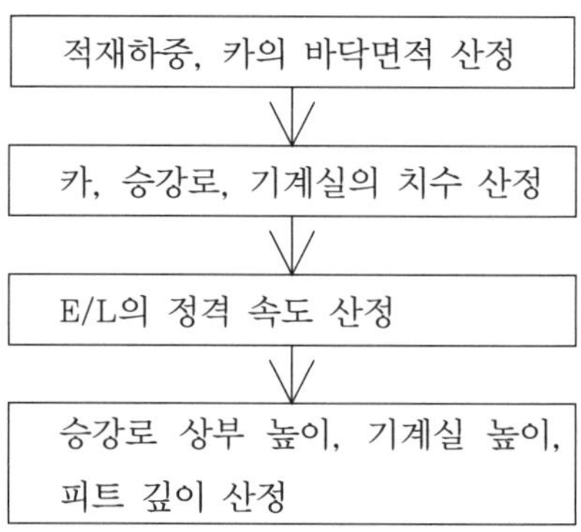

그림 5.15 엘리베이터와 건물의 치수 설계 순서

자 한다. 즉 적재하중과 카의 바닥 면적에 따라서 표 5.8로부터 카의 치수, 승강로 치수, 기계실 치수 등이 구해진다. 이에 따라 정격 속도가 결정되면 표 5.9로부터 승강로 상부높이, 기계실 높이, 피트 깊이 등을 구할 수 있는데, 이러한 설계순서를 그림 5.15에 나타낸다.

표 5.8 카, 승강로, 기계실 치수 및 정격속도(KS F 1506 표 1)

정원명 [kg]	속도 [m/분]	중 앙 개 폐 형							
		카 치수		출입구		승강로 (X×Y)	기계실 (S×T)	기계반력	
		안치수 (a×b)	바깥치수 (A×B)	너비 (W)	높이 (H)			R_1 [kg]	R_2 [kg]
6 (410)	60	1,350×800	1,400×839	800	2,100	1,750×1,530	1,960×2,910	3,800	1,770
8 (550)	60	1,400×1,000	1.450×1,183	800	2,100	1,750×1,580	1,960×3,110	3,780	2,570
10 (680)	60 90	1,450×1,200	1,500×1,383	800	2,100	1,800×1,780 1,860×1,780	2,010×3,310 2,630×3,610	4,150 5,380	2,940 3,800
12 (820)	60 90	1,450×1,350	1,500×1,533	800	2,100	1,800×1,930 1,860×1,930	2,010×3,460 2,630×3,710	4,420, 5,220	3,330 4,290
10 (1,000)	90 150	1,700×1,400	1,790×1600	950	2,100	2,200×2,150	2,800×5,800	8,750 18,200	7,200 12,700
17 (1,150)	90 150	1,900×1,400	1,990×1,600	1,050	2,100	2,400×2,100	2,900×5,800	9,400 18,400	7,750 13,300
20 (1,350)	90 150	2,000×1,500	2,090×1700	1,100	2,100	2,500×2,200	3,000×5,900	10,000 20,200	8,250 14,200

표 5.9 승강로 상부 틈, 기계실 높이, 피트 깊이(KS F 1506 표 2)

정격속도[m/분]	40 이하	45~60	60~90	90~120	120~150	150~180	180~210	210~240
피트 깊이[m]	1.2	1.5	1.8	2.1	2.4	2.7	3.4	4.0
상부의 틈[m]	1.2	1.4	1.6	1.8	2.0	2.3	2.7	3.4
기계실 높이[m]	2.3	2.3	2.3	2.6	2.6	2.9	3.1	3.1

(2) 엘리베이터의 위치 선정 및 설치 기준

① 엘리베이터의 위치 선정

건물에 대한 엘리베이터의 위치 선정시에는 다음의 5가지 사항을 고려해 결정한다.

ⓐ 엘리베이터는 건물에 출입하는 대부분의 사람이 항상 이용하는 것이므로 가장 눈에 잘 띄는 장소를 선정한다.

ⓑ 하나의 건물에 여러 대의 동종 엘리베이터를 설치하는 경우에는 뱅크(bank)운전(공통의 승강장 버튼으로 제어함)을 한다.

ⓒ 바닥 면적 5,000~6,000[m^2] 또는 그 이상의 대형 빌딩에서는 건물 중심에 집중하든가, 빌딩 외의 교통기관의 점에서 보아 교통량이 많은 출입구에 가까운 장소로 집중한다.

ⓓ 바닥 면적 3,000~4,000[m^2]의 중·대형 빌딩에서는 주 현관에 이웃하는 비교적 넓은 엘리베이터 홀을 가진 엘리베이터로 3대 병렬로 뱅크에 설치한다.

ⓔ 바닥 면적 1,000[m^2] 이하의 빌딩에서 공용부는 한쪽으로 치우쳐 설치하는 것이 일반적이다.

② 승용 승강기 설치 기준

다음으로 건축법상 규정하고 있는 승강기 설치 기준은, 연면적이 2,000[m^2] 이상으로서 6층 이상인 건축물에는 표 5.10의 기준에 따라 승용 승강기를 설치해야 한다. 단, 6층 이상의 층의 거실 용도에 쓰이는 바닥 면적의 합계가 300[m^2]마다 1개소 이상 직통계단을 설치했을 경우에는 승용승강기를 설치하지 않아도 된다(건축법 시행령 제89조 참조).

표 5.10 승용 승강기 설치 기준

용 도 \ 거실면적	300㎡ 이하	3,000㎡ 이상
관람집회시설, 의료시설, 판매시설	2대	(A−3,000㎡)/2,000㎡+2대
숙박시설, 위락시설, 업무시설, 전시시설	1대	(A−3,000㎡)/2,000㎡+1대
기 타	1대	(A−3,000㎡)/3,000㎡+1대

(주) A는 6층 이상의 거실면적 합계, 승강기의 대수 기준을 산정함에 있어 8인승 이상 15인승 이하 승강기는 위 표에 의한 1대의 승강기로 보고 16인승의 승강기는 위 표에 의한 2대의 승강기로 본다.

③ 비상용 승강기 설치 기준

높이 31[m]를 넘는 건축물에는 표 5.11에 나타낸 규정에 따라 비상용 승강기를 설치해야 한다. 이때 2대 이상의 비상용 승강기를 설치할 때는 소화상 유효한 간격을 두고 배치해야 한다.

ⓐ 높이 31[m]를 넘는 각 층을 거실 이외의 용도에 사용하는 건축물

ⓑ 높이 31[m]를 넘는 층의 바닥 면적의 합계가 500[m^2] 이하인 건축물

ⓒ 높이 31[m]를 넘는 층의 수가 4 이하인 건축물로서, 각층의 바닥 면적 200[m^2](내장재가 실내에 면한 부분의 마감이 불연재료일 경우 500[m^2]) 이내마다 방화 구획한 건축물

표 5.11 비상용 승강기의 설치 기준

높이 31m를 넘는 부분의 바닥 면적이 최대인 층의 바닥 면적	대 수
① 1,500m^2 이하 ② 1,500m^2 초과 4,500m^2까지 ③ 4,500m^2 초과 7,500m^2까지	1대 이상 2대 3대

(주) ②, ③에서와 같이 1,500m^2를 넘을 때에는 3,000m^2 이내마다 1대를 가산한 수가 된다.

(3) 승강로의 넓이 산출

그림 5.15에서 승강로의 넓이는 다음과 같은 방법으로 산정한다.

① 적재 하중으로부터 카의 정원을 산출하고, 바닥 면적의 내부 및 외부 치수를 구하여 승강로 크기를 산출한다(표 5.8).

② 승강로의 치수는 카의 크기, 균형추의 크기 및 그 배치, 출입구 문의 방식 등에 의해 결정된다.

③ 승강로의 피트는 카가 완충기에 충돌했을 경우에 완충기가 기능을 충분히 발휘할 수 있는 길이로 한다.

이와 같은 순서에 의해 구하게 되는 승강로의 최소치수를 표 5.12에 나타낸다. 아울러 승강로의 단면도와 평면도를 그림 5.16에 나타낸다.

표 5.12 승강로의 최소 치수[mm]

균형추의 위치	권상기와 로핑	문개폐 방 식	승강로의 최소 치수 폭 X	승강로의 최소 치수 깊이 Y	적용 범위 [적재량 kg]
뒤 낙 하	GL 2 : 1 로핑	2짝 양쪽 개폐문	a+200+200	b+160+370	1,000~1,150
	GD, AC 1 : 1 로핑			b+160+470	1,350~1,600
	GD, AC 1 : 1 로핑	2짝 한쪽 개폐문		b+200+340	1,150까지
				b+200+380	1,150~1,600
옆 낙 하	GD, AC 2 : 1 로핑	2짝 한쪽 개폐문	a+220+430	b+200+140	750kg 침대용
			a+220+480		1,000kg 침대용
뒤 낙 하 (초고층 유구조) 속도 180~300 m/min	GL 1 : 1 로핑	2짝 양쪽 개폐문	a+250+250	b+160+470	1,150까지
				b+160+520	1,150~1,600

(주) GL : 직류 가변 전압 기어레스, GD : 직류가변 전압 기어드, AC : 교류 기어식,
a : 케이지 바닥 폭, b : 케이지 바닥 깊이. KSCP－C－1027 참조

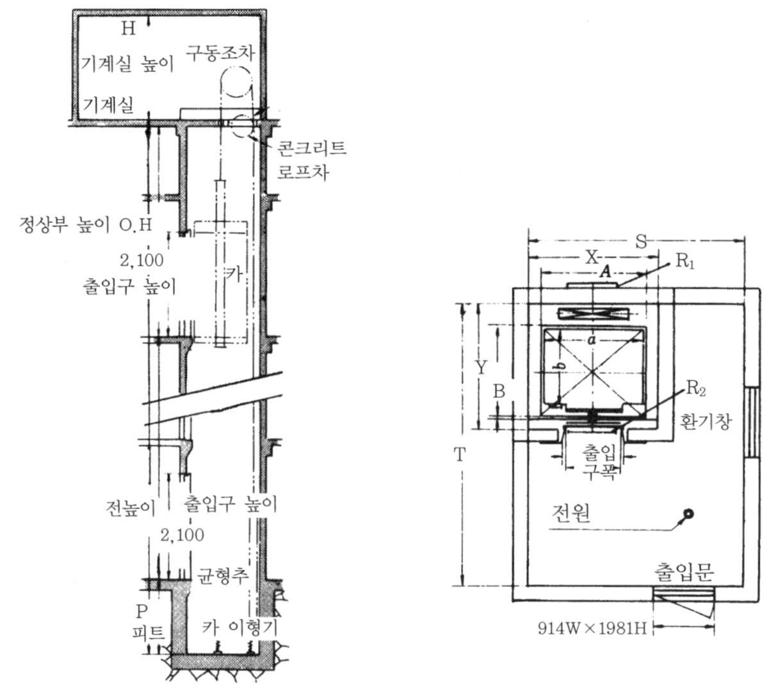

(a) 승강로 단면도　　(b) 승강로 평면도

그림 5.16 엘리베이터 승강로의 치수

(4) 기계실의 넓이 산출

① 기계실의 위치 · 기계실의 위치는 대부분의 경우에 승강로의 윗쪽에 위치하고 있으나, 반대로 승강로의 아랫쪽에 위치하는 경우도 있다.
이러한 기계실의 위치에 대해 그 종류를 그림 5.17에 나타내는 것처럼, 승강로 상부타입, 승강도 상부 측면 타입, 승강로 하부 타입의 세 가지가 있다.

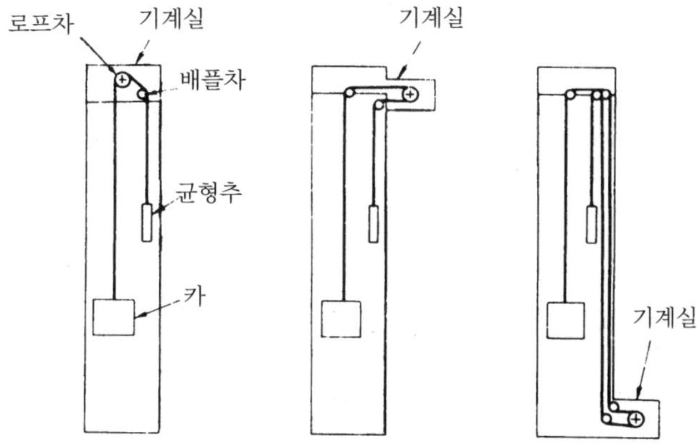

(a) 승강로 상부 (b) 승강로 상부 측면 (c) 승강로 하부

그림 5.17 엘리베이터 기계실의 위치

② 기계실의 넓이 산출시 고려 사항은 기계 사이의 간격과 주위 환경을 고려해야 한다.
  ⓐ 권상기의 모터 축단 치수 : 600[mm]로 한다.(손으로 감는 핸들 조작을 위함)
  ⓑ 기계대의 I 형강을 받는 부분 : 150[mm] 건물에 매달 것.
  ⓒ 기계대는 그 상면 정도까지 신더 콘크리트를 타설하고, 모르타르 마감이 바람직하다.
  ⓓ 제어반·릴레이반 : 전면 800[mm], 배면 및 측면 500[mm]
  ⓔ 직류 엘리베이터 기동반 : 전면 600[mm] 정도
  ⓕ 기계실의 바닥 면적은 승강로의 수평 투영 면적의 2배 이상으로 한다.
  ⓓ 바닥 면적에서 천장까지는 보 아래의 수직거리를 2[m] 이상으로 한다.
  ⓔ 기계실에 햇빛이 닿으면 기계도 발열하므로 적당히 환기시킨다.
  ⓕ 기계실의 조도는 200[lx]로 한다.
  ⓖ 기계실에 오르는 계단은 1.5[m] 이상일 경우 수직 사다리는 피하고 60° 이하의 상설 계단으로 한다.

표 5.13 승강로 상부 틈, 기계실 높이, 피트 깊이

카 속도[m/min]	피트 깊이[m]	승강로 상부 틈[m]	기계실 높이[m]	비 고
45이하	1.2	1.2	2.0	스프링 완충기
45~60	1.5	1.4		
60~90	1.8	1.6	2.2	유압 완충기
90~120	2.1	1.8		
120~150	2.4	2.0		
150~180	2.7	2.3	2.5	
180~210	3.2	2.7		
210~240	3.8	3.3	2.8	
240이상	4.0	4.0		

KSCP-C-1027(공업진흥청) 승강기 안전설계기준 참조

(5) 승강로 상부 틈, 기계실 높이, 피트 깊이 산출

엘리베이터의 카의 정격 속도에 따라 위의 값이 다르게 산출되는데(표 5.13) 승강로 상부 틈이란 카가 최상층에 있을 때 카의 윗면에서부터 승강로 정상부 밑바닥까지의 수직 거리를 말하며, 피트의 깊이란 그림 5.18에서 나타낸 거리를 말한다. 끝으로 국내의 주요 고층 빌딩에 설치되어 있는 엘리베이터의 개요를 표 5.14에 나타낸다.

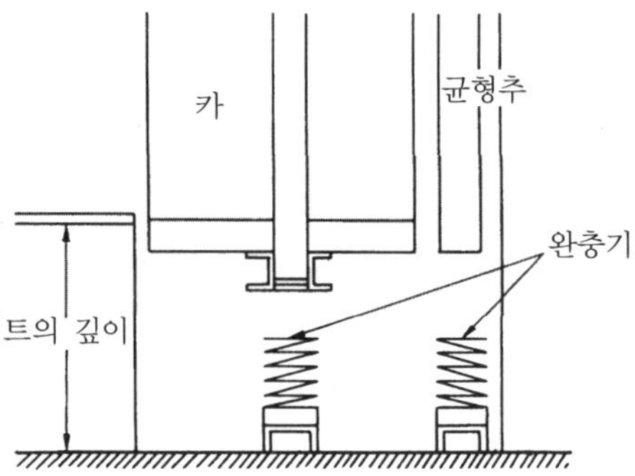

그림 5.18 피트의 깊이

표 5.14 국내 고층빌딩의 엘리베이터 설치현황

건 물 명	층 수	연면적[평]	용 도	정 원	속도[m/분]	대 수	비 교
정부종합청사	B_3+22	21,318	귀빈용	10	150	2	
			승객용	20	210	4	전체 층
			승객용	20	210	4	11층 이상
			승객용	20	180	7	1층 이상 11층
			화물용		60	1	전체 층
			화물용		60	1	1층~11층
			유압식			1	B_1~B^3
여의도63빌딩	B_3+60	50,244	승객용	24	240	8	저층용
			승객용	24	360	8	중층용
			승객용	24	540	8	고층용
			전망용	24	180	2	
			비상용	17	240	2	
			주차장용	15	60	2	
			수족관용	20	30	1	
			수족관용	11	30	1	
			별동용	17	60	1	회의장용
무역회관(삼성동)	B_2+55	47,745	승객용	24	180	6	저층용
			승객용	24	360	8	중층용
			승객용	20	360	6	고층용
			전망용	17	120	2	
			비상용	24	180	2	
롯데호텔(잠실)	B_5+34	24,210	승객용	24	300	6	1~6호
			승객용	24	180	1	7호
			승객용	22	180	2	8, 9호
			승객용	30	120	1	10호
			승객용	27	120	1	11호
			승객용	24	180	3	12호~14호
			승객용	17	120	1	15호
			승객용	30	60	4	16~19호
			승객용	24	120	1	20호
			화물용	27	120	2	21, 22호
3·1로 빌딩	B_3+31	10,785	승객용	17	180	3	고층용
			승객용	17	120	3	저층용
			화물용		60	1	
삼성본관빌딩	B_3+25	22,320	승객용	24	180	8	고층용
			승객용	24	150	8	저층용
			비상용	24	105	2	비상용

5.3 에스컬레이터

5.3.1 에스컬레이터(escalator)의 개요

에스컬레이터는 건물 내의 교통수단의 하나로써 30도 이하의 기울기를 가진 계단식으로 된 컨베이어로서, 정격 속도는 하강 방향을 고려하여 30[m/min] 정도가 좋다. 엘리베이터의 수송 능력이 시간당 400~500명인데 비해, 에스컬레이터의 수송 능력은 시간당 4,000~8,000명 정도로 매우 높기 때문에 최근에 백화점 등에서 널리 사용되고 있다. 수송 능력면에서 약 10배 정도인데, 에스컬레이터의 종류와 표준 치수에 대해 표 5.15에 나타낸다.

표 5.15 에스컬레이터의 종류와 표준 치수

종 류	유효너비 [m]	계단너비 W[m]	수송능력 [명/시]	경사각도 [°]	실효속도 [m/분]	사용 전동기 [kW]	효 율
800	0.8	0.04	5,000	30	27	7.5	0.75
1,200	1.2	0.04	8,000	30	27	4.7m 이하 7.5 4.7m 이하 11.0	0.84

에스컬레이터는 엘리베이터에 비해 다음과 같은 장점이 있다.

① 수송 능력이 약 10배 정도로 짧은 거리의 대량 수송에 적합하다.

② 기다리는 시간이 없고 연속적으로 승객을 수송할 수 있다.

③ 건축상으로 점유 면적이 작고, 기계실이 필요치 않으며, 피트가 간단하다. 건축에 걸리는 하중이 최하층에 집중되지 않고 각층에 분담되어 걸린다.

④ 에스컬레이터 이용중에 주위를 볼 수 있어서 백화점 등에서는 구매의욕을 불러일으킨다.

⑤ 소비되는 전력량이 적고 전동기의 기동횟수는 엘리베이터에 비해 극히 적으므로 전동기의 기동시 흐르는 대전류에 의한 부하 전류의 변화도 적어서 건물 내의 전원 설비의 부담이 작아지게 된다. 이상과 같은 점 때문에 최근의 백화점에서는 고객 수송의 70~80[%]를 담당하도록 계획되고 있다.

5.3.2 에스컬레이터의 구조와 안전장치

그림 5.19는 에스컬레이터의 각부 구조와 안전 장치를 나타낸 것이다. 30° 이하의 경사를 갖는 트러스(truss)에 무단쇄(endless chain)로 여러 개의 디딤판을 장치하고 레일로 지지하되 체인은 트러스의 상부 구동용 체인차와 하부 체인차 사이에 건다.

상부의 체인차는 전동기에 직결된 웜기어 감속기에 의해 구동되며, 동시에 다른 체인차로 난간도 같은 방향, 같은 속도로 구동되는 구조이다.

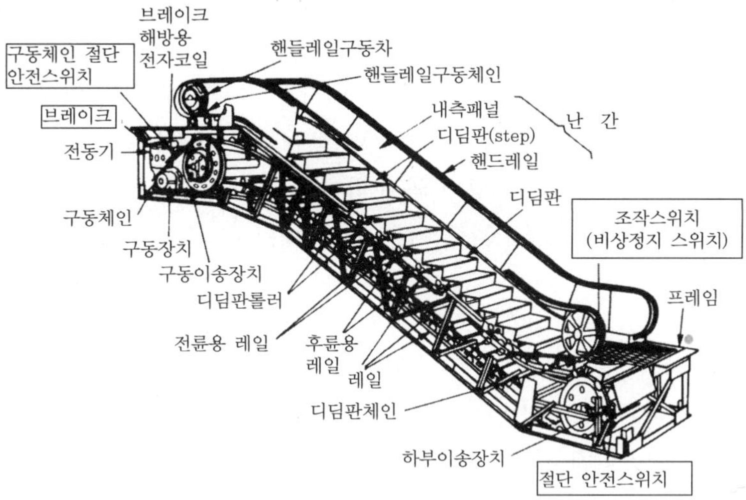

그림 5.19 에스컬레이터의 구조와 안전장치

(1) 전자 브레이크

전동기 축을 직접 제동하는 방식으로 정지 버튼을 누르거나 각종 안전장치가 작동하여 전원이 끊기면 동시에 전자 브레이크의 마그넷 코일의 여자상태가 풀려서 스프링의 힘에 의해 에스컬레이터를 정지시켜 주는 기기이다.(그림 5.20)

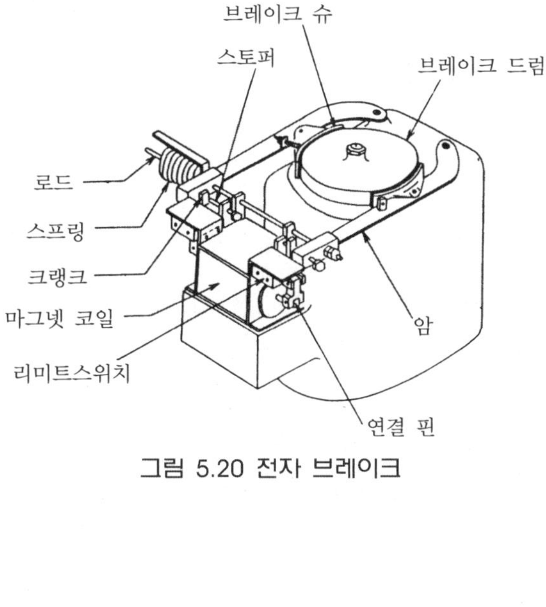

그림 5.20 전자 브레이크

(2) 구동 체인 절단 안전스위치

구동 체인의 롤러에 구동 이송장치가 늘 접하고 있어서 구동 체인이 이상하게 늘어나거나 절단되었을 경우에 작동하여 에스컬레이터를 정지시키는 기기이다.

(3) 절단 안전스위치

스텝 종동륜은 전체가 하부에 고정되어 있어서 대차가 스프링에 의해 항상 아래 방향으로 당겨져 있기 때문에 스텝 체인은 항상 일정한 장력을 받고 있다. 만일 스텝 체인이 이상하게 늘어나거나 절단되었을 경우에는 스프링에 의해 잡아 당겨지고 있는 대차가 이동하여 리미트 스위치를 작동시켜 에스컬레이터를 정지시키는 기기이다.

(4) 비상 정지 스위치

비상 정지를 위한 조작반은 부저, 정지 스위치, 기동스위치, 비상 정지버튼, 조명 스위치로 구성되어 있다(그림 5.21). 에스컬레이터의 기동시에는 열쇠로 기동시키며, 비상시에는 적색의 비상 정지 버튼을 누름으로써 즉시 에스컬레이터를 정지시킬 수 있다.

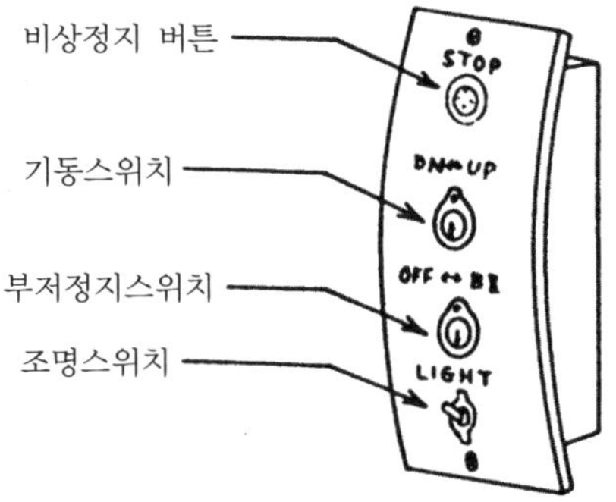

그림 5.21 비상 정지 스위치

(5) 디딤판 이상 검출장치

에스컬레이터 상하부의 좌우에 취부해 디딤판이 들려 있는 상태에서의 운동을 감지하는 장치이다. 디딤판과 디딤판 사이에 이물질이 끼어 있어서 디딤판이 떠올라 있는 상태로 에스컬레이터가 운행하면 위험하기 때문에 장치하는 기기이다.

(6) 전동기

에스컬레이터에 사용하는 전동기는 3상유도 전동기로서 220[V], 60[Hz]의 전원을 필요로 한다. 연속정격출력은 5.5, 7.5, 11, 15[kW] 등의 전동기가 사용되고 있다.

5.3.3 에스컬레이터의 배열 방식

에스컬레이터는 건물의 현관에 들어갔을 때 눈에 쉽게 띄는 곳에 사람의 흐르는 방향을 향해서 설치하는 것이 바람직하다. 일반적으로 건물의 중앙부에 설치하지만, 중소규모의 점포 빌딩 등에서는 매장의 구분, 유효활용을 위해 한쪽 모퉁이에 설치하는 곳도 있다. 에스컬레이터의 배열 방식은 표 5.16에서 보는 바와 같이 단열형, 단열 중복형, 병렬형, 교차형, 복렬형 등이 있는데 이들의 특징을 함께 나타냈다. 건물의 규모나 형태에 따라 이들 방식 중에서 선택하면 된다.

5.3.4 에스컬레이터와 건물의 관계

(1) 에스컬레이터의 설치 방법

에스컬레이터는 두 개의 층에 걸쳐서 설치되는 셈이지만, 보통은 구동 장치가 설치되어 있는 상층부, 중간부, 하층부의 3개로 분할해 수송되며 현장에서 조립하는 경우도 있다.

에스컬레이터의 설치 예를 그림 5.22에 나타낸다.

(2) 에스컬레이터의 설치 위치

설치 위치는 건물의 규모와 용도에 따라 다르게 된다.

① 일반 건축물의 경우

ⓐ 가능한 한 주 출입구에 가까운 곳

ⓑ 에스컬레이터의 승강자의 균일을 이루기 쉬운 위치

② 건물의 주 용도가 지하층과 2층인 경우

ⓐ 은행, 식당, 상점 등이 2층에 있는 경우는 외부 도로에서 직접 에스컬레이터에 승강할 수 있는 위치가 좋다.

표 5.16 에스컬레이터의 배열 방식

형 식	배 열	특 징
단 열 형	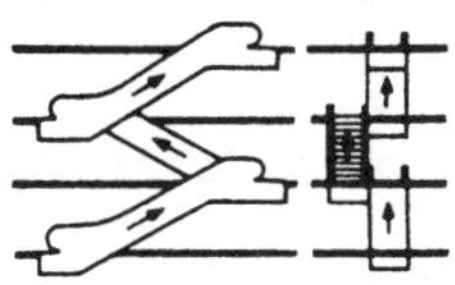	① 차례대로 갈아타고 목적지로 올라간다. ② 중·소 건물에 많이 이용된다.
단 열 중 복 형	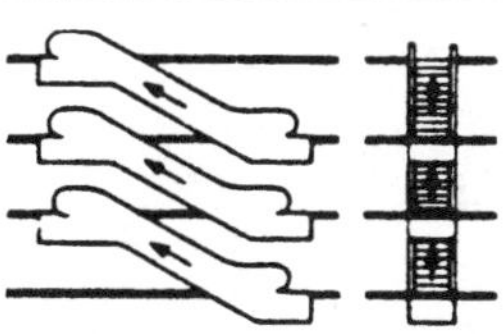	① 점포 내로 승객을 유도한다. ② 소규모의 건물에 적용한다. ③ 위로 올라가는 전용이다.
병 렬 설 치 형	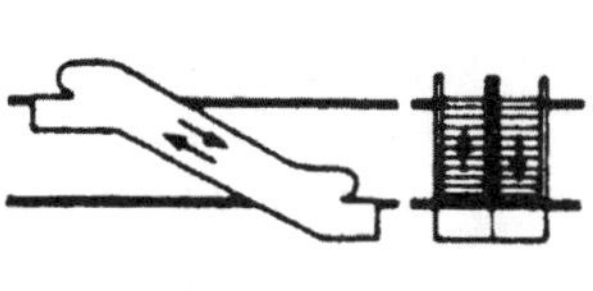	① 상 · 하향 운전을 할 수 있다. ② 사무실 빌딩, 은행, 호텔 등의 넓은 빌딩에 설치하면 적당하다.

교 차 형	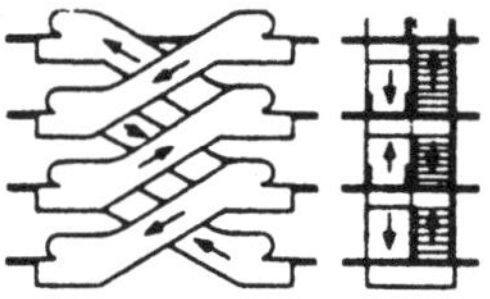	① 상·하향 연속 갈아 탈 수 있으며, 상·하향 승강구가 분리되어 있어서 복잡하지 않다. ② 대형 건물에 채용한다.
복 렬 형	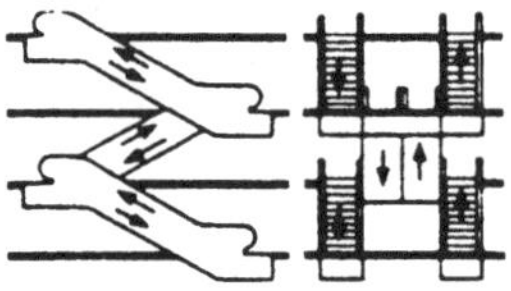	① 외관이 호화스럽다. ② 승강구가 편리하다. 면적이 크다. ③ 대형 건물에 많다.

ⓑ 지하층에 식품점이나 식당이 있는 경우에 외래객을 흡수하기 위해서는 1층의 주 출입구에 가능한 한 가까운 곳에 승강장을 설치한다.

③ 백화점 건물의 경우

ⓐ 각층의 중심부에 설치하고, 상승, 하강중에 진열된 상품을 보기 쉽게 한다.

ⓑ 외부 통로에서 에스컬레이터가 잘 보이는 위치에 한다.

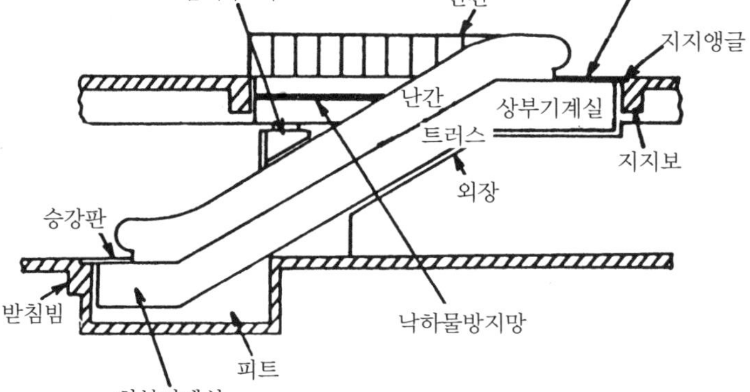

그림 5.22 에스컬레이터의 설치 예

④ 기차역 등의 경우

ⓐ 무엇보다도 사람의 눈에 잘 띄는 위치일 것.

ⓑ 다만, 개찰구나 나가는 곳에 너무 가깝지 않을 것.

5.4 전동 덤웨이터

5.4.1 덤웨이터의 개요

그림 5.23 전동 덤웨이터

전동 덤웨이터(electric dumb waiter)는 리프트(lift)라고도 하는데, 사람은 타지 않고 물품만을 승강시키는 장치로서, 주방에서 식당으로 음식을 운반하거나, 종합병원 등에서 환자의 음식을 수송하거나, 도서관 등에서 서적 및 서류 운반용으로 사용하는 것이 있다.

전동 덤웨이터의 외관은 그림 5.23과 같으며, 덤웨이터의 종류에는 테이블형과 플로어형의 두 가지가 있다. 테이블형은 카의 정지 위치가 건물의 바닥면보다 위에서 정지하는 것이고, 플로어형은 카의 정지 위치가 건물의 바닥면과 맞닿는 곳에서 정지하는 것을 말한다.

이러한 테이블형과 플로어형의 규격에 대해 표 5.17에 나타낸다.

표 5.17 덤웨이터의 치수와 용량(단위 : mm)

형식	적재량 [kg]	속 도 [m/min]	전동기용량 [kW]	카 치수		출입구의 치수		승 강 로 치 수			
				폭	속길이	폭	높이	폭	속길이	피트	톱
테이블형	50	30	0.75	550	550	550	750	870	760 820 910	700	1,630
	100	30	0.75	700	700	700	900	1,020	970	700	1,850
플로어형	200	20	1.5	1,000	1,000	1,000	1,200	1,420	1,210 1,270		
	300	20	1.5	1,000	1,000	1,000	1,200	1,420	1,210 1,270	700	2,250
	500	15	2.2	1,000	1,000	1,000	1,200	1,420	1,210 1,270		

(주) 테이블형의 수치는 출입구형식이 일방구일 때, 플로어형의 수치는 출입구형식이 관통구일 때.

5.4.2 덤웨이터의 특성

카의 바닥 면적은 1[m^2] 이내이고, 카의 높이는 1.25[m] 이내로 사람이 탈 수 없도록 되어 있다. 적재량은 50, 100, 200, 300, 500[kg]까지의 것이 있으며, 승강 속도는 물품과 음식 등을 나르는 것이기 때문에 15, 20, 30[m/min]의 저속으로 한다. 전동기 용량은 0.75, 1.5, 2.2[kW] 등의 것을 사용하며, 전동기 용량이 큰 것일수록 카의 승강 속도는 저속이 된다. 덤웨이터의 조작 방식은 복귀 제어식과 상호 층 제어식의 두 가지가 있다.

복귀 제어식은 특정 층을 기점으로 해 카를 보내거나 부를 수 있도록 하는 방식이고, 상호 층 제어식은 각 층 상호 간에 카를 보내거나 부를 수 있도록 하는 방식이며, 이때는 그림 5.23에서 보는 바와 같이 인터폰과 수직형의 외부 인디케이터를 사용한다.

5.5 입체식 주차 설비

5.5.1 입체식 주차 설비의 개요

입체식 주차 설비(parking equipment)는 도심지에서 날로 심각해지는 자동차의 주차난을 해결하기 위해 빌딩 전체를 입체적으로 이용하는 것을 말한다. 이 설비는 효율적인 주차 관리를 위해 컴퓨터 제어 방식이 필수적이며, 도심의 대규모 빌딩, 호텔, 백화점, 중소 규모의 오피스텔, 상업지구 등에 사용된다.

그림 5.24에 입체식 주차 설비의 개략도를 나타내며, 각 부분에 대해 간단히 설명한다.

그림 5.24 입체식 주차 설비

(1) 카 흔들림 방지 가이드

카에 실린 자동차의 승강시 원심력에 의한 카의 흔들림을 방지

(2) 상부 이송장치

카를 매달아 상하로 순환시킨다.

(3) 내 · 외부 케이지 가이드

직선부를 따라 움직이는 카의 흔들림을 방지

(4) 자동차 위치 안내등

자동차를 카의 정위치에 정지시킬 수 있도록 운전 기사를 유도하는 장치

(5) 수전반

동력용 전원의 인입구이다.

5.5.2 입체식 주차 설비의 종류

입체식 주차 설비의 종류는 2단식, 3단식, 원형순환식, 수직 순환식 등이 있다. 2단식 주차 설비는 설치비나 유지비가 싸고 설치가 용이하며 조작이 간편하므로 상점 등에 간단히 설치할 수 있는 방식이다. 3단식 주차 설비는 1대의 주차 공간에 3대를 수용할 수 있으며, 조작이 간편하여 중·대규모 빌딩에 적합하다. 원형 순환식 주차 설비는 지하의 일부에 설치할 수 있으며, 주차 설비에 승강 리프트를 조합한 장치이므로 지상층에서 손쉽게 이용할 수 있다. 수직 순환식 주차 설비는 그림 5.24와 같이 좁은 면적에 고층으로 자동차를 주차시킬 수 있는 방식으로 호텔, 상업 지구, 비즈니스 빌딩 등에서 유용한 방식이다.

이들 주차 설비는 유압식을 제외하고는 3상교류 380[V]나 단상교류 220[V] 전원으로 전동기를 움직이며, 전동기의 용량은 2단식은 1.5[kW], 3단식은 2.2[kW], 원형 순환식은 5.5[kW], 25[kW], 수직 순환식은 15, 22, 30, 37, 45[kW] 등을 사용한다.

5.6 이동 보도

이동 보도(移動步道)는 수평으로부터 10° 이내의 경사로 되어 있으며, 승객을 수평방향으로 수송하는데 이용되는 설비이다.

이동 보도의 종류에는 수평 이동형과 경사 이동형이 있으며, 특징으로는 많은 승객이나 화

물을 기다림 없이 일정한 방향으로 이동시켜 줄 수 있고, 소비 전력이 적고, 보수 및 점검이 용이하며 안정성이 뛰어나다. 용도는 백화점 및 쇼핑센터, 공항, 역, 버스 터미널 등에 이용된다. 이동 속도는 30~50[m/min]이고 수송 능력은 1시간당 1,500명 정도인데, 그 외관은 그림 5.25와 같다.

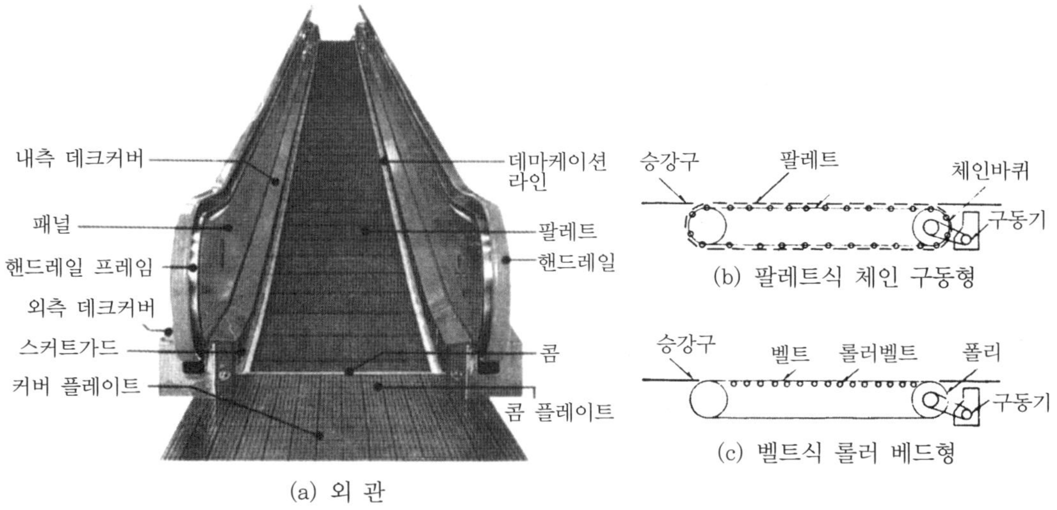

그림 5.25 이동 보도의 종류

5.7 그 밖의 수송 설비

5.7.1 컨베이어

컨베이어(conveyer)는 목적에 따라 여러 종류가 있는데, 공장 생산용으로는 수송 기기의 여러 모양이 있다. 가장 일반적인 것을 들면,

① 벨트 · 컨베이어 : 주요 용도, 분체(粉體), 입상(粒狀)의 수송, 수평 방향

② 체인 · 컨베이어 : 양측 체인에 넣은 물건을 걸어 운반, 수평, 경사

③ 버킷 · 컨베이어 : 입상물(粒狀物)을 버킷으로 떠올려 운반, 수직, 경사

④ 롤러 · 컨베이어 : 기물(器物)을 굴려 운반, 수평

⑤ 에이프런 · 컨베이어 : 표면이 평탄한 판의 연속으로 거기에 싣는다, 수평

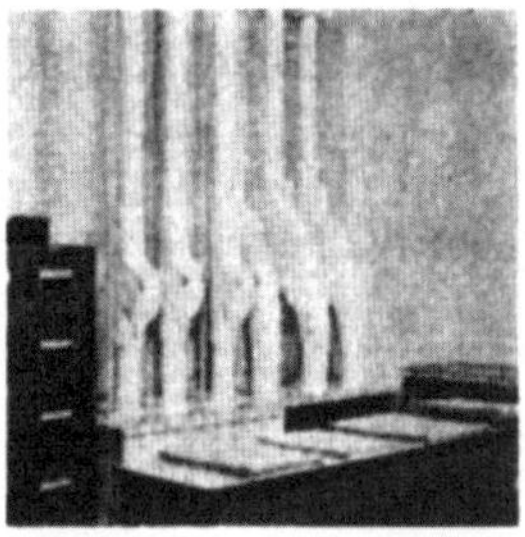
(a) 기송관

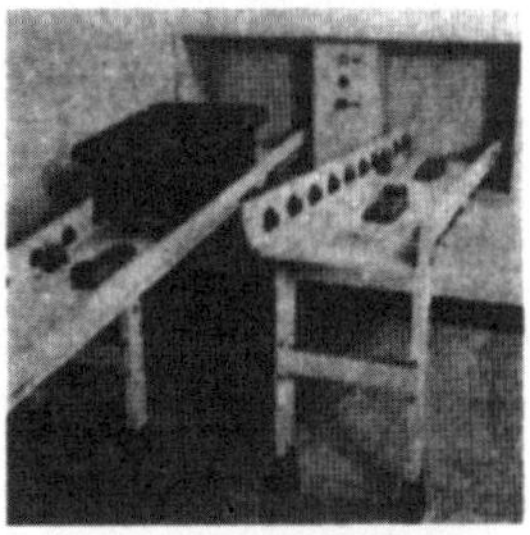
(b) 박스 콘베이어

(c) 자주대차 시스템

(d) 차의자용 계단 승강기

(e) 무인 수송차

그림 5.26 각종 수송 설비

5.7.2 기송관 장치

기송관(pneumatic tube) 장치란 통(기송자라고 한다)에 수용한 피반송물을 공기의 압력차를 이용해 수송하는 것이다. 기송관로, 송수신 스테이션, 공기원 장치, 제어장치로 구성된다. 반송속도는 평균 5~8[m/s]이다. 특수한 경우 30[m/s]의 것도 있다.

① 용도에 의한 분류 : 일반 서류용, 특수용

② 기송관로 형상에 의한 분류 : 원형, 평형

③ 공기원에 의한 분류 : 흡인식, 압송식, 압송흡수식

④ 배관방식에 의한 분류 : 단관왕복식, 복관식, 루프식, 집중분배식, 중앙교환식.

⑤ 제어방식에 의한 분류 : 타임 릴레이 방식, 관로접점방식, 선택방식, 기송자 선택방식

⑥ 적용 건물로서 은행 · 사무소빌딩 · 병원 · 호텔 등에서 전표, 통장, 수표, 약속어음, 텔레타이프, 서류, 우편물 등의 반송 설비로 사용된다.

연습문제

1. 엘리베이터의 사고 예와 그 원인을 조사하라.
2. 직류 엘리베이터와 교류 엘리베이터를 비교하라.
3. 에스컬레이터가 설치된 주요 빌딩을 알아보라.
4. 엘리베이터의 군관리방식이란 무엇인가?
5. 엘리베이터의 주요 기기와 특징은?
6. 엘리베이터의 전원 용량과 전동기 선정 방법을 설명하라.
7. 에스컬레이터의 사고 원인과 대책은?
8. 국내 주요 빌딩의 에스컬레이터에 대해 알아보라.
9. 전동 덤웨이터란?
10. 입체식 주차 설비가 시공되어 있는 곳을 조사해 보라.
11. 카의 바닥 면적이 3.5[m^2]인 경우에 엘리베이터의 적재 하중과 정원을 구하라.
12. 백화점에서 에스컬레이터의 설계 및 설비 대수 산정방법은?
13. 이동 보도의 장 · 단점은 무엇인가?
14. 기송관 장치에 대해 자세히 알아보라.

제 6 장

정보통신설비

6.1 전화 설비

6.2 전기시계 설비

6.3 확성 방송 설비

6.5 TV 공동 수신 설비

6.6 표시 설비

6.7 정보화 설비

* 연습문제

최근 정보화 사회의 물결에 따라 빌딩 내에 포함되는 정보 통신설비의 기능과 종류도 다양화되고 있다. 이 설비는 주로 약전 설비에 해당되므로 감전이나 누전의 위험성은 적지만 빌딩의 신경계통이라 할 수 있으므로 설계 및 시공에 있어서도 경시되어서는 안 될 분야이다.

6.1 전화 설비

전화 설비를 구분할 때 구내 교환설비를 포함하는 경우와 포함하지 않는 경우가 있는데, 본 절에서는 전화기, 전화 교환기 및 전화기에 이르는 배관, 배선 등을 모두 전화설비로 포함하여 설명하고자 한다.

6.1.1 전화 설비의 구성

빌딩내 전화 설비의 전체적인 구성도를 그림 6.1에 나타낸다. 그림에서 보는 바와 같이 전화 설비는 국선의 인입용 관로, 주배선반(MDF), 건물 내부 간선 케이블, 구내 교환설비(PBX), 단자별 분기 배선을 거쳐서 내선 전화기까지 이르는 계통을 포함한다.

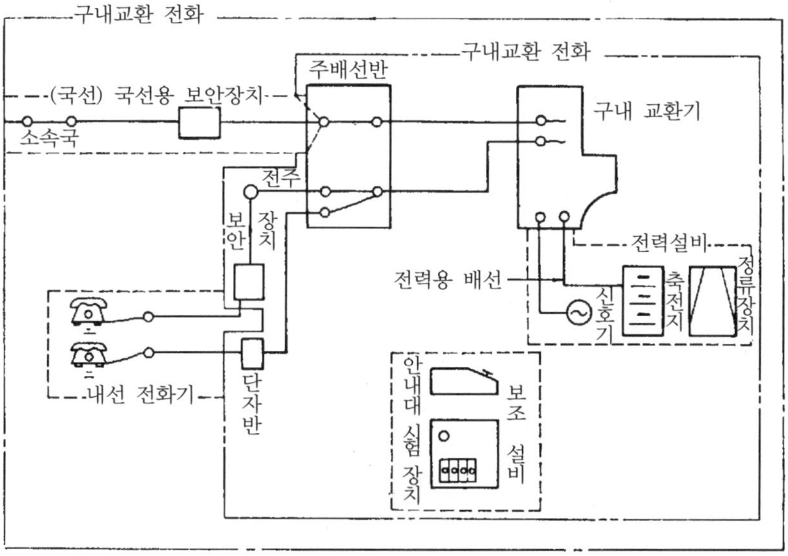

그림 6.1 전화 설비의 구성

국선이란 한국통신에서 교환기실의 MDF까지 인입된 회선을 말하는데, 이 점이 사용자의 책임 분기점이 된다.

6.1.2 전화기의 종류

전화기는 용도와 교환 방식에 따라 분류할 수 있다.

(1) 용도에 따른 분류(그림 6.2)

① 꽂음 전화

주택 내에 미리 설치해 놓은 꽂음용 콘센트에 전화기를 꽂아서 방마다 자유로이 이동하며 사용할 수 있는 전화

② 단체 전화

종래부터 일반적으로 사용되는 형이다.

③ 홈 텔레폰

홈 텔레폰(home telephone)은 1본의 전화 회선으로 4대의 전화까지 사용할 수 있고, 어느 전화기에서도 자유로이 전화를 걸거나 받을 수 있는 방식이다. 또한 사용 중인 전화를 다른 전화기로 전송할 수 있고 인터폰의 기능도 행할 수 있기 때문에 대가족의 주택용으로 적합하다.

④ 모자(母子) 전화

모자 전화에는 브랜치(branch)식과 교체식이 있다. 이 방식은 전화기 2~3대를 각 방마다 설치하여 두고 가장 가까운 거리의 전화기를 이용하는 것이다.

⑤ 업무용 전화

비즈니스 폰(business phone)은 비교적 소수의 국선과 전화기의 경우에 사용하는 것으로 소규모 회사나 의원 등에서 사용하고 있다. 최대 용량은 국선은 8회선, 전화기는 20대까지 사용할 수 있다. 각 전화기는 교환의 기능과 더불어 각 전화기끼리의 내선 연락 기능을 행하는 것으로 손쉽게 사용할 수 있고 설비비도 경제적이다.

⑥ 공중 전화기

퍼블릭 텔레폰(public telephone)은 일반 가입자와는 달리 가두에 있는 공중 전화박스에 설치된 것으로, 요금 수납을 위한 부가 장치(요금 투입구, 통로판, 수금 통로, 반환구, 금고

등)와 이를 위한 회로부가 추가되는 것이 특징이다. 이 전화기는 주화(coin) 및 전화카드를 넣고 통화하는 전화기로서 일반적으로 1통화는 3분으로 하고 있다.

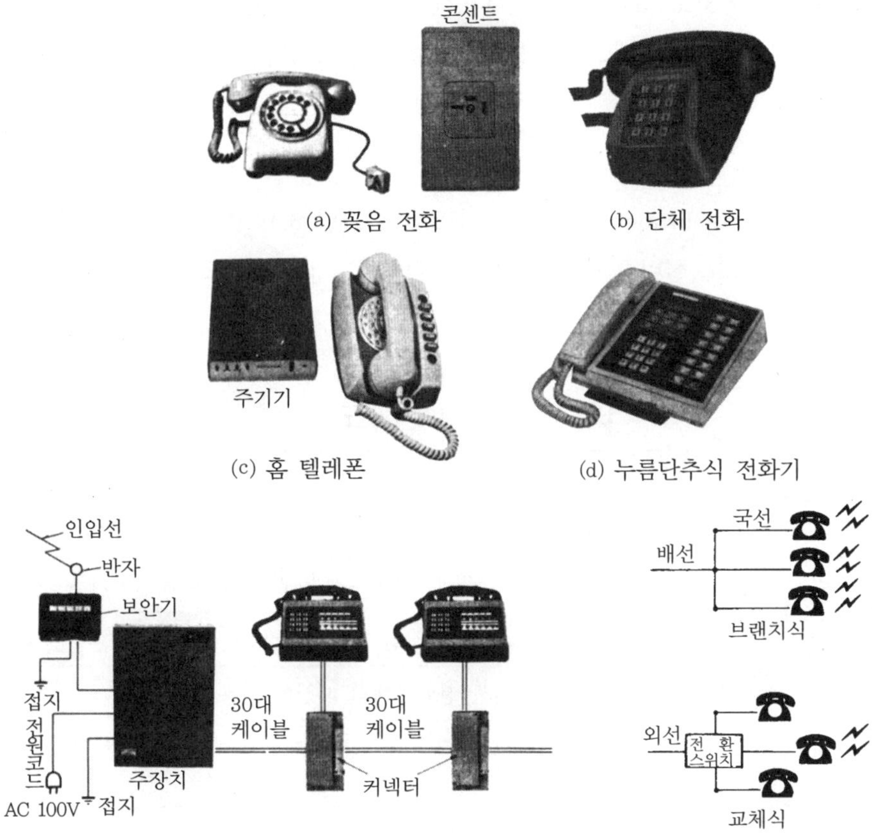

(a) 꽂음 전화 (b) 단체 전화

(c) 홈 텔레폰 (d) 누름단추식 전화기

(e) 업무용 전화 (f) 모자 전화

그림 6.2 용도에 따른 전화의 종류

(2) 교환방식에 따른 분류

① 자석식(磁石式) 전화기

자석식 전화기(magnet telephone)의 회로는 브릿지형으로 되어 있으며 송화 회로와 수화 회로를 이루는 통화 회로, 신호 회로, 보조 회로 등으로 구성되어 있다.

② 공전식(共電式) 전화기

공전식 전화기(common battery telephone)란 공통 전지식으로 된 전화기를 말하며, 교환국에서 공급하는 공동의 전원으로 통화 회로를 구성하는 것이다. 구성 요소로는 송화기,

수화기, 자석 전령, 유도 선륜, 전환기, 콘덴서 등으로 되어 있다.

③ 자동식(自動式) 전화기

자동식 전화기(automatic telephone)는 다이얼 부분 이외에는 수동식인 자석 및 공전식과 같으며, 교환 방식이 자동이므로 사용하기에 매우 편리하다.

6.1.3 구내 교환설비

구내 교환설비(private branch exchange, PBX)는 그림 6.1에서 보는 바와 같이 보안설비, 배선반, 단자함, 보조 설비 등을 포함하는 설비이다. 이들을 표 6.1에 나타냈으며, 구내 교환기에 대하여 자세히 설명한다.

표 6.1 구내 교환설비의 구성

교환설비	내용
구내교환기	국선과 임의의 내선 및 임의의 내선 상호간을 접속하는 일련의 장치
전력설비	축전지, 정류장치, 신호기, 전력배선반의 구내 교환설비의 전원장치
배선반	구내 교환기의 국선회로 및 내선회로를 내장하고 있는 배선반
단자함	옥내단자함, 배선함 등의 내선 전화기에의 배선에 사용하는 함
보조설비	구내 교환전화의 운영상 필요한 기록대, 안내대, 감독대 등 보안상 필요한 시험장치, 시험기 등
내선전화기	구내 교환전화의 전화기 및 단자함까지의 배선
국선	소속 전화국과 구내 교환설비의 배선반과의 사이의 전화선
내선	구내 교환기의 내선회로로부터 내선 전화기까지의 전화 회선

구내 교환기(private branch exchange, PBX)란 빌딩의 외부에서 오는 전화 신호를 접속하거나 내부간의 신호를 접속할 때 필요한 교환기를 말하며, 자동의 경우를 자동 구내교환기(private automatic branch exchange, PABX)라고 한다. 표 6.2에 구내 교환기를 수동식과 자동식으로 크게 나누어 비교 설명한다.

표 6.2 구내 교환기의 종류

공식	형식( )는가대높이[mm]		내선용량	대표적설비	회로수 국선	회로수 내선	기타
수동식	무유식(無紐式)	탁상식	10회선 이하	10회선 3호 공전식 구내 교환기	3	10×2	
				PB-101 공전식 교환기	3	10×2	
				PB-1 공전식 구내 교환기	3	10×2	
				T-201 10회선(F86호A) 공전식 구내 교환기	3	10×2	
				AKC-1 공전식 구내 교환기	4	10×2	
			15회선	15회선 2호 공전식 구내 교환기	2	15×2	
				15회선 5호 공전식 구내 교환기	5	15×2	
				F 70C 공전식 교환기	5	15×2	
				TS-152 공전식 교환기	5	15×2	
			20회선	20회선 무유 공전식 구내 교환기	5	20×2	조작대와 계전기함으로 구성
				AKC-2 공전식 교환기	5	20×2	
			30회선 이상	T-206 30회선 공전식 교환기	5	30	조작대와 계전기함으로 구성
				AKC-3 공전식 교환기	8	40×2	
		거치형(1,000~1,500)	30회선 이상	30회선 무유 공전식 구내 교환기	6	30×2	
	유유식			공통형 공전식 구내 교환기	10	40	복식으로 5대까지 연결 가능
				B42호 공전식 교환기	10	80	복식으로 7대까지 연결 가능
자동식	크로스바형	캐비닛형(1,800~2,200)	소용량	AC-120 자동교환기		30~90	무유식 탁상 중계대와 병용 분산식 중계대로도 사용가능
				DAX-1 자동교환기	20	20~80	〃
				FXB-104 자동교환기	30	20~100	〃
				NEPAX-100 자동교환기		20~100	〃
			중용량	AC-200 자동교환기		100~600	무유식 유유식 중계대와 병용
				AX-2S 자동교환기		50~400	〃
				FXB-304 자동교환기		100~400	〃
				CP 2 자동교환기		100~500	〃
				NA 4-08 자동교환기		50~500	〃
		가대형식(2,327)		AC-302 자동교환기		100~4,000	무유식 유유식 중계대와 병용
				AX-3S 자동교환기		100~5,600	〃
				FXB-705 자동교환기		100~3,000	〃
				AC-402 자동교환기		360~10,000	〃
				NE4-F 자동교환기		100~3,000	유유식 중계대와 병용
				NG4-F 자동교환기		100~2,000	무유식 중계대와 병용

구내 교환기는 교환방식이 여러 가지가 있는데 이를 그림 6.3에 나타낸다.

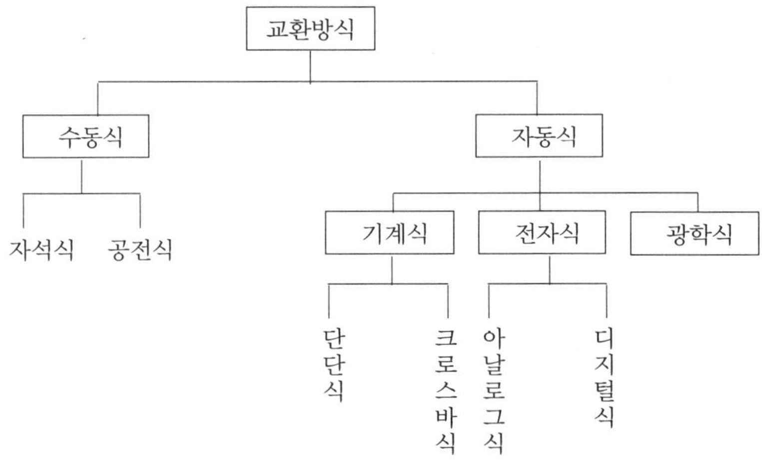

그림 6.3 구내 교환기의 교환방식

(1) 자석식 교환기

통화용 건전지를 각 전화기에 설치해 두고 호출 신호는 손으로 돌리는 자석 발전기에 의하여 발생되며, 교환 접속은 교환원이 한다. 오늘날에는 군용 외에는 거의 사용되지 않는다.

(2) 공전식 교환기

통화용 전원이나 신호 전원이 모두 교환기에 부속되어 있는 것이며, 송화기나 수화기를 들면 교환원이 나와 수동으로 교환 접속을 하는 방식으로서 수용 가능회선 등에 따라 여러 가지 기종이 있다.

전화기는 60대까지 설치하고, 전화 교환원의 자격이 없는 자도 중개 조작을 할 수 있는 것으로, 소규모 사업체나 병원, 여관 등에 적합하다.

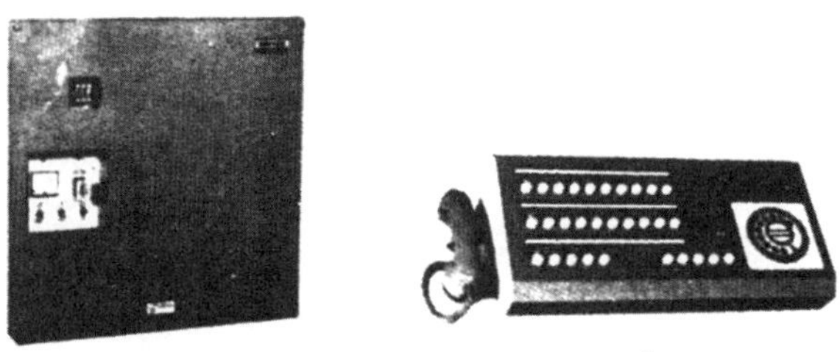

(a) 교환기　　(b) 중계대

그림 6.4 공전식 교환기

(3) 로터리식 교환기

전화 교환원의 자격증을 소지한 자가 중개 조작을 하는 것으로 전화기는 89대까지 설치한다.(그림 6.5)

(4) 크로스바식 교환기

전화기는 500대까지 설치할 수 있다. 중계대에서 중계조작을 하는 자는 유자격자에 한하고, 수신은 교환원을 통하여 행한다. 외부에의 발신은 각 전화기에서 자동적으로 교환원을 통하지 않고 할 수 있다.(그림 6.6)

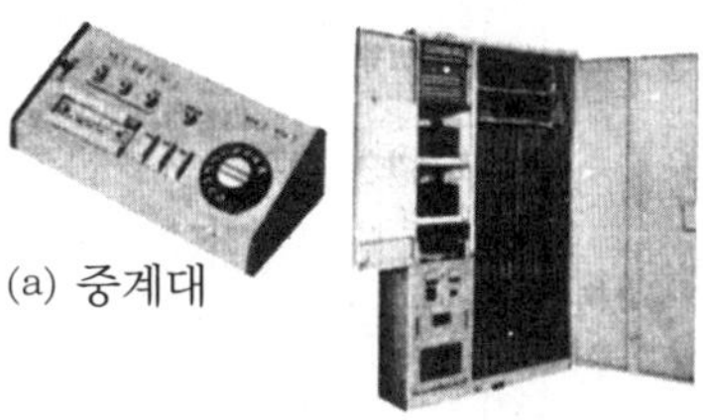

(a) 중계대 (b) 교환기

그림 6.5 로터리식 교환기

(a) 중계대 (b) 교환기

그림 6.6 크로스바식 교환기

(5) EMD교환기

EMD(Edelmetal-Motor-Drehwähler)교환기는 서독의 지멘스사에서 제작한 것으로, 귀금속 접점 구동형 전동 스위치라는 뜻이다. 접점의 재료는 은 70[%]와 파라디움 30[%] 합금재료이다. EMD 자동 교환기의 특성으로서 전송 방식은 펄스 방식이며, 동작 전압은 DC 48±2[V]이다. EMD 교환기의 특성을 표 6.3에 나타낸다. 그리고 EMD 교환기에 사용되는 중요부품인 계전기(relay)는 접점이 이중 접점(twin contacts)으로 되어 있으므로 고장이 적다.

(6) 전자 교환기

1878년 자석식 수동교환기가 발명된 이래, 반도체 산업의 발달로 인하여 전화 교환기는 수동식에서 기계식 자동교환기를 거쳐, 오늘날의 전자 교환기를 발명하게 되었다.

1939년경부터 진공관을 이용하여 전자 교환기의 개발이 착수된 이래, 여러 차례의 현장실험과 반도체에 대한 기술 경험을 바탕으로 1965년 5월에 세계 최초의 전자 교환기인 No.1 ESS가 미국 ATT에 의하여 개발 실용화되었다. 그 후 새로운 기술의 도입으로 전자 교환기는 계속적인 발전을 하고 있다. 우리나라에서도 이와 같은 국제적인 추세와 새로운 서비스를 가입자에게 보급하기 위하여, 1979년 제1기종으로서 M-10CN 전자교환기를 도입하였고, 1981년 제2기종으로서 No.1 A 전자 교환기를 도입하였다.

표 6.3 EMD교환기의 특성

제 원	특 성	비 고
동작 전압	DC48~50V	허용범위 DC 45~52V
전송 주파수대	300~3,400Hz	
가입자선 루프저항	전화기 포함 1,500Ω 이하	전화기 제외 1,000Ω 이하
국간 중계선 저항	매선당 800Ω 이하	2선식
가입자선 절연저항	12kΩ 이상	통화선간, 통화선~대지간
중계선 절연저항	20kΩ 이상	통화선간, 통화선~대지간
국내 통화선 저항	매선당 1,200Ω 이하	1st GS~FS간
교환국내 손실	0.12 Nep(1dB) 이하	단 800Hz에서 MDF~MDF간
누화 감쇠량	9 Nep(78dB) 이하	단 800Hz에서 측정
임펄스 속도	7.2~13.3pulse/sec	또는 "0"회전속도 0.75~1.4초
허용 펄스비	1 : 0.8~1 : 3.3	또는 메이크율 55~23%
전원 공급	호출가입자 RSA에서 착신가입자 RSB에서	
발신음(dial tone)	RSA에서 450Hz	
話中音(busy tone)	ATB(all trunk bysy)시 GS에서 450Hz	모르스부호 "e"
	가입자 話中時 RSB에서 450Hz	모르스부호 "e"
신호(ringing)	LC로부터 25Hz	최초신호는 접속 즉시 보통신호는 5 또는 10초 간격
NU음(NU-tone)	GS, LC비수용자 호출시 450Hz	모르스부호 "i"를 10초내 5회 송출

1983년 시외 및 국제 관문용으로 No.4와 시내 및 시외용으로서 AXE-10 전자 교환기를 도입하여 본격적인 전자 교환시대를 열었다. 이와 같은 전자 교환기는 전자 접점을 사용하여 소형이면서도 점유 면적이 적으며, 가동 부분이나 접점 부분이 적기 때문에 고감도, 고속도의 동작이 가능하다. 또한 수명이 길고 제어장치에 전자 회로를 사용했으므로 전력 소비가 적고 신뢰성이 매우 높다. 전자 교환기는 여러 가지 특수기능을 수행할 수 있는 능력을 가지고 있지만 유지, 보수에 고도의 기술인력이 요구된다. 일례로 한국교원대학교의 구내에 사용되는 전자 교환기와 중계대를 그림 6.7에 나타낸다.

(a) 교환기

(b) 중계대

그림 6.7 전자 교환기

(7) TDX 전전자 교환기

TDX-1교환기는 최대 9,600 가입자 회선을 수용할 수 있는 단국 및 중계국 기능의 全電子式 교환기로서, 농어촌이나 중소도시에서 적용할 수 있도록 설계되었으며, 유지 보수나 관리기능은 원격 제어를 통한 집중 운용 보전체제(CSMS;Centralized Switch Maintenance System)를 적용토록 고안되어 있다. TDX-1의 주요특성은 Z-80A 마이크로 프로세서를 사용하여 분산 제어방식을 채택하였고, 하드웨어와 소프트웨어를 모듈화 설계하여 신뢰도 및 융통성을 향상하였다.

TDX-1을 농어촌 지역에 적용시 모국과 자국 교환기 개념에 의한 교환망으로서, 통화권내 가입자들을 분산 수용하여 집중 보전체제를 구성하였다.

TDX 전전자 교환기의 종류와 특성을 표 6.4에 나타낸다.

표 6.4 TDX 전전자 교환기의 특성

구 분	TDX-1A	TDX-1B
1. 적응	단국 및 중계선	단국 및 중계국
2. 최대 수용 가입자수	10,240회선 (RSS : 512 회선)	22,528회선 (RSS : 1,024회선)
3. 최대수용 중계선수		
-Analog	2,048 중계선	4,096 중계선
-Digital	1,920 중계선	3,840 중계선
4. 최대 신호 처리능력	100,000 BHCA (RSS : 6,000 BHCA)	220,000 BHCA (RSS : 40,000 BHCA)
5. 최대 스위치트래픽	1,600 Erlang (RSS : 100 Erlang)	3,600 Erlang (RSS : 200 Erlang)
6. 신호 방식		
-가입자	DP, DTMF	DP, DTMF
-중계선	LOOP/DEC, CCITT R2MFC	LOOP/DEC, E & MCCITT R2MFC
7. PCM정합	1.544Mbps(북미방식)	1.544Mbps(북미방식)
8. 가입자 집선비	2 : 1~16 : 1 (RSS : 4 : 1~16 : 1)	2 : 1~16 : 1 (RSS : 4 : 1~21 : 1)
9. 번호 체계	최대 16 Digit처리가능	좌 동
10. 과금	LAMA, 상세과금, 즉시과금	좌 동
11. 우회 기능	최대 16 우회루트	좌 동
12. 가입자 가능	일반전화기, 공중전화기, 사설교환기, 공공전화기 접속가능	좌 동 좌 동
13. 특수서비스	ABD, CTX 등 14종	좌 동

※BHCA : 교환기의 신호처리 용량을 나타내는 단위

PCM : Pulse Coded Modulation

6.1.4 전화 설비의 설계

(1) 구내 교환기의 설치 장소

구내 교환기의 설치장소는 단독 전화, 공동 전화와 마찬가지로 전화국과 가입 계약을체결한 자의 거주 장소, 사무실, 사업소이거나, 가입자인 법인의 임원, 가입자의 사용인, 기타 그 사업에 종사하고 있는 자의 거주 장소이어야 한다. 이러한 장소 이외, 즉 타인의 거주하는 장소에는 설치 할 수 없다. 내선 전화기의 설치장소는 이를 접속하는 구내 교환기가 설치된 장소와 동일 구내 또는 이에 준하는 구역이어야 한다. 이러한 구내의 범위는 대략 다음과 같으며, 이를 그림 6.8에 나타낸다.

① 하나의 건물 및 그 부지가 한 사람의 점유에 속할 때는 그 건물 및 부지

② 둘 이상의 건물 및 이러한 부지가 한 명의 점유에 속하고, 도로, 하천, 타인의 토지 등에 의해서 분산되어 있지 않을 때는 그러한 건물 및 부지

③ 둘 이상의 건물 및 그러한 부지가 1인의 점유에 속하고, 도로, 하천, 타인의 토지 등으로 인하여 분리되어 있으면 각각의 건물 및 부지

④ 하나의 건물 및 부지가 두 명 이상의 사람에 의해서 점유되고 있을 때는 한 명의 점유에 속하는 부분

⑤ 준구내의 범위 · 둘 이상의 구내에 걸쳐 있고, 그러한 구내에서 동일인이 점유하는 건물 상호간의 최단거리가 50[m] 이하인 것

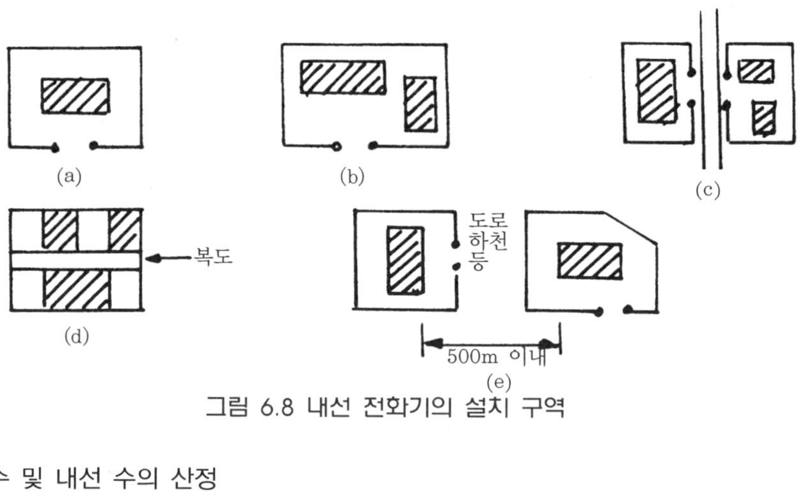

그림 6.8 내선 전화기의 설치 구역

(2) 국선 수 및 내선 수의 산정

국선 수 및 내선 수의 산정은 트래픽(traffic) 조서 등에 의해서 통화량을 결정하여 선정해야 한다. 또한 교환기를 설치하는 사업소의 장차 예상되는 증설도 고려해서 기종을 선정해야 한다. 국선 수 · 내선 수의 표준설비 수를 표 6.5에 나타내며, 최근에는 이보다 증가하고

있으므로 참작해서 결정해야 한다.

표 6.5 국선수 및 내선수의 산정 기준

업 종	10㎡당 표준 전화 회선수	
	국선 인입 회선수	실내 회선수
상 사 회 사	0.5	1.3
은 행	0.4	0.8
일 반 사 무 실	0.4	0.8
백 화 점	0.5	1.0
관 공 서	0.4	1.0
신 문 사	0.4	1.0
병원 – 사무실	0.3	1.0
병원 – 입원실	0.1	0.5
증 권 회 사	0.5	1.0
연 쇄 점	0.5	1.0

(비고)1. 전용 면적에 대한 산출 기준이며, 연면적으로 산출하는 경우에는 이의 80%를 적용한다.
2. 회선수 산출기준의 적용에 있어서 단위장소의 면적이 1단위면적 미만인 경우에는 1단위장소의 기준을 적용하고, 단위면적을 초과하는 1단위면적 미만의 면적은 반올림하여 적용한다.
3. 위의 표에 명시되지 않은 업종에 대하여는 유사한 업종의 기준을 적용한다.
4. 전기통신설비의 기술기준에 관한 규칙 참조

(3) 구내 교환기 기종의 선정

구내 교환기의 형식 및 교환방법은 다음과 같은 것이 있다.

① 공전식(共電式)

50회선 이하의 소용량에서 과거에 사용된 방식이다.

설비의 간이성 때문에 가격의 저렴, 보수, 운용의 간편성이 있다. 중계대에는 탁상형과 거치형이 있고, 교환 취급자는 유자격자가 아니어도 된다.

② 자동식

내선의 상호 통화, 국선 발신 통화를 내선 사용자가 자동적으로 행할 수 있는 관계로 교환 취급자를 줄일 수 있어 인건비를 줄일 수 있다. 40회선 정도의 소용량에서 1,000회선 이상의 대용량까지 사용할 수 있으며, 기종은 크로스바 분산형(내선용량 40~80회선), 크로스바 캐비닛형(내선용량 40~400회선), 크로스바 가형(내선용량 300회선) 등이 있다. 중계대에는 유유식과 무유식이 있고, 무유식은 조작이 용이하다.

(4) 구내 교환기 설치 장소의 설계

구내 교환기를 설치함에 있어서 소요되는 교환실의 면적을 표 6.6에 나타낸다. 이 표는 일본 건설성 구내 교환설비 표준에서 인용한 것으로, 교환 기계실, 휴게실, 축전지실, 보수원실, 기타 부속 설비실을 포함한 면적이다. 아울러, 자동식 교환실의 환경조건을 표 6.7에 나타낸다.

표 6.6 전화 교환실의 소요 면적

회선수	교환기 형식	소요면적[㎡]
100	캐비닛형	40
200	캐비닛형	68
300	가형(架形)	120
600	가형(架形)	220
800	가형(架形)	284
1,000	가형(架形)	347

표 6.7 자동식 교환실 환경조건

구 분	필 요 조 건	비 고
유효천장높이	교환기에 따라 차이가 있으나 보통 2.4~2.7m 이상의 유효천장 높이가 필요하다.(교환기의 가고(架高)+0.3m 이상)	
표준바닥마무리	리놀륨, 비닐 타일 또는 플로링 마무리로 한다. 다만, 거치형 축전지 둘레의 바닥면은 비닐타일(내산성) 치기로 하고 근방의 벽면은 바닥에서 1m 높이까지 내산도장을 한다.	200Ah 이상의 축전지를 설치하는 경우는 화재 예방 조례에 따라 이에 적합하도록 시설해야 한다(일본의 경우)
가조명(架照明)	1. 캐비닛 형식 교환기……캐비닛 길이 3m마다 천장등(40W 등의 형광등) 1개 정도를 설비한다. 2. 자립가 형식(自立架 形式) 교환기……가열간(架列間) 조명은 열의 3m에 대해서 천장등(40W 형광등) 1개 정도씩 설치한다.	정류장치, 주배선반의 정면 및 축전지 상부에 대해서도 보전작업(保全作業)에 지장을 초래하지 않을 정도의 조명을 고려한다.
온 도	10~35℃	
습 도	40~70%	상대습도
환 기	축전지 부근에 매시 5회 이상의 환기 능력이 있는 팬을 설치한다.	
콘 센 트	1. 캐비닛 형식 교환기……캐비닛 근처에 설치한다. 2. 자립가 형식 교환기……가대 2열마다 1개 정도의 비율로 그 근처에 설치한다.	

6.1.5 구내의 전화 배선 설계

(1) 배선계통

빌딩 내의 전화 배선 공사는 전기 공사와 시공 공정이 같지만, 사용되는 배선 재료 및 배선 계통이 조금 다르다. 그림 6.9는 국선으로부터의 인입 관로, 주 배선반(MDF)에서 전화기까지 배선 계통의 보기를 나타낸 것이며, 구내의 전화 배선 설계시 주의할 점은 다음과 같다.

① 단독 전화, 공동 전화의 본 전화기, 전화국이 설비하는 부속 전화기는 원칙적으로 계통을 분리해서 따로 한다.

② 배선 방식으로는 단독식 · 복식 · 체감식(遞減式)의 3종을 생각할 수 있다. 배선설계에서는 이러한 형식을 조합하거나 그 중 하나를 채택한다. 그러나 옥내 단자판에 대한 배선 방식은 체감식 또는 복식으로 하는 것이 보통이다.(그림 6.10)

③ 케이블 수는 장차의 증가를 충분히 고려해서 결정한다.

④ 수용선수(收容線數)에 알맞는 굵기의 관을 선정한다.

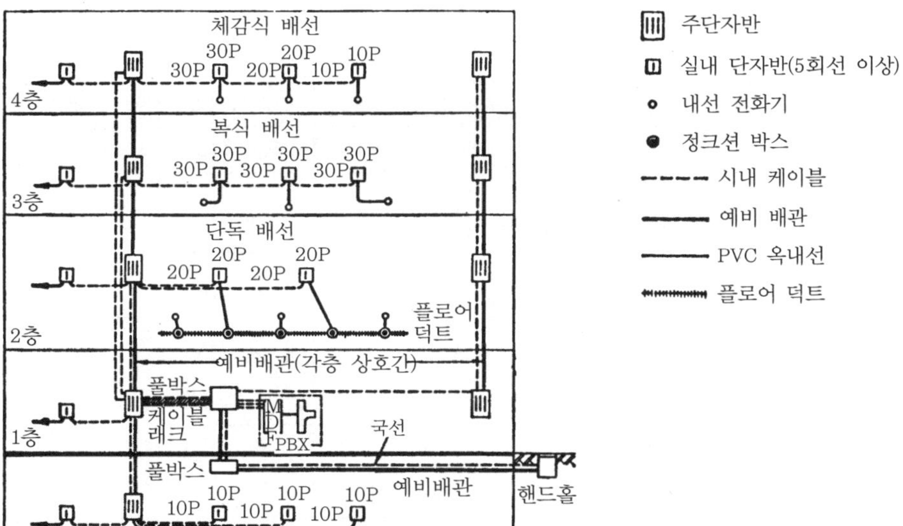

그림 6.9 전화 배선 계통도

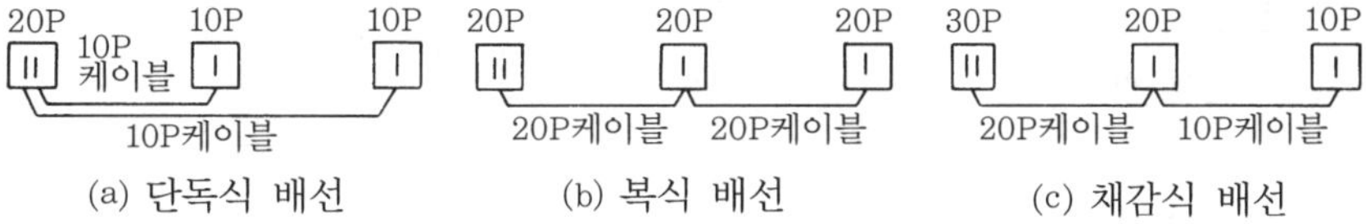

그림 6.10 전화 배선 방식

(2) 접지 공사

전화기나 전화 교환 설비 등에 필요한 접지의 종류에는 통신용, 배선반의 보안 장치용 · 가입자 보안용 · 공동 전화용의 5종을 들 수 있다. 통신용의 접지 저항치에 관해서는 소속 전화국과 협의하는 것이 좋다. 개인 주택의 경우를 제외하고, 어느 경우나 가입자 측에서 설치해 놓는 것이 좋다.

표 6.8은 접지 저항값, 접지선의 굵기를 표시한 것으로, 접지 공사시의 유의할 점은 다음과 같다.

① 접지극에는 동판 · 동관 · 동봉 · 동을 입힌 동봉 · 나동선 · 철관 · 철봉 등을 사용하며, 지하 75[cm](가입자 보안용은 50[cm]) 이상의 깊이로 매설한다.

② 통신용, 보안 장치용의 접지극은 피뢰용 접지극으로부터 5[m] 이상, 기타의 접지극과는 2[m] 이상 떼어 시설한다.

③ 접지선을 옥측 또는 건물에 따라 시설하는 경우에는 지상 2[m] 부분까지를 전선관, 몰드 등으로 보호한다.

표 6.8 전화 배선의 접지 공사종류

<table>
<tr><th colspan="3">종 류</th><th>접지 저항값</th><th>접지선 굵기</th><th>비 고</th></tr>
<tr><td rowspan="5">통
신
용</td><td rowspan="4">PBX
축전지용</td><td>내선 500회선 이하</td><td>10Ω 이하</td><td>14mm 이하</td><td rowspan="7">PBX 및 집합 자동 전화</td></tr>
<tr><td>내선 501회선 이상
5,000회선 이하</td><td>5Ω 이하</td><td>14mm 이상</td></tr>
<tr><td>내선 5,001회선 이상
1만회선 이하</td><td>2Ω 이하</td><td>14mm 이상</td></tr>
<tr><td>내선 1만회선 이상</td><td>1Ω 이하</td><td>14mm 이상</td></tr>
<tr><td rowspan="2">본배선반
(MDF)용</td><td>100회선 이하</td><td>100Ω 이하</td><td>1.6mm 이상</td></tr>
<tr><td rowspan="2">보 안
장치용</td><td>101회선 이상</td><td>10Ω 이하</td><td>1.6mm 이상</td></tr>
<tr><td colspan="2">가입자 보안기용</td><td>100Ω 이하</td><td></td></tr>
<tr><td rowspan="4">전
기
설
비
보
안
용</td><td colspan="2">제1종 접지</td><td>10Ω 이하</td><td rowspan="4">전기 설비 기술기준 및 내선규정에 의거할 것</td><td rowspan="4">수전장치, 정류전원장치, PBX교환기의 금속 프레임 등 강전류 설비의 보안용으로서 전기 설비 기준에서 정한 바에 따름</td></tr>
<tr><td colspan="2">제2종 접지</td><td>전력회사 변전소에 문의</td></tr>
<tr><td colspan="2">제3종 접지</td><td>100Ω 이하</td></tr>
<tr><td colspan="2">특별 제3종 접지</td><td>10Ω 이하</td></tr>
</table>

(3) 전화용 배선

전화용 배선에 주로 사용되는 전선의 종류를 표 6.9에 나타낸다.

표 6.9 전화용 배선의 종류

배 선 종 류	전선의 종류	비 고
실내단자함으로부터 전화기까지 단자함 상호간	2개 꼬임 PVC 옥내선 다쌍 PVC 옥내선 시내 PE-P 케이블	둥근 3P, 4P, 5P, 각종 케이블의 심선지름 0.5mm 다쌍 5P로부터 200P까지

6.2 전기시계 설비

6.2.1 전기시계 설비의 구성

전기시계 설비(electrical time indication facilities)란, 일반적으로 모시계(母時計) 1대와 그 펄스에 의해서 운침(運針)되는 여러 개의 자시계(子時計) 및 그 사이의 배선을 말한다. 이 모자식 전기 시계 외에도 교류 전원(50Hz, 60Hz)이나 건전지에 의해서 운침하는 단독 운침 전기 시계가 있다. 단독 운침식의 시계는 값이 싸고 배선을 필요로 하지 않으며 취부도 극히 간단한 이점을 들 수 있으나, 각 시계마다 오차가 조금씩 다른 관계로 시일이 지나면 각 시계의 지시에 차이가 일어나게 되는 불편이 생기고, 특히 교류 전원에서 동작하는 것은 정전이 일어났을 때 시계가 멈추는 결점이 있다.

건전지식은 정기적으로 전지를 갈아 끼워야 하는 불편이 있다. 따라서 최근의 빌딩 시설에서는 모자식 전기 시계가 일반적으로 사용되고 있다. 모자식 전기 시계는 정밀한 시계를 모시계로 사용하고, 일정 시간 간격을 두고 전기 펄스를 발생하게 하여, 이 전기 펄스로 자시계군(群)을 동시에 운침하게 하는 것을 말한다. 동일 모시계에 의해서 운침되는 자시계는 모두 모시계와 동일 시각을 지시하게 된다. 또한 각 회선마다 자시계를 동시에 빠르게 한다든지 늦게 한다든지 또는 정지하게 할 수 있어 보수가 극히 간편하다.

빌딩에서 주로 사용되는 모자식 전기 시계의 구성을 그림 6.11에 나타낸다.

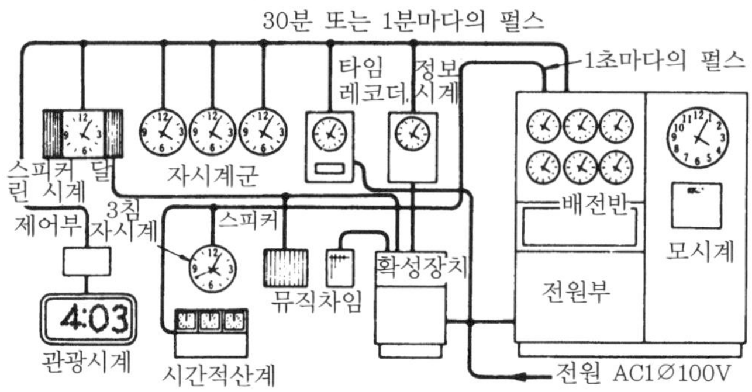

그림 6.11 전기시계 설비의 구성

6.2.2 전기 시계 설비의 종류

전기 시계 설비는 전원의 종류에 따라 직류식과 교류식이 있으며, 접속 방법에 따라 단독 시계와 모자식 시계로 나눌 수 있다.

(1) 전원의 종류에 따른 분류

① 직류식

시계를 구동하는 전원으로는 직류 전압 12[V], 24[V]를 사용하며, 축전지와 건전지를 사용한다.

② 교류식

교류 전압에 의하여 작동되는 동기 전동기(synchronous motor)를 사용하는 시계로서 단독 시계에 사용된다.

(2) 시계의 접속 방법에 따른 분류

① 단독 시계

시계마다 단독적으로 사용하는 방식이며, 건전지를 사용하는 것과 상용 교류전원을 사용하는 것이 있다. 이 시계는 설치는 간단하지만 정밀도는 그다지 높지 않아서, 2개 이상 사용 시에는 시계 상호간에 반드시 오차가 생기므로 가정용이나 소규모 사무실에 사용된다. 단독 시계의 전원으로는 1.5[V] 건전지를 사용하는 것과 최근에 사용이 늘고 있는 교류 전원으로 구동되는 디지털 시계가 있다.

② 모자식 시계

큰 건물, 빌딩, 공장, 체육관, 역 등에 사용되고 있는 방식이다. 이 방식은 모시계에 정밀도가 높은 것을 사용하면 그 신호 전류를 받아 움직이는 많은 자시계들이 모두 모시계와 동일한 시각을 나타낸다. 전원 장치로는 자시계가 10개 이하일 때는 건전지를 사용할 때도 있고, 자시계가 10개 이상일 때는 축전지 6, 12, 24[V]를 사용하고, 정류기를 사용할 때는 정류기의 용량이 0.5~3[A]의 것을 사용한다. 다음은 모자식 시계에 대하여 자세히 설명하고자 한다.

6.2.3 모자식 시계

모자식(母子式) 시계는 모기(母機)라고 하는 1개의 시계에서 신호를 보내어 자시계를 구동시키는 시계이다.

(1) 모시계

모시계(母時計)는 모시계 기구부(機構部), 자시계 구동용 펄스 발생장치, 배전반부(회선 모니터 포함), 전원 장치부(충전기, 축전지)로 구성된다. 모시계 기구부는 흔들이식(振子式)·수정식(水晶式)·천부식(天府式)·음차식(音叉式) 등이 있으며, 기구부의방식에 따라 흔들이식 모시계, 수정식 모시계 등으로 구분된다. 보통의 경우 빌딩에서 흔히 사용되고 있는 방식은 수정식을 사용한다. 형식상으로는 자립형·벽걸이형으로 구분된다. 시각을 특히 중요시하는 건물에서는 기구 부분을 정·부 둘로 구성해서 정시계(正時計)가 고장이 나면 즉시 자동적으로 부시계(副時計)로 절환되는 정·부방식도 있다. 자시계 구동용 펄스 발생 장치로는 매초 펄스·30초 펄스·60초 펄스 발생 장치가 있으나, 일반 자시계 구동용으로는 30초 펄스가 쓰인다. 매초 펄스는 병원 수술실 내의 적산시계(積算時計) 등 특수한 경우에 사용된다.

⑤ 모시계의 종류

모시계의 종류로는 중추 권상식, 직류 전동식, 전자 코일식, 수정식, 전자 시계 등이 있는데, 이들을 설명함과 동시에 표 6.10에 나타낸다.

ⓐ 중추 권상식 · 치차를 회전하는 힘으로 중추를 사용하여 손잡이를 매달아 강하하는 힘을 이용하는 것이다. 일정 높이까지 중추가 내려오면 모터에서 또 위로 감아올린다. 자시계에서는 30초 또는 1분마다 전기 접점을 개폐하여 직류 전기를 자시계로 보낸다.

ⓑ 직류 전동식 · 토크 모터에 의하여 1회전으로 1회 가압하는 것에 따라 연동하는 치차 및 제어간을 통하여 진자의 진폭을 제어하는 방식이다.

ⓒ 전자 코일식 · 오래 전에 채용되었다가 현재에는 별로 많이 사용되지 않는다.

ⓓ 수정식 · 정밀도가 높고 현재 비교적 많이 사용되고 있다.

ⓔ 원자시계 · 전자시계 및 태양전지시계

표 6.10 모시계의 종류

종 별	전 원	기 구 종 별	정밀도[週差秒]		
			I급	II급	III급
진자식	DC, 12, 24V	중추권상식	5	10	15
진자식	DC, 12, 24V	torque motor	5	10	15
수정식	DC, 12, 24V	수정발진자	0.07	0.7	3
템포식	DC, 12, 24V	tempo torque motor	70	140	210

(주) 기타 電子式

형식상……거치형 · 벽걸이형 · 탁상형

운침용pulse……1초 pulse, 30초 pulse, 60초 pulse(일반적으로는 30초 pulse)

① 모시계의 위치

수위실, 관리 사무실, 전기실, 전화 교환기실 등에 설치하는 것이 보수 · 운영에 적합하다.

② 배전반

전기 시계의 배전반은 자시계의 수량이 많은 경우에 모시계의 임펄스(impulse)만으로 자시계 모두를 구동시킬 수 없으므로 자시계 회로로 분할하여 보수의 편리를 도모한다.

③ 모시계의 선정

모시계를 선정할 때에는 건물의 규모와 예산에 따라 표 6.11과 같이 선정한다.

표 6.11 모시계의 선정

건물의 규모	공사예산	모시계의 종별
대규모 빌딩	충분~보통	수정식 1급, 그밖에 예비품으로서 수정식 2급이나 진자식 2급을 설치한다.
중규모 빌딩	보 통	수정식 1급 또는 2급 1조, 또는 진자식(1M) 1급 또는 2급
소규모 빌딩	보 통	수정식 2급 또는 템포식 1급

(2) 자시계

① 자시계의 구동 방식

자시계는 운침을 위한 구동 방식에 따라 로터식(rotor), 래칫식(ratchet), 펄스모터식(pulse motor) 등으로 분류하며, 사용 전압은 12, 24[V]가 보통이다.

ⓐ 로터식 자시계는 동작음이 작고 오동작이 적으므로 호텔의 침실, 병원, 사무실 등에 널리 사용된다. 이 방식은 회전력이 작아서 공칭 치수(문자판의 크기) 40[cm] 이하인자시계에 사용되며 유극 펄스로 동작한다.

ⓑ 래칫식 자시계는 2개의 전자석과 1개의 영구 자석, 앵글, 래칫 바퀴 등으로 구성되어 있으며, 유극 펄스에 의하여 운침한다. 이 자시계는 동작음이 크고, 유극 펄스 반전시의 유기 전압 등으로 오동작하는 수가 있으나, 회전력이 강하여 공칭 치수가 큰 것에 사용된다.

ⓒ 펄스 모터식은 유극 신호에 의해서 구동하는 것과, 3상 신호에 의해서 구동하는 것이 있다. 유극 신호의 것은 비교적 토크가 커서 대형 시계에 사용되지만, 3상 신호의 것은 구동음이 적고 정역 양회전이 필요한 방송국 등에서 특수 용도에 쓰이며, 저 토크용의 문자판 크기 45[cm] 이하이다.

② 자시계의 종류

자시계는 구동 전류의 극성에 따라 유극식과 무극식으로 나눌 수 있으며, 주로 유극식이 사용되고 있다. 유극식은 동작 감도도 좋으며, 이 자시계의 종류를 표 6.12에 나타낸다.

표 6.12 자시계의 종류

	신 호 전 기	동 작 감 도	소 비 전 류
유 극 식	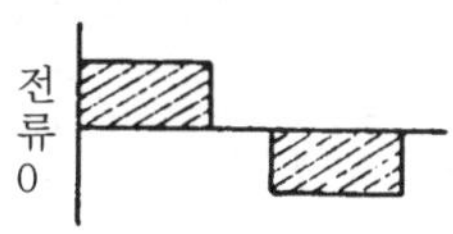	좋 다	24V에서 12~15mA
무 극 식	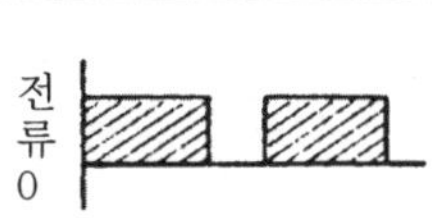	유극식보다 떨어진다	24V에서 5~24mA

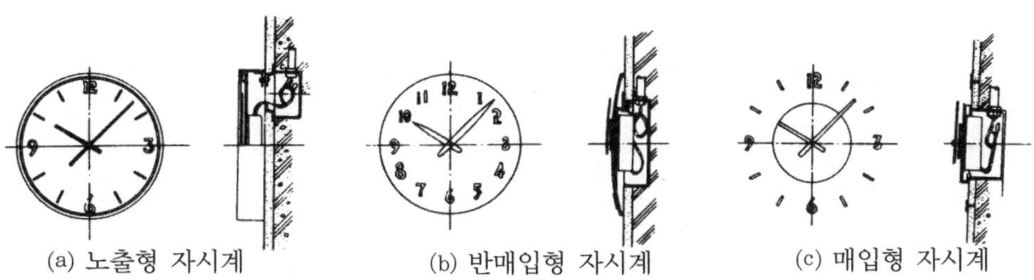

(a) 노출형 자시계 (b) 반매입형 자시계 (c) 매입형 자시계

그림 6.12 자시계의 설치 방법

③ 자시계의 설치방법

자시계를 설치할 때는 빌딩내 벽면의 중앙 등 가급적 잘 보이는 장소를 선정하도록 하고, 높이는 최저 2[m] 이상이어야 한다. 그리고 장차 칸막이가 설치될 장소는 피하도록 한다. 자시계는 벽에 설치할 때 그림 6.12와 같이 노출형, 반매입형, 매입형의 3종류로 할 수 있다.

④ 자시계의 설치 대수

자시계의 설치 대수 등은 건물의 종별, 구조 등에 따라 각각 다른데, 설치 대수를 구하는 방법을 표 6.13에 나타낸다. 단, 이 표는 하나의 추정표에 불과하므로, 건물의 구조에 따라 설치, 소요 개수를 결정해야 한다.

표 6.13 자시계의 설치 대수 산정

(가) 일반 사무소 건축물

종 별	자시계의 대수
비교적 작은 방이 많은 빌딩	60[m^2]마다 1대
비교적 큰 방이 많은 빌딩	100[m^2]마다 1대
300[m^2] 정도의 큰 방이 많은 빌딩	150[m^2]마다 1대

(나) 특수 건축물

건축물	실 명	각실 부착 대수
병 원	진찰실, 약국, 접수실, 사무실	100[m^2]마다 1대
	치료실, 의원, 원장실, 수술실, 간호사 대기실, 물리 치료실 등	200[m^2]마다 1대
	관리 부문, 공용 부문(변전실, 보일러실, 전화 교환실 등)	1대
	큰 병원인 경우 병실, 복도	1~2대
극 장	장내	1~2대
	관리 부문, 사무실, 입장권 매장, 공용 부문	1대
호 텔	각실, 관리 부문, 사무소, 접수실, 매점, 식당, 공용 부문	1대
공 장	접수실, 식당, 사환실, 숙직실, 복도, 현장 사무소, 공용 부문	1대
	사무소	일반 빌딩에 준함
은 행	관리 부문, 사무실, 업무실, 대합실	100[m^2]마다 1대
	접수실, 수위실, 공동 부문(현관, 식당, 엘리베이터실 앞, 숙직실, 변전실, 전화 교환실, 보일러실 등)	1대

(3) 모자식 시계의 시공방법

① 자시계에 이르는 배선은 원칙적으로 색별 배선(色別配線)을 한다. 복잡해지는 경우에는 각층 또는 각 블록마다 단자반을 시설하고 배선 계통을 정리한다.

② 전원은 가급적 전기 시계 전용으로 한다.

③ 박스 또는 단자반과 모시계 사이의 배선이 노출 배선인 경우에는 이를 일괄해서 보호피복(保護被服)을 해준다.

④ 모시계는 점검과 보수가 용이하도록 간격을 두고 설치한다.

⑤ 모시계는 진동을 받지 않도록 취부하고 자립형인 것은 수평으로, 벽걸이형의 것은 중량에 따라 벽면을 보강한다.

⑥ 자시계에서 반매입형 · 매입형은 특수 박스를 필요로 하는 경우가 있으므로 주의해야 한다.

⑦ 자시계 위치는 다른 기기와의 취부 높이의 조정 등이 부수되므로 시공도상에 그 위치를 기입한 후, 건축 담당자와 일단 협의해야 한다.

6.3 확성 방송 설비

6.3.1 확성 방송 설비의 구성

확성 방송 설비(public address and broadcasting facilities)란 흔히 확성 설비라고도 부르며, 증폭기, 부속기, 스피커 및 이러한 기기 사이의 배선 등을 말한다. 확성 설비에는 홀 음향장치, 회의용 확성 설비 등도 포함되지만, 본 절에서는 일반 빌딩에 많이 설치되어 있는 전달 호출용 확성설 비에 대하여 알아보기로 한다.확성 방송 설비의 구성은 마이크로폰, 증폭기, 스피커로 구성되며, 부속기기로서 라디오 튜너, 레코드 플레이어, 테이프 레코더, 차임, 와이어리스 튜너 등이 있는데, 이를 그림 6.13에 나타낸다.

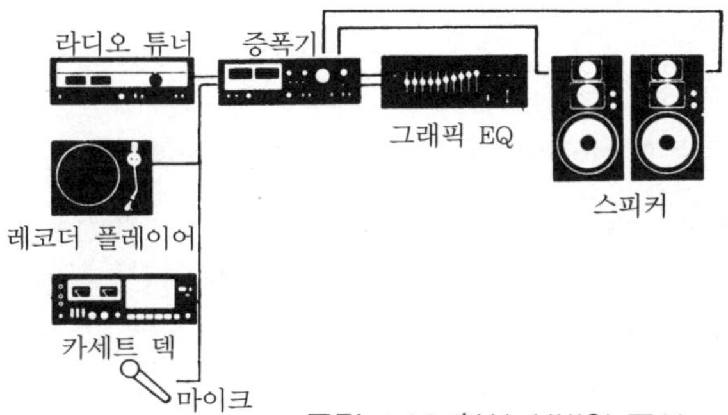

그림 6.13 확성 설비의 구성

6.3.2 확성 방송 설비 기기의 종류

주요 기기로는 마이크로폰, 증폭기, 스피커 등이 있는데 이들에 대하여 자세히 알아 보기로 한다.

(1) 마이크로폰

마이크로폰(microphone)은 음의 에너지를 전기 에너지로 변환하는 기기로서 흔히 마이크라고 한다.

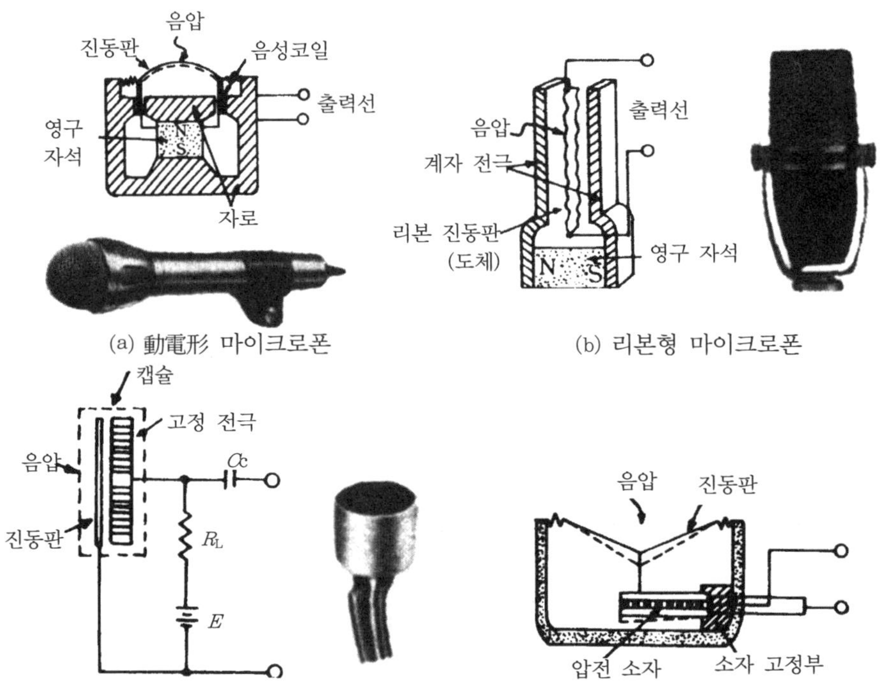

(a) 動電形 마이크로폰 (b) 리본형 마이크로폰

(c) 콘덴서형 마이크로폰 (d) 壓電形 마이크로폰

그림 6.14 마이크로폰의 종류

⑤ 마이크로폰의 종류

마이크로폰은 그 구조에 따라 동작원리가 달라지게 되는데, 종류에는 동전형(動電形,dynamic type), 리본형(ribbon type), 콘덴서형(condenser type), 압전형(壓電形, crystal type) 등이 있다.(그림 6.14)

ⓐ 동전형 마이크로폰은 음압(音壓)에 의해서 진동판이 진동하면 이에 취부된 코일이 영구 자석의 자계 중에서 진동하여 전자 유도작용으로 음성 출력을 얻을 수 있게 되는 것이다. 특성이 상당히 우수한 것까지도 제작할 수 있어 가장 많이 사용되고 있다.

ⓑ 리본형의 구조는 영구 자석의 자계 속에 주름 잡힌 알루미늄박으로 만든 리본을 매단 것으로서, 그 출력은 음압에 비례하지 않고 공기입자(空氣粒子)의 속도에 비례하는 관계로 벨로시티형(velocity type)이라고도 한다. 특성은 우수하지만, 구조가 정밀하므로 취급에 주의할 필요가 있다.

ⓒ 콘덴서형의 구조는 2개의 전극으로 콘덴서를 형성하고, 한쪽 전극을 진동판으로 하고 음압에 의한 정전 용량 변화를 이용하여 출력을 얻는 것으로서, 특성이 아주 우수한 반면에 값이 비싸다. 특성이 우수한 관계로 홀 등에서의 음향 설비용으로 많이 사용되고 있으나, 일반 빌딩용으로는 그다지 사용되지 못하고 있다.

ⓓ 압전형(壓電形) 마이크로폰은 구조가 간단하고 감도가 좋지만, 주변 온도 특성이 좋지 않다.

⑥ 마이크로폰의 특성

마이크로폰의 특성은 음압 감도(音壓感度), 주파수 특성, 출력 임피던스, 배선 방식, 지향성(指向性) 등에 따라 결정된다.

ⓐ 음압 감도 : 입력 음압 P로 마이크로폰에 개방 전압 e를 발생할 때 e/P를 음압 감도라 한다. 보통1[μ bar]의 음압에서 1[V]의 개방 기전력을 기준으로 하여 데시벨[dB]로 표시한다. 다이내믹 마이크로폰인 경우, 로 임피던스에서 −70∼−80[dB], 하이임피던스에서 −50∼−60[dB] 정도이다. 벨로시티 마이크로폰의 경우 −75∼−85[dB] 정도로 낮아진다.

ⓑ 주파수 특성 : JIS C 5502 마이크로폰에 의하면 1종, 2종, 3종으로 나누어서 주파수 특성을 정하고있다.

ⓒ 출력 임피던스 및 출력 배선방식 : 마이크로폰의 출력 임피던스 및 출력 배선방식은 증폭기의 입력 회로와 마찬가지로 로 임피던스, 하이 임피던스, 평형(平衡), 불평형형(不平衡形)이 있다. 증폭기 바로 가까이에서 마이크로폰을 사용하는 경우에는 하이 임피던스 불평형형으로 지장이 없으나, 마이크로폰 배선이 수십 미터가 되는 경우에는 반드시 로임피던스의 마이크로폰을 사용하고 평형방식으로 배선하도록 한다.(그림 6.15)

ⓓ 지향성 : 마이크로폰의 감도가 도달하는 음파의 방향에 따라 변화하는 모양을 말하며, 그림 6.16과 같은 3종의 지향성이 있다. 무지향성(無指向性)인 것이 가장 값이 싸지만 사용방법에 따라 하울링을 일으키는 문제 때문에, 보통은 단일 지향성의 것이 사용된다.

⑦ 마이크로폰의 선정

사용 장소에 따른 마이크로폰의 선정기준은 표 6.14와 같으며, 용도에 적합한 것을 선정하도록 한다.

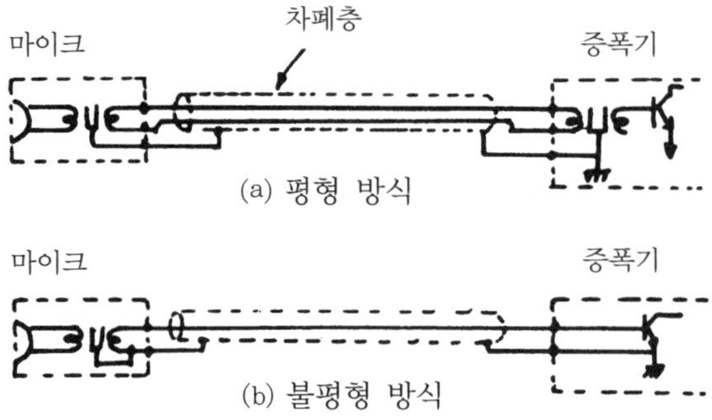

그림 6.15 마이크로폰의 배선

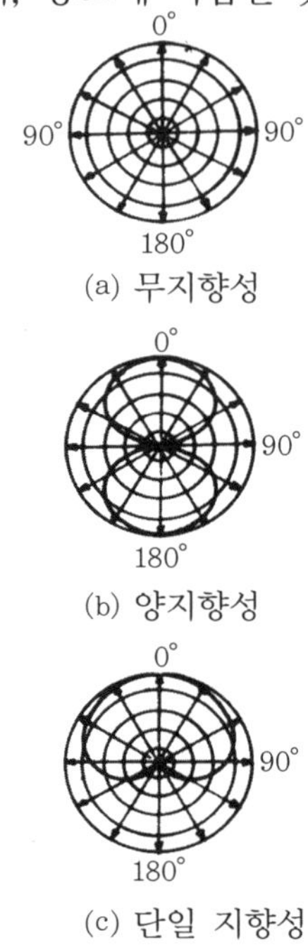

그림 6.16 마이크로폰의 지향성

표 6.14 마이크로폰의 선정

마이크로폰의 종류	감도[dB]	장 · 단점	사용 취급상의 주의점
무빙 코일형 (다이내믹 마이크)	−70~−80[dB] (출력 600[Ω]시) −50~−60[dB] (출력 20[kΩ]시)	· 취급이 간단하다. · 동작이 안정되어 있다. · 견고하다 · 온습도의 영향을 별로 받지 않는다. · 옥외 사용이 가능하다. · 보통 무지향성 · 최근에 지향성의 것도 개발되었다.	· 먼지 · 쇳가루 등이 부착하지 않도록 설치 장소에 주의할 것. · 바람이 있는 곳에서는 防風 스크린을 사용한다. · 방풍 스크린을 내장한 것도 있다.
리본형 (벨로시티 마이크)	−75~−85[dB] (출력 600[Ω])	· 지향성이 있고 특성이 대단히 좋다. · 감도가 그다지 좋지 못하므로 잡음이 적은 증폭기를 사용할 것. · 너무 접근하면 저음이 강조된다.	· 옥외나 바람이 부는 곳은 사용에 지장이 있다. · 취급은 조심스럽게 한다. · 진동 · 충격은 피한다. · 출력단자에 테스터 등으로 도통 테스트를 해서는 안 된다.
콘덴서형	−50~−65[dB]	.특성이 대단히 좋다. · 프로용으로 스튜디오 홀, 시민회관 등에 사용한다. · 전원이 필요하다. · 값이 비싸다.	· 고온 다습한 장소에는 잡음을 발생하는 수가 있다. · 유명 제작사의 것이 신뢰성이 많다.

(2) 증폭기

① 증폭기의 조별

회로 소자(回路素子)에 따라 트랜지스터식 · 진공관식 · 혼합식으로 분류할 수 있으나 최근에는 트랜지스터식이 많이 사용되고 있다. 형식상으로 보면 탁상형 · 캐비닛 래크형 · 데스크형 등이 있다.

ⓐ 탁상형……………정격 출력10~60[W]

ⓑ 캐비닛 래크형……정격 출력50~200[W]

ⓒ 데스크형…………정격 출력50~200[W]

형식상으로 본 탁상형은 소출력의 경우, 캐비닛 래크형은 설치 장소가 좁은 경우, 데스크형은 대출력으로 전용 방송실이 시설될 수 있는 경우에 사용된다. 그림 6.17은 증폭기의 종별을 나타낸 것이다.

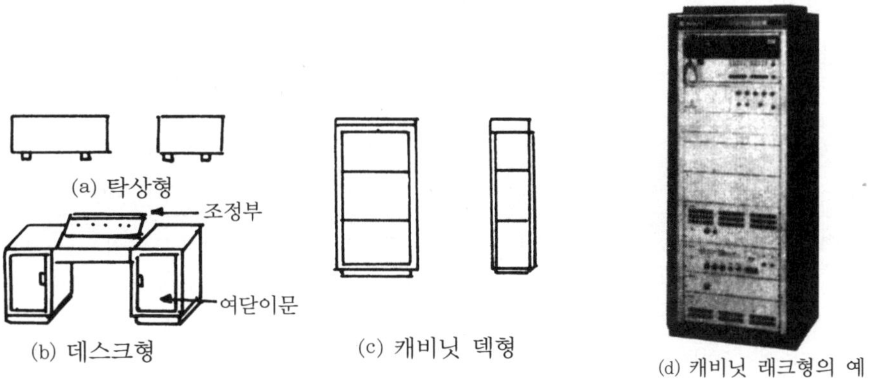

그림 6.17 증폭기의 종별

② 증폭기의 입력 회로 정격

증폭기의 입력 회로에는 보통의 경우 표 6.15와 같은 것이 있으며, 이외에도 라디오수신회로를 구비하고 있는 것이 있다. 시보 차임 입력은 시보 방송 등에 사용되는 입력이며, 시보 자시계와 조합하여 사용되고 있다. 시보 자시계의 신호로 증폭기의 전원이 자동 투입되면, 그 다음에 차임이 기동한다. 차임 멜로디가 증폭기에 들어가서 차임 동작이 끝나고 나면 증폭기의 전원을 자동적으로 절단하는 방식의 것이 많이 사용되고 있다. 중계기 입력은 증폭기에서 멀리 떨어진 장소로부터, 증폭기를 원격 조작하여 방송하는 경우에 사용된다.

표 6.15 증폭기의 입력 회로 정격

<table>
<tr><th rowspan="2">입력 회로의 용도</th><th rowspan="2" colspan="2">입력 임피던스의 범위</th><th colspan="3">입력 레벨</th></tr>
<tr><th>mV</th><th>dB(V)</th><th>dBS</th></tr>
<tr><td rowspan="2">공칭 출력 임피던스 600[Ω]인 마이크 입력</td><td rowspan="2">600[Ω]마이크에 적합한 입력 임피던스</td><td>500[Ω] 이상 3[kΩ] 미만</td><td>0.245 이하</td><td>−72 이하</td><td>−70 이하</td></tr>
<tr><td>3[kΩ] 이상</td><td>0.490 이하</td><td>−66 이하</td><td>−64 이하</td></tr>
<tr><td rowspan="2">통상(입을 가까이 하고 사용하는 것)</td><td rowspan="2">600[Ω] 마이크에 적합한 입력 임피던스</td><td>500[Ω] 이상 3[kΩ] 미만</td><td>0.775 이하</td><td>−62 이하</td><td>−60 이하</td></tr>
<tr><td>3[kΩ] 이상</td><td>1.550 이하</td><td>−56 이하</td><td>−54 이하</td></tr>
<tr><td>하이임피던스 마이크 입력</td><td colspan="2">10[kΩ] 이상</td><td>2.450 이하</td><td>−52 이하</td><td>−50 이하</td></tr>
<tr><td rowspan="3">중계기 입력</td><td rowspan="3" colspan="2">600[Ω]</td><td>775</td><td>−2</td><td>0</td></tr>
<tr><td>245</td><td>−12</td><td>−10</td></tr>
<tr><td>77.5</td><td>−22</td><td>−20</td></tr>
<tr><td>전자형 픽업 입력</td><td colspan="2">500[kΩ]이상</td><td>5.0 이하</td><td>−46 이하</td><td>−44 이하</td></tr>
<tr><td>압전형 픽업 입력</td><td colspan="2">100[kΩ] 이상</td><td>250 이하</td><td>−12 이하</td><td>−10 이하</td></tr>
<tr><td>시보 차임</td><td colspan="2">10[kΩ] 이상</td><td>40 이하</td><td>−28 이하</td><td>−26 이하</td></tr>
<tr><td>테이프 재생 입력</td><td colspan="2">8[Ω], 16[Ω] 또는 20[Ω] 이상</td><td>1.228 이하</td><td>+2 이하</td><td>+4이하</td></tr>
<tr><td>예비 입력</td><td colspan="2">20[kΩ] 이상</td><td>1.228 이하</td><td>+2 이하</td><td>+4 이하</td></tr>
</table>

(주) 1. 입력 레벨은 입력측 조작용 음량 조절기를 최대 이득으로 조정했을 때 정격 부하 임피던스에 정격 출력 전력을 얻기 위해서 증폭기의 입력단자에 공급해야 할 400[Hz] 또는 1,000[Hz]의 定常信號레벨(전압)을 말한다.

2. 데시벨 표시의 기준값은 다음과 같다.

0dBS=0.775[V]

0dB[V]=1[V]

③ 증폭기의 특성

증폭기의 특성은 주파수 특성, SN비, 왜형률(歪形率) 등에 따라서 결정되며 표 6.16과 같이 Ⅰ급, Ⅱ급, Ⅲ급으로 나누고 있다. 전달 호출용 확성 설비의 증폭기로는 명료도(明瞭度)가 가장 중요시 된다. 일반 사무실의 경우이면 실내의 음향 특성 등에 관해서 별로 고려되어 있지 않은 것이 보통이므로 증폭기의 주파수 특성이 너무 넓어도 별로 의미가 없는 경우도 있어 표 6.16의 Ⅱ급을 표준으로 보는 것이 타당할 것이다.

표 6.16 증폭기의 특성

항 목 \ 급 별		Ⅰ급	Ⅱ급	Ⅲ급
주파수 특성 (정격 출력에서 −6[dB]일 때)		규정 주파수 범위는 50~12,500[Hz]	前文 좌와 같음 100~8,000[Hz]	前文 좌와 같음 250~6,300[Hz]
distortion factor(정격 출력에서 −6[dB]일 때)		2[%] 이하 (100~10,000[Hz]에서)	2[%] 이하 1,000[Hz]에서	3[%] 이하 1,000[Hz]에서
잡음	출력 대 잔류 잡음비	60[dB] 이상	55[dB] 이상	50[dB] 이상
	음신호 대 잡음비(SN비)	45[dB] 이상	40[dB] 이상	40[dB] 이상
음질 조정기		고음 저음 조정 가능	좌와 같음	특별한 규정 없음
믹싱(mixing) 방식		오울 믹싱 가능	좌와 같음	특별한 규정 없음

(주) 1. 주파수 특성은 1,000[Hz] 레벨 또는 630~1,000[Hz]의 평균 레벨을 기준 레벨로 한다.
2. distortion factor는 정격 출력에서 측정할지라도 1,000[Hz]에서 5[%]를 넘지 않는 것으로 한다.

(3) 스피커

스피커는 마이크로폰과는 반대로 전기 에너지를 음의 에너지로 변환하는 기기이다.

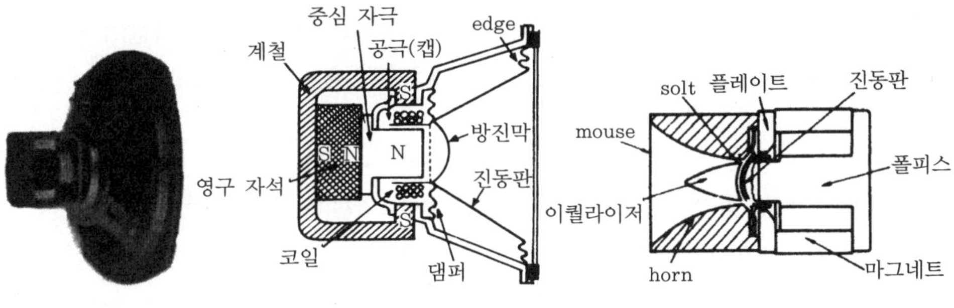

(a) 콘형 스피커　　(b) 혼형 스피커

그림 6.18 스피커의 종류

① 스피커의 종류

스피커는 콘(cone) 스피커와 혼(horn) 스피커가 있다. 콘 스피커에는 퍼머넌트 다이내믹형 스피커가 많이 사용되며, 주로 옥내용이다. 혼 스피커는 옥외, 체육관 등 대출력을 필요로 하는 경우에 사용된다.

② 스피커의 특성

출력 음압레벨, 음압 주파수 특성, 과도 특성, 지향성 등에 따라 스피커의 특성이 정해진다. 음압주파수 특성에 대한 캐비닛의 역할은 중요한 관계가 있으므로 캐비닛은 견고해야 하며, 해로운 공진을 일으키지 않는 것이어야 한다. 스피커의 지향성은 일반 사무실 등에서는 그다지 문제가 안되나 체육관이나 강당 등에서 스피커와 마이크를 동일 실내에서 사용하는 경우 하울링을 방지해야 한다.

(4) 레코드 플레이어

레코드 플레이어의 카트리지에는 세라믹형의 것과 마그네틱형의 것이 있으며, 마그네틱형의 것은 고급 설비에 사용된다. 테이프 레코더는 구동 방식에 따라 3모터 방식과 1모터 방식이 있으며, 원격 조작을 행할 때에는 3모터 방식이 적합하다. 주파수 특성, 성능에 관해서는 단독 성능만을 고려할 것이 아니라, 증폭기, 마이크로폰 등의 성능도 고려해야 한다.

12.3.3 확성 방송 설비의 설계

(1) 기기의 선정과 배치

① 증폭기 용량의 선정

스피커의 배분 입력을 알고 있을 때는 그 합계값을 증폭기 용량으로 한다. 옥내에서 가장 많이 사용되고 있는 16[cm] 콘스피커는 1개당 1[W] 정도로 계산하고 입력값이 큰 혼 스피커는 그 입력을 가산하되 장치의 증설을 고려하여 증폭기 용량을 결정하는 것이 바람직하다.

② 스피커의 배치

천장높이가 2.5~4.5[m]인 일반 사무실에서는 50~70[m^2]마다 1개 정도로 한다. 고급실의 천장에 스피커를 설치하는 경우에는 음량 조절을 할 수 있도록 음량 조절기를 벽면에 부설하는 것이 좋다. 배분 입력값은 조용한 방에서는 0.5[W], 보통의 방에서는 1[W], 소란스러운 방에서는 2[W] 정도로 한다.

③ 비상경보 설비로서의 확성 설비

소방법에 의하면 건물의 규모나 종류에 따라 확성 설비를 설치하도록 하고 있다. 이 경우에 비상 경보설비 전용의 확성 설비로 하는 것보다는 일반용의 확성 설비와 겸용으로 하는 것이 많다.

(2) 배선 설계

스피커의 배치가 끝나게 되면 배선 설계에 들어간다. 스피커 20개 이하마다 1회로로 묶고 동일 방송을 보내고 싶은 장소(예를 들면 복도, 실내)로 나누어 결선한다. 또한 긴급 방송을 행하고자 할 경우에는 그림 6.19와 같이 3선식 배선으로 한다. 동일 실내에 동일 계통 회로의 스피커를 2개 이상 설치하는 경우에 같은 벽, 천장에 배치하는 경우이면 극성을 동일하게 결선하고, 서로 맞보고 있는 벽에 설치하는 경우이면 극성을 반대로 해서 접속한다. 이때에 색별 배선 방식을 택하면 편리하다. 스피커 배선에는 600[V] 비닐 절연 전선 또는 HIV를 사용한다. 비닐 절연 전선의 경우 굵기는 1.2[mm] 이상으로 하는 것이 바람직하다.

마이크로폰 배선에는 마이크로폰 코드 등을 사용한다. 마이크로폰 배선은 저 레벨이고 외부로부터 유도 장해를 받기 쉬우므로 반드시 금속관 배선으로 함과 동시에 스피커 회로, 전등 · 전동력 회로 등으로부터 띄어서 배선한다.

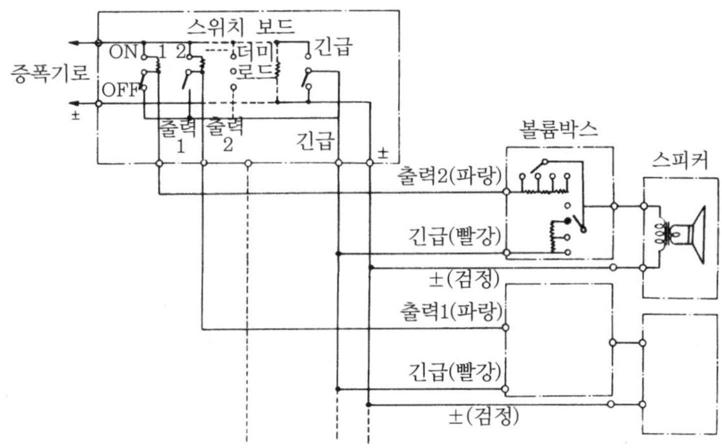

그림 6.19 확성 설비의 3선식 배선

6.3.4 확성 방송 설비의 설치

확성 방송 설비의 설치시 주의해야 할 사항은 다음과 같다.

① 증폭기는 되도록이면 전용의 방송실을 마련하여 거기에 수납하여 방송하도록 한다.

② 증폭기는 점검 · 보수가 용이하도록 원칙적으로 표 6.17에 제시하는 간격을 유지한다.

③ 천장에 매입하는 스피커는 조명기구나 공조설비의 흡출구 등과 잘 조화되도록 주의한다.

④ 옥외용 스피커는 비바람에 충분히 견딜 수 있도록 견고하게 설치한다.

⑤ 증폭기는 습기나 먼지가 없는 장소에 설치하고, 환기 및 방열에 주의한다.

표 6.17 증폭기의 설치

증폭기의 형태	벽면, 기둥면과의 간격[m]	
데스크형 캐비닛형	정 면 측 면 배 면	1.5 이상 0.5 이상 *0.6 이상
탁 상 형	정 면	1.0 이상

6.4.1 인터폰 설비의 개요

인터폰(interphone)은 건물 내의 구내 전용의 통화 연락을 목적으로 설치되는 것으로서 법적 규제는 거의 없으며, 현관과 거실, 주방을 연결하는 것을 위시해서 일반 업무용, 공장용, 회사, 관청에서 부서의 장과 비서 간에 엘리베이터용 등으로 널리 사용되고 있다. 인터폰은 사용방식, 통화 방식에 따라 많은 종류가 있으며, 기종에 따라 특징도 각각 다르다.

인터폰 설비에 사용되는 용어로는 다음과 같은 것들이 있다.

① 모기(母機, 기준기) : 통화에 있어서 주된 기능을 갖추고 있는 인터폰

② 자기(子機) : 모기에 접속하지 않으면 통화가 되지 않는 것

③ 교호 통화식 : 통화자 사이에서 교대로 송수화하면서 통화할 수 있는 방식

④ 동시 통화식 : 통화자 사이에서 동시에 통화할 수 있는 방식

⑤ 선국수 : 개개의 모기, 자기의 호출을 선택할 수 있는 상대방 수

6.4.2 인터폰 설비의 종류

(1) 접속방식에 따른 분류(그림 6.20)

① 모자식(母子式)

1대의 모기를 중심으로 여러 대의 자기를 접속하는 방식으로, 배선이 간단하며, 전원장치는 모기에 부착하고, 사용 빈도가 많은 곳에는 적당하지 않다. 모기의 중계 조작에 의해서 자기 사이의 통화가 가능한 것도 있다.

② 상호식

모자식에서 모기만을 조합하여 접속하는 방식으로, 다이얼 또는 누름 버튼의 조작으로 어느 기기에서나 임의의 기기로 통화할 수 있다. 배선수가 많아지고, 전원 설비는 각 기기마다 필요하며 사용 기종은 전화기형이 많다.

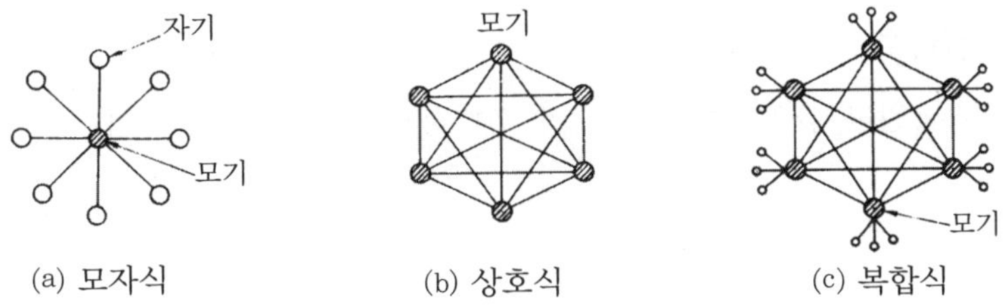

그림 6.20 접속방식에 따른 인터폰 설비

③ 복합식

모자식과 상호식을 조합한 방식이고, 모기 상호간은 임의로 통화가 가능하며, 각 모기에 접속된 모자간의 통화도 할 수 있도록 하는 방식이다.

(2) 동작 원리에 따른 분류(그림 6.21)

① 동시 통화식

모기와 자기 상호간에 전화기처럼 동시에 통화할 수 있다. 모자식 및 상호식인 것의 선국 수는 1, 3, 6, 10, 12, 20, 24국의 종류가 있고 선국 방식에는 다이얼식과 누름버튼식이 있다.

② 교호 통화식

프레스 토크식(press talk)이라고도 하며, 말할 때는 통화 버튼을 누르고, 상대방의 말을 들을 때는 버튼을 놓고 통화하는 방식이므로 스피커를 사용한다. 모기의 선국 수는 1, 2, 3, 5, 10국용이 있다.

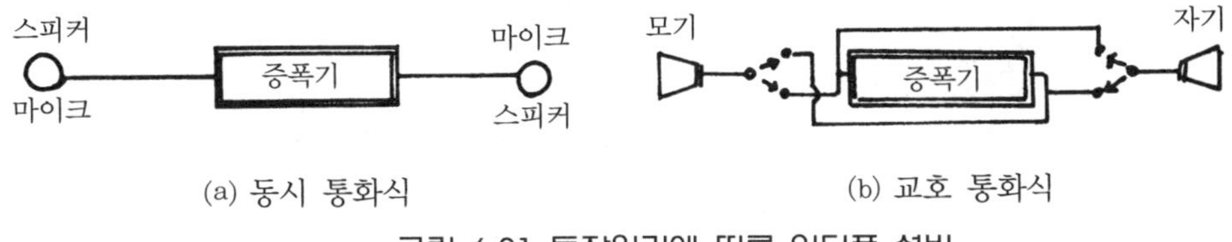

그림 6.21 동작원리에 따른 인터폰 설비

(3) 용도에 따른 분류

① 사무용 인터폰

사무실, 학교, 호텔 등에서 건물 내의 상호 연락용으로 사용되며, 확성 방송 설비와의 연동에 의한 일제 호출 방송을 겸한 페이징(paging)설비도 있으며, 페이징 설비는 공항이나 역 등에서도 사용된다.

② 공장용 인터폰

공장 내에서 작업자에게 연락하기 위한 연락용이나 중앙 감시실에서 기계실에 연락할 때 사용한다.

③ 병원용 인터폰(nurse call interphone)

병실의 각 침대와 간호실(nurse station) 사이의 연락을 위한 것으로, 침대 옆의 푸시버튼에 의하여 간호실을 호출하고 통화한다. 간호실에서는 어느 병상에서 호출하는지의 표시가 되도록 한 것으로, 간호의 신속화와 시간의 절약을 도모할 수 있다.

⑥ 주택용 인터폰

집합주택 등에서 방재 연락, 비상 통보, 문의 개폐 등의 기능을 갖는 집합 주택 관리용 인터폰이 사용되며, 개인 주택의 경우에는 방문자와의 응대용으로 홈 오토메이션 설비로 사용되는 것이다.

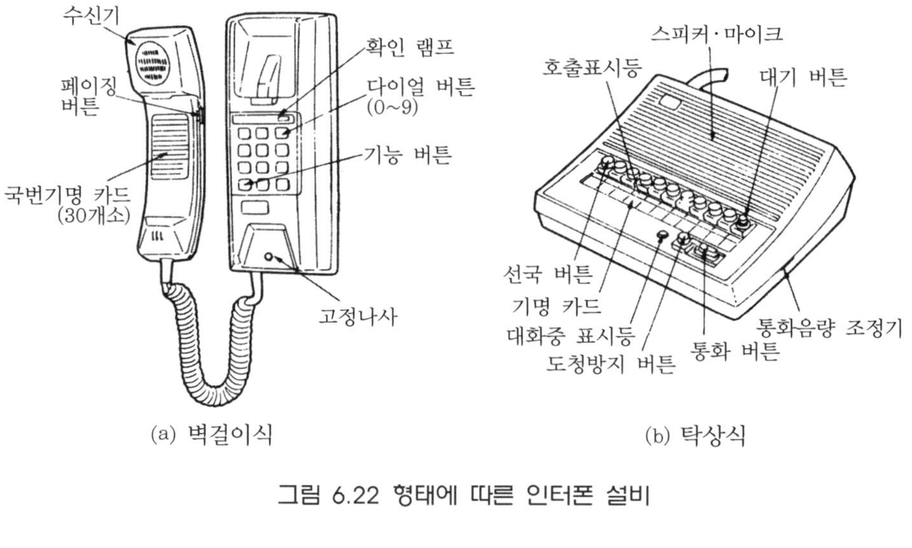

그림 6.22 형태에 따른 인터폰 설비

6.4.3 인터폰 설비의 설계 및 시공

(1) 인터폰 설비의 설계

인터폰에는 그 종류가 대단히 많은 관계로 특징도 그 종류에 따라 각각 다르다. 따라서 설계할 때는 사용목적, 사용자의 의도 등을 충분히 고려한 방식 · 기종을 선정한다.

배선에는 일반적으로 0.8[mm] 이상의 600[V] 비닐 절연 전선을 사용한다. 선국수나 모기 대수가 많은 경우이면 0.65[mm] 정도의 통신 케이블을 사용한다. 특히, 전화형 동시통화식인 상호식의 경우에는 다른 기기에 이르는 분기 배선 때문에 선수가 많아지고, 노출 부분도 많아지는 관계상, 플로어 박스 등을 이용해서 노출 배선 부분이 가급적 짧아지도록 설계한다.

기기간의 배선수는 제조자에 따라 약간 차이가 있으므로 그때그때 검토가 필요하지만, 기종별 배선 거리의 최대치, 최대 선수를 예시하면 표 6.18과 그림 6.23과 같다.

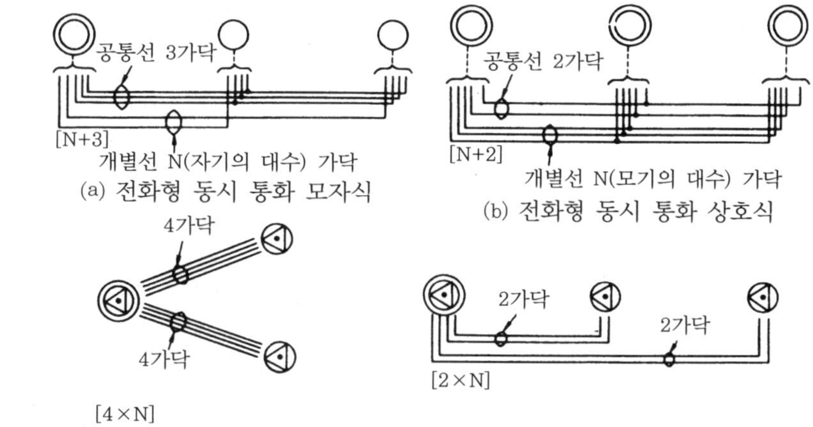

(a) 전화형 동시 통화 모자식 (b) 전화형 동시 통화 상호식 (c) 전화 스피커형 동시 통화 모자식 (d) 스피커형 상호 통화 모자식

그림 6.23 인터폰 설비의 배선 가닥수

표 6.18 인터폰 설비의 최대 배선 거리

기 종	전원방식	최대배선거리		
		배선 0.5[mm]	배선 0.65[mm]	배선 0.8[mm]
전화형 동시 통화식	교류 100[V]	200m	300m	500m
	건전지식	50m	80m	130m
전화 스피커형 동시 통화식	교류 100[V] 건전지식	100m	150m	250m
스피커 교호 통화식	교류 100[V] 건전지식	100m	150m	250m

(2) 인터폰 설비의 시공

① 벽걸이식 인터폰의 취부 높이는 대개 1.5[m] 정도로 한다.

② 전원 장치는 보수가 용이하고 안전한 장소에 시설한다.

③ 전화 배선과는 별도의 계통으로 해야 한다.

6.5 TV 공동 수신 설비

6.5.1 TV 공동 수신 설비의 개요

텔레비전 공동수신설비란, 안테나 1대를 설치하여 양질의 TV 전파를 수신한 다음, 직접 또는 증폭기를 거쳐 여러 대의 수상기에 전파를 배분하는 설비를 말한다.

TV 공동수신설비에는 집합 주택에서 여러 대의 TV를 보기 위하여 설치하는 주택공동수신, 일반 건축물의 빌딩 공동수신, 건축 구조물이나 높은 산에 의한 수신장해 대책용인 난시청지대 공동수신 외에 독자적인 프로그램을 볼 수 있도록 하는 유선TV방송 설비(CATV) 등 대규모에서 소규모에 이르기까지 그 종류가 많이 있다.

본 절에서는 일반 건축물에 사용되는 TV 공동수신설비와 위성 방송수신설비 및 앞으로 많이 사용될 CATV설비에 대하여 살펴보기로 한다.

(1) 전파의 분류

주파수에 따른 전파의 분류를 표 6.19에 나타내며, 텔레비전은 표에서 보는 것처럼, VHF와 UHF 전파를 수신하여 사용하는 것이다. VHF와 UHF의 성질에 대하여 간단히 설명하기로 한다.

표 6.19 주파수에 따른 전파의 분류

명 칭	기호	주파수	파 장	주파수 대번호	주 용 도
Very Low Frequency	VLF	3[kHz] ~	100[km] ~	4	장거리 대전력 통신
Low Frequency	LF	30[kHz] ~	10[km] ~	5	장거리 고정국 간의 통신, 선박통신, 항행 보조
Medium Frequency	MF	300[kHz] ~	1,000[m] ~	6	방송, 선박 통시, 항행 보조, 항공 통신, 경찰 통신, 항만 통신
High Frequency	HF	3[MHz] ~	100[m] ~	7	표준 전파(5[MHz]), 중거리 또는 장거리의 국내 또는 국외 각종 통신
Very High Frequency	VHF	30[MHz] ~	10[m] ~	8	텔레비전, FM방송, 레이더, 항공 보조 등
Ultra High Frequency	UHF	300[MHz] ~	1[m] ~	9	
Super High Frequency	SHF	3[GHz] ~	10[cm] ~	10	텔레비전, 다중 통신, 레이더, 위성 통신
Extremely High Frequency	EHF	30[GHz] ~	1[cm] ~	11	
		300[GHz] ~ 3[THz]	1[mm] ~ 0.1[mm]	12	특수 통신

(2) VHF의 특징

초단파(very high frequency, VHF)라고도 하는 VHF 전파의 특징은 다음과 같다.

① 주파수 범위는 30~300[MHz]이다.

② TV에서는 2~12채널을 사용하고 있다.

③ 채널수가 작고 잡음의 영향이 있다.

④ 별도의 송수신 장치를 필요로 하지 않는다.

⑤ UHF 전파에 비하여 파장이 길기 때문에 먼 거리 송신에 유리하다.

(3) UHF의 특징

극초단파(ultra high frequency, UHF)라고도 하는 UHF 전파의 특징은 다음과 같다.

① 주파수 범위는 300[MHz]~3[GHz]이다.

② 국내의 TV에서는 15~56채널을 사용하고 있다.

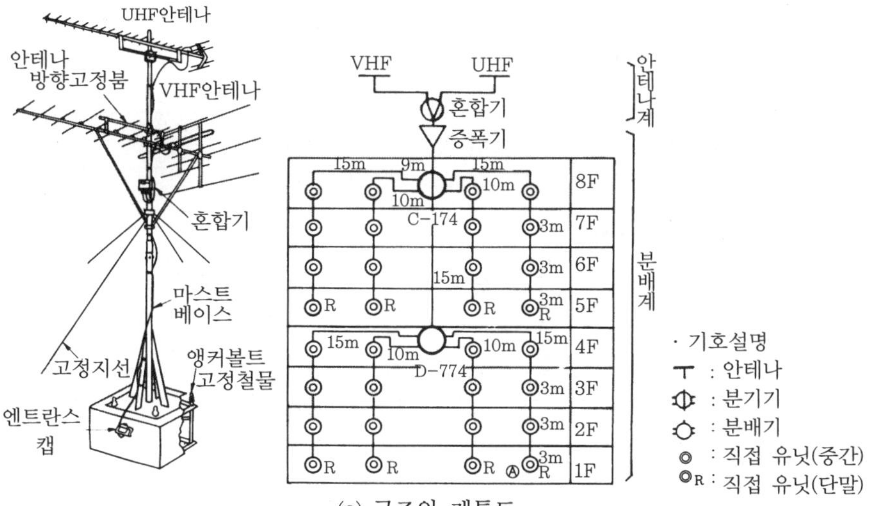

(a) 구조와 계통도

(b) 혼합기 (c) 증폭기 (d) 분배기 (e) 직렬 유닛

그림 6.24 TV 공동수신설비의 계통도와 주요기기

③ 채널수가 많고 잡음의 영향이 적다.
④ 수신 장치가 비싸서 별도의 수신 장치를 필요로 한다.
⑤ VHF 전파에 비하여 파장이 짧기 때문에 감쇄가 크다.

6.5.2 TV 공동수신설비의 주요 기기

TV 공동수신설비에 사용되는 주요 기기로는 안테나, 혼합기, 증폭기, 분배기 등이 있는데 이들의 전체 계통도 및 기기를 그림 6.24에 나타내며 이들에 대하여 알아 보기로 한다.

(1) 안테나

안테나는 방송국에서 발사한 TV 전파를 수신하는 기기로서, 공청용으로는 주로 7~11개소자의 것이 널리 사용되며, 소자(element)의 수가 많을수록 지향성과 이득이 좋아진다. TV 공청용에 사용되는 VHF와 UHF 안테나의 특성을 표 6.20에 비교 설명하였으며, 각종 안테나의 외관을 그림 6.25에 나타낸다.

표 6.20 VHF와 UHF용 안테나의 특성

	VHF 안테나	UHF 안테나
안테나 형태	 12소자 광대역 안테나 예	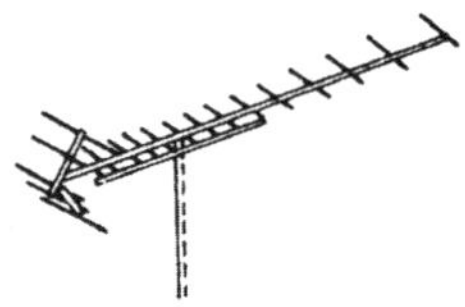 22소자 안테나 예
사용 채널	2~12	15~56
대역	광대역, 전용대역, 광 · 전용대역	저대여, 중대역, 고대역
소자수	5 이상, 8 이상	20 이상
동작이득[dB]	5, 7, 6.5, 9	8
소자재질	내식 경량 알루미늄	내식 경량 알루미늄

(2) 혼합기

VHF 및 UHF 등 서로 다른 주파수대의 전파신호를 1개의 출력단자로 기능을 합친 기기를 혼합기라고 한다.

혼합기에서는 VHF와 UHF의 전파별로 각기 다른 안테나로 수신하고, 다른 방향에서 전파별로 안테나로 수신하는 것을 간섭하지 않고 1개의 기기로 합치게 된다. 또한 반대의 기능을 간섭하지 않고 1개의 기기로 합치는 것이다. 혼합기의 전기적 특성은 표 6.21과 같다.

(a) VHF용 안테나

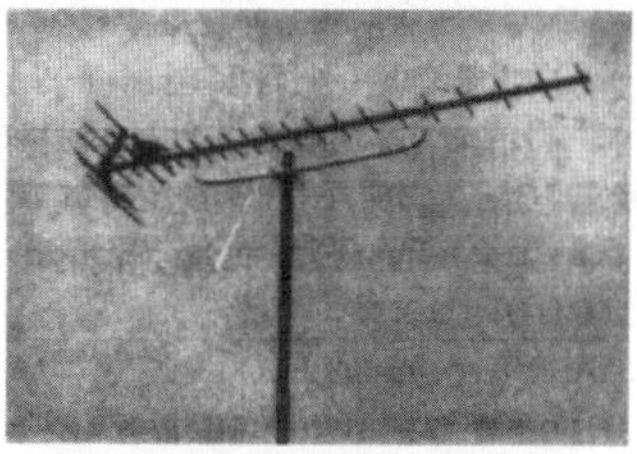

(b) UHF용 안테나

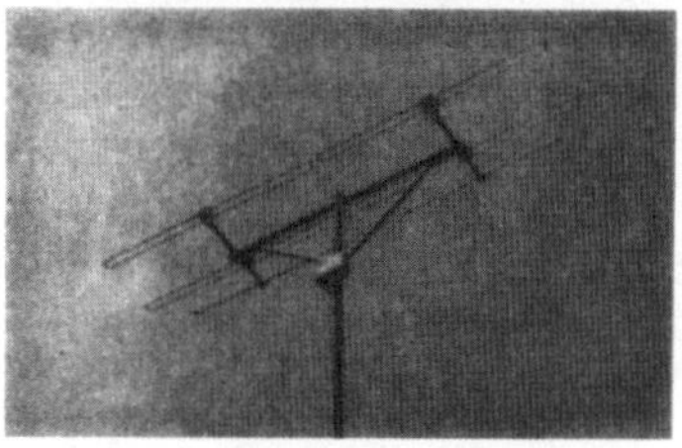

(c) 전파 장해 대책용 안테나

(d) 위성방송용 안테나

그림 6.25 TV용 안테나의 종류

표 6.21 혼합기의 전기적 특성

종 류	임피던스[Ω]		정재파비 VSWR	삽입손실[dB]	대역의 감쇄량[dB]
	입 력	출 력			
VHF와 VHF와의 혼합	75	75	1.5 이하	1.5 이하	25 이상
UHF와 VHF와의 혼합	75	75	1.8 이하	1.5 이하	25 이상
UHF와 UHF와의 혼합	75	75	1.8 이하	1.5 이하	25 이상

(3) 증폭기

부스터라고도 하며, 수신지역의 전파강도가 약한 장소, 또는 전송로(동축 케이블 등), 분기기, 분배기, 직렬유닛 등에서의 손실 때문에 수신전파의 신호를 증폭시켜 주는 기기이다. 말단 TV 수상기에서의 입력이 70dB 이상이 되도록 증폭기를 설치한다.

(4) 분배기

안테나에서 수신된 TV전파는 혼합기를 거쳐서 증폭기에서 신호를 증폭한 후 분배기를 거쳐 정합기 또는 직렬유닛으로 전송한다. 일반 대규모 빌딩인 경우에는 간선계통에 분기기를 설치한 후, 분기 출력 후에 분배기를 삽입하여 TV 수상기의 출력단자까지 배선을 하게 된다. 분배기는 각 층별로 수납함에 넣어서 보수, 점검에 편리하도록 한다. 비교적 층수가 적고 또한 각 층마다 방의 크기가 일정한 경우에는 직렬유닛에 의한 방법이 유리하다.

이들은 말단 정합기의 출력이 60[dB] 이상이 되도록 전송선의 굵기, 분기기, 분배기 등을 선정해야 한다. 그리고 전계 강도가 대단히 강한 장소에서는 창을 통하여 들어오는 전파가 정합기와 TV 수상기 간의 평형 피더를 따라 들어오기 때문에 고스트(ghost)의 원인이 되기도 하기 때문에 이런 곳에서는 TV 수상기까지 동축 케이블로 배선하여 수상기 측에 정합기를 설치하는 것이 바람직하다.

(5) 전송선

안테나로 수신한 전파를 위에서 설명한 각종 기기를 거쳐서 TV 수상기에 전달해 주는 것이 전송선(feeder)이며, 종류에는 평형 피더와 동축 케이블이 있는데 주로 동축 케이블이 사용된다. 평형 피더는 감쇄량은 적으나 표면에 물방울이나 염분이 부착하는 경우, 또는 금속 등의 물체에 접근하는 경우에는 감쇠량이 급격히 증가하며, 작업성, 안정성, 수명 등이 안 좋다. 동축 케이블은 평행 피더에 비해서 감쇠량은 크지만 작업성, 안정성, 긴 수명 등 장점이 많아서 대부분 이것을 사용하고 있다. 그림 6.26에 전송선의 외관을 나타낸다.

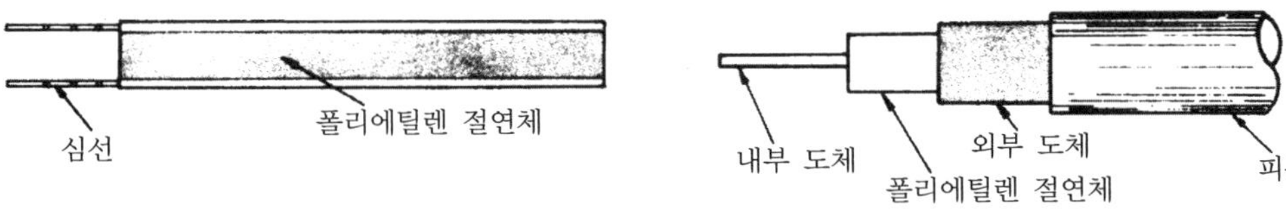

(a) VHF용 평형 피더(300Ω) (b) 동축 케이블

그림 6.26 전송선의 종류

6.5.3 TV 공동수신설비의 설계 및 시공

(1) 안테나의 선정 및 배선

사전에 전계 강도를 측정하고 부근의 빌딩이나 산 등에 의한 반사파, 자동차 · 네온 등에 의한 잡음 전파의 영향이 적은 장소를 선정한다. 수신점의 안테나 출력은 최소한 50[dB] 이상이 아니면 실용적이 아니라고 한다. 그리고 모든 채널 전파가 동일 방향에서 동일 강도로 도달하는 경우이면 전용대역 안테나를 사용하고, 채널에 따라 전파의방향이나 강도가 다른 경우이면 전용대역 안테나를 조합한 후 혼합기로 혼합해서 전송선에 접속한다.

(2) 부속기기의 선정

분기기, 분배기 등은 층별로 수납함에 넣도록 하는데 수납함의 크기는 표 6.22에 나타낸 것 중에서 적정한 크기의 것을 선택한다. 말단 정합기의 출력은 60[dB] 이상이 되도록 전송선의 굵기, 분기기, 분배기 등을 선정할 필요가 있다.

(3) TV 공동수신설비의 시공

① 안테나는 순시 풍속 40[m/sec] 정도에 충분히 견딜 수 있도록 견고하게 설치한다.

② 안테나는 피뢰침의 보호각 안에 들어가도록 설치한다.

③ 원칙적으로 강전류 전선 등에서 3[m] 이상 띄어서 안테나를 설치한다.

④ 정합기는 일반적으로 바닥 위 30[cm]로 한다.

표 6.22 부속기기 수납함의 크기

(단위 · mm)

종별 \ 외형치수	W	H	D
1형 수납함	300	300	100
2형 수납함	400	400	100
3형 수납함	450	450	100
4형 수납함	500	500	100
5형 수납함	500	600	100

(일본 건설성, 텔레비전 공청장치 표준에서)

⑤ 분기기, 분배기로 사용하지 않는 플러그 접전(接栓)에는 더미 로드(dummy load)를 취부한다.

6.5.4 CATV 설비

(1) CATV 설비의 개요

유선 텔레비전 방송 설비(CATV)는 TV전파가 약한 난시청지역의 산간 벽지에서 도시와 같은 영상을 수신할 수 있도록 산 정상에 대형 안테나를 설치하여 그곳에서 케이블을 각 가정에 끌어 들여 그것에 방송전파 신호를 실리는데서 비롯된 시스템으로서 공동안테나 TV(community antenna television)시스템의 약칭이다.

최근에 이르러 그 발전은 눈부시며 난시청 대책으로 비롯된 단순한 재송신 시스템으로만이 아니라 TV에 의한 정보 전달 시스템으로서 그 광대역 전송 특성을 활용하여 종합통신망 구상으로 발전하고 있는 것이 특징이다.

(2) CATV 설비의 시스템

① 재송신 CATV 시스템

산간 벽지에 있어서의 난시청 해소, 도시에서의 건축물 장애 대책 등으로 선명한 화상의 수신 목적만이 아니고, 그 지역에서는 시청할 수 없는 프로그램을 인근지역에 있는 방송국에서 프로그램을 가져와 가입자에게 재송신하는 기능을 갖는 시스템이다.

② 자주 방송 CATV 시스템

CATV 시스템은 공중전파가 아니고, 동축 케이블로 신호를 보내는 시스템이고, 자주 방송 시스템은 빈 채널을 이용하여 자주 방송용의 TV 신호를 송수신하는 시스템이다.

③ 기타

위의 ①, ② 시스템은 일반 다수의 가입자인데 비하여 폐쇄회로 텔레비전 시스템은 호텔, 학교, 아파트, 병원 등 특정 다수의 공동사용을 목적으로 한 것으로 중앙에 놓인 송신소의 헤드 엔드에서 신호를 한쪽 방향으로 전송하는 분배망의 기능을 할 뿐만 아니라, TV 신호의 발생원의 각종 장치를 CATV망 속의 필요지점에 설치하여 그 신호를 반대 방향 전송로에 의해서 헤드엔드에 역송신하여, 순방향 전송로에 의하여 가입자에게 분배하도록 양방향 전송의 기능을 가진 CATV 시스템이다. CATV 설비의 계통도를 그림 6.27에 나타낸다.

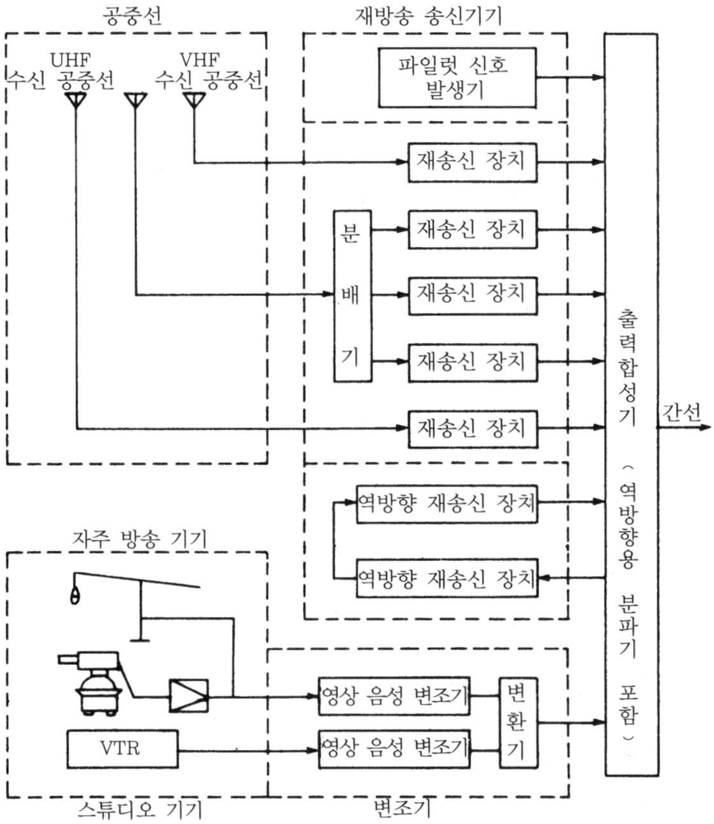

그림 6.27 CATV 설비의 계통도

6.5.5 위성방송 설비

(1) 위성방송의 개요

지상 약 35,900[km]의 상공에 인공위성을 쏘아 올리고, 이것으로 전파의 반사(수동 위성)

또는 증폭(능동 위성)중계를 해서 무선통신을 하는 것을 위성 통신이라고 하고, 보통 임계주파수 이상으로서 감쇠가 적은 1~10[GHz]대(전파의 창, window)의 주파수를 사용한다.

국제통신에서는 인텔샛(INTELSAT : 국제 상업위성통신기구)이 주관하여 여러 개의 각종 위성을 쏘아 올려 텔레비전 방송의 국제 중계 등, 다른 통신 수단으로는 매우 곤란한 통신 서비스를 현재와 같이 실현시켰다. 한편, 국내 통신에서는 자기 나라의 통신 위성을 쏘아 올림으로써 각 도시 상호간의 전화 중계 외에 데이터 통신, 텔레비전 전화, 팩시밀리, 텔렉스, FM 방송 등의 전송중계에도 사용하고 있다. 그 밖의 항공기나 선박과 육상 간의 공중 전화, 업무 통신 등에도 보급될 것으로 전망된다.

통신 위성을 적도 상공 약 35,900[km]에 쏘아 올리면 위성의 궤도 주기와 지구의 자전주기가 일치해서 지구에서 보면 위성이 정지해 있는 것처럼 된다. 이것을 정지 위성이라 하고, 2지점 사이에 위성 통신을 항상 할 수가 있다. 위성의 높이가 높아질수록 지상국과 위성 간의 거리가 멀어져서 전송에 걸리는 시간이 길어진다. 이것은 텔레비전, 전신, 데이터 전송, 팩시밀리, FM 방송 등의 편도전송의 경우에는 지장이 없으나, 전화에 의한 상호통화의 경우에는 상대편의 응답이 돌아올 때까지 시간이 걸리는 결점이 있고, 또 자기의 음성이 수신측에서 반사해 오는 메아리(echo)의 지연시간이 길어져서 명료도를 저하시키는 원인이 된다.

(2) 위성 통신

인텔샛의 정지 위성은 그림 6.28(a)와 같이 우주 상공에 배치되어 지구국에서 발사한 전파를 중계한다. 지구국의 송신출력은 50~20[kW] 정도의 마이크로파(microwave)이고, 중계 전파의 주파수를 달리하여 지상으로 보낸다. 우리나라의 지구국은 충남 금산에 있으며, 태평양과 인도양 상공에 있는 통신 위성과 중계를 한다. 위성 통신용 인텔샛의 모양은 그림 6.28(b)와 같으며, 위성의 성능을 표 6.23에 나타냈다.

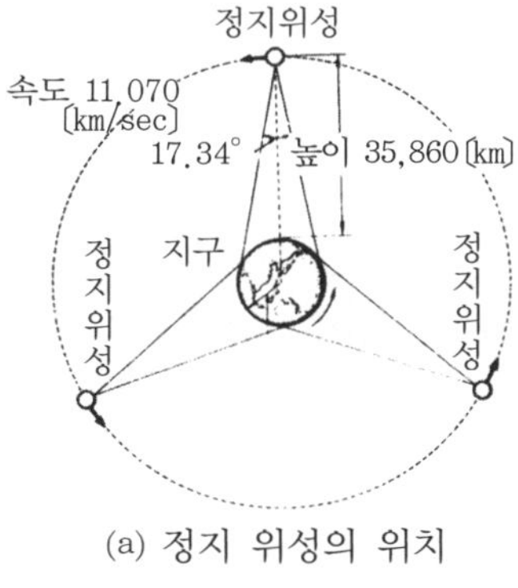

(a) 정지 위성의 위치

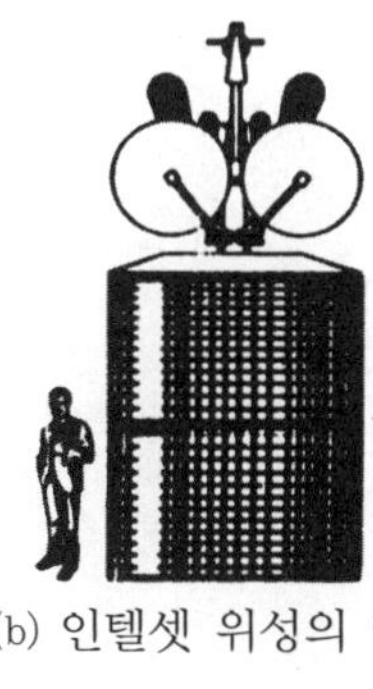
(b) 인텔셋 위성의 예

그림 6.28 위성 통신

표 6.23 인텔샛 통신 위성의 특성

특　　성	규　　격
중량(궤도상)	400[kg]
수신 주파수	5.925~6.425[GHz]대
송신 주파수	3.700~4.200[GHz]대
응답기(대역폭×대수)	36[MHz]×12
송신 출력(응답기 1대당)	글로벌 200[W], 스폿 3[kW]
통신 용량	전화 1,000회선 이상, TV 수 채널
태양 전지 출력	570[W]

(3) 위성 방송의 수신

인텔샛 위성 통신은 국제 간의 전화나 TV 중계를 허락된 할당 시간에만 사용할 수 있는 제약을 받으며, 또한 개인이 직접 수신은 할 수 없다. 위성 방송은 자기 나라가 소유한 통신 위성을 방송 중계용으로 사용하고, 위성으로부터 발사하는 중계 전파를 개인이 직접 수신할 수 있게 하는 것이다.

위성 방송을 지상 방송의 특징과 비교하면, 국내 어느 곳에서도 수신할 수 있고, 우주로부터 발사되는 전파는 높은 각도로 지상에 도래하기 때문에 지형이나 고층 빌딩의 영향이 적다. 또한 수신에 사용하는 파라볼라 안테나는 예리한 지향 특성을 가지므로 빌딩 등에 의한 반사파의 영향이 적어져서 고스트(ghost)가 없는 깨끗한 영상을 수신할 수 있다. 그리고 음성신호를 PCM 다중방식으로 전송하면 다양한 고품질의 음악 프로그램을 선택적으로 수신할 수 있고, 또한 음성 이외에 디지탈 정보를 전송하기도 한다. 위성 방송의 구성도를 그림 6.29에 나타내고, 건물에서의 위성 방송 수신장치를 그림 6.30에 나타낸다.

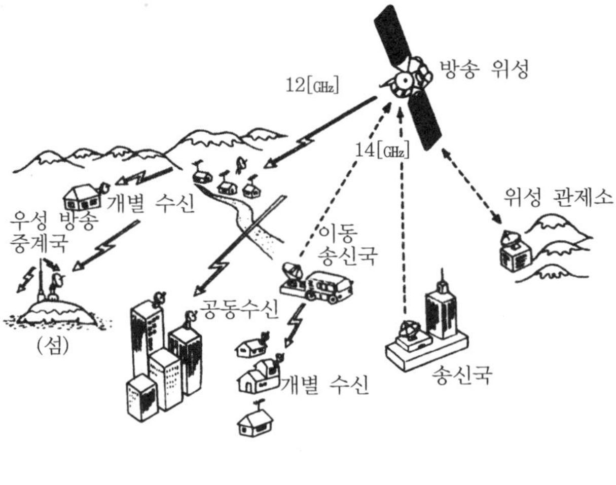

그림 6.29 위성 방송의 구성도

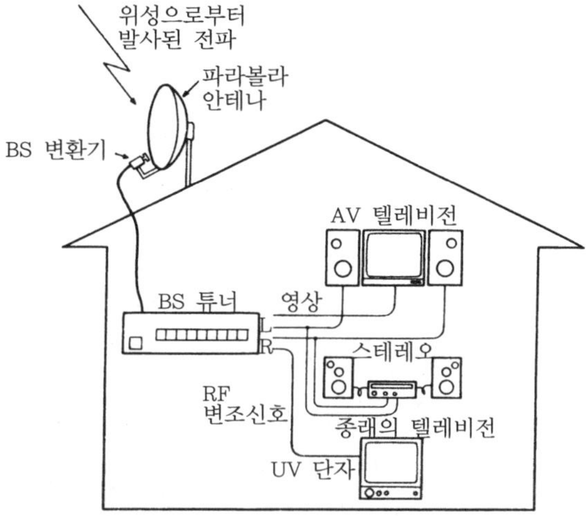

그림 6.30 위성 방송의 수신 장치

6.6 표시 설비

6.6.1 표시 설비의 개요

표시 설비(display facilities)는 표시 · 벨(bell) 설비라고도 한다. 표시 · 벨 설비란 회사 · 관공서 등에서 표시용 · 호출용 · 연락용으로 사용되는 것으로서, 램프의 점멸 또는 부저의 울림에 의해 표시하며, 표시반 · 벨 · 부저 · 발신기 · 전원 장치 및 배선을 말한다. 이 밖에 표시 설비에는 투약(投藥)표시기, 간호사 호출 설비(nurse call 설비), 의사 호출 설비(doctor call 설비)까지도 포함시키는 경우가 있다(간호사 호출 설비, 의사 호출 설비는 표시 · 벨 설비와 인터폰 설비를 결합한 설비로서, 표시 설비에 분류하기에는 적당하지 않다고 보는 측도 있다). 표시 기능면에서 표시기를 분류하면 램프식 · 전광사인식 · 표시판 광자식(光字式) · 반전판식(反轉板式) · 회전식 등을 들 수 있다. 그리고 표시는 램프나 회전관으로 행할 뿐 아니라 벨 · 부저 등을 동시에 사용하는 경우가 많다. 표시 설비는 용도나 동작 원리 등에 의해서 그 종류가 매우 많은 관계로 일일이 다루기는 어렵다. 따라서 본 절에서는 사무실용, 병원용, 주차장용의 표시 설비에 대하여 알아보기로 한다.

6.6.2 사무실용 표시 설비

회사 등에서 간부들의 재실 여부를 표시하기 위한 설비로서, 전원 장치, 발신기, 표시반 등으로 구성되어 있다.

(1) 표시반

사무실용으로 주로 사용되는 표시반의 예를 그림 6.31에 나타낸다. 이것은 램프의 점멸, 회전판의 회전 등에 따라 재석 여부를 표시하는 것으로서, 일반적으로 램프식과 회전식이 많이 사용된다. 구조상으로는 벽걸이형이 보편적이지만 탁상형의 것도 있다. 램프식 표시반으로는 직접 표시식, 부출 표시식, 난반사 표시식 등이 있다. 직접 표시식의 것은 그림 6.31에서 보는 바와 같이 표시상의 아크릴면에 문자를 기입하여, 내부에 설치한 램프의 점등으로 문자를 보이게 하는 방식이다. 부출 표시식의 것은 아크릴면의 뒷면에 문자를 조각하고, 점등할 때만 문자가 부출되도록 한 것이다. 따라서 소등 시에는 문자가 보이지 않는다. 난반사 표시식의 것은 두꺼운 아크릴판 뒷면에 문자를 깊게 새기고, 상부에서 램프 빛을 비추어 조각면이 난반사를 일으켜 문자를 보이게 하는 것이다.

그림 6.31 램프식 표시반

(2) 발신기

표시반의 표시 상태등을 바꾸기 위한 것으로서, 탁상형과 매입형이 있다. 발신 스위치는 토글 스위치(toggle switch), 피아노식 누름 버튼 스위치 등이 사용된다.

조작방식에는 간부가 자기 방에서 조작하는 방식과, 현관 또는 수위실에서 수위가 조작하는 방식이 있다. 전자는 1점 발신식이 많고, 후자는 다점 발신식이 많다.

(3) 전원 장치

램프식인 경우에 많이 사용되며, 램프를 점등하는데 필요한 AC 24[V], 48[V] 또는 계전기를 이용할 경우에는 계전기 동작용으로 DC 24[V]의 전원을 공급하는 장치이다. 자립형과 벽걸이형이 있으며, 배전실에 설치한다. 변압기 용량은 50~2,000[VA]까지 여러 종류가 있다.

6.6.3 병원용 표시 설비

병원에서 사용하는 호출 표시기로서, 환자가 각 침대에서 간호사를 호출하는 경우에 사용된다. 간호사 호출 표시기, 복도등, 실내등, 버튼, 복귀 버튼 등으로 구성되며, 최근에는 회화까지도 가능한 인터폰 기능을 부가한 것, 또는 TV를 이용해서 환자의 상태나 병실의 상황까지 관찰할 수 있는 설비도 있으므로 표시 설비와 인터폰 설비의 구별이 어려운 것도 있다.

동작 원리를 설명하기로 한다. 환자가 누름 버튼을 누르면 간호사실에 있는 호출 표시기에 신호가 전달되어, 부저가 울리고 표시창이 점등된다. 동시에 병실에 있는 실내등과 복도등이 점등되어 환자는 실내등의 점등을 통해서 자신의 호출 신호가 전달됨을 확인할 수 있다. 간호사는 표시창을 통해서 호출 병실을 알게 되어 그 병실로 가서, 들어갈 때 입구에 있는 복귀 버튼을 눌러 주면 그 회로의 동작이 복귀되므로 복도등, 실내등, 표시창 등이 소등됨으로써 다른 간호사가 재차 호출 병실을 가는 일이 발생하지 않도록 한다.

6.6.4 주차장용 표시 설비

큰 빌딩의 지하 주차장에는 표시 설비가 필요한데, 이는 입출 차량의 관제를 위한 자동차 출입표시, 주차 대수의 표시를 위한 재고 대수 표시, 주차의 만차와 공차를 표시하는 재고 표시, 차량 통행의 안전한 안내 및 유도를 표시하는 유도신호 관제설비 등이 사용된다.

사용되는 방식으로는 초음파식, 광전관식, 인덕턴스식, 디딤판식 등이 있으며, 주차상황을 나타내는 주차장 입구의 재고 표시 설비를 그림 6.32에 나타낸다.

그림 6.32 주차장 재고표시설비

6.6.5 표시 설비의 설계 및 시공

(1) 표시 설비의 설계

표시 설비는 법적인 규제가 적으므로, 일반 빌딩에 설비되는 출퇴근 표시기, 호출 표시기에 대하여 알아보자. 표시반의 형식, 발신기의 위치, 표시반의 설치 대수, 계전기가 부착되는 표시반의 설치 여부를 검토하고 나서 회로 방식을 결정한다. 계전기가 달린 표시기는 표시반의 대수가 많고, 1개의 발신 스위치로 개폐하는 전류가 많을 경우에 사용한다. 발신 스위치에는 캐노피 스위치가 사용되는데 개폐 전류는 1.0~1.5[A] 이하이다. 전원 장치의 용량은 각 표시반 램프 부하의 합계를 산출하여, 이에 30[%] 정도를 가산해서 장치의 증설에 대비한다. 표시반에 사용되는 램프는 2[W] 2등 정도가 보통이며, 계전기 동작전류는 DC 24[V]용인 경우 9~13[mA] 정도이고, 부저는 50~80[mA] 정도이다.

표시 설비의 설계에서 문제가 되는 것은 전기 설비 기술 기준과의 관련이다. 출퇴근 표시

회로로 취급되는 것은 기술기준 제265조에 의해서 전압은 60[V] 이하이고, 또한5[A] 이하인 과전류 차단기로 보호되는 것만이 이에 해당한다. 배선은 0.8[mm] 이상인 코드 · 캡타이어 케이블 · 케이블 · 절연전선 또는 0.65[mm] 이상인 통신 케이블을 사용할 수 있게 되어 있다.

따라서 5[A]를 초과하는 회로는 강전류 회로로 취급되므로 통신 케이블 등은 사용할 수가 없다. 또한 표시반의 구조, 접지 등에 관해서도 일반 전력설비와 동일한 고려가 필요하게 되므로, 기술기준의 제약을 받지 않기 위해서 전기회로는 1회로 5[A] 이하가 되도록 전원 장치의 부하측 퓨즈로 분할해서 시설하는 것이 보통이다. 표시창 수(表示窓數)가 적은 경우이면 600[V] 비닐 절연전선의 1.0[mm] 이상을 사용하고, 창수가 많아서 계전기를 사용하는 경우에는 전원배선에 비닐전선을, 계전기용 배선에는 CPEV 케이블 등 통신용 케이블을 사용한다.

(2) 표시 설비의 시공

① 표시반이 램프식인 것은 램프의 발열로 인해서 화재의 염려가 있으므로 통풍과 방열이 잘 되는 곳을 선정한다.

② 반전판식의 것은 진동으로 표시판이 이동하기 쉬우므로 진동이 있는 장소는 피한다.

③ 탁상형의 발신기용 배선은 융단(카펫) 하부로 직접 배선하는 경우가 많으므로 가급적 배선이 짧아지도록 한다.

④ 전원 장치는 방열이 잘 되고 보수하기에 용이한 곳을 선정한다.

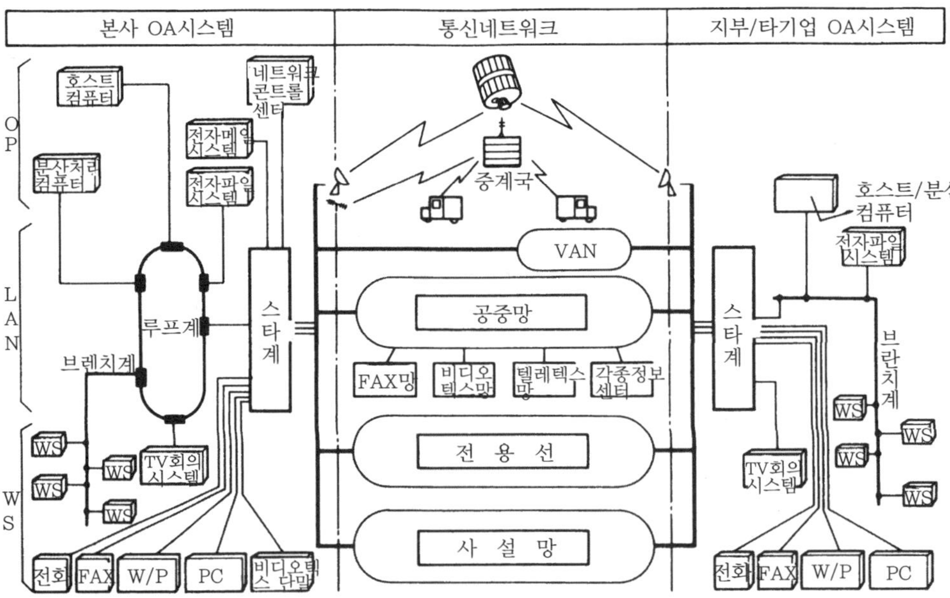

그림 6.33 정보통신 설비의 시스템

6.7 정보화 설비

빌딩의 정보화 향상에 따른 정보 통신 설비 시스템을 그림 6.33에 나타내고, 각각에 대하여 설명하기로 한다.

6.7.1 통신 설비 시스템

(1) 디지털 PBX

전화국 내의 전화 교환기와 마찬가지로 제어 부분과 통화로 부분으로 되어 있다. 종래의 크로스바 교환기로부터 먼저 제어 부분이 전자화되고 계속하여 통화로 부분도 전자화됨으로써 디지털 PBX가 실용화되었다.(그림 6.34)

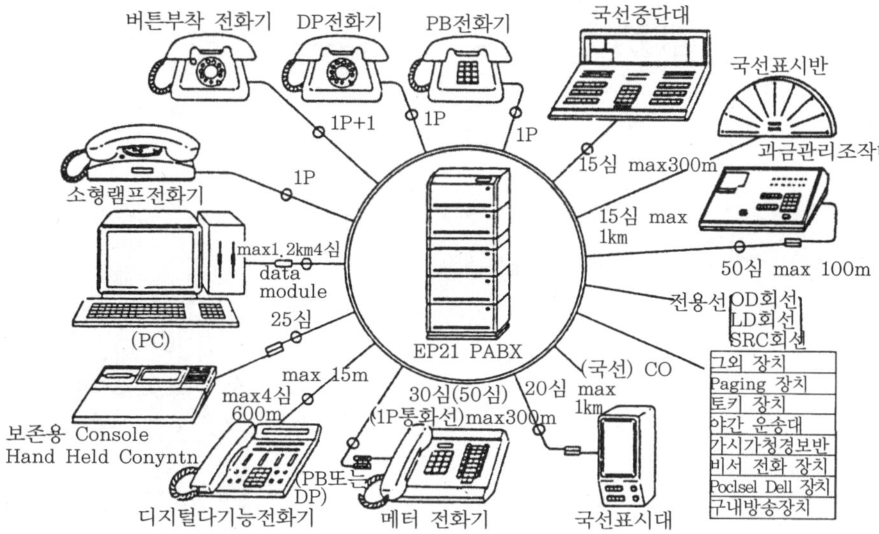

그림 6.34 디지털 PBX의 시스템

(2) 전자 메일

전자 메일(electronic mail)은 종합 통신망 또는 지역내 통신망을 이용하여, 편지나 메모 또는 보고서 등의 메시지를 상호 전달할 수 있는 새로운 통신 시스템으로서 사무자동화를 실현시켜 주는 통신 방식으로서 DACOM-NET나 PSTN 통신망을 통하여 편지나 메모, 보고서 등의 메시지를 전달하는 것으로서 메시지 센터에 설치된 컴퓨터에는 각 가입자마다 메일 박스가 할당되어 있으며, 가입자가 상기 통신망을 통하여 주 컴퓨터에 연결된 단말기 및 통신 가능한 워드 프로세서(word processor), 마이크로 컴퓨터(micro computer), 텔렉스 터미널(telex terminal) 등으로 메세지를 한 명, 혹은 다수의 상대에게 보내면 상대방은 자신의 메일 박스에 도착해 있는 메세지를 단말기 등을 통해 언제라도 찾아볼 수 있다. 전자 메일의 개념도를 그림 6.35에 나타낸다.

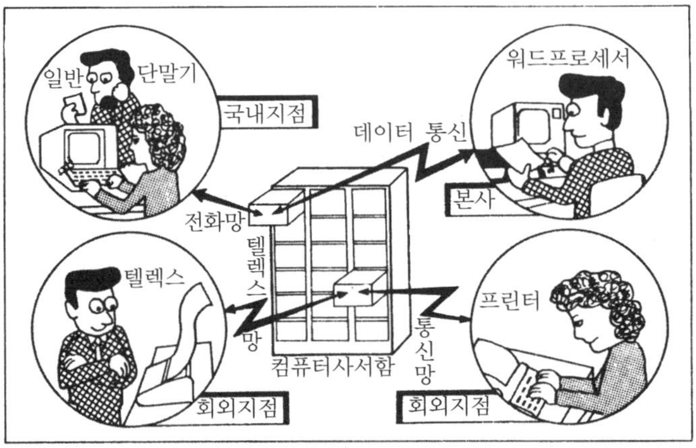

그림 6.35 전자 메일의 개념도

(3) TV 회의

4인으로부터 10인 정도의 TV 회의에는 TV 카메라와 모니터가 일체로 된 포터블형의 장치가 편리하며 종래의 회의실에 설치하는 것만으로 바로 사용할 수가 있다. 물론 이런 경우도 조명이나 음향 성능에 대한 고려는 필요하다. 화상은 가격에 따라 정지 화면과 동화면 중 어느 쪽이든 선택할 수 있다. 2항과 마찬가지로 텔레라이팅 단말, 화면 카메라, 다기능 워크스테이션 등을 병설함으로써 효과를 올릴 수가 있다.(그림 6.36)

그림 6.36 TV 회의 장면

(4) 영상 통신

팩시밀리와 영상의 전달 서비스를 행하는 것은 다음과 같다.

① 영상 통신 · 동화면 TV방식(TV전화, CATV, CCTV)과 정지화면 TV방식(감시제어, 현물조합)이 있다.

② 영상기록 통신 · 팩시밀리 방식(전화팩시)

(5) 비디오텍스 통신

중앙의 컴퓨터에서 정지 영상을 전송하고 이용자 단말에 표시하는 쌍방향 문자도형 통신 시스템을 총칭하여 TV, 전화, 컴퓨터가 일체가 되어 정보 커뮤니케이션을 이룬다. 회화형 쌍방향 미디어의 CAPTAIN 시스템(Charactor and Pattern Telephone Access Information Net work)이 있다.

(6) 팩시밀리 통신

팩시밀리(facisimile, FAX)는 문자, 그림, 사진 등을 다수의 선으로 분해한 다음, 이를 전기 신호로 변환하여 수신측에 전송하면 수신측에서는 이 신호를 받아 원래의 문자, 그림, 사진 등으로 재생하는 통신 방식이다. 팩시밀리는 수신측의 재생 방법에 따라 사진 전송과 모사 전송의 두 가지 방법으로 분류된다. 사진 전송은 사진의 현상 및 인화 처리 방식에 의하여 재생시키는 것이며, 모사 전송은 사진 처리에 의하지 않고 수신 전류에 의하여 직접 재생시킨다. 사진 전송의 원리를 그림 6.37에 나타낸다.

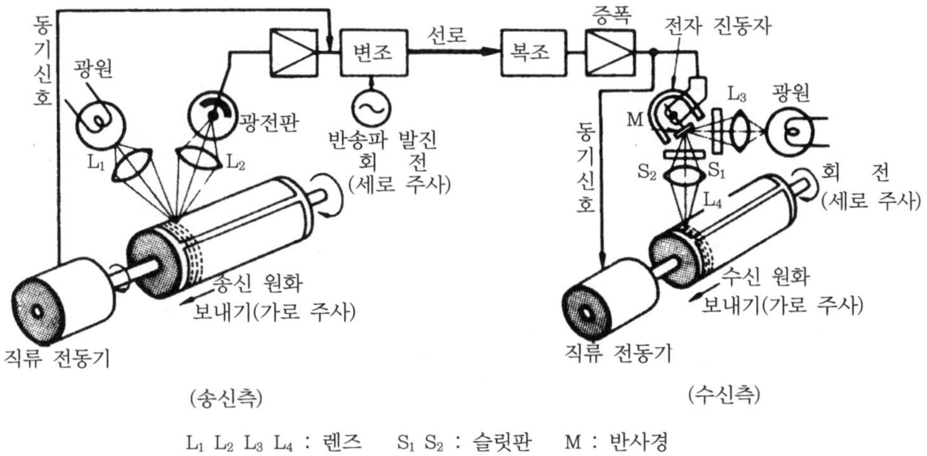

그림 6.37 사진 전송의 원리

(7) 영상 응답

화상 응답 서비스(VRS)는 이용자 개개인의 요구에 대하여 회화형의 동작 영상의 정보서비스이다.

6.7.2 정보 통신 설비 시스템

최근에는 빌딩이 인텔리전트화되면서 OA시스템에 의한 정보처리 시스템과 통신망이 일체화될 필요가 늘고 있다. 뉴미디어에 대응되는 통신망은 근거리 통신망(LAN), 부가가치 통신망(VAN), 지역 INS 등이 있다.

(1) 근거리 통신망

근거리 통신망(LAN, Local Area Network)은 동일빌딩이나 동일 구내 등에 분산 설치된 컴퓨터, 단말기, 파일 장치, 프린터 등을 고속의 전송선으로 연결하여 자료의 공유, 부하의 분산, 신뢰성 향상을 도모하는 통신망을 말한다(광의의 LAN). 디지털 PBX 등의 구내교환기에 연결된 전화기, FAX, 데이터 단말기 등으로 구성된 내선 전화망도 일종의 LAN이지만, 일반적인 LAN이라고 하는 경우는 이러한 PBX망 이외의 컴퓨터 등의 OA 기기를 주체로 하는 망 등을 총칭(협의의 LAN)하는 경우가 많다.

예전의 사무실 내에 있어서, 컴퓨터나 데이터 단말 장치, 통신 기기를 통신선으로 연결하여 하나의 시스템으로 사용하는 방법으로서는 구내 교환기(PBX나 빌딩 전화, 버튼전화 등)의 내선에 접촉하여 네트워크를 구성하는 방법이 대부분이었다. 그러나 정보기기의 수가 급격히 증대할 경우 이러한 방식으로는 대처할 수가 없게 되어(협의의)LAN이 도입되었다.

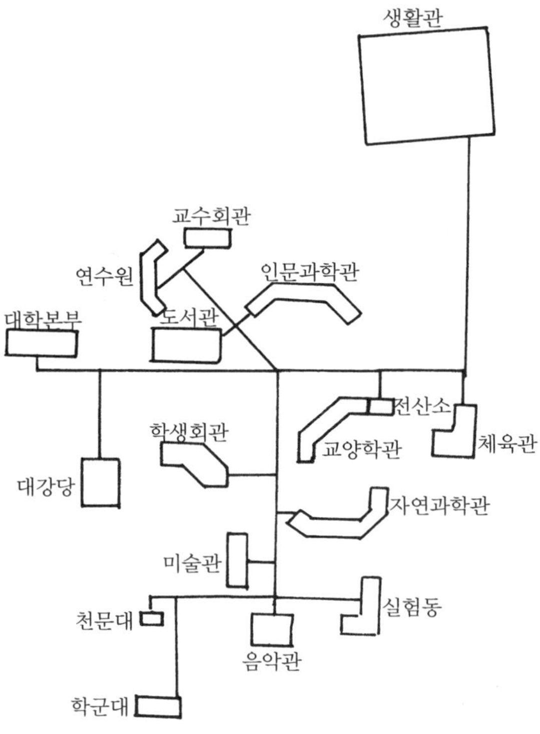

그림 6.38 근거리 통신망의 시스템 예

(협의의)LAN의 일반적인 특징은 다음과 같다.

① 범위, 전달거리가 비교적 좁은 범위에 한정되어 있다.

② 고속의 전송 속도를 가지며 또한 전송 지연시간이 적다.

③ 단말-단말 간에 통화로를 확립하는 것이 아니고, 전 단말이 통화로를 공유함으로써 전체 정보를 취하고 있고 따라서 1 : N의 통신(확산형 통신)도 가능하다.

④ 버스형, 링형, 루프형 등의 단순하고 다양한 망 구성(망 토폴로지)이 사용된다. 특히 구조적으로 각 단말을 연결하는 케이블이 단말기 수에 대해 비교적 적어도 되고 또한 PBX와 같이 1개소에 집중하는 경우가 없기 때문에, 케이블의 수용이나 단말의 증설, 변경에 대응하기 쉬운 것이 최대의 장점이라고 말할 수 있다.

LAN의 종류와 특징을 표 6.24에 나타냈으며, 한국교원대학교의 구내에 설치된 LAN의 연결 예를 그림 6.38에 나타낸다.

표 6.24 LAN의 종류와 특징

형 상	구 성	특 징	문 제 점	전달매체	액세스방식
bus형 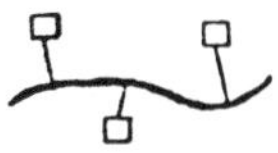	· 선상에 케이블을 연장하여 노드를 이용, 기기를 평등히 연결한다. 대단히 단순한 구조	· 소규모 저가의 시스템 지향 · 노드의 추가 및 거가 용이	· 망 전체를 제어하는 장치가 없기 때문에 송신 우선권의 충돌 문제 발생	· 동축 케이블 · 광섬유 케이블 · 페어 케이블	· CSMA/CD 방식 · 토큰패싱 방식 · TDMA 방식
ring형 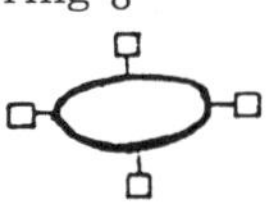	· 환상 구성 · 통신제어 기능은 전부 loop 내의 각 장치에 분산 보유	· 비교적 소규모 시스템으로서 경제적이다. · 총선로 길이를 짧게 구성할 수 있다. · 통신거리 · 통신 속 도에 제한 없다.	· loop내의 장치 장해에 의해 system down이 된다. 움직이는 작동 등에 의 한 복구는 가능	· 동축 케이블 · 광섬 케이블 · 페어케이블	Token..Passing 방식 · TDMA 방식
loop형 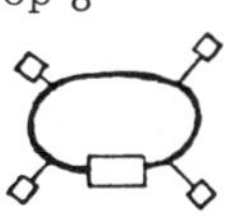	· 환상 구성 · loop 내의 통신 제어는 전부 loop 제어장치가 수행		· loop 제어장치의 장해에 의해 system down이 된다. · loop 제어장치 이외의 노드장치가 장해인 경우는 움직이는 작동에 의한 복구 가능 · 신뢰성이 비교적 낮다.		

star형 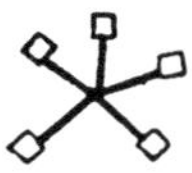	·중앙의 장치가 전체 통신을 집중 제어함. · 방사형 구성	· 구성이 용이 ·소규모의 시스템 지향	· 중앙장치가 장해를 일으키면 모든 통신 단절 · 교통이 증가하면 중 앙 노 드 가 Bottle Neck된다.	· 페어 케이블	

(2) 부가가치 통신망

VAN은 Value Added Network(부가가치 통신망)의 약자로서, 공중 전기 통신 사업자로부터 회선을 차용하여 자영의 교환기나 컴퓨터를 조합하여 새로운 가치를 부가한 서비스를 제공하는 업무를 말한다.

현재 VAN의 대상으로는 표 6.25와 같은 업무가 고려된다. 본래 의미의 VAN은 통신처리 기능이 중심이라고 생각되지만 일본에서는 정보처리 기능도 동시에 제공하는 것을 VAN이라고 생각하는 경우가 많다.

그러나 정보처리 기능만을 제공하는 모든 계산 센터나 데이터베이스업에서는 일반적으로 회선은 제공하고 있지 않으므로 VAN사업에 포함할 수 없다.

표 6.25 VAN의 기능

기 능	종 류	내 용	절 항
통신처리기능 (정보의 의미 내용의 변경 없음)	통신처리서비스	Media 변환/속도 변환/format 변환/코드 변환/프로토콜 변환 등의 변환서비스	2.4
	전자메일서비스	시간 지정/동보/친천등 응성, 문서, FAX의 메일 서비스	2.5
정보처리기능 (정보의 의미 내용 변경할 수 있음)	정보검색서비스	각종 DATA Base의 액세스 서비스	4.2
	정보처리서비스	각종 업무용의 정보처리서비스	4.2

국내에서는 DACOM을 중심으로 한 DACOM-NET 등이 있으며 그림 6.39(a)와 같은 신용카드 정보시스템과, 그림 6.39(b)와 같은 서울 올림픽 정보시스템인 INS가 있다.

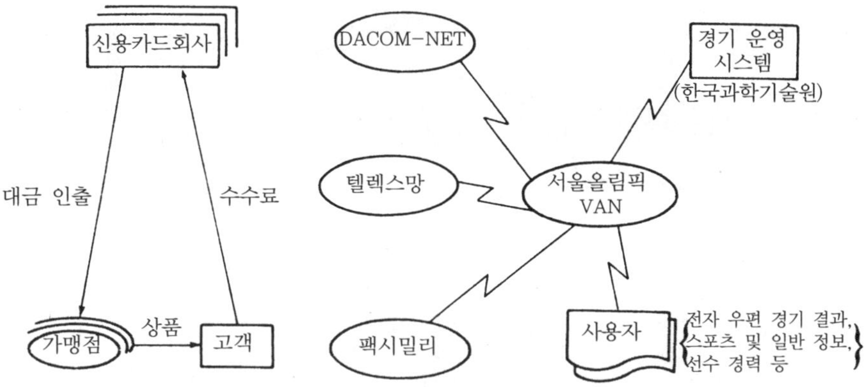

(a) 신용카드 정보 시스템 (b) 서울 올림픽 정보 시스템

그림 6.39 VAN의 용도

(3) 고도 정보 통신 시스템

INS는 Information Network System(고도 정보 통신 시스템)의 약자로서 그림 6.40에표시된 것과 같이 아날로그 기술을 주축으로 구성되어 있다. 전화망, 정보망, 가입전신망, FAX망 등 종래의 각종 네트워크를 하나의 디지털 네트워크에 통합하고 거기에 통신처리, 정보처리 기능을 갖게 한 고도의 통신 시스템을 말한다.

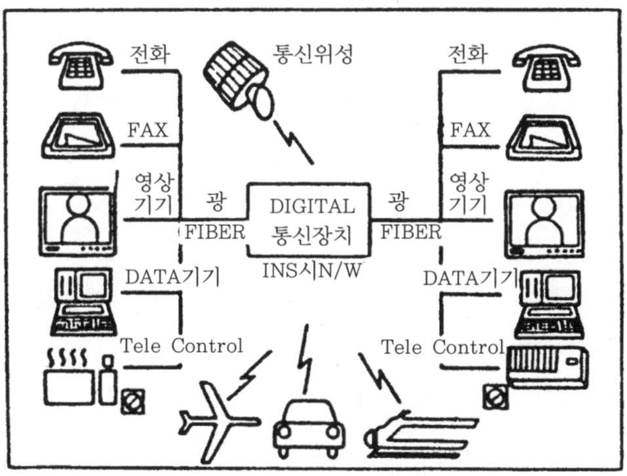

그림 6.40 INS의 시스템

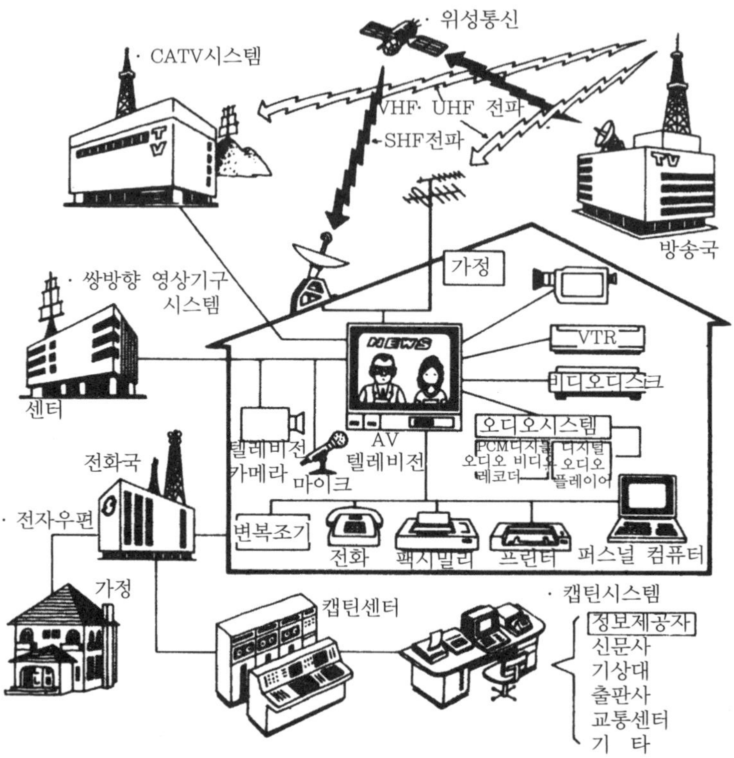

그림 6.41 2천년대의 가정 정보 시스템

디지털화에 따른 네트워크 통합에 대해서는 국제적으로 ISDN(Integrated Services Digital Network · 종합 정보 서비스망)으로 불리우고 있으며 각국에서 망구축이 진행되고 있다. 예를 들어 프랑스에서는 텔레마티크, 영국에서는 시스템액스(system-X), 서독에서는 미끄폰이라고 이름이 붙여져 있다. 이에 대해서 일본의 INS는 망의 통합에 추가해서 원근 격차가 적은 새로운 통신요금 체계 및 서비스의 다양화를 목적으로 하고, 그 수단으로서 ISDN을 실현한다는 점에서 비교적 넓은 개념으로 통용되고 있다. INS의 실현에 따라 통신망은 종래에 비해 전송용량이 비약적으로 증대된 것과 함께 전송품질이 향상되고, 설비와 네트워크의 공용화로 사용효율이 향상되기 때문에 저요금으로 다양한 서비스가 가능하게 된다. 따라서 I.B.에 있어서는 전화, 데이터, 화상 등의 여러 가지 통신 서비스에 대하여 복잡하며 고가인 변환 장치를 사용하지 않고 효율적으로 사용할 수 있게 되었으며, 또한 네트워크가 가진 통신 처리, 정보 처리 기능을 싼값으로 이용할 수 있게 되었기 때문에 통신 OA 시스템의 고도화가 가속되리라 생각된다.

끝으로 2000년대의 뉴미디어의 출현으로 가정에서 사용할 수 있는 정보 시스템을 그림 6.41에 나타낸다.

연습문제

1. 구내 교환설비의 설계 순서에 대하여 설명하라.
2. 전화의 국선, 내선의 용량은 어느 정도 필요한가?
3. PBX의 종류와 의미는?
4. 전화 교환기실과 교환원의 자격은?
5. 모자식 전기시계의 종류에는 어떠한 것이 있는가?
6. 수정식 및 진자식 모시계의 특징은?
7. 자시계의 구동방식에 따른 종류와 특징은?
8. 자시계의 설치시 주의사항은?
9. 마이크로폰의 종류와 특징을 조사하라.
10. 스피커의 종류와 특징을 조사하라.
11. 증폭기의 출력은 어떻게 결정하는가?
12. 인터폰 통화방식을 조사하라.
13. 인터폰의 종류와 특징은?
14. TV 안테나 설치 장소의 조건은 무엇이 있는가?
15. CATV에 대하여 자세히 조사하라.
16. HA 시스템이란 무엇인가?
17. 병원용 표시 설비의 종류를 조사하라.
18. 고도 정보화 설비의 종류와 특징을 조사하라.

제 7 장

방재설비

7.1 피뢰 설비
7.2 항공장애등 설비
7.3 방범 설비
7.4 자동 화재 탐지 설비
* 연습문제

방재설비(防災設備)란 재해를 방지하는 설비라고 말할 수 있다. 재해에는 천재(天災)와 인재(人災) 등이 있는데, 천재란 수해, 지진, 뇌해, 풍해 등을 말하며, 인재란 도난, 화재, 사고 등을 말한다.

방재설비의 종류에는 피뢰 설비, 항공장애등 설비, 방범 설비, 소방 전기 설비 등이 있으며, 이에 대해 배우기로 한다.

7.1 피뢰 설비

7.1.1 피뢰 설비의 개요

건축물이 낙뢰를 받아 파괴 또는 화재가 발생되거나, 사람이나 가축에 피해를 미치는 예는 과거부터 많이 있어 왔다. 따라서 건축물의 뇌격에 대해 각 나라마다 법령 및 지침을 정해 재해를 방지하고자 하는 노력을 하고 있다. 우리나라에서는 건축법 제21조에 「높이 20m 이상인 건축물에는 피뢰 설비를 해야 한다.」고 규정하고 있다. 또한 소방법에서는 위험물이나 화약류 저장소에는 피뢰 설비를 하도록 규정하고 있다.

그러나 낙뢰의 가능성이 많거나 중요한 건축물 및 공작물인 박물관, 천연 기념물, 학교, 교회, 백화점, 병원 등은 법령으로 정해져 있지 않아도 피뢰 설비를 하는 것이 바람직하다.

여기서 우리는 낙뢰를 일으키는 우뢰 방전현상을 이해할 필요가 있다. 우뢰 방전은 뇌운과 대지간의 불꽃 방전이다. 이것은 옛날부터 큰 뇌성과 가한 번갯불을 발생시켜 사람들을 놀라게 해왔다. 천둥의 정체가 무엇인지는 오랫동안 모르고 있다가 17세기에 이르러 겨우 전기에 대해 연구를 시작하면서 18세기 초에 유럽의 학자들 중에서 천둥의 번갯불과 전기 불꽃과는 무엇인가 유사하다고 생각하는 사람이 많이 있었다.

이러한 천둥은 어떻게 해서 일어나는 것일까?

천둥에 대해서는 아직 모르는 것이 있는데 지금까지의 연구 결과는 다음과 같다. 천둥을 일으키는 뇌운(雷雲)은 소낙비구름이다. 소낙비구름은 강한 태양 광선으로 지표상의 공기가 가열되어 심한 상승 기류가 발생한다.

여름에 흔히 보는 뭉게구름은 크게 되어 가는 소낙비구름이다. 소낙비구름을 만들고 있는 물방울이 상승 기류에서 파열되면 파열된 물방울은 양(+)으로 대전하고 주위의 공기는 음(−)으로 대전한다. 그 이유는 물방울의 물의 분자가 전기 쌍극자로 되어 있어서 물방울의 바깥쪽에 전자(電子)와 같이 가벼운 것이 형성되어 있기 때문이다. 이때 물방울이 쪼개지면 제일 바깥쪽이 벗겨져서 물방울은 양(+)으로, 둘레의 공기는 음(−)으로 대전하게 되는 것이다.

그리고 양의 전하를 가진 물방울은 뇌운의 상층으로 올라가고 음의 전하를 가진 공기는 하층에 머무른다. 이렇게 하여 뇌운의 아래쪽에 음의 전하가 많이 모이면 상층의 구름과의 사이에 방전이 되든가 지면의 양(+)전하와 방전이 되어 낙뢰가 발생한다(그림 7.1). 이때 발생되는 낙뢰 전류는 100[s]라는 순간에 수 [kA]~수십 [kA]의 큰 전류가 흐르므로 인명과 재산에 피해를 주게 된다. 피뢰 설비는 이러한 낙뢰에 의한 피해를 최소한도로 막고 낙뢰 전류를 신속하게 대지로 방류하기 위해 건축물의 최상에 설치하는 방재 설비이다.

(a) 정전유도에 의해 지면에서 플러스의 전하가 유도된다.　(b) 뇌운에서 지면으로 전자가 튄다.　(c) 동시에 전류는 지면에서 뇌운으로 올라간다.

그림 7.1 낙뢰의 발생 원인

7.1.2 피뢰 설비의 방식

피보호물에 대해 피뢰 설비를 어떻게 배치하는가에 따라서 피뢰 설비는 돌침 방식, 수평 도체 방식, 케이지 방식의 세 가지 방식으로 분류한다(그림 7.2).

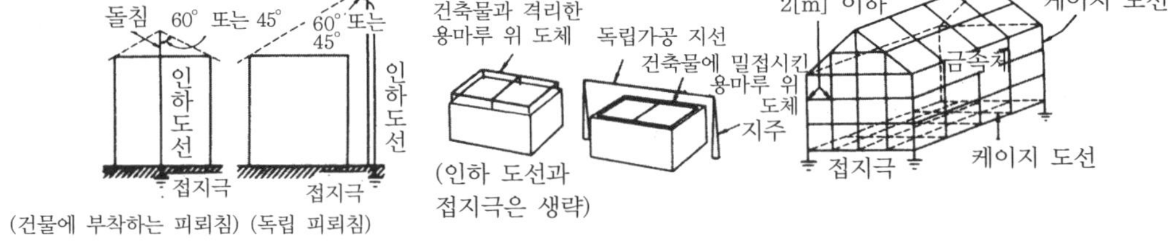

(a) 돌침 방식　(b) 수평 도체 방식　(c) 케이지 방식

그림 7.2 피뢰 설비의 방식

(1) 돌침 방식

뇌격은 끝이 뾰족한 금속 도체 부분에 잘 떨어진다는 사실에 착안해 건축물 주위에 접근

한 뇌격을 흡인하게 해, 금속 끝과 대지 사이를 접속한 피뢰 도선을 통해 뇌격 전류를 대지로 안전하게 방류하는 방식으로, 종래부터 가장 많이 사용하는 방식으로 그림 7.2(a)에 나타낸다. 이 방식은 돌침(突針)을 건축물에 직접 취부하는 방식과 건축물과 띄어서 취부하는 방식이 있는데, 보통 전자의 방식이 많이 사용되고 있다. 이 방식은 비교적 수평 투영 면적이 작은 건축물에 적합하며, 건축물의 면적이 크게 되면 여러 개의 돌침을 설치해야 한다. 최근의 피뢰이론에 의하면 돌침이 높아지면 보호각이 작아져서 피뢰를 실패하는 확률이 증가하므로 주의해야 한다.

(2) 수평 도체 방식

이 방식은 그림 7.2(b)에서와 같이 보호하고자 하는 건축물의 옥상에 수평이 되게 피뢰 도체를 설치하고, 이 도체로 뇌격을 흡인하게 한 후, 피뢰 도선을 통해 대지로 뇌격 전류를 방류하는 방식이다. 송전 선로의 철탑 위에 있는 가공 지선은 이 방식의 일종이다.

수평 도체를 가설하는 방식에는 건축물에서 격리해 설치하는 방식과 건축물에 밀착해서 설치하는 방식이 있다.

(3) 케이지 방식

이 방식은 그림 7.2(c)에서와 같이 보호하고자 하는 건축물의 주위를 적당한 간격의 그물눈을 가진 도체로 새장(cage)과 같이 감싸는 방식이므로 케이지 방식이라 부르고, 완전한 피뢰 방법이 된다.

이 방식은 케이지 내부의 사람이나 물건을 보호하는 것만을 목적으로 한다면 케이지를 특별히 접지할 필요가 없지만, 전화선, 전력선 등이 인입되어 있는 경우에는 케이지의 전위(電位)가 이러한 도체를 통해 흘러감으로써 위험을 초래하므로 가급적 저항이 낮은 접지극을 사용해 접지해야 한다.

7.1.3 피뢰 설비의 구성

피뢰 설비는 크게 돌침부, 피뢰 도선, 접지극의 셋으로 구성된다(그림 7.3).

(1) 돌침부

건물 옥상의 높은 곳에 1개 또는 여러 개의 피뢰침을 돌출시켜 세운 것으로 뇌격을 흡수하기 위해 설치하는 금속제의 막대를 말한다. 돌침(突針)은 구리, 알루미늄, 아연 도금을 한 철 등을 사용하며, 지름은 12, 14, 16[mm]의 세 가지가 있다. 돌침의 설치 방법은 건축물 등의 피보호물로부터 25[cm] 이상 높은 곳에 설치한다. 돌침을 지지하는 철물로는 구리관, 황동관이 주로 사용된다. 만일 부식성 가스에 직접 노출되는 돌침부나 그 밖의 피뢰침 부분은 두께 1.6[mm] 상의 납판을 씌운다.

(a) 피뢰침 시공 예

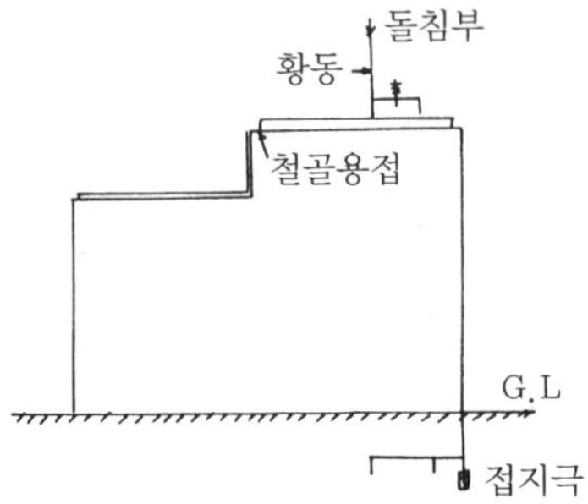

(b) 개략도

그림 7.3 피뢰 설비의 구성

(2) 피뢰 도선

피뢰 도선(避雷導線)은 돌침부와 접지 전극을 접속하는 도선이며, 낙뢰 전류를 대지로 흘려주기 위해 설치하는데 피보호물의 상위로부터 접지 전극까지의 수직인 도체를 인하도체(引下導體)라고 한다. 피뢰 도선으로 주로 사용되는 도체는 동의 연선을 사용하나 30[mm^2] 이상의 단면적을 갖는 경우에는 평각선이나 관으로 해도 무방하다. 피뢰 도선은 다음의 설치 기준에 따라 시공한다.

① 인하 도선은 2조 이상으로 한다. 다만, 피보호물의 수평 투영 면적이 50[m^2] 이하의 것에 대해서는 1조로 한다.

② 인하 도선의 간격은 50[m] 이하로 하고, 피보호물의 외주에 균등하게, 또 가능한 한 돌각부 가까이 배치한다.

③ 돌침부 또는 용마루 위 도체가 2본 이상 있는 경우 연접하든가 루프 형상으로 접속한다.

④ 도선의 단면적은 동은 30[mm^2] 이상, 알루미늄의 경우는 50[mm^2] 이상으로 한다.

⑤ 도선을 옥내에 끌어내리는 경우는 사람이나 가축이 쉽게 근접하지 않도록 울타리, 둘레를 설치한다.

⑥ 도선은 전등선, 전화선, 가스관에서 1.5[m] 이상 격리한다.

⑦ 1.5[m] 이내에 있는 전선관, 홈통, 철관, 철제사다리 등의 금속체는 14[mm^2] 이상의 동선(알루미늄의 경우는 22[mm^2] 이상)으로 접지한다. 다만, 금속체와의 사이에 정전

차폐물이 있는 경우는 접지하지 않아도 된다.

⑧ 기둥 및 보가 철골·철근 콘크리트조 또는 철근 콘크리트조의 경우는 접지극판과 기초의 합성 저항이 5[Ω] 이내이면 도선은 철골 또는 주철근(철근 콘크리트조의 경우는 2조의 주철근)으로 바꾸어도 된다.

(3) 접지극

뇌격 전류를 대지에 방류하기 위해 지중에 매설한 도체이며, 주로 구리판이나 구리봉이 많이 사용된다. 접지극은 길이 1.5[m] 이상, 외경 12[mm] 이상의 용융 아연 도금 강봉, 동으로 씌운 강봉, 동봉 등, 또는 면적이 편면 0.35[m^2] 이상의 용융 아연 도금강판(두께 2[mm] 이상), 동판(두께 1.4[mm] 이상) 또는 이와 동등 이상의 접지 효과가 있는 금속체를 사용하는데, 알루미늄, 기타 이와 유사한 부식하기 쉬운 것은 사용해서는 안 된다. 접지 저항은 낮을수록 낙뢰시의 역섬락이 일어나기 어렵지만 피뢰 설비의 총합 접지 저항은 10[Ω] 이하로 하고, 각 인하 도선의 단독 접지저항은 50[Ω] 이하로 해야 한다.

7.1.4 피뢰 설비의 보호 범위

한국산업규격 KSC 9609에 의하면 낙뢰의 피해를 안전하게 보호할 수 있는 범위는 일반 건축물의 경우 60°, 위험물(화약류 포함) 건축물의 경우 45로 규정되어 있다. 이 보호 범위를 입면도로 나타낸 것이 그림 7.4인데 일반 건축물에서는 피뢰침 끝에서부터 보호하려는 면까지의 높이 H의 √3배를 반지름으로 하는 원에 둘러싸인 부분이고, 위험물의 경우에는 높이 H의 1배를 반지름으로 하는 원에 둘러싸인 부분이 된다.

실제로 뇌격시 보호각은 뇌격 전류의 크기에 따라 광범위하게 달라지므로 보호각은 가급적 작게 잡는 것이 안전하지만 경제성 때문에 60°를 설계기준으로 잡고 있다. 그러나 영국의 피뢰규정에서는 45°로 하며, 위험물은 30°로 되어 있는 점이 다르다.

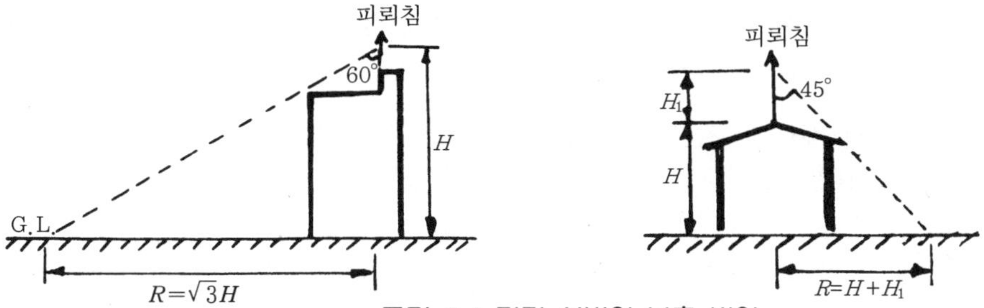

그림 7.4 피뢰 설비의 보호 범위

7.1.5 피뢰 설비의 4등급

피뢰 설비를 설계할 때는 건축물 또는 그 내용물의 종류나 중요도에 따라 피뢰 설비의 보호 능력도 적절히 변경해서 경제성을 감안하는 것이 중요한다. 이 절에서는 피뢰 설비를 보호 능력면에서 4등급으로 나누어, 이것이 어떠한 경우에 적용되는가를 살펴보기로 한다.

피뢰 설비는 보호 능력면에서는 완전 보호, 증강 보호, 보통 보호, 간이 보호의 4등급으로 나눌 수 있는데, 이를 그림 7.5에 나타내며, 각각에 대해 설명하기로 한다.

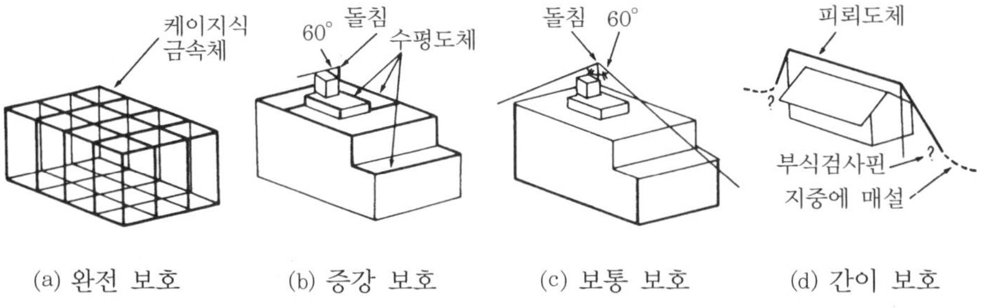

그림 7.5 피뢰 설비의 4등급

(1) 완전 보호

높은 산 위에 있는 관측소, 건물, 매점, 휴게소, 골프장 휴게소 등에 시설해야 하며, 어떠한 뇌격에 대해서도 건물이나 내부에 있는 사람에게 절대로 위해를 가하지 않는 방식이다. 케이지 방식이 이에 해당한다.

(2) 증강 보호

돌침이나 수평 도체의 보호각이 60° 이므로 건물 전체가 이 보호각 내에 포함되면 뇌격을 흡인하기 쉬운 돌기물이 모서리 부분에 있어도 법규상 이러한 부분을 특별히 보호하는 시설은 필요하지 않다. 그러나 실제적인 문제로서, 60° 내의 보호각 내에 있을지라도 낙뢰한 사례가 있어서 60° 보호각으로는 충분한 보호 효과를 기대할 수 없는 실정이다. 따라서 건축물 윗면의 모서리 부분, 뾰족한 형상을 한 부분의 위쪽에 수평 도체식 피뢰 설비를 하면 전체 보호 능력은 현저하게 향상된다. 이러한 방식으로 피뢰 설비를 증강시킨 것을 증강 보호라 하며, 중요 건축물로서 케이지 방식의 채택이 어려운 건물에서는 고려할 필요가 있다.

(3) 보통 보호

건축물의 중요성, 경제성, 낙뢰 빈도, 안전성 등을 고려해 보호의 등급을 결정해야 한다. 보통 목조 가옥에서는 증강 보호가 바람직하고, 철근 콘크리트 건축물로서 옥상에 난간이 있는 경우에는 보통 보호로 충분하다.

(4) 간이 보호

보통 보호보다 간단한 것으로, 특히 뇌해가 많은 지방으로서 높이 20[m] 이하의 건물에서 자주적인 피뢰 설비를 시설할 때 이용한다. 다만, 간이 설비이므로 건물의 일부에 약간의 손상이 있을 수도 있는 보호 방식이다.

7.1.6 피뢰 설비의 시공

(1) 돌침부의 시공(그림 7.6)

① 지지 철물 및 취부대는 폭풍에도 충분히 견딜 수 있도록 시설해야 한다.

② 돌침을 지지관에 삽입하고 하부에서 지지관으로부터 3개 이상의 나사를 사용해 취부하는데 풍압으로 나사가 풀리게 되는 결점이 있다.

③ 돌침을 지지관에 삽입하고 나사 대신에 지지관과 납땜하는 방법이 있는데 이는 가격이 비싸고 시공이 곤란하므로 약간 어렵다.

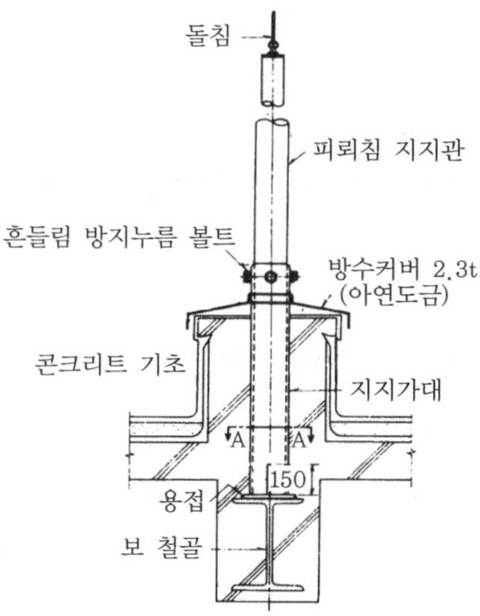

그림 7.6 돌침부의 시공

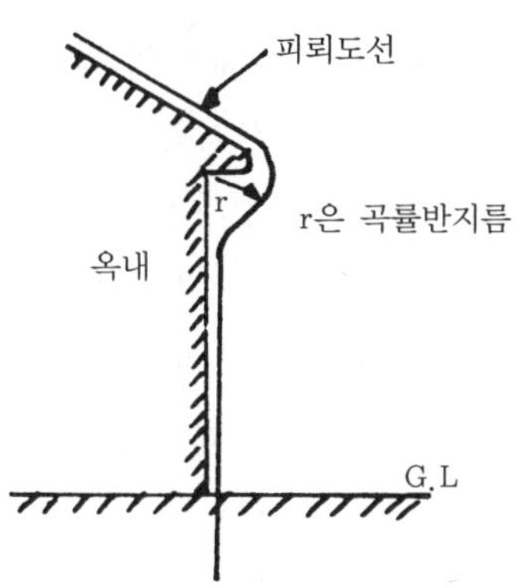

그림 7.7 피뢰도선의 곡률 반경

(2) 피뢰 도선의 시공

① 동선의 경우에는 30[mm^2] 이상, 알루미늄선의 경우에는 50[mm^2] 이상으로 한다. 단, 알루미늄선의 지중 매설은 금지되어 있다. 또한 동관의 경우 0.8[mm] 이상, 알루미늄관의 경우 2[mm] 이상의 두께를 가진 관을 사용해야 한다.

② 도선을 굽히는 경우, 곡률 반지름은 20[cm] 이상으로 한다(그림 7.7).

③ 피뢰 도선을 옥내로 인하하는 경우에는 사람이나 가축이 쉽게 접근할 수 없도록 울타리나 담장시설 등이 필요하다.

④ 인하 도선이 지상에서 지중으로 들어가는 부분에는 나무, 도관, 경질 비닐관, 비자성 금속관 등으로 지상 2.5[m] 이상 되는 곳에서부터 지하 0.3[m] 이상의 곳까지 기계적으로 보호한다.

⑤ 피뢰 도선은 가급적 도중에서 접속하지 않도록 한다. 부득이 접속해야 할 경우에는 단자 접속이나 슬리브 접속을 한다.

(3) 접지극의 시공

피뢰침 설비의 시공에서 중요한 것은 접지 공사이다. 이 접지는 일반 전기 기구 접지와 달리 전류가 매우 많이 흐른다는 점이므로 시공요령을 알아보기로 한다.

① 접지극은 각 인하 도선마다 1개 이상씩 접속한다.

② 접지극은 동판으로 두께 1.4[mm] 이상과 면적 0.35[m^2] 이상의 것, 아연도금철판으로 두께 3[mm] 이상과 면적 0.35[m^2] 이상의 것을 사용한다.

③ 피뢰침의 접지저항은 10[Ω] 이하로 한다. 단, 접지극 단독 접지저항은 20[Ω] 이하로 한다.

④ 접지극은 각 인하 도선의 하단을 상수면 밑에 오도록 매설한다. 단, 상수면이 3[m] 이상 깊은 경우의 접지극 하단은 지하 3[m]에 달하면 된다.

⑤ 다른 접지극과는 2[m] 이상 간격을 띄운다.

⑥ 접지극을 병렬로 연결하는 경우에는 그 간격을 2[m] 이상 띄우고, 지하 51[cm] 이상 깊이의 곳에서는 단면적 30[mm^2] 이상의 나동선으로 접속한다.

⑦ 접지극과 피뢰 도선은 전기적으로 완전히 접속한다. 접속부에는 피치 및 모르타르 등의 방식제를 칠한다.

⑧ 접지극의 매설 장소는 전하 포화가 일어나기 어려운 장소를 선정하도록 한다.

7.1.7 피뢰 설비의 설계

돌침부 또는 수평 도체에 의해 뇌격에 의한 피해를 안전하게 보호할 수 있는 범위를 앞에서 설명했다. 각종 건축물의 피뢰 설비 설계 예를 든다.

(1) 경사진 지붕의 건축물(그림 7.8)

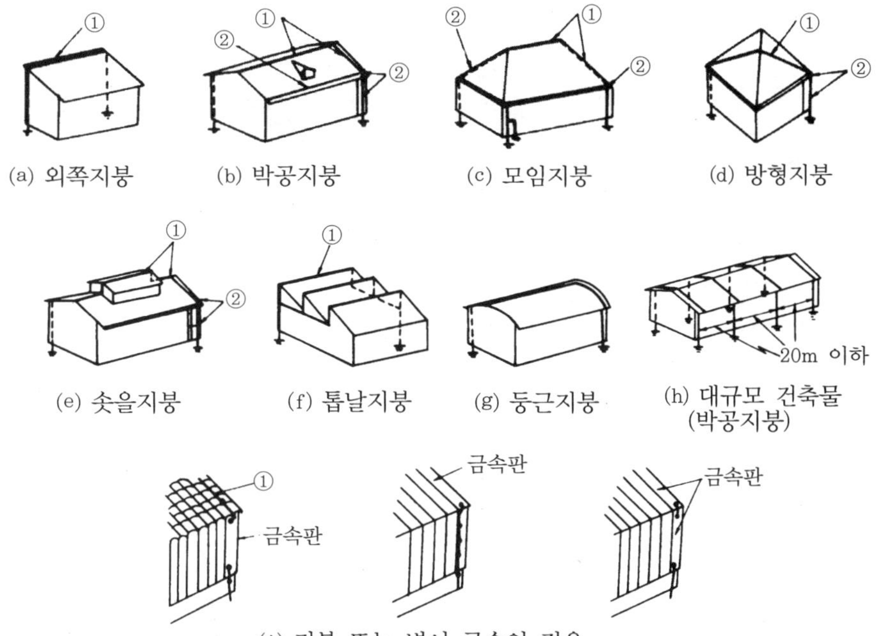

① 수평 도체 : 지붕의 가장자리 부분을 이에 가장 가까운 수평 도체에서 수평거리 10m 이내가 되도록 배치한다.
② 피뢰도선과 빗물받이를 접속한다.

그림 7.8 경사진 지붕의 피뢰 설비

(2) 20m를 초과하는 평지붕의 콘크리트 건축물(그림 7.9)

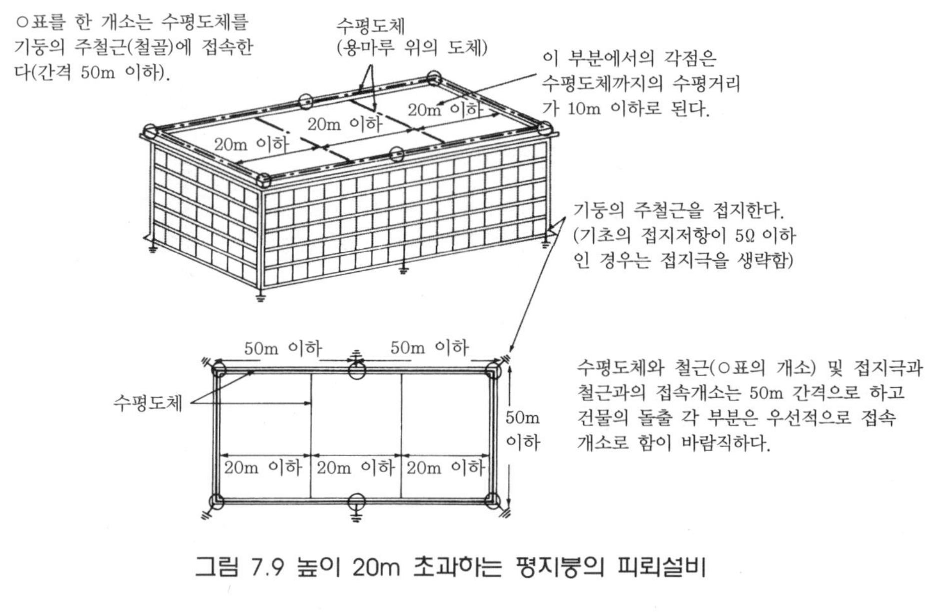

그림 7.9 높이 20m 초과하는 평지붕의 피뢰설비

(3) 철골조 건축물(그림 7.10)

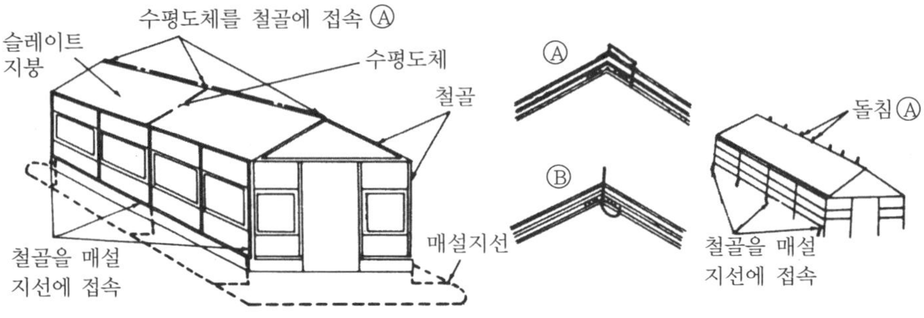

그림 7.10 철골조 건축물의 피뢰 설비

7.2 항공장애등 설비

항공장애등(航空障碍燈)은 비행기의 야간 비행, 저공 비행, 활주로에의 진입에 대한 안전 확보를 위해 건설교통부령에 따라 설치하도록 되어 있다.

7.2.1 항공장애등의 종류

항공장애등의 종류에는 고광도 항공장애등, 중광도 항공장애등, 저광도 항공장애등, 위험 항공등대 등이 있다(그림 7.11).

(1) 중광도 항공장애등

① 최대 광도는 2,000[cd] 이상이어야 한다.

② 1분간의 명멸횟수는 20~60이어야 한다.

③ 장애등의 명멸은 광원의 중심을 포함하는 수평면 아래 15방향에서 위쪽으로 모든 방향에서 식별이 가능해야 한다.

(a) 중광도 항공장애등 (b) 저광도 항공장애등

그림 7.11 항공장애등의 종류

(2) 저광도 항공장애등

① 최대 광도는 20[cd] 이상이어야 한다.

② 부등광으로서 광원의 중심을 포함하여 수평면하 15° 의 윗방향에서 식별이 가능해야 한다. 이상의 항공장애등의 특성을 비교하여 표 7.1에 나타낸다.

표 7.1 항공장애등의 특성

항 목	저광도 항공장애등	중광도 항공장애등	고광도 항공장애등
광 색 등 질 광 도 가시범위	항공 적색 부등광 20cd 이상 광원의 중심을 포함한 수평면 아래에서 15° 위쪽 전방향	항공 적색 명멸관(20~60회/min) 2,000cd 이상 좌와 동일	백색 섬광(40~60회/min) 7,500cd 이상 광원의 중심을 포함하는 수평면 아래 5° 상방향의 모든 방향 식별 가능

7.2.2 항공장애등의 설치 기준(94. 11. 30 전문 개정)

① 항공법 제83조에 의하면 지표면 또는 수면으로부터 60[m] 이상 높이의 초고층 건축물이나 공작물은 항공장애등과 주간 장애표시등을 설치하도록 되어 있다. 다만, 건설교통부령이 정하는 구조물인 경우는 그러하지 아니하다.

② 건물의 꼭대기에서 아래방향으로 1.5~3[m] 사이에 진입 표면에 가장 가까운 곳에 설치한다.

③ 45[m]를 초과하는 건물에는 당해 건물의 꼭대기에서 지상까지의 사이에 수직거리 45[m] 이하의 같은 간격으로 위치해야 하며 0, 45, 90, 135, 180[m]의 간격으로 설치한다. 이상에서 살펴본 항공장애등의 설치기준을 표 7.2에 나타낸다.

표 7.2 항공장애등의 설치 기준

설 치 요 건	표시의 종류	설치 의무자	비 고
지표 또는 수면에서 60m 이상 높이에 설치한다.	항공장애등 주간 장애표시	물건의 설치자	주간 장애설치 표시대상은 설치할 때 모든 물건 등 주간에 눈으로 보기 곤란할 때
비행장 주변의 장애물건 진입 표면, 전이 표면 및 수평표면이 현저하게 접근되는 물건	항공장애등	비행장의 설치자	
비행의 안전에 현저하게 방해되는 물건	항공장애등 주간 장애표시	교통부 장관	
항공장애등에 의한 표시가 부적당한 물건 항해에 위험한 물건	위험한 항공 등대	위의 3항에 의한다.	

7.2.3 주간 장애표시 설비

주간 장애표시는 항공기 등이 주간에 비행할 때 사고를 방지하지 위해 설치하는 것으로, 골조 구조물, 가공 전선로, 굴뚝, 철탑, 기둥 등의 물건으로서 높이가 폭보다 매우 큰 경우에 설치한다. 주간 장애표시 설비는 표지구 또는 기를 설치하거나 구조물에 도색해야 하며, 설치기준은 다음과 같다(그림 7.12).

① 너비가 1.5[m] 미만의 부분과 그 이외의 부분으로서 수직 방향의 길이가 1[m] 미만의 것은 적색이나 황적색의 1색으로 칠한다.

② 그 이외의 부분도 칠을 하되 해당 부분의 수직방향의 길이가 90[m] 미만의 경우에는 그 길이를 7등분하고, 90[m] 이상 180[m] 미만의 경우에는 그 길이를 9등분하며, 180[m] 이상의 경우에는 길이를 20[m] 간격으로 구분하고, 각 부분은 꼭대기로부터 적색과 백색 순서로 번갈아 칠한다.

③ 가공 지선의 경우는 지름이 0.6[m] 이상의 구형으로 적색, 적황색 또는 백색의 항공장애구 표시물을 45[m] 간격으로 설치한다.

(a) 송전 철탑 및 가공 지선 (주간)

(b) 도색표지(주간)

(c) 항공장애등(야간)

그림 7.12 주, 야간 항공장애물의 설치

7.3 방범 설비

방범 설비(防犯設備)란 도난 방지와 예방을 목적으로 하는 설비로서, 방범의 필요성과 용량에 따라 각종 감지기가 조합되어 설치되므로 금융 기관, 박물관, 미술관, 귀금속 상점 등에 필요하다.

7.3.1 방범 단말 검출기의 분류

검출 원리에 따라 단말기의 종류는 여러 가지로 분류할 수가 있다. 즉 접점에 의한 것, 빛에 의한 것, 음에 의한 것, 전자파에 의한 것, 진동에 의한 것, 영상에 의한 것 등이 있는데, 이들 단말 검출기의 종류를 표 7.3에 나타낸다.

표 7.3 감지원리에 따른 단말 검출기의 분류

감지 방식	검출기의 종류	감지 방식	검출기의 종류
접 점	리미터 매트 스위치 마이크로 스위치 푸시버튼 스위치	전자파	초음파 마이크로파 광파 레이더
빛	적외선 ITV 기타	음	집음 마이크 도청기기
		진 동	바이브레이션

7.3.2 단말 검출기의 특징과 용도

각종 단말 검출기의 특징과 용도에 대해 설명하기로 한다.

(1) 리미트 스위치

리미트 스위치(limit switch)는 기계적인 접점의 동작에 의한 것으로 자동 제어에 널리 사용되고 있으며, 설치 장소는 문, 창, 셔터 등이다(그림 7.14).

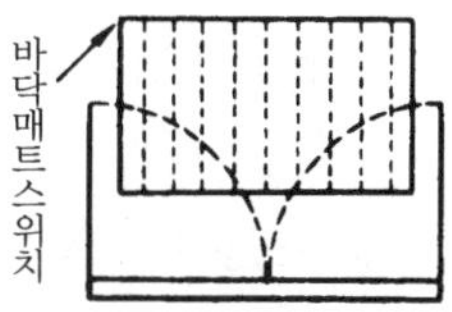

그림 7.13 매트 스위치

(2) 매트 스위치

매트 스위치(mat switch)는 출입문 입구에 설치되어 있어서, 매트가 중량을 받게 되면 스위치가 작동하여 자동으로 문이 열리거나 경보를 울리는 스위치이다. 방범용으로 사용할 경우에는 침입자의 눈에 띄지 않도록 매입해 설치할 필요가 있다(그림 7.13).

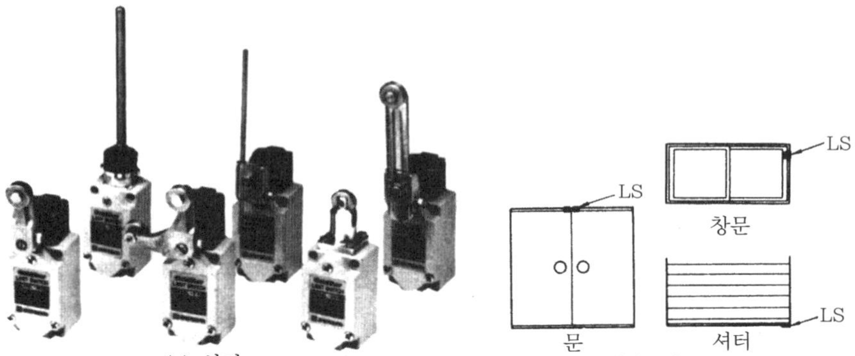

(a) 외관 (b) 사용 장소

그림 7.14 리미트 스위치

(3) 자기(磁氣) 스위치

자기 스위치는 도어 스위치(door switch)라고도 부르며, 영구 자석의 소편과 그의 접촉과 이탈에 따라 개폐가 되는 접점부와 한 조로 되어 있다. 접점이 유리관에 밀봉되어 있으므로 부식을 막을 수 있고, 수명도 길다. 또한 가격도 저렴해서 널리 사용되고 있으며, 설치 장소로는 개폐가 1개소인 출입문이나 창문에 많이 사용된다.

(4) 적외선 검출기

사람의 눈에 띄지 않는 적외선의 투광기와 수광기를 마주 보도록 설치하고, 이 적외선이 차단되면 물체를 검출하는 것이다. 적외선은 눈에 띄지 않으므로 침입자에게 발견될 우려가 없다. 적외선 검출기의 방범 경계거리는 100~150[m] 정도이며, 대용량의 경우에는 1[km]를 초과하는 것도 있다. 검출 방식으로는 투과형, 동축 반사형, 직접 반사형 등이 있다. 용도로는 F/A시설의 베이어 계통, 자동 창고 시설, 사람 검출, 방직 공장용 등이다(그림 7.15).

그림 7.15 적외선 검출기

(5) 초음파 검출기

초음파 센서로 대기 중에 초음파를 발사하고 공간 내의 물체가 이동하게 되면 도플러 효과(doppler effect)에 의해 침입자를 검출하는 것으로 비교적 가격은 싸지만, 공기를 매체로 하는 음파를 이용하므로 공간 내의 공기 대류 등에 의해 잘못 작동될 수도 있다. 따라서 설치 장소는 공기의 이동이 적은 실내에서 사용하는 것이 좋고 경계범위는 5[m] 정도까지이다.

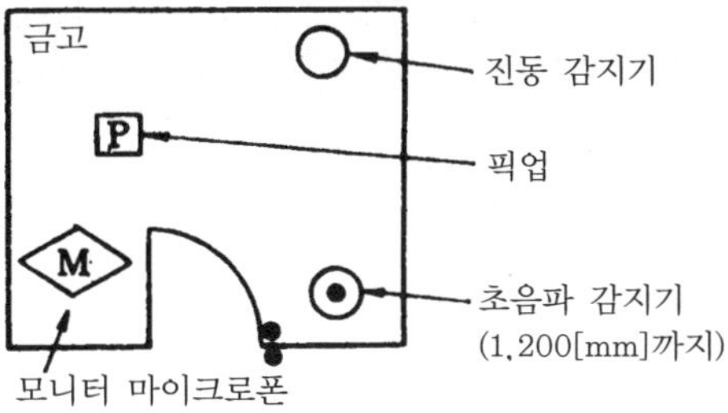

그림 7.16 초음파 검출기

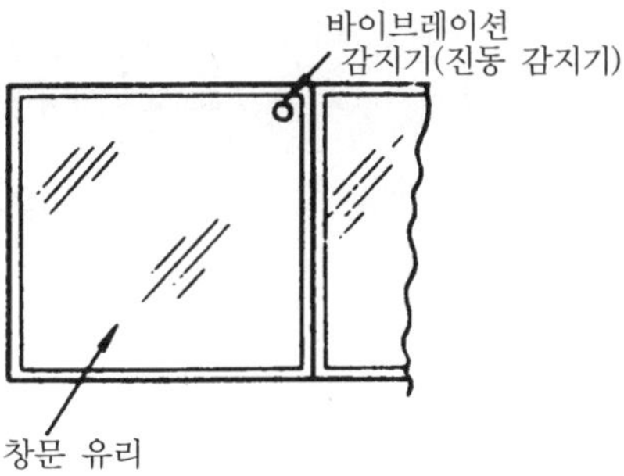

그림 7.17 진동 검출기

(6) 진동 검출기

진동 검출기(vibration detector)는 경계 대상의 물체에 설치해 놓고, 그 물체가 진동하게 되면 신호를 검출하는 것으로, 검출방식에는 기계적인 것과 전기적인 것이 있다(그림 7.17).

(7) 근접 스위치

근접 스위치(proximity switch)는 물체가 스위치에서 일정한 거리 이내에 접근하게 되면 작동되는 스위치이다.

근접 스위치는 원주형과 각형의 것이 일반적으로 사용되고 있다(그림 7.18).

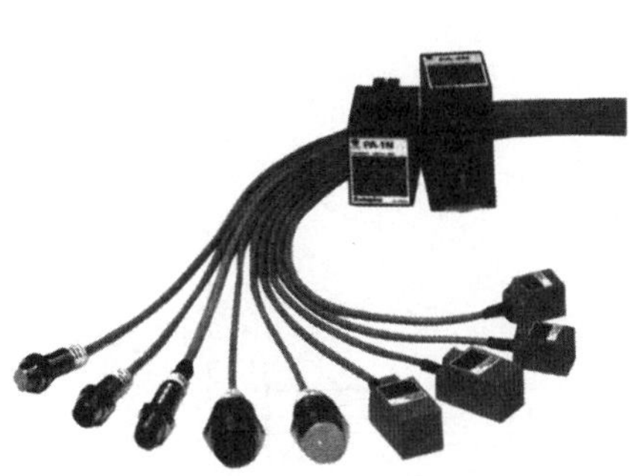

그림 7.18 근접 스위치

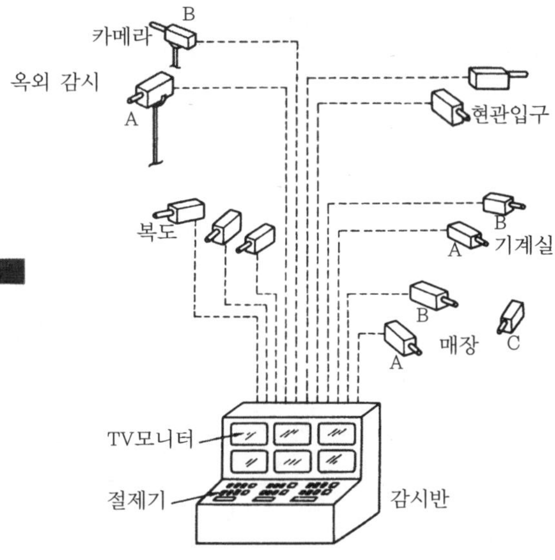

그림 7.19 ITV 감시기기

(8) TV 감시기기

ITV(industrial television) 감시기기는 직접 현장의 상황을 TV 모니터로 볼 수 있으며, 녹화도 할 수 있으므로 우수한 방범기기이다. 그 원리는 빛을 전기 에너지로 변환하여 유선이나 무선으로 전송하고, 다시 빛으로 변환해 영상화시키는 것이며, 구성 기기로는 카메라, TV 모니터, 조작 장치 등이 있다(그림 7.19).

주요 용도로는 큰 빌딩의 복도, 은행, 현관, 엘리베이터 내부, 백화점 등이다.

7.4 자동 화재 탐지 설비

7.4.1 자동 화재 탐지 설비의 개요

자동 화재 탐지 설비(自動火災探知設備, automatic fire alarm system)란 화재의 발생을 초기에 자동적으로 탐지하여 소방 대상물의 관계자에게 화재의 발생을 통보해 주는 설비로서, 직접적인 소화 활동을 하는 것은 아니지만 화재의 조기 발견에 의해 초기진화를 할 수 있도록 하는 설비이다. 화재의 발견은 천장면이나 천장 속에 설치한 각종 감지기에 의해 검출하는데, 검출된 신호는 중계기를 거치거나 직접 수신기에 신호로 전달된다. 수신기에서는 즉시 발화 위치를 확인할 수 있으며, 동시에 건물 내부에 설치된 비상벨을 통해 불이 났음을 알리게 된다.

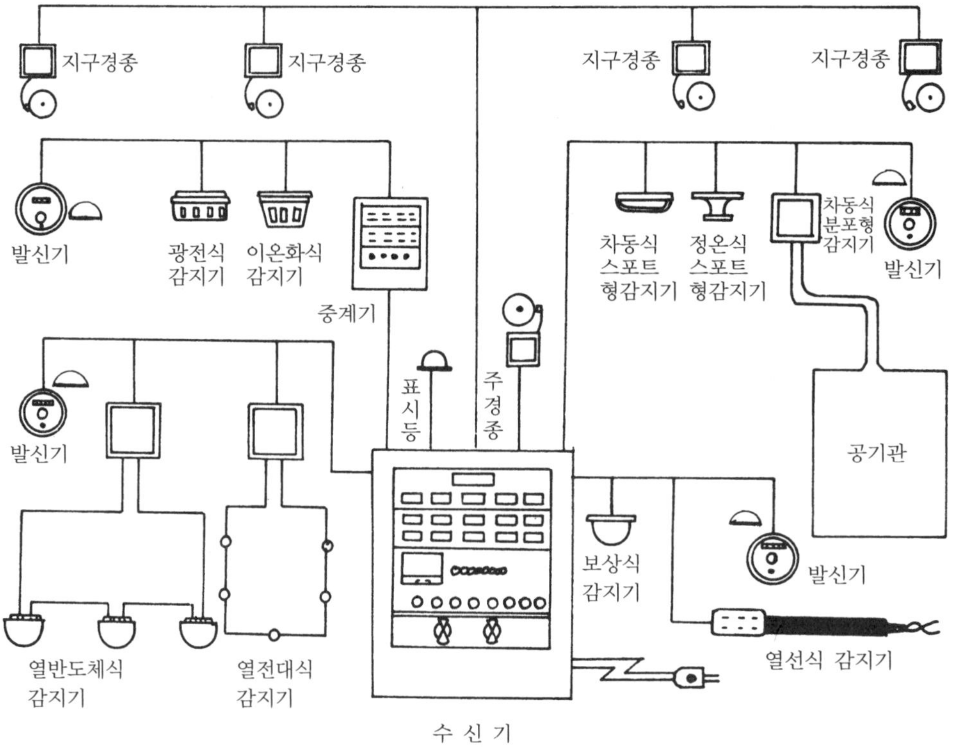

그림 7.20 자동 화재탐지설비의 전체 구성도

이러한 자동 화재 탐지 설비의 구성 요소는 감지기, 수신기, 발신기, 중계기, 경종 등으로 이루어져 있는데 표 7.4에 이를 나타내며 각각에 대해 설명하고자 한다. 또한 자동 화재 탐지 설비의 전체 구성도를 그림 7.20에 나타내었다.

표 7.4 자동 화재탐지설비의 구성 요소감지기

- 감지기
  - 열감지기
    - 차동식
      - 스포트형 — 공기식(1, 2종)
      - 분 포 형
        - 공기관식(1, 2, 3종)
        - 열전대식(1, 2, 3종)
    - 보상식
      - 스포트형(1, 2종)
      - 공기금속 팽창 병용식(1, 2종)
    - 정온식
      - 스포트형 : 바이메탈실(특종, 1, 2종)
      - 감지선형 : 가용절연물식(특종, 1, 2종)
  - 열연복합형
  - 연기감지기
    - 이온화식, 광전식
      - 축적형, 비축적형 — 1, 2, 3종
- 수신기
  - P형(1, 2급)
  - R형
  - M형
- 중계기
  - R형 수신기용 중계기
  - 특수 감지기용 중계기
- 발신기
  - P형(1, 2급)
  - T형(1, 2급)
  - M형
- 수신기 — 경종, 사이렌
- 부속기
  - 부수신기, 표시등, 표식판
  - 소화전 시동

7.4.2 감지기

자동 화재탐지설비의 눈과 귀 역할을 하는 감지기(感知器, fire detector)는 화재로 인해 발생되는 열이나 연기를 자동적으로 감지하여 수신기에 화재 신호를 보내주는 장치이다. 감지기는 검출 대상의 차이에 따라 열식과 연기식으로 대별할 수 있으며, 열식 감지기에는 감지원리에 따라 차동식, 정온식, 보상식 감지기로 분류되고, 열효과의 이용방법에 따라 스포트(spot)형과 분포형으로 구별할 수 있다. 그리고 연기식 감지기에는 감지 원리에 따라 이온화식과 광전식으로 분류되며, 축적형과 비축적형으로 분류된다. 이들 감지기의 종류를 표 7.5에 나타내며, 각각의 감지기에 대해 설명한다.

표 7.5 감지기의 종류

- 감지기
  - 열감지기
    - 차동식
      - 스포츠형
      - 분포형
        - 공기관식
        - 열전대식
        - 열반도체식
    - 정온식
      - 스포트형
      - 감지선형
    - 보상식
      - 스포트형
  - 연기감지기
    - 이온화식
      - 축적형
      - 비축적형
    - 광전식
      - 축적형
      - 비축적형

(1) 차동식(差動式) 감지기

차동식 감지기(rate-of-rise heat detector)는 감지기가 부착된 주위 온도가 일정한 온도 상승률 이상이 되었을 때, 즉 화재로 인해 급격히 온도가 상승했을 경우에 작동하는 감지기이다.

종류에는 구조에 따라 차동식 스포트형과 차동식 분포형이 있고, 감도에 따라 1종, 2종으로 구분된다.

① 차동식 스포트형

주위 온도가 일정한 온도 상승률 이상으로 되었을 때 작동하는 것으로, 1국소의 열효과에 의해 작동하는 것이다. 이 감지기는 그림 7.21(a)에서 보는 바와 같이 방수성이 없으므로 주방, 목욕탕 등과 같이 수증기가 많이 발생하는 장소에서의 사용은 적합하지 않다. 특히 강제 난방을 하는 경우 온도 상승이 일시적으로 심한 곳에서는 오동작의 원인이 될 수가 있으므로 주의해야 한다.

작동원리는 화재에 의한 급격한 온도 상승 기류가 감지기에 접촉되면 공기실(air chamber) 내의 공기가 팽창되어 다이어프램(diaphragm)을 밀게 되므로 이로 인해 가동부의 접점이 고정부의 접점에 접촉되어 전기적인 폐회로가 구성되므로 수신기에 신호를 보내게 되는 것이다. 이 때 주야간의 실내 온도 변화나 실내 난방 기기에 의한 완만한 온도 상승에 대해서는 공기실내의 공기가 서서히 팽창하기 때문에 리크(leak) 구멍을 통해 팽창된 공기가 외부로 나감으로써 감지기의 오동작을 방지한다.

② 차동식 분포형

감지기 주위의 온도가 일정한 온도 상승률 이상이 되었을 때 작동하는 것으로 광범위한 열효과의 누적에 의해 작동되는 감지기이다. 종류에는 공기관식, 열전대식, 열반도체식이 있으나, 국내에서 생산되는 것은 공기관식 뿐이므로, 이것을 그림 7.21(b)에 나타낸다.

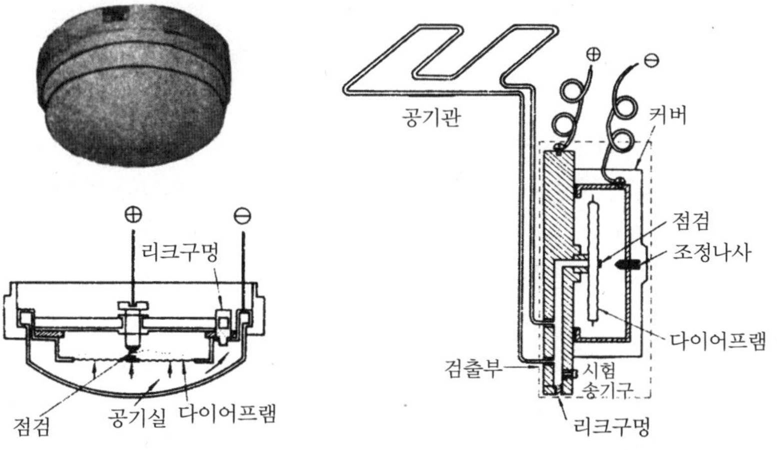

(a) 차동식 스포트형　　(b) 차동식 분포형

그림 7.21 차동식 감지기

작동원리는 공기관에 열이 가해지면 공기관 내부에 열이 누적되어 공기가 팽창하며 이 때 팽창된 공기가 감지기의 다이어프램에 전달된다. 이 때 다이어프램이 공기의 압력에 의해 팽창되므로 다이어프램의 상단에 부착된 접점을 밀어 올려서 고정되어 있는 다른 접점에 접촉되어 화재 신호를 보내게 되는 것이다. 단, 차동식 분포형에서는 공기관의 일부가 가열되어 발생된 압력이 검출부까지 도착되는 도중에 냉각되거나 효과가 감소될 우려가 있다. 따라서 공기관의 두께는 0.3[mm], 바깥지름 1.9[mm]인 구리관을 사용하며 최대길이를 100[m]로 제한하고 있다.

(2) 정온식(定溫式) 감지기

정온식 감지기(fixed temperature heat detector)는 일국소의 주위 온도가 일정한 온도 이상이 되었을 경우에 작동되는 감지기이다. 종류에는 구조에 따라 정온식 스포트형과 정온식 감지선형이 있다.

① 정온식 스포트형

이 감지기는 화재에 의해 발생된 열로 인해 실내에 설치된 감지기의 주위 온도가 일정온도 이상이 되었을 때 작동한다. 이 감지기는 주방이나 보일러실 등과 같이 항상 화기를 취급하는 장소에 적합하다. 작동 원리는 그림 7.22(a)에 나타낸 바와 같이, 화재시에 발생되는 열이 집열판에 집열되어 감지 소자인 바이메탈(bimetal)에 전달되면 바이메탈이 휘어져서 가동 접점과 고정 접점이 접촉되므로 전기적인 폐회로가 구성되어 화재 신호를 수신기로 보내게 되는 것이다. 바이메탈이 휘어져서 접점을 접촉시키는데 필요한 온도를 공칭 작동 온도라 하며, 범위는 60℃에서 150℃까지 규정하고 있다.

② 정온식 감지선형

플라스틱 등 가용성의 절연물로 피복한 피아노선을 2본으로 합쳐 열에 의해 절연물이 녹아 전류가 흐르도록 한 것으로 전선 모양의 것을 둘러치므로 외견은 분포형과 같지만 스포트형이 연속한 것으로 되어 있다. 설치 조건이 까다롭기 때문에 별로 사용되지 않는다.(그림 7.22(b))

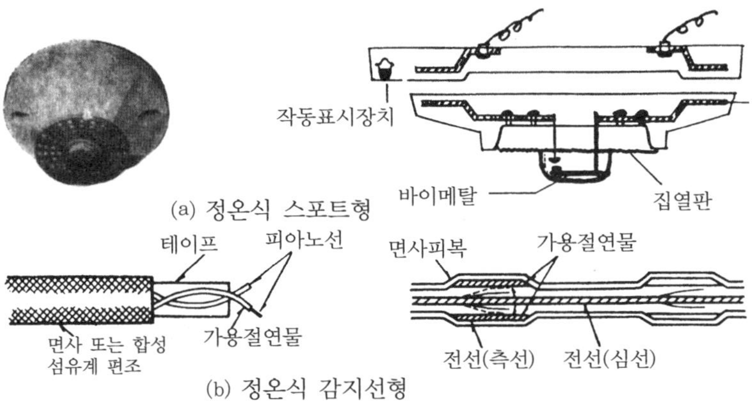

그림 7.22 정온식 감지기

(3) 보상식(報償式) 감지기

보상식 감지기는 차동식 감지기와 정온식 감지기의 기능을 합친 것이다.

작동 원리는 주위 온도가 서서히 상승되는 경우에는 정온식 기능이 작동되며, 주위 온도가 급격히 상승될 때는 차동식 기능이 작동되므로 양쪽 감지기의 기능을 모두 갖추고 있다(그림 7.23).

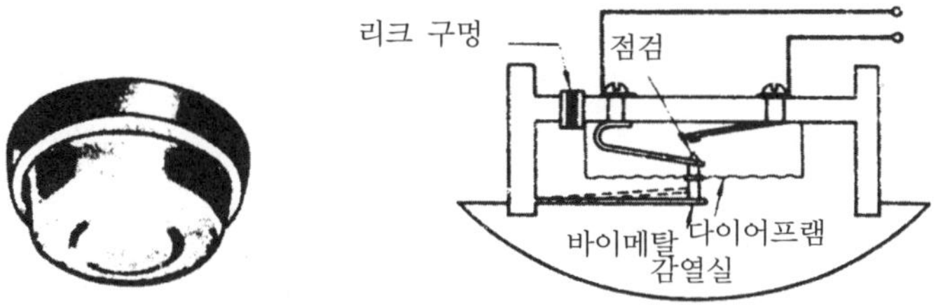

(a) 외관 (b) 내부 구조

그림 7.23 보상식 감지기

(4) 이온화식 감지기

이온화식 감지기(ionization smoke detector)는 감지기 주위의 공기가 일정한 농도의 연기를 포함하게 되면 연기에 의해 이온 전류가 변화하므로 작동되는 감지기를 말하며, 종류에는 축적형과 비축적형이 있다.

축적형은 연기가 일정치 이상의 농도로서 일정시간(20~30초 정도) 이상 유지되어야 작동하는 것으로 사무실, 회의실, 객석 등에 사용되고, 비축적형은 여기가 어느 일정치 이상의 농도만 되면 작동하게 되는 것으로 복도, 통로, 서고, 교실 등에 사용된다(그림 7.24).

방사선원으로서는 아메리슘(A_m^{241})이 사용되며, 주위의 공기를 방사선에 의해 이온화시켜서 이온 전류를 발생시키는 역할을 하며, 위해를 방지하기 위해 밀봉해 두었다.

작동 원리는 이온실에 들어 있는 미량의 방사선원(약 4~5μ C_1 정도의 아메리슘)에 의해 α선이 조사되면 이온실 내부의 공기가 이온화되어 이온 전류가 발생되며 평상시에는 내부 이온실과 외부 이온실의 전압이 균형을 이루고 있으나, 화재에 의해 연기가 외부 이온실에 투입되면 연기의 투입이 용이한 외부 이온실의 이온 전류 흐름이 연기에 의해 저항을 받게 되어 내부 이온실과의 균형을 잃게 되어 이온 전류가 감소되므로 화재신호를 수신기에 보내게 된다.

(a) 외관

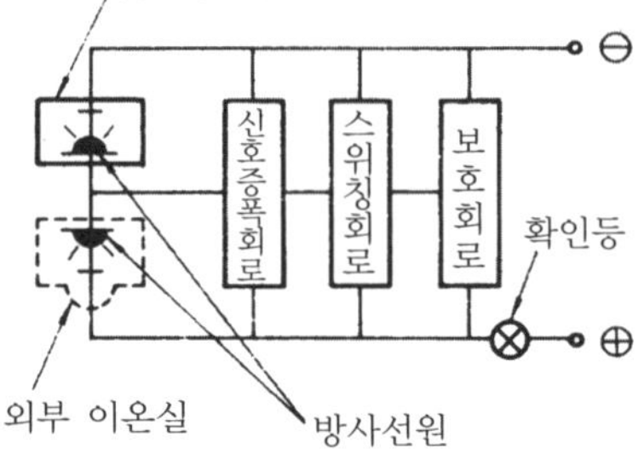

(b) 내부 구조

그림 7.24 이온화식 감지기

(5) 광전식(光電式) 감지기

광전식 감지기(photoelectric smoke detector)는 감지기 주위의 공기가 일정한 농도의 연기를 포함하게 되면 작동하는 것으로 연기에 의해 광전소자의 수광량이 변화하는 것을 이용해서 작동하는 것이다. 종류에는 산란광식과 감광식이 있다. 이를 그림 7.25에 나타낸다.

(a) 외관

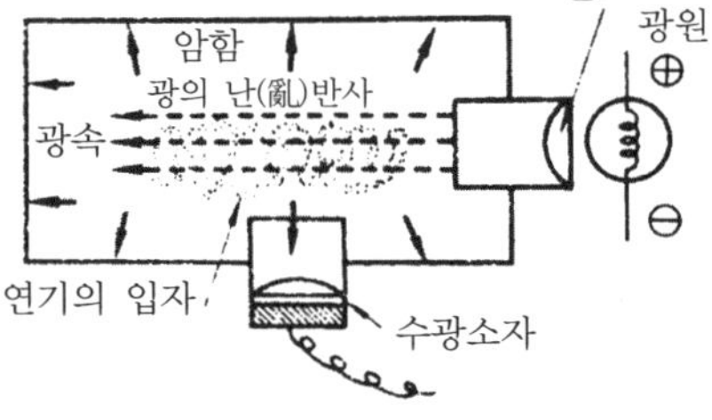

(b) 내부 구조

그림 7.25 광전식 감지기

7.4.3 수신기

수신기(受信器, receiver)는 감지기나 발신기에서 발신된 화재 신호를 수신해 화재의 발생을 해당 건물의 관계자에게 램프 및 음향 장치 등을 사용해 통보하는 것으로 인간의 두뇌와 같이 중추적인 역할을 한다.

수신기의 종류는 표 7.6에서 보는 바와 같이 P형, R형, GP형, GR형, M형 등이 있으며, M형은 M형 발신기에 접속되는 것으로서 관할 소방서 관내에 설치되는 것이다. 수신기는 평상시 AC110[V]나 220[V]로 작동되다가 정전시에는 예비 전원으로 자동적으로 절환될 수 있는 자동절환기능을 갖고 있다. 예비 전원은 일반적으로 직류 24[V]인 니켈카드뮴 축전지를 사용하며 용량은 2개의 회로를 10분 이상 작동시켜야 한다.

표 7.6 수신기의 종류

- P형(proprietary type : 소유자형)
  - 1급
  - 2급
- R형(record type : 기록형)
- GP형(gas-proprietary type)
- GR형(gas-record type)
- M형(municipal type : 공유형)

(1) P형 수신기

가장 일반적으로 사용되는 수신기로서, 감지기나 발신기(M형 발신기 제외)로부터 보내져 오는 신호를 각 경계 구역마다 동일한 형태의 신호 방식으로 수신하는 것으로서 설치될 대상 건물의 크기나 사용자의 요구에 따라 회선수나 지구 표시의 방법도 달라지지만 P형 1급 수신기가 주로 사용되고 있다.

지구 표시 방법으로는 하나의 경계 구역을 하나의 창구에 표시하는 창구식과 건물의 단면도나 전면도를 실제의 모양대로 나타내어 실제 발화 위치에 램프가 점등되도록 하는 지도판식이 있다. P형 1급 수신기는 규모가 큰 건물이나 기능적으로 정확도가 요구되는 곳에 설치하고,

P형 2급 수신기는 5회선 이하의 소형 건물에 설치된다.(그림 7.26)

(a) P형 1급 수신기

(b) P형 2급 수신기

그림 7.26 P형 수신기

(2) R형 수신기

감지기나 발신기로부터 발해진 신호를 중계기를 통해 각 회선마다 고유의 신호로 수신하는 방식으로서, 사용하는 신호 방식은 주로 시분할방식을 이용한 다중 통신 방식을 이용하고 있기 때문에 한 쌍의 전송 선로로 각 경계 구역마다 고유의 신호로 된 여러 경계 구역의

신호를 이동시킬 수 있어서 P형에 비해 많은 선로를 절약할 수 있는 이점이 있다.

그리고 건물의 증축이나 개축에 따라 경계 구역이 증가될 경우에 중계기의 증가나 중계기 회로수의 증가 등에 의해 간편하게 회로를 추가할 수 있는 이점이 있기 때문에 근래에는 선로가 많이 필요하고 회로의 추가가 어려운 점을 감안하여 대형 건물에는 P형 수신기보다 R형 수신기를 선호하는 방향으로 바뀌어져 가고 있다. 그러나 제조 기술과 부품의 특성이 완벽에 가까울 만큼 고급화되지 않으면 R형에는 고정밀을 요구하는 부품들이 많이 사용되고 있고 구조 원리가 복잡하기 때문에 오동작의 우려가 많으며 기본 회로 제조에 들어가는 제조 원가가 P형에 비해서 고가이기 때문에 저회로용일 때는 불리한 점을 갖고 있다.(그림 7.27)

그림 7.27 R형 수신기

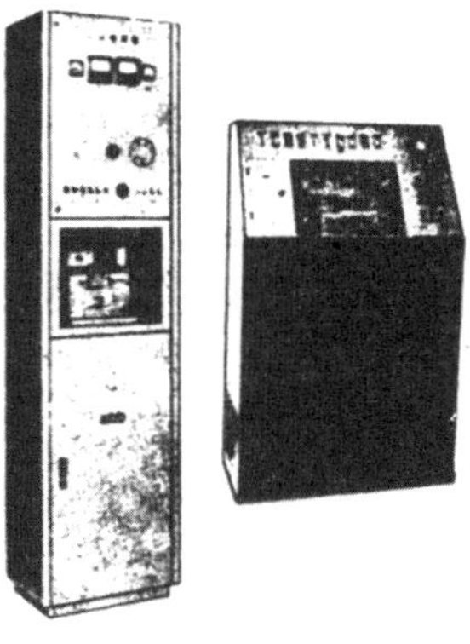

그림 7.28 M형 수신기

(3) M형 수신기

M형 수신기(municipal type)는 M형 발신기로부터 발해지는 화재 신호를 수신해 화재의 발생을 소방관서에 통보하는 것으로서 현재는 119번의 전화 통보가 보급되었기 때문에 많이 사용하지는 않는다. P형이나 R형이 소방대상물 내에 설치되는 반면에 M형은 관할 소방관서 내에 설치되고 있으며, 그 외관은 그림 7.28과 같다.

(4) GP 및 GR형 수신기

GP형 수신기는 가스누설 경보기의 수신부 기능과 P형 수신기의 기능을 겸한 것이며, GR형 수신기는 가스누설 경보기의 수신부 기능과 R형 수신기의 기능을 겸한 것이다. 이들 수신기는 화재 표시등은 적색으로 표시하고 가스누설 표시등은 황색으로 표시하도록 되어 있으며 주된 기능과 구조는 P형과 R형 수신기의 기능과 가스누설 경보기의 수신부 기능을 병행해 구성되도록 되어 있다.

7.4.4 발신기

화재 발생신호는 감지기가 검출하지만 경우에 따라서는 사람이 감지기보다 먼저 발견해 화재의 발생을 알리기 위한 것이 발신기인데, 종류에는 P형과 M형 및 T형이 있다. 동작 원리는 합성수지로 된 보호판을 깨뜨리고 누름 스위치를 누름으로써 경보를 울리도록 된 기기로서, 항상 눈에 쉽게 발견될 수 있는 장소에 설치하며, 화재 발신기임을 쉽게 알아볼 수 있도록 표시해야 한다.

(1) P형 발신기

P형 발신기는 화재를 발견한 사람이 합성수지로 되어 있는 보호판을 깨뜨리고 누름 스위치를 눌러서 수신기에 화재 신호를 보내는 것으로, 이를 그림 7.29에 나타낸다. 발신과 동시에 수신기와 전화 연락이 가능한 1급과, 전화연락이 불가능한 2급이 있다.

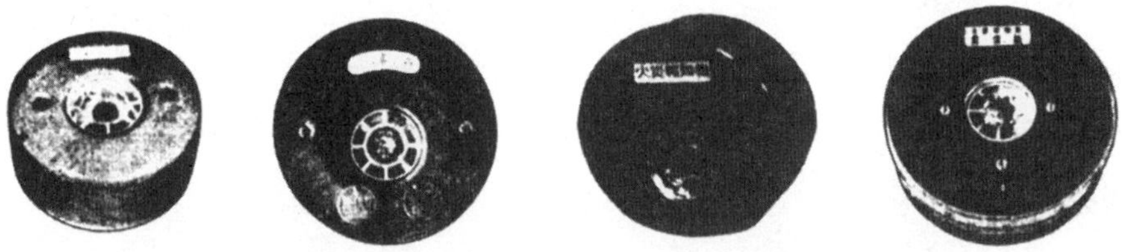

P형 1급(방수형)　　　　　　　　P형 2급(노출형)

(a) 외관

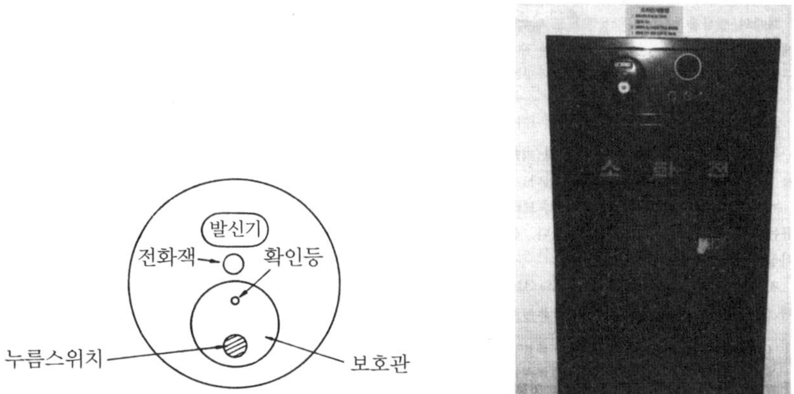

(b) 설치 예

그림 7.29 P형 발신기

(2) M형 발신기

수동에 의해 각 발신기의 고유 신호를 수신기에 보내는 것이다. 소방 기관으로 통보하는 화재 속보설비에 속하는 것으로서 P형 1급 발신기와 같고, 전화기구, 응답기구를 갖고 있다. 발신기 누름단추는 무기질유리로서 1~2[mm]의 두께를 갖는다.

7.4.5 중계기

감지기 또는 발신기의 작동에 의한 신호를 받아서 이를 수신기에 발신하며, 소화 설비나 배연 설비 등에 제어 신호를 발신하는 것으로 주로 R형 수신기와 접속되어 감지기나 발신기로부터 보내어 온 신호를 변환시켜 각 회선별로 고유의 신호를 수신기에 신하는 역할을 한다. 중계기(中繼器)의 설치는 바닥으로부터 0.8~1.5[m] 높이에 설치한다.(그림 7.30)

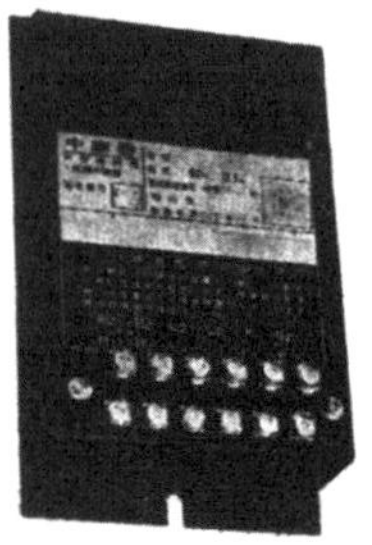

그림 7.30 중계기

7.4.6 경종과 표시등

화재의 발생을 내부 사람들에게도 알리고 소화활동 및 피난을 재촉하기 위해 수신기와 함께 동작하도록 하는 것으로 종류로는 수신기 부근에 설치되는 주경종과 각 층에 설치되는 지구 경종이 있다.

(1) 경 종

주경종과 지구 경종의 구조는 크게 외함과 기동부로 되어 있다. 경종의 외함은 음량의 특성을 고려해 다이캐스팅으로 되어 있다. 기동부는 모터식과 벨식이 있는데, 모터의 정격 전압은 직류 24[V]로 되어 있으며, 소비전류는 50[mA] 이하로 제조되고 있다. 음량은 경종으로부터 1[m] 떨어진 위치에서 90[폰] 이상으로 명동되어야 한다. 지구 경종의 설치 방법은 그림 7.31에서와 같이 수평거리가 25m 이하가 되도록 해야 한다.

(2) 표시등

표시등(標示燈)은 항상 적색으로 점등되어 있으며, 설치면과 15° 이상의 각도가 되는 방향을 따라 10[m] 떨어진 곳에서 점등 상태의 식별이 용이해야 하며, 전원은 AC220[V], 또는 DC24[V]로 공급된다.(그림 7.32)

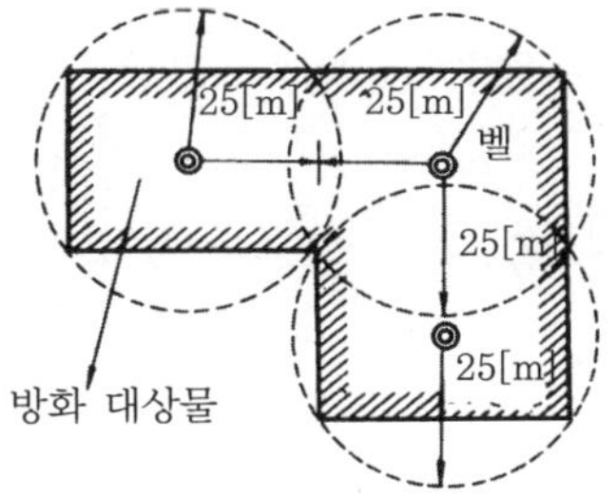

그림 7.31 지구 경종의 설치 간격

그림 7.32 표시등

7.4.7 자동 화재 탐지 설비의 설치 기준

이상에서 살펴본 자동 화재 탐지 설비의 설치 기준을 소방법 시행령 제17~21조에서 제시하고 있는 사항을 표 7.7에 나타낸다.

표 7.7 자동 화재탐지설비의 설치기준(소방법 시행령 제17~21조)

	장소 및 시설물	자동 화재통보설비	전기화재 경보기
1	① 극장, 영화관 또는 관람장 ② 공회당 또는 집회장	연면적 300㎡ 이상	연면적 300㎡ 이상
2	① 카바레, 바, 기타 이에 유사한 것 ② 유기장, 댄스 홀 또는 오락장	연면적 300㎡ 이상	연면적 300㎡ 이상
3	① 요정, 요리점, 기타 이에 유사한 것 ② 음식점	연면적 500㎡ 이상	연면적 300㎡ 이상
4	백화점 또는 시장	연면적 500㎡ 이상	연면적 300㎡ 이상
5	① 여관, 호텔 또는 숙박소 ② 기숙사, 하숙 또는 공동주택	연면적 300㎡ 이상 연면적 500㎡ 이상	연면적 150㎡ 이상
6	① 병원, 진료소, 요양소 또는 조산원 ② 양로원, 아동복지시설, 양육원, 고아원, 탁아소 ③유치원, 맹학교 또는 농학교	연면적 300㎡ 이상	연면적 300㎡ 이상
7	초등학교, 중학교, 고등학교, 대학교, 기타 각종 학교	연면적 500㎡ 이상	연면적 500㎡ 이상
8	도서관, 박물관 또는 미술관	연면적 500㎡ 이상	연면적 500㎡ 이상
9	공중 목욕탕	연면적 500㎡ 이상	
10	차량의 정차장 또는 선박 및 항공기의 발착장 (여객의 승강 또는 대기에 사용되는 건축물에 한한다.)	연면적 500㎡ 이상	연면적 500㎡ 이상
11	사찰, 교회 기타 이에 유사한 것	연면적 1,000㎡ 이상	연면적 500㎡ 이상
12	① 공장 또는 작업장 ② 영화 촬영소, 또는 텔레비전 및 방송시설장	연면적 500㎡ 이상	연면적 300㎡ 이상

13	① 자동차 차고 또는 공로상 이외의 주차장 ② 비행기 또는 회전익 항공기의 격납고	연면적 500㎡ 이상	
14	창 고	연면적 500㎡ 이상	연면적 1,000㎡ 이상
15	전 각항에 해당하지 아니하는 관공서, 회사, 은행, 기타 사업장	연면적 1,000㎡ 이상	연면적 1,000㎡ 이상
16	전 각항에 설명한 소방대상물 이외의 소방대상물로서, 그 일부가 전 각항의 1의 용도에 사용되는 것		
17	문화재보호법에 의해 문화재로서 지정된 건조물 또는 기타 유형문화재를 보관하는 건조물	전 부	전 부
18	연장 50m 이상의 아케이드		
19	시, 도지사가 지정하는 산림		
20	내무부령으로 정하는 주차		

연습문제

1. 피뢰침의 보호 범위에 대해 설명해라.
2. 위험물 창고의 피뢰 도선 설치 방법은 어떻게 하는가?
3. 피뢰 설비가 필요한 건축물 및 공작물은 어떤 것인가?
4. 피뢰 도선에는 어떤 것을 사용하면 좋은가?
5. 피뢰침의 지지 방법은 어떻게 하는가?
6. 피뢰 설비의 접지 방법을 알아보라.
7. 피뢰 설비의 4등급 특징과 적용 건물은?
8. 항공장애등의 설치 기준을 설명하라.
9. 항공장애등의 종류에는 어떠한 것이 있는가?
10. 주간 장애표시설비는 어떻게 하는가?
11. 방범 설비의 단말 검출기의 종류를 조사해 보자.
12. ITV의 특징과 용도는?
13. 자동 화재 탐지 설비에 사용되는 감지기 설치 방법을 장소에 따라 알아보라.
14. 감지기의 종류와 특징은 무엇인가?
15. 전기 화재 경보기에 대해 알아보라.
16. 유도등 설비란 무엇인가?
17. 비상 콘센트의 설치 장소를 알아보라.

제 8 장

전기시설안전

8.1 전기 안전의 개요
8.2 감전 사고
8.3 전기 화재
8.4 정전기 재해
8.5 낙뢰 재해
8.6 절연과 접지
8.7 전기 설비의 안전한 취급
* 연습문제

빌딩 내에는 수많은 전기 설비가 있는데 이러한 시설에 대한 취급시 안전을 고려하여 알아두어야 할 사항들이 있다. 따라서 본 장에서는 전기 안전에 관한 사항들을 배우고자 한다.

8.1 전기 안전의 개요

전기 설비를 다루거나 공사를 할 경우에는 특별히 안전사고에 주의해야 한다.

8.1.1 공칭 전압

전압의 종류에 관하여는 제1장에서 배운 바와 같이 저압, 고압, 특별고압, 초고압 등으로 분류하는데, 이러한 전송 전력과 수송 거리에 따라서 각각 최적의 전송 전압이 존재하는데 개개의 전송로마다 별개의 전압값을 채용하면 여러 가지 면에서 불편하다. 즉 전송 전압이 다르면 서로의 연관이 복잡하게 되고 넓은 범위의 전력 융통성을 바랄 수 없다. 또한 전송 계통에 설비되는 전력 기기의 설계가 각 전송 계통마다 달라져서 설계상 문제도 복잡하게 된다. 따라서 전력 사업체의 입장에서 전력 블록마다 전압기준을 설치하는 것이 요망된다.

이것을 표준 전압(standard voltage)라고 한다. 우리나라의 표준 전압에는 공칭 전압(公稱電壓, nominal voltage)과 최고 전압이 있는데, 공칭 전압이란 그 선로를 대표하는 선간 전압이고, 최고 전압이란 정상 운전시에 선로에 발생하는 최고의 선간 전압을 말한다. 우리나라의 배전 방식에 따른 공칭 전압을 표 8.1에 나타낸다.

표 8.1 배전 방식에 따른 공칭 전압(KS C 0501)

구 분	공칭 전압 [V]	배전 방식별 전압[V]				최고전압 [V]
		단상2선식	단상3선식	3상3선식	3상4선식	
저 압	110	110	110	–	–	–
	220	220	220	220	220	–
	380	220	–	–	220/380	–
	440	254	–	–	254/440	–
고 압	3,300	3,300	–	3,300	–	3,600
	5,700	3,300	–	–	3,300/5,700	6,200
	6,600	6,600	–	6,600	–	7,200
특고압	11,400	6,600	–	–	6,600/11,400	12,900
	22,900	13,200	–	–	13,200/22,900	25,800

8.1.2 전기 재해의 종류와 특징

(1) 전기 재해의 종류

전기는 빌딩은 물론 가정 및 공장에서도 없어서는 안 될 중요한 에너지원으로 광범위하게 이용되고 있기 때문에 사람이 접촉할 기회가 많다. 전기는 올바르게 사용하면 매우 편리한 에너지원이지만, 취급시 부주의하거나 유지 보수를 제대로 하지 않게 되면 감전, 화재 등으로 인한 사고의 위험성이 항상 존재하게 된다. 전기에 관한 재해의 종류로는 크게 전기 재해, 정전기 재해, 낙뢰 재해로 나눌 수 있는데 이를 표 8.2에 나타낸다.

표 8.2 전기에 관한 재해의 종류

- 전기에 관한 재해
  - 전기 재해
    - 감 전
      - 전격에 의한 실신
        - 쇼크(shock)에 의한 사망
        - 심실세동으로 심장기능의 마비
        - 근육수축으로 호흡정지, 질식
      - 전류의 발열작용에 의한 체온상승으로 사망
      - 전류작용에 의한 국소화상, 조직의 파괴
      - 감전쇼크에 의한 추락, 전도로 상해
    - 전기화재
      - 전기기기의 사용상의 부주의에 의한 발화
      - 전기 설비의 단락, 소손에 의한 발화
      - 전기 설비로부터의 누전전류로 인한 발화
      - 전기불꽃에 의한 화재, 폭발
    - 전기설비의 손괴 기능일시 정지
      - 전자파에 의한 제반장해, 2차적 재해의 발생
  - 정전기 재해
    - 전 격
      - 전격에 의한 불쾌감
      - 감전쇼크로 인한 2차적 재해의 발생
    - 화재, 폭발
      - 방전불꽃으로 인한 화재, 폭발
    - 설비의 기능저하
      - 정전기의 흡인작용으로 기계기구의 오동작 등
  - 낙뢰 재해
    - 감 전
      - 뇌전류로 인한 실신, 사망
    - 감 전
      - 낙뢰로 인한 화재
    - 설비의 파괴
      - 낙뢰로 인한 전기 설비 및 물체 파괴

(2) 전기 재해의 특징

전기 재해는 인체에 전기가 흘러 발생하는 감전 재해, 전기가 점화원으로 작용하여 발생되는 화재 및 폭발, 정전기와 전자파에 의한 기기의 오동작 등이 있다. 특히 감전에 의한 재해는 그 빈도수에 있어서 많지는 않지만 사고 발생시 치명적인 손상을 입게 된다.

이러한 전기 재해는 몇 가지 특징을 가지고 있다.

① 전기적인 위험의 감지가 어렵다. 왜냐하면 전기는 눈에 보이지도 않고 소리, 냄새도 없을 뿐 아니라 손으로 만져서 확인할 수도 없기 때문이다.

② 높은 사망률을 가지고 있다.(표 8.3)

③ 고전압에 의한 사고는 전기 취급자에게, 저전압의 경우에는 일반 작업자에게 있어서 많이 발생된다.

④ 전기로 인한 화재 및 폭발 재해는 모든 화재 발생의 원인 중 가장 높은 비중을 차지하고 있다.

표 8.3 감전 재해의 발생 현황

구분 / 연도	총 재해 자 수	감전 재해 자수[명]	총재해자수에 대한비율[%]	총 사망 자수[명]	감전사망 자수[명]	총사망자수에 대한배율[%]	감전사고 사망률[%]
'82	137,816	831	0.6	1,230	87	7.07	10.47
'83	156,927	919	0.59	1,452	91	6.27	9.90
'84	157,800	873	0.55	1,667	44	2.64	5.04
'85	141,809	1,078	0.76	1,718	84	4.92	7.79
'86	142,809	893	0.63	1,660	82	4.94	9.18
'87	145,596	845	0.59	1,716	63	3.58	7.46
'88	142,329	1,005	0.71	1,925	132	6.86	13.13
'89	134,127	858	0.64	1,724	93	5.39	10.84
계	1,155,537	7,302	–	13,137	676	–	–
평균	144,442	913	0.63	1,642	84.5	5.15	9.26

8.2 감전 사고

감전(感電)은 일반적으로 전격(電擊)이라고도 하며, 인체에 전류가 흐르는 현상을 말한다.

8.2.1 감전의 발생 원인

우리 주변에는 전압의 크기가 110, 220, 3,300, 6,600[V] 등 높은 전압이 공급되고 있다.

감전은 일반적으로 전압원에 신체의 일부가 접촉되었을 때 인체에 전기가 흘러서 발생되는 것이다. 송전선에 앉은 새는 새 자체가 수만 볼트의 높은 전압에 충전되더라도 주위의 공기가 전기저항이 큰 절연물이므로 전류가 흐르지 않아 감전 사고가 발생되지 않는 것이다.

감전 사고가 발생되는 원인을 설명하기 위하여 그림 8.1을 보기로 하자. 국내의 빌딩에 공급되는 대부분의 저압 배전 방식에서는 주상 변압기의 2차측 권선에서 제2종 접지공사가 실시되고 있기 때문에 그림 8.1과 같이 대지에 서 있는 사람이 저압 전선을 잡게 되면 점선과 같이 전기 회로가 구성되어 전류가 흐르므로 감전 되어 사망하게 된다. 감전이 되면 인체 내에서 일어나는 생리적인 현상으로서 근육의 수축, 심실세동, 호흡곤란 등으로 인하여 사망하거나 추락 등의 2차적인 재해를 유발하게 된다.

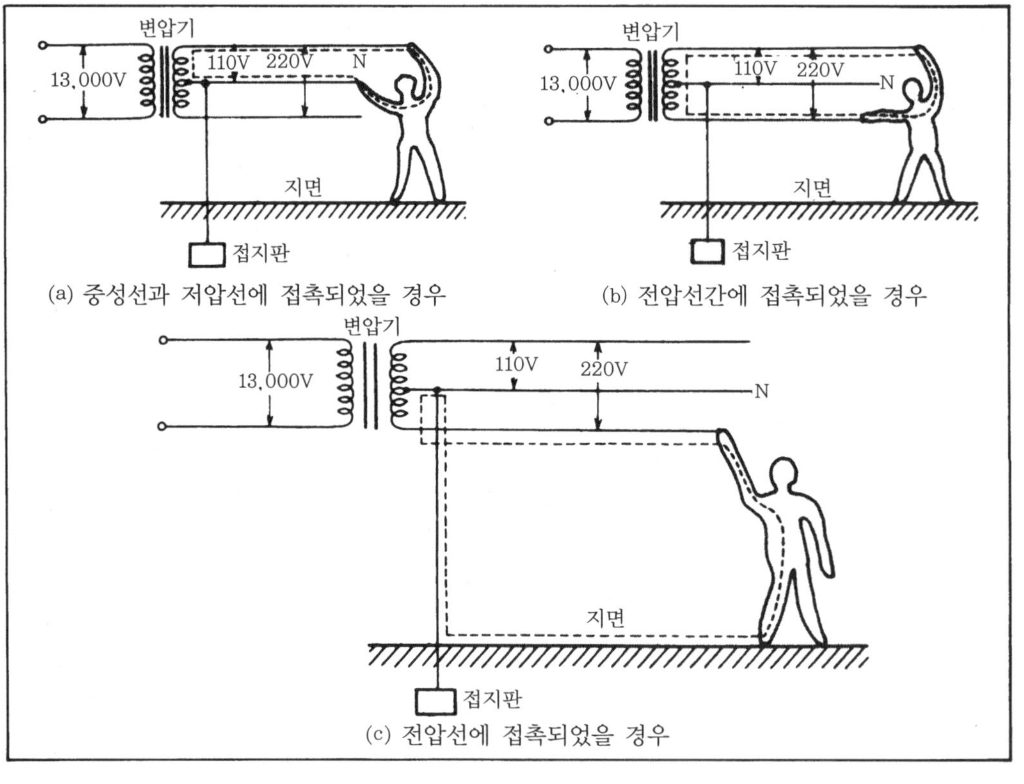

그림 8.1 감전 사고의 발생 원인

8.2.2 감전에 의한 인체의 영향

이러한 감전에 의한 인체의 반응 및 사망 정도는 그 속성상 인체 실험이 매우 어렵고, 또한 검증이 어렵다는 점과 인간의 다양성(키, 성별, 몸무게, 인종), 재해 당시의 상황(습기,

땀, 접촉 부위의 물리적 상태) 등의 이유로 인체로 실험을 할 수 없으므로 쥐, 개, 토끼, 돼지 등의 실험 결과가 발표되고 있다. 이러한 자료를 참고로 설명하기로 한다.

(1) 감지 전류

인체에 흐르는 전류의 크기가 어느 한계값 이하의 경우에는 인체가 느끼지 못하나 그 값 이상이 되면 인체에 전류가 흐르는 것을 감지할 수 있는데 이 전류값을 감지 전류(感知電流)라고 하는데 그 값은 표 8.4와 같다.

표 8.4 감지 전류의 크기

전기의 종류	남자[mA]	여자[mA]
직 류	5.2	3.5
교 류(60Hz)	1.1	0.7
교 류(10kHz)	12	8

(2) 고통 전류

이탈 전류라고도 하는데, 인체에 흐르는 전류가 감지 전류의 한계를 넘게 되면 점차로 고통을 느끼고, 이 고통을 참을 수 있을 정도이고 생명에는 위험이 없는 한계의 전류로서, 그 크기는 표 8.5와 같다.

표 8.5 고통전류의 크기

전기의 종류	남자[mA]	여자[mA]
직 류	62	41
교 류(60Hz)	9	6
교 류(10kHz)	55	37

(3) 불수 전류

인체에 흐르는 전류가 고통 전류의 한계를 넘게 되면 전류가 흐르는 부위의 인체는 근육이 경련 현상을 일으키거나 신경이 마비되어 운동을 할 수 없게 되므로 자력으로 전선을 잡은 손을 뗄 수가 없게 되는 전류로서 그 크기는 표 8.6과 같다.

표 8.6 불수 전류의 크기

전기의 종류	남자[mA]	여자[mA]
직 류	74	50
교 류(60Hz)	16	10.5
교 류(10kHz)	75	50

(4) 치사 전류

인체에 흐르는 전류가 불수 전류 값을 넘게 되면, 심장에 영향을 미쳐서 심실세동이 일어나므로 심실세동 전류라고도 하며, 이는 전류의 크기에 비례하고 시간의 제곱근에 반비례하여 $I=116/\sqrt{t}$ [mA]의 관계가 있는데 이를 표 8.7에 나타낸다.

표 8.7 치사전류의 크기전기의 종류

전기의 종류	남자[mA]	여자[mA]
직 류	500	500
교 류(60Hz)	100	100
교 류(10kHz)	500	500

8.2.3 인체의 전기 저항

앞에서 설명한 바와 같이 감전의 위험성은 인체에 흐르는 전류의 크기에 의하여 결정되므로, 인체에 가해지는 전압이 일정할 경우라면 옴의 법칙에 의하여 인체에 흐르는 전류의 크기는 인체의 전기 저항에 의하여 결정된다.

(1) 인체의 전기적 등가회로

인체의 전기 저항은 내부 저항과 피부 저항의 합으로 나타낼 수 있으며, 피부 저항은 저항과 정전용량이 병렬로 접속된 등가회로로 나타낼 수 있는데, 이를 그림 8.2에 나타낸다.

(2) 인체의 피부 저항

인체의 피부는 표피, 진피, 피하조직 등으로 이루어져 있는데, 저항에 큰 영향을 미치는 것은 표피이다. 즉 인체의 전기 저항 중에서 피부의 저항이 가장 큰 것이며, 손발이 건조할 때는 수천 [Ω] 이지만, 물에 젖거나 땀이 나 있을 경우는 약 1/10로 감소되어 500[Ω] 정도가 된다.

통전 경로에 따라 다르기는 하지만, 손과 발 사이의 인체 저항을 나타내는 곡선으로는 독일의 프라이베르카가 제시한 그림 8.3의 자료를 사용하고 있다.

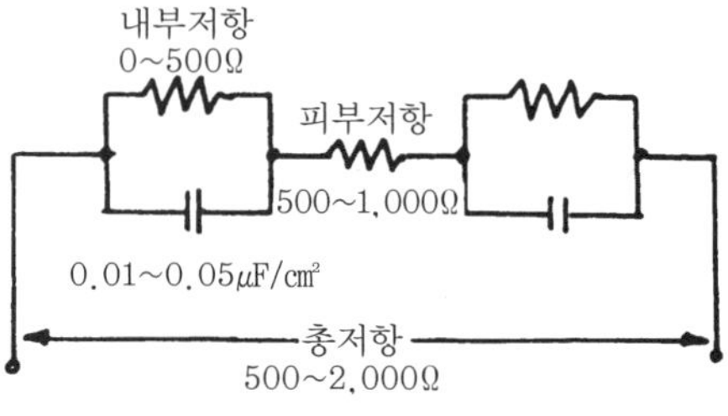

그림 8.2 인체의 전기적 등가 회로

(3) 인체의 내부 저항

인체는 세포와 전해액으로 되어 있고 세포막은

절연체이며, 그 내외의 전해액은 이온을 띠고 있어서, 전기 물성면에서 보면 도전체와 유전체의 성질을 갖고 있는 저항성분과 용량 성분으로 구성되어 있다. 전압이 인가되었을 때 아주 짧은 시간에는 큰 전류가 흘렀다가 저항에 의하여 전류의 흐름이 억제되어 통전 전류가 정상값이 된다.

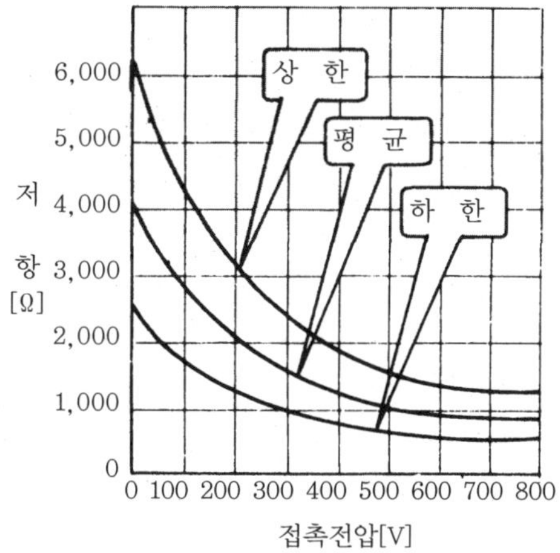

그림 8.3 접촉 전압에 따른 인체의 저항

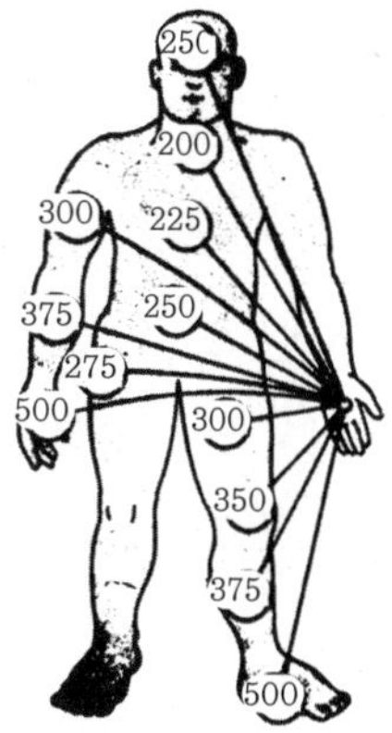

그림 8.4 인체의 내부

인체의 내부 저항은 혈액이나 임파액이 많은 조직, 근육, 뼈 등에 따라 그 값이 달라지게 되는데 전체적으로 본 값은 일반적으로 1[%]의 식염수에 상당하는 것이다. 이것은 바닷물보다 약간 높은 저항값인데, 일반적으로는 전기를 통하기 쉬운 물체라 할 수 있다. 손과 손, 손과 발의 내부 저항은 500[Ω] 정도이며, 인체 각 부분간의 내부 저항값은 다르므로 그림 8.4에 나타낸다.

(4) 안전 전압

안전 전압(安全電壓)이란 절연 파괴 등의 전기 사고가 발생하여 인체에 가해져도 위험이 없는 전압을 말하는데, 각 나라마다 약간씩 다르게 규정하고 있으며, 우리나라에서는 일반 사업장의 안전 전압을 산업안전보건법에 따라 30[V]로 규정하고 있다.(표 8.8)

표 8.8 국가별 안전 전압

국 가 명	안전 전압[V]	국 가 명	안전 전압[V]
체 코	20	스 위 스	36
독 일	24	프 랑 스	24(AC), 50(DC)
영 국	24	네 덜 란 드	50
일 본	24∽30	오스트리아	60(0.5초)
한 국	30		110~130(0.2초)
벨 기 에	35		

8.2.4 감전 사고의 방지 대책

우리나라의 감전 사고 특징은 전기와 관련 없는 일반 작업자에게 누전 등으로 인하여 많이 발생되고, 고압보다 저압에서 훨씬 많이 발생되고 있다. 따라서 감전 사고의 방지 대책을 세워 보기로 한다.

(1) 설비의 안전화

설비의 안전화를 위하여 충전부로부터 격리시키고, 전로를 전기적으로 안전하게 절연시키며, 설비의 적법한 시공 및 관리를 해야 하며, 고장시 전로를 신속히 차단해야 한다.

(2) 작업의 안전화

작업의 안전화를 위하여 보호구 및 방호구를 사용하고, 접지용구 및 검출용구를 사용하고, 경고 표지 등의 안전 표지를 설치한다.(그림 8.5)

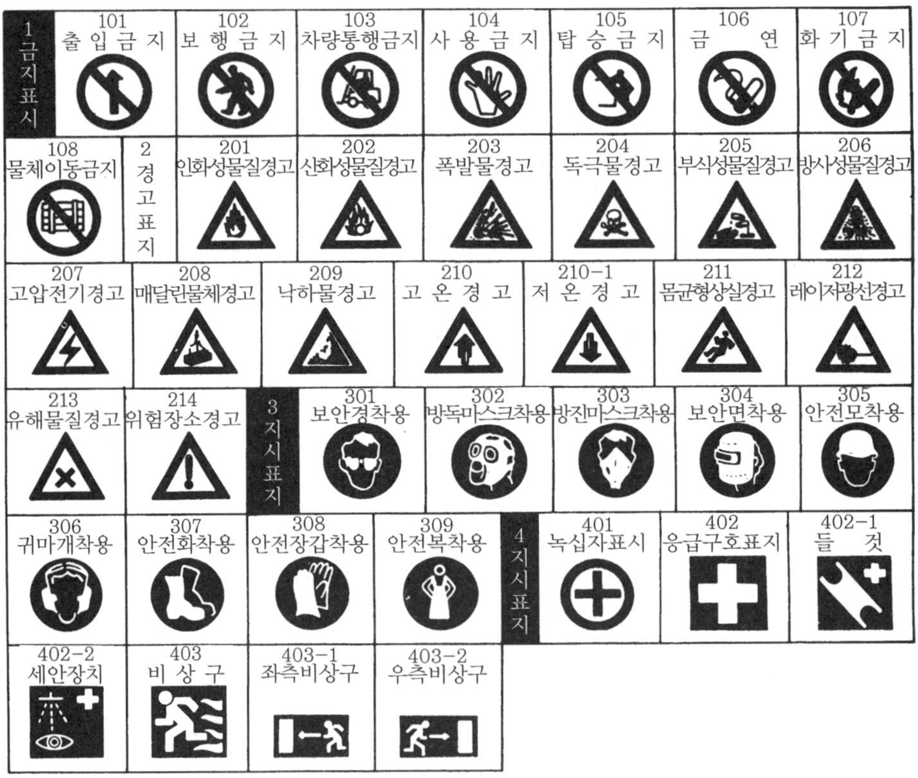

그림 8.5 전기 관련 안전 표시

(3) 전기의 위험성 인식

전기가 위험하다는 것을 인식시키기 위하여 안전 교육과 지식을 습득해야 한다.

8.3 전기 화재

전체 화재 발생 건수 중에서 전기 화재의 발생 건수가 매년 30[%]가 넘는 비율을 보이고 있으므로 이에 대한 대책을 세워야 할 것이다.

8.3.1 전기 화재의 발생 원인

일반 화재의 경우는 발화원, 출화의 경과, 착화물로 분류하여 취급하지만, 전기 화재의 경우는 발화원(기기별), 출화의 경과(원인별)로 분류하고 있다. 1989년도 화재통계 연보에 의하면 전기 화재의 발생은 전선의 단락, 전기 기기나 전선의 스파크, 절연불량(누전), 전기 기구의 과열, 전기 기기의 사용불량, 전기 시설의 사용 부주의 등에 의한 것으로 되어 있다. 전기 화재가 많이 발생되는 장소는 주택, 공장, 점포의 순으로 나타나고 있다.

(1) 발화원(기기별)에 의한 화재 발생

표 8.9에서 보는 바와 같이 기기별로 본 화재 발생은 배선에 의한 전기 화재가 전체의 63[%]로 대부분을 차지하고 있는데, 이는 비닐 코드를 임의로 연결하여 용량이 큰 전기 기기를 동시에 사용하거나, 배선의 피복이 손상되어 단락되는 사고에 의한 것이다.

① 배선 : 배전선, 인입선, 옥내선, 옥외선, 코드, 배전접속부 등
② 전기 기기 : 전동기, 배전용 변압기, 발전기, 정류기, 충전기, 유입차단기 등
③ 이동식 전열기 : 전기 곤로, 전기 난로, 전기 다리미, 전기 장판, 소독기, 살균기, 용접기 등
④ 고정식 전열기 : 전기 항온기, 전기 부화기, 전기 오븐, 전기로 등
⑤ 배선 기구 : 스위치, 나이프 스위치, 자동차단기, 접속기 등
⑥ 누전 발열 : 함석판의 이은 곳, 벽에 박은 못, 빗물받이 받침못, 금속관 이음부, 고압선과 접촉한 목재 등
⑦ 정전기 스파크 : 롤러의 스파크, 유동 오일에 의한 스파크, 분체 마찰에 의한 스파크 등

표 8.9 발화원(기기별)에 의한 화재 발생

구 분	계	배선	전기 기기	전기 장치	이동식 전열기	고정식 전열기	배선 기구	누전 발열	정전기 스파크	기 타
발생 건수	4,525	2,852	368	345	342	135	267	65	57	112
점유율[%]	100.0	63.0	8.1	7.6	7.2	3.0	6.0	1.4	1.2	2.5

(2) 출화의 경과(원인별)에 의한 화재

발생 표 8.10에서 보는 바와 같이 원인별로 살펴본 화재 발생은 단락에 의한 것이 가장 많다.

① 합선(단락) : 저압 옥내 배선에서의 단락 전류는 약 1,000[A] 이상으로 보고 있으며, 단락하는 순간 폭음과 함께 스파크가 발생되며 단락 부분이 용융된다. 이 순간에 주위에 인화성 물질이나 가연성 물질이 있을 경우에는 큰 화재가 발생되며, 또한 전선이 과열되고 절연 피복이 연소되어 발화하는 경우도 있다.

② 과전류 : 전선에 전류가 흐르면 줄의 법칙에 의하여 $H=0.24I^2RT$[cal]만큼의 열이 발생되는데 평상시에는 발열과 방열이 평형이 되므로 화재가 발생하지 않지만, 과부하가 걸리거나 전기 회로 일부에 전기 사고가 발생하여 회로가 비정상적으로 되면 그 순간 과전류로 인한 발열이 화재의 원인이 되는 것이다.

③ 누전 : 누전이란 전류가 전선의 통로 이외의 곳으로 흐르는 현상을 말하며, 지락은 누전경로가 대지가 되는 것을 말한다. 누전 전류의 한계치는 화재 방지면에서 최대 전류의 1/2,000을 넘지 못하도록 하고 있다.

④ 전기 스파크 : 개폐기를 사용하여 전기 회로를 개폐하거나 퓨즈가 용단될 때 스파크가 발생되는데 특히 회로를 끊을 때 심하다. 교류보다 직류에서 심하며 아크가 발생되기 쉽다. 이 때 주위에 가연성 물질 또는 인화성 가스가 있으면 착화, 인화된다. 예를 들면, 제면 공장에서 모터의 스위치를 끊을 때 발생한 스파크가 부근에 부착된 티끌에 착화하는 경우와 휘발유 증기가 있는 장소에서 스위치에 의한 스파크로 인화되는 경우가 있다.

⑤ 절연 열화 및 탄화 : 배선 기구의 절연물은 대부분이 유기 물질이므로 장시간 사용하면 열화하여 그 절연 저항이 떨어진다. 또한, 유기절연물은 고온 상태에서 공기의 유통이 나쁜 곳에서 가열되면 탄화과정을 거쳐 도전성을 띠게 되며 이것에 전압이 걸리면 전류로 인한 발열로 탄화 현상이 누진적으로 촉진되어 유기 물질 자체가 타거나 부근의 가연성 물질에 착화하게 되는데 이 현상을 트래킹(tracking)현상이라 한다.

⑥ 접속부의 과열 : 전선과 전선, 전선과 단자 또는 접속 부분 등의 도체에 있어서 접속이

불완전한 상태에서 전류가 흐르면 접촉 저항에 의하여 접촉 부분이 발열하게 되어, 이 발열은 국부적이고 특히 접촉면이 거칠게 되면 접촉 저항은 더욱 증가되어 주위의 절연물을 발화시킨다.

⑦ 정전기 스파크 : 정전기는 물질의 마찰에 의해서 발생되는 것으로 화재로 진전되는 것은 정전 스파크에 의하여 가연성 가스 및 증기에 인화되는 경우로 뒤에서 설명하기로 한다.

⑧ 낙뢰 : 낙뢰는 정전기에 의한 구름과 대지간의 방전 현상인데, 낙뢰가 발생하면 전기회로에 이상 전압이 유기되어 절연물을 파괴시킬 뿐만 아니라 이때 흐르는 대전류로 인하여 화재의 원인이 되는 경우가 있는 것이다.

⑨ 열적 경과 : 전등, 점멸기 등을 가연물 주위에서 사용하거나 열의 방산이 안 되는 상태에서 사용하게 되면 열의 축적에 의하여 발화될 수도 있다.

표 8.10 출화의 경과(원인별)에 의한 화재 발생

구 분	계	합 선	과전류	누 전	스파크	절연불량	접촉부과열	정전기
발생 건수	4,525	3,256	410	310	289	120	110	30
점유율[%]	100	72.0	9.1	6.8	6.4	2.6	2.4	0.7

8.3.2 전기 화재의 방지 대책

전기 화재를 방지하기 위한 대책에는 다음과 같은 것이 있다.

(1) 단락 및 혼촉 방지

전기 회로에 적당한 퓨즈, 배선용 차단기 등을 설치하면 단락은 큰 문제가 없지만, 전류의 양에 따라 순간적으로 큰 전류가 흐르면 단락 부분이 용융되어 단선이 되며, 그때 발생하는 불꽃으로 절연 피복이나 그 주위의 가연성 물질에 착화될 위험이 있으므로 주의를 요한다.

혼촉에 의한 위험을 방지하려면 변압기의 저압측 중성점에 제2종 접지 공사를 해야하며, 중성점에 접지 공사를 하기 어려울 때는 300[V] 이하시 저압측의 한 단자에 시행할 수 있다. 그러나 고압 권선과 저압 권선 간에 금속제의 혼촉 방지판을 부착하고 제2종 접지 공사를 한 경우에는 제외한다.

(2) 누전 방지

누전을 방지하기 위해서는 절연이 열화되지 않고 파괴의 원인이 되는 과열, 부식, 습기 등을 방지하는 것이 가장 중요하며, 충전부와 절연물을 다른 금속체인 건물의 구조재, 수도관, 가스관 프레임 등과 이격시킬 필요가 있다. 이러한 현상을 확인하는 방법으로 절연 저항 측정, 절연 내력 시험 등이 있으며, 철제 외함에는 전기 설비 기술기준에 따라 접지를 행한다. 이 접지의 목적은 감전 방지이며 화재 방지의 의미에서는 퓨즈, 누전 차단기로 전원을 차단하는 것이 가장 유효하다. 누전 화재를 방지하기 위해서는 필요한 장소에 전기 화재 경보기를 설치해야 하며, 이 경보기는 50[mA] 정도의 누전 전류에 의해 경보를 발해야 한다.

(3) 전기로 및 전기 건조 장치

전기로, 전기 건조기 및 적외선 건조장치 등 고정된 전열 설비에 있어서 화재 예방대책은 다음과 같다.

① 전기로나 건조 장치의 발열부 주위에는 가연성 물질을 방치하지 말 것.
② 피건조물의 종류에 따라 설비 내부의 조제, 건조물의 낙하 방지, 열원과의 거리를 충분히 띄울 것.
③ 전기로 내의 온도가 이상 상승시는 자동적으로 전원을 차단하는 장치를 시설할 것.
④ 설비와의 접속부 부근의 배선은 피복의 손상, 과열상황 등에 주의할 것.

(4) 개폐기

① 개폐기는 불연성 박스 내에 내장하거나 통퓨즈를 사용한다.
② 개폐기 설치시 목재 벽이나 천장으로부터 고압용은 1[m] 이상, 특별고압용은 2[m] 이상 떨어져야 한다.
③ 가연성 증기 및 분진 등 위험한 물질이 있는 곳에서는 방폭형 개폐기를 사용한다.
④ 접촉부분의 변형이나, 산화 또는 나사풀림으로 접촉 저항이 증가되는 것을 방지한다.

(4) 전열기

① 표시등을 부착하고 점멸을 확실히 해야 한다.
② 열판의 밑부분에는 차열판이 있는 것을 사용해야 한다.
③ 주위 0.3~0.5[m], 사방으로 1~1.5[m] 이내에는 가연성 물질의 접근을 방지한다.
④ 석면, 인조석, 벽돌 등 단열성 불연 재료로 받침대를 만들 것.
⑤ 코드와 배선의 용량은 충분한 것을 사용하여 과열을 방지한다.

(6) 전등

① 전구는 글로브 및 금속제 가드를 취부하여 보호할 것.
② 소켓은 금속재, 도자기제 등을 피하고 합성수지제를 택하여 접속부가 노출되지 않게

할 것.

③ 위험물 창고 등에서는 조명 설비를 줄이거나 방폭형을 설치하고, 창고 내에서는 스위치 설치를 금지한다.

④ 이동형 전구는 캡타이어 코드를 사용하고 연결 부분이 없도록 해야 한다.

(7) 옥내 배선

① 전기 설비 기술 기준에 따라 시설 장소에 적합한 공사 방법을 시행한다.

② 공사 방법에 따른 적당한 전선의 종류 및 굵기를 선정한다.

③ 전선의 접속시 기계적 강도를 20[%] 이상 감소시키지 않아야 하며, 접속시는 접속관 등의 접속 기구나 납땜을 해야 한다.

④ 부하의 종류, 용량에 따라 분기 회로를 설치하고 각 회로마다 개폐기, 과전류 차단기 등을 설치해야 한다.

⑤ 충전될 우려가 있는 금속제 등은 확실하게 접지해야 한다.

⑥ 누전 방지를 위하여 정기적인 절연 저항 측정을 하거나 누전 경보기를 설치한다.

8.4 정전기 재해

서로 다른 두 물체가 마찰하게 되면 각각의 물체는 전기를 띠게 되는데 이 전기를 마찰 전기라고 하며, 이때 각각 양(+)전기와 음(−)전기로 대전되는 현상을 정전기(靜電氣)라고 하며, 정전기는 방전 현상에 의한 폭발 및 대형 화재 사고를 일으킨다.

8.4.1 정전기의 발생과 대전

(1) 정전기의 발생

정전기는 고체 또는 액체가 이동할 때 그 접촉면에서 발생되는데 전하는 반대 극성을 갖고 있다. 이러한 정전기는 다음과 같은 경우에 발생되며 이를 그림 8.6에 나타낸다.

① 액체 : 밸브, 파이프, 필터 등을 액체가 통과할 때, 혼합액체의 유출시, 고체와 액체혼합물의 교반시, 도전성 물질의 분무시, 유조차 이동시

② 고체 : 랩(wrap)을 사용할 때, 전축 음반을 닦을 때, 합성 섬유의 탈의시, 택시에 내릴 때, 카펫 등을 걸을 때

그림 8.6 정전기의 발생 예

(2) 정전기의 대전

정전기의 대전(帶電)현상은 물체를 마찰하거나 분리하는 등 여러 경우에 발생한다.

① 마찰 대전 : 고체, 액체, 분체 등의 두 물질 사이의 마찰에 의한 접촉과 분리과정에서 자유전자의 방출과 흡수에 의하여 발생되며 이를 그림 8.7에 나타낸다.

② 박리 대전 : 서로 밀착되어 있는 물체가 분리되거나 옷을 벗을 때 정전기가 발생되는 것으로, 그림 8.8에 예를 나타낸다.

③ 분출 대전 : 기체나 액체가 분사될 때 순수한 경우에는 대전 현상을 나타내지 않지만, 그 내에 먼지나 다른 입자가 있기 때문에 분출되는 입자 상호간에 또는 분출 물질과 분출구 상호간에 마찰에 의하여 정전기가 발생되는 것을 분출 대전이라 하며, 그림 4.9에 그 예를 나타낸다.

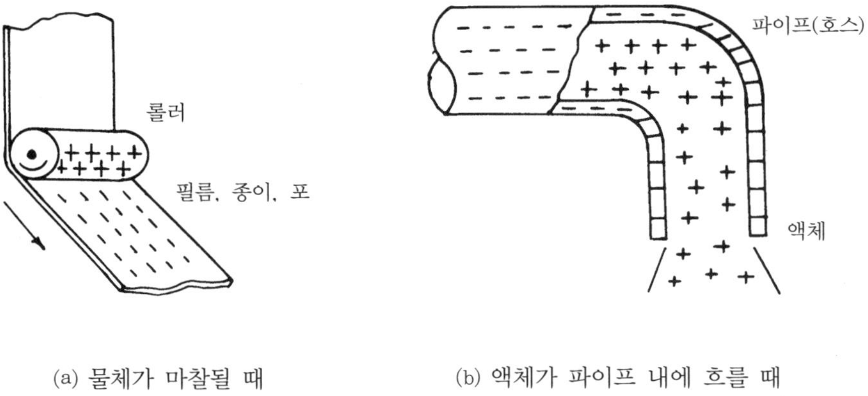

(a) 물체가 마찰될 때　　(b) 액체가 파이프 내에 흐를 때

그림 8.7 마찰에 의한 정전기 발생

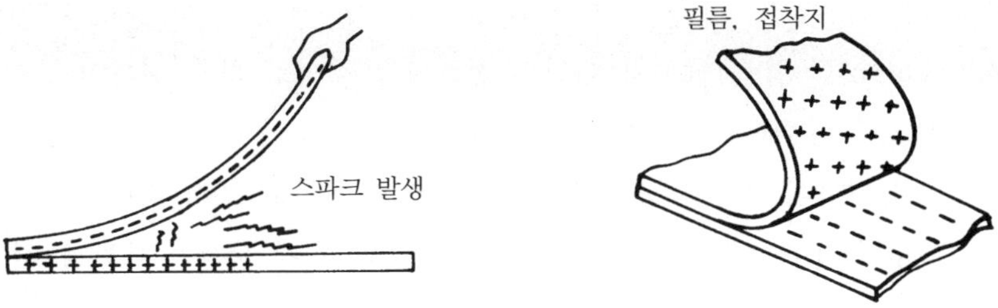

그림 8.8 박리에 의한 정전기 발생

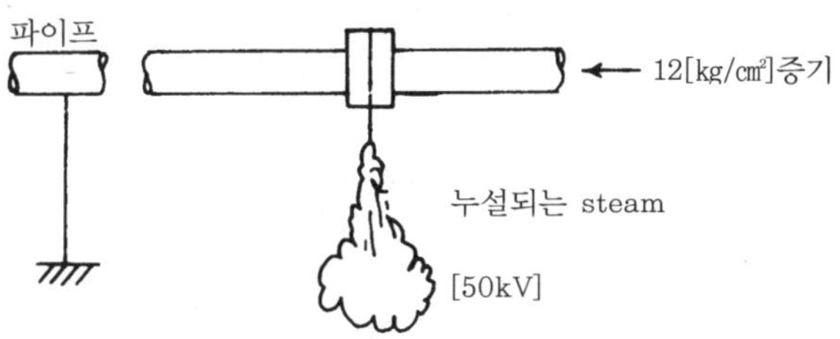

그림 8.9 분출에 의한 정전기 발생

④ 유동 대전 : 금속 파이프 속을 액체인 유류가 흐르게 되면 액체와 고체와의 경계면에 전기 이중층이 형성되어 이 때 발생된 전하가 액체와 함께 유동함으로써 정전기가 발생하는 것을 말한다. 유동 액체의 유속이 커지면 대전이 크게 되는데 이를 그림 8.10에 나타낸다.

⑤ 기타 : 충돌 대전, 교반 대전, 파괴 대전 등이 있다.

8.4.2 정전기 재해의 방지 대책

정전기에 의한 재해는 생산 장해, 전격(electric shock), 화재, 폭발 등이 있는데 이들을 방지하기 위한 대책을 알아보기로 한다.

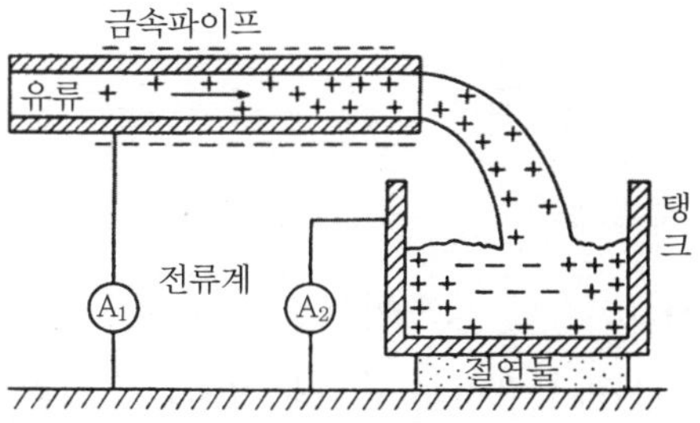

그림 8.10 액체유동에 의한 정전기 발생

(1) 접지

접지(接地, earth)란 금속 물체와 대지의 전위차를 최소로 하기 위하여 동판을 땅속에 매설하고 거기에 금속 물체를 접속하는 것을 말한다.

정전기는 접지 저항이 1[MΩ] 정도에서 순간적으로 대지로 흘러 버리는데, 배관 등은 제3종 접지로 100[Ω], 철구 등은 10[Ω]의 접지 저항으로 하여 정전기 대책을 하면 된다.

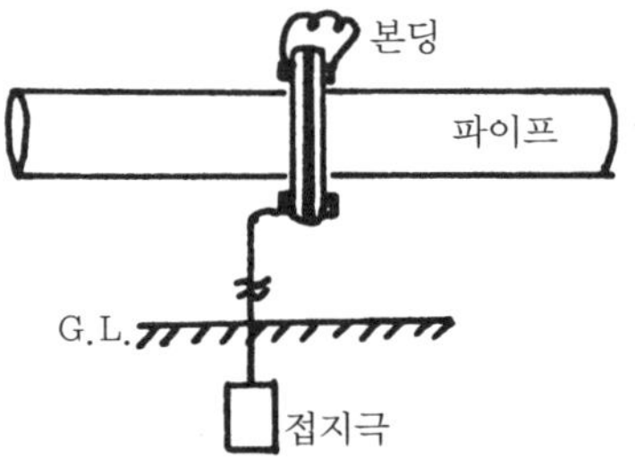

그림 8.11 접 지

(2) 정전 작업복 착용

구두의 바닥면 저항이 보통 10^{12}[MΩ] 정도인데, 정전 구두(antistatic shoes)의 바닥 저항은 10^8~10^5[Ω]이므로 인체에 대전된 정전기를 구두를 통하여 대지로 흘려보낼 수 있다. 정전 작업복은 약 50[㎛]의 직경을 갖는 도전성 섬유를 넣어 작업복을 만든 것이다.

(3) 습도 증가

습도가 증가하면 합성 플라스틱 제품 등은 저항값이 낮아지므로 공기 중의 상대 습도를 60~70[%]로 유지하도록 가습하여 준다.

(4) 기타

부도체의 제전기(除電器) 사용, 배관 내의 오일 유속 제한, 정전차폐

8.5 낙뢰 재해

8.5.1 낙뢰 재해의 개요

벼락의 전위는 1억 내지 10억[V] 정도이고 그 전류는 5만[A] 정도나 되는 일종의 정전기의 방전이다. 전정기 방전과 마찬가지로 10만분의 1초에 방전한다고 하면 그 에너지는 대략 계산해서 10^7[J](10^7W · s) 정도로서 인체의 치사에너지의 100만 배 정도가 된다.

번개는 3 내지 10[km] 정도 튄다고 하며, 그 섬광과 소리, 그리고 피해의 크기, 돌연성이 사람에게 공포감을 안겨 준다. 일종의 물리적 현상에 의해 플러스 또는 마이너스로 대전한 뇌운이 발생하고, 그 전위의 급격한 방전으로 다양한 피해를 인류에게 주게 된다. 그 피해 사례를 분류하면 다음과 같다.

① 사람이 벼락을 맞아 죽는 경우 : 미국에서는 연간 약 160명 정도, 일본은 약 20명 정도가 벼락의 직격으로 사망하고 있다고 한다.

② 건물, 선박, 항공기 등에 낙뢰하여 그 파괴, 화재 폭발 등으로 간접적으로 사람이 재난을 당하는 경우

③ 송배전선, 발변전소, 변압기 등의 전기 설비가 벼락으로 정전, 간접적으로 사람이 재해를 입는 경우 : 1977년의 뉴욕 대정전은 그 대표적인 예이다.

④ 기타 위험물의 탱크 같은 데에 낙뢰하여 그 설비의 불비 때문에 화재 폭발이 일어나 간접적으로 사람이 피해를 입는 경우

낙뢰로 인한 재해는 건물의 경우는 피뢰 설비로 방지할 수 있지만 사람의 경우는 무방비이다. 한 예로 골프장에서 전직 국회의원 부인이 사망한 사건이나, 일본에서 여름철에 야구 심판 중 1루심이 벼락을 맞고 즉사한 것 등 그 예는 수없이 많다. 골프장에서의 낙뢰로 인한 재해의 발생 경로를 그림 8.12에 나타냈다. 본 서에서는 빌딩이 주안점이므로 7장에서 배운 피뢰 설비를 참조하면 될 것이다.

그림 8.12 낙뢰재해의 예

8.5.2 낙뢰 재해의 방지 대책

낙뢰에 의한 피해는 다음과 같은 경우에 발생된다.

① 넓은 장소에서 사람이 돌기물이 된 경우에는 그 사람에게 낙뢰한다.

② 천막 등의 작은 집안에 있을 때 집 자체에 낙뢰한 경우는 쇼크를 받는 정도이며 피해는 크지 않다.

③ 인체에 머리핀이나 모자의 금속 단추가 있는 경우에는 벼락이 떨어지기 쉽다.

④ 나무에 낙뢰하면 나무 곁에 있는 사람에게 전기가 튀어 온다. 집안에서도 기둥 가까이 있지 말라는 것은 그러한 피해가 옛부터 있었기 때문이다. 따라서 낙뢰 피해를 방지하기 위해서는 다음과 같이 한다.

① 몸에 있는 금속물은 신속하게 몸에서 분리한다.

② 낮은 지대로 이동하여 몸을 낮춘다.

③ 천둥 소리를 들으면 가급적 빨리 피난하여 건물 안으로 들어간다.

④ 나무 밑이나 쇠기둥에 대피할 때는 적어도 2[m] 이상 떨어진다.

⑤ 골프장 등에서는 가급적 오랜 시간 대피막사 안으로 들어가 있도록 한다.

⑥ 송전 선로에 있어서는 가공지선(지선)이나 애자에 부착된 아크혼이 낙뢰 피해를 방지해 준다.(그림 8.13)

그림 8.13 송전 선로의 피뢰 설비

8.6 절연과 접지

전기 기기 및 전로는 원칙적으로 대지와 절연되어야 하며 보안상, 경제상의 이유 때문에 전로의 일부나 기기의 외함을 접지하도록 규정하고 있다.

8.6.1 전로의 절연 목적

전로의 전선 상호간, 전로와 대지 간은 충분히 절연되어 있지 않으면, 누전에 의하여 화재나 감전, 그 밖의 사고가 발생하므로 전로는 모두 절연하여 사용해야 한다. 그러나 이러한 목적과는 달리 보안상의 이유나 구조상의 문제 때문에 대지로부터 절연할 수 없는 부분이 있는데, 다음은 이들에 대한 설명이며, 그 예를 그림 8.14에 나타낸다.

① 제2종 접지 공사를 해야 할 곳

② 수용 장소에서의 인입구의 접지 장소

③ 저압 전로 및 사용전압이 150[V] 이하인 저압 전로를 결합하는 변압기의 2차측 전로에 시설하는 접지점

④ 특고압의 지지물에 저압의 전기 기기를 시설하는 경우 공급 절연 변압기 부하측의 1단자 또는 중성점

⑤ 옥내에 사용하는 기계, 기구에 접촉 전선을 시설하는 경우, 주행 레일을 접촉 전선으로

사용할 때의 전선

⑥ 고압 계기용 변성기의 2차측 전로에서의 접지점

⑦ 아크 용접 장치를 사용할 때의 피용접재 또는 이와 전기적으로 접촉되는 정반 등의 금속체

⑧ 특고압의 지지물에 병가하는 저압 가공 전선의 접지점

⑨ 다음에 열거한 것 중 부득이 절연할 수 없는 것

시험용 변압기, X선 발생장치, 전력 반송용 결합 리액터, 전기 울타리용 전원 장치, 단식 전기 철도의 귀선, 전기 방식용의 양극 전기로, 전기 목욕탕, 전기 보일러, 전해조 등 기술적으로 대지로부터의 절연이 곤란한 기기

⑩ 피뢰기 등의 접지에 관계되는 특례 중의 중간 접지 개소

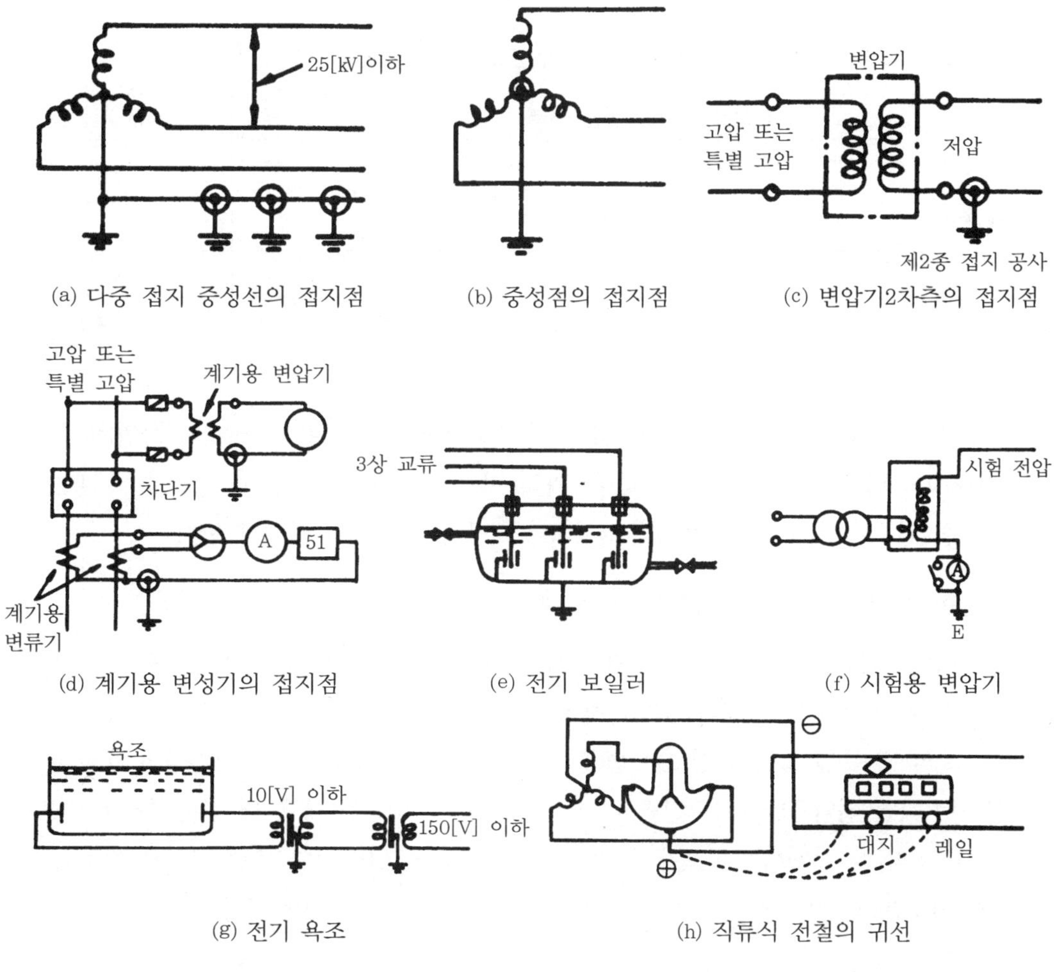

(a) 다중 접지 중성선의 접지점 (b) 중성점의 접지점 (c) 변압기2차측의 접지점

(d) 계기용 변성기의 접지점 (e) 전기 보일러 (f) 시험용 변압기

(g) 전기 욕조 (h) 직류식 전철의 귀선

그림 8.14 절연할 수 없는 경우의 예

8.6.2 절연 저항과 절연 내력

전로의 절연 원칙에 의하여 전로는 대지로부터 절연해야 한다. 그러나 절연을 실시할 때는 전기 공작물의 절연성에 대한 신뢰도의 판정을 필요로 한다. 이 신뢰도 판정방법으로 전기 설비 기술 기준에서 규정하고 있는 것은 절연 저항 측정과 절연 내력 시험이 있다.

(1) 저압 전로의 절연 저항

절연 저항 측정은 그 전로의 절연 저항이 몇[MΩ]인지를 측정하여 전로 사용시 누설 전류의 크기를 확인하는 방법이다. 옥내 또는 옥측에 시설하는 저압 전로의 전선 상호간이나 전로와 대지간의 절연 저항은 개폐기 또는 과전류 차단기로 구분할 수 있는 회로 또는 간선마다 표 8.11에 제시한 값 이상을 유지해야 한다.

표 8.11 저압 전로의 절연 저항값

전로의 사용 전압 구분		절연 저항값
400V 이하	대지 전압(접지식 전로에 있어서는 전선과 대지간의 전압, 비접지식 전로에 있어서는 전선간의 전압을 말한다. 이하 같다.)이 150V 이하인 경우	0.1MΩ
	기타의 경우	0.2MΩ
400V 넘는 것		0.4MΩ

위의 표 8.11에서 제시한 절연 저항값은 최소치를 규정한 것이며, 신설 공사일 때 초기의 값은 1[MΩ] 이상을 유지하는 것이 좋다. 특히 저압 전로에서는 전선과 대지간의 절연 저항값은 누설 전류가 최대 공급 전류의 1/2,000을 넘지 않도록 유지해야 한다.

(2) 고압, 특별 고압 전로 및 기기의 절연 내력

절연 내력 시험 방법은 그 전로의 최대 사용 전압을 기준으로 하여 정해진 시험 전압을 10분간 가했을 때 이상이 발생하는지를 측정하는 방법이다. 전기 설비 기술 기준에서는 사용 전압이 고압 및 특별 고압인 전로나 변압기, 회전기 및 정류기, 기구 등의 절연 효력은 이들에 실제로 시험 전압을 가하는 절연 내력 시험을 연속 10분간 했을 때 견딜 수 있는 것으로 규정하고 있다. 우선 고압 및 특별 고압의 전로는 표 8.12의 절연 내력 시험을 전로와 대지 사이에 10분간 가하는 절연 내력 시험을 했을 때 견딜 수 있어야 한다.

표 8.12 고압, 특별 고압 전로의 절연 내력 시험 전압

전로의 종류(최대 사용 전압으로 구분)	시험 전압	최저 시험 전압
7[kV]를 넘고 25[kV] 이하의 중성선 다중 접지식 전로	최대 사용 전압×0.92	
7[kV] 이하의 전로	최대 사용 전압×1.5	
7[kV]를 넘고 60[kV] 이하인 전로	최대 사용 전압×1.25	10.5[kV]
60[kV]를 넘는 중성점 비접지식 전로(PT접속 포함)	최대 사용 전압×1.25	
60[kV]를 넘는 중성점 접지식 전로	최대 사용 전압×1.1	75[kV]
60[kV]를 넘고 170[kV] 이하의 중성점 직접 접지식 전로	최대 사용 전압×0.72	
170[kV]를 넘는 중성점 직접 접지식 전로	최대 사용 전압×0.64	

다음으로 회전기 및 정류기 등의 절연 내력은 표 8.13의 절연 내력 시험 전압으로 10분간 계속 가했을 때 견딜 수 있어야 하며, 이때 최저 전압을 500[V]로 한 이유는 강전류용 전기 공작물이므로 절연물의 열화 등을 고려하여 선정한 값이다. 회전 변류기와 수은 정류기 이외의 기기에서 직류측 전압과 같은 교류 전압을 가하는 것은 교류의 파고치가 2배이므로 1.414배, 즉 회전기의 1.5배와 거의 같은 절연 내력이 요구되기 때문이다.

표 8.13 회전기, 정류기의 절연 내력 시험 방법

<table>
<tr><th colspan="3">종 류</th><th>시 험 전 압</th><th>최저 시험 전 압</th><th>시험 방법</th></tr>
<tr><td rowspan="3">회전기</td><td rowspan="2">발전기, 전동기, 그밖의 회전기</td><td>최대 사용 전압 7[kV] 이하</td><td>최대 사용 전압×1.5</td><td>500[V]</td><td rowspan="3">권선과 대지간에 가한다.</td></tr>
<tr><td>최대 사용 전압 7[kV] 초과</td><td>최대 사용 전압×1.25</td><td>10.5[KV]</td></tr>
<tr><td colspan="2">회전 변류기</td><td>직류측의 최대 사용 전압과 같은 교류 전압</td><td>500[V]</td></tr>
<tr><td rowspan="3">정류기</td><td colspan="2" rowspan="2">수은 정류기</td><td>직류측의 최대 사용 전압의 2배의 교류 전압</td><td>500[V]</td><td>주 양극과 외함간에 가한다.</td></tr>
<tr><td>직류측의 최대 사용 전압과 같은 교류 전압</td><td>500[V]</td><td>음극 및 외함과 대지 간에 가한다.</td></tr>
<tr><td colspan="2">수은 정류기 이외의 정류기</td><td>직류측의 최대 사용 전압과 같은 교류 전압</td><td>500[V]</td><td>충전 부분과 외함 간에 가한다.</td></tr>
</table>

8.6.3 절연 저항의 측정

전기회로는 선로 상호간 및 대지간에 절연을 하도록 해야 함을 설명하였다. 본 절에서는 절연 저항과 측정에 대하여 설명하기로 하며, 고압 회로에서는 절연 저항값이 따로 규정되어 있지 않고 절연 내력 시험으로 대신하고 있다.

(1) 절연 저항계의 종류

절연 저항계(megger)는 정격 전압이 100, 250, 500, 1,000, 2,000[V]의 것이 있으며, 사용 장소에 따라 사용 전압이 적당한 절연 저항계를 사용하면 되는데, 이를 표 8.14에 나타낸다.

표 8.14 절연 저항계의 종류(정격전압별)

정격[V/MΩ]	유효 측정범위[MΩ]	주된 사용 예
100/20	0.02~20	통신회로 및 통신기기 등의 절연측정
250/50	0.05~50	통신회로 및 통신기기 등의 절연측정, 선박 등의 포설저압선의 절연측정
500/100	0.1~100	일반 저압 회로의 절연측정
500/1,000	1~1,000	
1,000/2,000	2~2,000	고압 회로 및 고압 전기 기기의 절연측정
2,000/5,000(발전기식만)	5~5,000	

또한, 절연 저항계는 동작 원리에 따라 발전기식과 전지식으로 나눌 수 있는데, 발전기식은 발전기를 손으로 돌려서 직류 전압을 안정되게 얻을 수 있으므로 사용이 불편하기는 하되 장시간 사용하여도 신뢰성이 좋고, 전지식은 발전기 대신에 메거 내부에 전지와 발진회로를 내장함으로써 사용이 편리하다. 이들의 외관을 그림 8.15에 나타낸다.

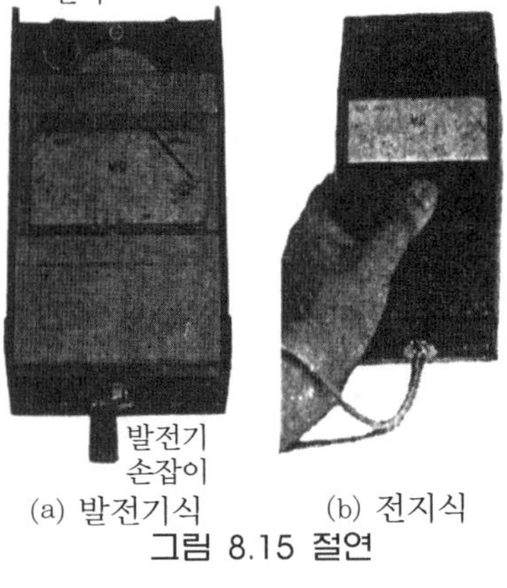

그림 8.15 절연 저항계(메거)의 종류

(2) 절연 저항의 측정 방법

실제로 절연 저항계를 사용하여 절연 저항을 측정하는 방법을 그림 8.16에 나타낸다.

그림 8.16(a)는 선로간의 절연 저항을 측정하는 방법이고, 그림 8.16(b)는 대지와 선로간의 절연 저항을 측정하는 방법이며, 그림 8.16(c)는 변압기 외함과 고압측 절

연 저항을 측정하는 방법이다. 절연 저항 측정시는 개폐기의 개폐 여부를 반드시 확인하고 측정해야 사고가 발생하지 않는다.

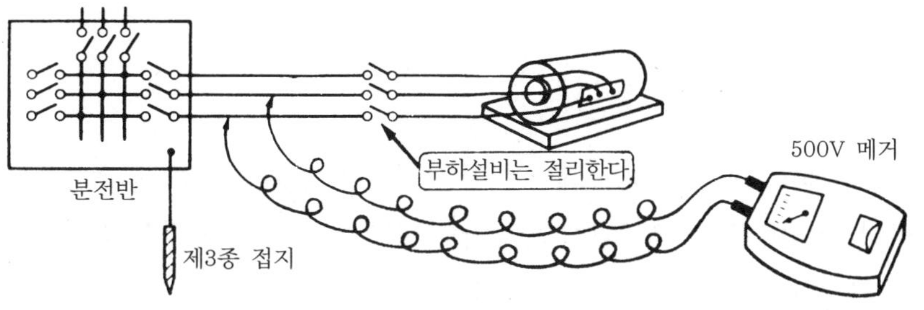

(a) 선로간의 절연 저항

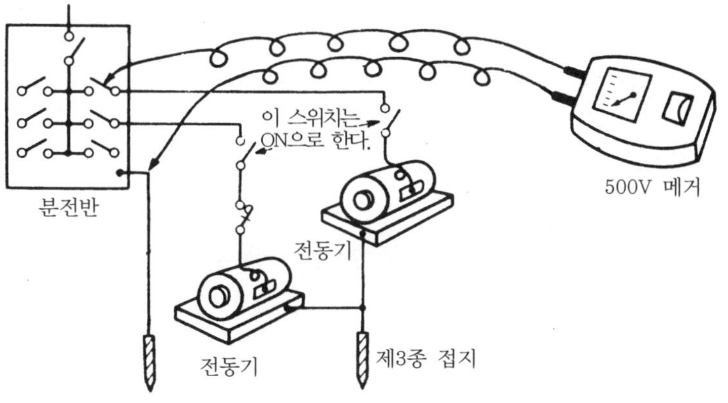

(b) 선로와 대지간의 절연 저항

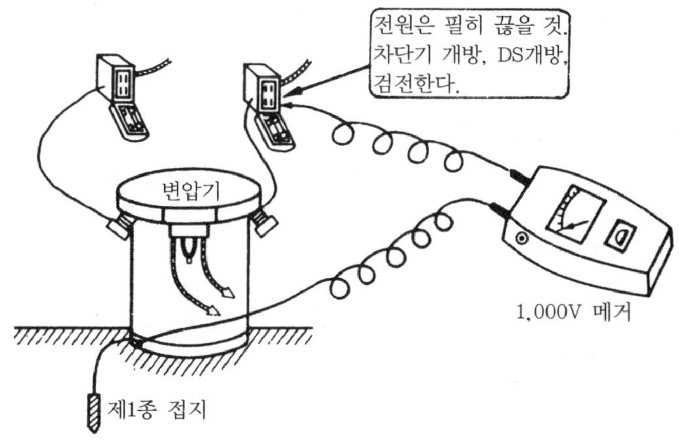

(c) 변압기의 절연 저항

그림 8.16 절연 저항 측정 방법

8.6.4 접지 공사

전기 시설물에는 전기 사고에 대비한 보안상의 이유 때문에 접지 공사를 시설하도록 전기 설비 기술 기준에서 정하고 있다.

(1) 접지 공사의 목적

① 감전의 방지

전기 기기의 외함 등을 접지함으로써, 기기의 절연 열화나 손상에 의하여 누전이 발생했을 때 사람이 기기에 접촉하면 인체를 통하여 대지로 전류가 흘러서 감전이 되므로 이러한 감전 사고를 방지하기 위하여 전기 기기의 금속제 외함 등을 접지해야 한다.(그림 8.17(a))

② 기기의 손상 방지

전로의 일부를 접지함으로써 뇌전류 또는 고 · 저압 혼촉에 의하여 침입하는 이상 전압을 접지선을 통하여 대지로 방류함으로써 기기의 손상을 방지할 수 있다.(그림 8.17(b))

③ 보호 계전기의 동작 확보

전로의 일부(중성점등)를 접지함으로써 전로의 어느 부분에 지락 사고가 발생해도 지락 계전기의 동작에 의하여 전로 및 기기의 보호를 할 수 있다.(그림 8.17(b))

(a) 누전에 의한 감전 방지 (b) 보호 계전기 동작으로 기기 보호

그림 8.17 접지 공사의 목적

(2) 접지 공사의 종류

전기 설비 기술 기준에서는 전기 설비 사용상의 안전을 확보하기 위하여 여러 가지의 접지 공사를 하도록 규정하고 있는데, 이 접지 공사의 종류에는 4가지가 있으며 각각의 접지 저항값의 상한값을 정해 놓고 있다. 이들을 표 8.15에 나타낸다.

표 8.15 접지 공사의 종류와 접지 저항값

접지공사의 종류	접지가 필요한 기기	접지 저항값[Ω]	전기설비기술 기준의 조항
제1종 접지공사	· 특별고압계기용 변성기의 2차측 전로 · 고압용 또는 특별 고압용 기계 기구의 철대 및 금속제 외함 · 구내에서 특별 고압용의 금속제 외함	10Ω 이하 10Ω 이하 10Ω 이하	27조 34조 32조
제2종 접지공사	· 고압 또는 특별 고압을 저압으로 변성하는 변압기의 저압측 중성점 또는 1 단자(특별고압측과 저압측의 사이에 금속제의 혼촉 방지판)	변압기의 고압측 또는 특별 고압측 전로의 1선 지락 전류의 암페어 수로 150(변압기의 고압측 전로와 저압측 전로와의 혼촉에 의해 저압 전로의 대지 전압이 150V를 넘는 경우에 2초 이내의 자동적으로 고압 전로를 차단하는 장치를 설치할 때는 300)을 나눈 값과 같은 옴 수	19조
제3종 접지공사	· 고압 계기용 변성기의 2차측 전로 · 400V 이하의 저압용 기계기구의 철대 및 금속제 외함 · 고압용 금속제 외함 · 금속제, 금속 와이어 프로텍터, 가요전선관, 금속덕트, 버스덕트, 금속제 박스 등(400V 이하) · 네온 변압기, 교통신호 등의 제어장치, X선 발생장치의 변압기 및 콘덴서 등의 외함	100Ω 이하(지기(地氣)가 발생했을 경우 0.5초 이내에 자동적으로 차단되는 장치(정격감도 전류 30mA)일 때 500Ω 이하) 〃 〃	27조 34조 37조 194~200조 223,224,255조
특별 제3종 접지공사	· 400V를 초과하는 저압용 기계기구의 철대 및 금속제 외함 · 금속관, 금속 와이어 프로텍터, 가동전선관, 금속덕트, 버스덕트, 금속제 박스 등(400V를 초과) · 수영장용 수중 조명등의 용기 및 방호장치의 금속제 부분	10Ω 이하(지기가 발생했을 경우 0.5초 이내에 자동적으로 차단하는 장치일 때 500Ω 이하) 〃	34조 194~220조 249조
기 타	피뢰침의 접지	10Ω 이하	KS C 4202

(3) 접지 공사가 필요한 곳 접지 공사를 실시해야 할 곳에 관하여는 전기 설비 기술 기준령의 23조, 28조, 34조, 44조 등에서 규정하고 있는데 이를 표 8.16에 나타낸다.

표 8.16 접지 공사가 필요한 곳

접지 공사의 종류	접지 공사가 필요한 곳
제1종 접지 공사	특별 고압과 저압 또는 고압과의 혼촉 예방 장치 특별 고압 계기용 변성기의 2차측 전로 고압 또는 특별 고압 전로에 시설하는 기계 기구의 철대 및 외함 피뢰기 및 방출 보호통 특별 고압과 도로 등과의 접근 또는 교차하는 경우 보호망
제2종 접지 공사	고저압의 혼촉방지시설 특별 고압과 고저압의 혼촉 방지시설
제3종 접지 공사	고압 계기용 변성기의 2차측 전로 고압 지중 전선로에 접속하는 배전 변압기의 금속제 변압탑 400[V] 이하인 저압 전로에 시설하는 기계 기구의 철대 및 외함 가공 케이블 공사의 조가선, 보호망, 보호선의 시설 지중 전선을 넣는 금속 피복, 접선함 등
특별3종 접지 공사	400[V]를 넘는 저압 전로에 시설하는 기계 기구의 철대 및 외함

(4) 접지선의 굵기

접지선의 최소 굵기에 관하여는 전기 설비 기술 기준에서 표 8.17과 같이 규정하고 있는데, 전기 사고시에 흐르는 전류가 안전하게 흐를 수 있는 굵기의 것을 선정해야 한다.

표 8.17 접지선의 최소 굵기

접지 공사의 종류	일반 장소	가요성을 요하는 부분
제1종 접지 공사 제2종 접지 공사	지름 2.6[mm] 고압 및 22.9[kV]…2.6[mm] 특별 고압…4[mm]	단면적 8[mm²]
제3종 접지 공사	지름 1.6[mm]	다심 코드 또는 캡타이어 케이블의 1심을 쓰는 경우…0.75[mm²]
특별3종 접지 공사	지름 1.6[mm]	기타 가요성이 있는 연동선을 쓰는 경우…1.25[mm²]

(5) 접지 공사의 방법

접지 공사에 사용되는 접지극의 재료는 구리판, 구리선, 구리관 이외에 흑연이나 탄소 등을 주재로 한 봉이나 판 등을 사용한다.

대지의 저항률이 클 경우에는 접지극판을 2~3장 병렬로 접속하는 공사를 하여 항상 정해진 접지 저항값 이하를 유지해야 한다. 접지극을 병렬로 매설할 때 이들의 이격거리는 2[m] 이상으로 하는 것이 좋다. 제1종 접지 공사 및 제2종 접지 공사에서 접지선에 사람이 접촉할

우려가 있는 곳에 시설할 때는 다음과 같은 방법으로 접지 공사를 해야 한다.(그림 8.18)

① 접지극은 지하 75[cm] 이상의 깊이에 매설한다.

② 접지선을 철주나 그 밖의 금속체에 따라 시설하는 경우에는 접지극을 지중에서 금속체로부터 1[m] 이상 떨어지도록 매설한다.

③ 접지선은 절연 전선(옥외용 비닐절연전선은 제외), 캡타이어 케이블, 케이블(통신용케이블은 제외)을 사용한다.

④ 접지선은 지하 75[cm]로부터 지표위 2[m]까지는 합성수지관 또는 동등 이상의 절연내력을 갖는 것으로 보호한다.

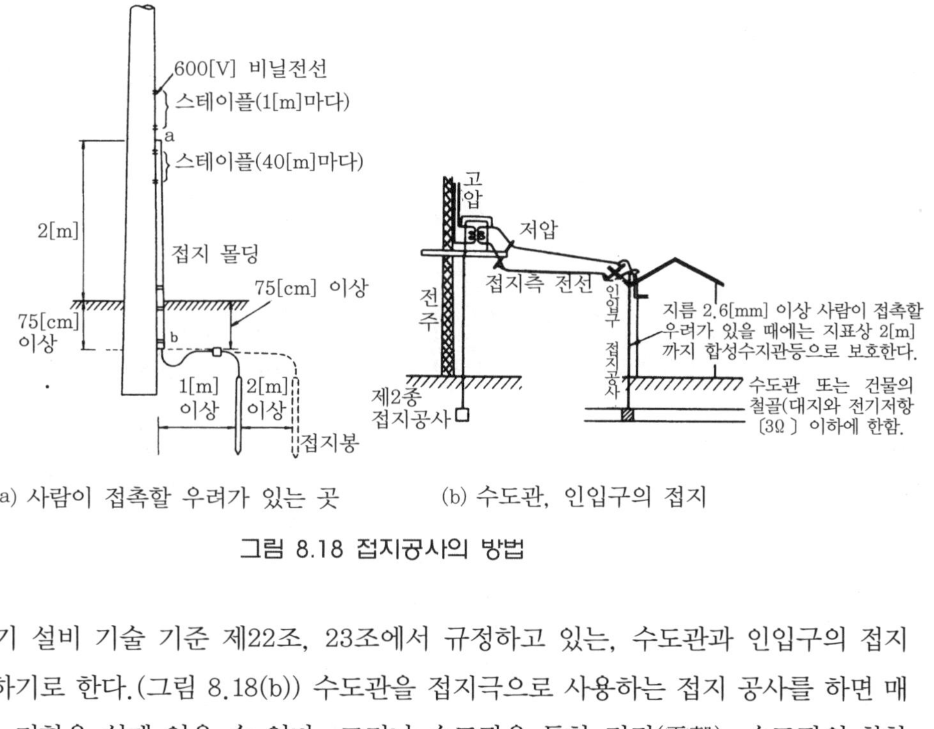

(a) 사람이 접촉할 우려가 있는 곳　　(b) 수도관, 인입구의 접지

그림 8.18 접지공사의 방법

다음은 전기 설비 기술 기준 제22조, 23조에서 규정하고 있는, 수도관과 인입구의 접지 방법을 설명하기로 한다.(그림 8.18(b)) 수도관을 접지극으로 사용하는 접지 공사를 하면 매우 낮은 접지 저항을 쉽게 얻을 수 있다. 그러나 수도관을 통한 전격(電擊), 수도관의 화학적인 부식 등이 문제가 되며, 수도관이 합성수지관일 경우에는 적당한 접지 저항값을 얻을 수가 없다. 인입구의 접지는 저압 전로에 침입하는 뇌격 및 고·저압 혼촉사고시의 이상 전압에 따른 옥내 전로의 전압 상승을 방지하기 위하여 수도관이나 철골 등으로 접지를 하도록 규정하고 있다. 배전 변압기의 저압측에는 제2종 접지 공사를 실시해야 하나, 실제로는 변압기를 설치하는 장소의 지질과 지형 관계로 규정된 접지 저항값을 얻을 수 없는 경우가 있다. 이러한 경우에는 주상에 접지선을 가설하고 적당한 지점에서 접지하는데, 이러한 접

지선을 가공 접지선이라 한다. 가공 접지선은 지름 4[mm]의 경동선 또는 이와 동등 이상의 강도 및 굵기를 가진 금속선을 써야 하고, 변압기와 접지 지점 사이의 거리는 200[m] 이내이어야 한다. 또한, 배전 변압기가 여러 대 근접되어 설치되어 있을 때에는 지형이나 지질 관계로 각각 별도로 접지하면 규정의 접지 저항값을 얻을 수가 없는데, 이 경우에는 각 변압기의 접지선을 주상에 가설하고 이것을 병렬로 접속하는 방법을 사용하는데, 이것을 가공 공동지선이라 한다.

8.6.5 접지 저항의 측정 방법

접지 저항은 접지 저항계로 측정하는데, 그 측정 방법의 예를 그림 8.19에 나타내며, 이 그림을 보면서 측정 방법을 설명하기로 한다.

① 우선 전환스위치를 B에 놓고 내장 전지의 양부를 확인한다. 누름 단추스위치를 누르고 지침이 청띠(BATT) 내에 있으며 전지는 사용이 가능하지만 만일 청띠에서 벗어나면 새 전지로 교체한다.

② 다음에 전환스위치를 V에 놓고 접지 전압의 유무를 확인한다. 접지 전압이 10[V] 가까이 또는 그 이상인 경우에는 접지체(E)를 전기 배선에서 떼어 내든가 배선의 스위치를 끊던가 해서 접지 전압을 10[V] 이하로 낮게 해 준다.

③ 전환스위치를 Ω에 놓고 누름 단추스위치를 누르며 눈금 다이얼을 돌려서 검류계의 밸런스를 잡는다. 바늘의 위치가 측정치가 되는데 만일 검류계의 밸런스가 잡히지 않는 경우 또는 눈금 다이얼을 돌려도 검류계가 동작하지 않거나 거의 감도가 나타나지 않을 경우는 측정단자접속의 불완전, 보조접지봉을 박은 것이 불완전하거나 또는 리드선의 단선 등이 원인이므로 다시 한번 측정상태를 점검하도록 한다.

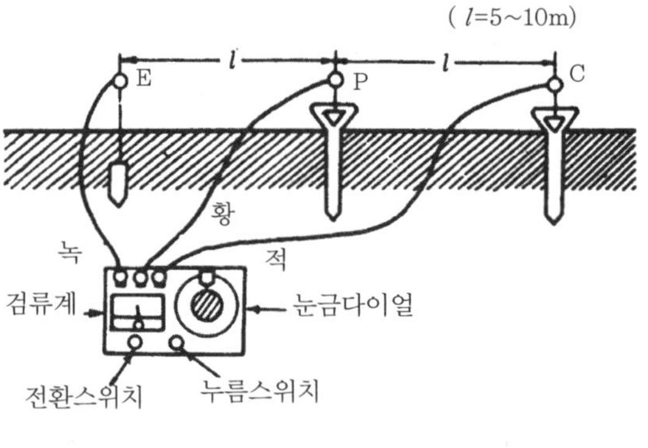

그림 8.19 접지 저항의 측정 방법

8.7 전기 설비의 안전한 취급

건축 전기 설비를 안전하게 취급하기 위하여 유의할 사항들과, 취급시 사용할 공구 및 측정기들을 알아보기로 한다.

8.7.1 전기 설비 취급시 유의사항

(1) 마음의 자세

① 항상 마음을 편안하게 하고 신중히 작업을 할 것

② 정신적으로 근심되는 바가 있거나 신체에 결함이 있어 사고를 일으킬 위험이 있다고 생각될 때에는 작업을 즉시 중지하고 그 상황을 작업 책임자에게 신고할 것

③ 사고 발생이나 긴급을 요할 때는 안정된 마음으로 처리할 수 있도록 항상 마음가짐을 정리할 것

(2) 복장

① 작업을 실행함에 있어서는 그 작업에 적합한 복장일 것

② 복장은 경쾌하고 단정한 복장으로 하고, 단추가 떨어진 작업복, 신체에 맞지 않는 작업복, 징이 박힌 구두, 슬리퍼 등은 피할 것

③ 활선 작업에서는 반지, 손목시계, 금속 밴드 등은 반드시 벗어 놓고 작업을 할 것

(3) 환경

① 작업 장소에 정리, 정돈을 준수할 것

② 평소에 직장, 가정생활의 명랑화와 체력, 기력의 충실에 노력할 것

③ 특히 일기 불량이나 한기가 심할 때, 신체에 발한이 일어나고 있을 때에는 감전 사고가 일어나기 쉬우므로 특히 주의할 것

④ 작업자는 항상 불안전한 상태 발견에 노력하는 동시에 발견되었을 때는 즉시 작업 책임자에게 신고할 것

⑤ 작업 장소의 조명, 밝기, 소음, 작업 스페이스 등의 환경이 안전상 지장이 없을 것

(4) 계획과 준비

① 전기 공사나 점검 작업 등에서 복수의 작업원이 작업을 할 때에는 반드시 작업 지휘자를 정하여 안전한 감독을 할 것

② 작업의 사전계획을 세우고 무리한 스케줄이 되지 않도록 할 것

③ 정전 작업에서는 작업 범위를 명시하고 출입금지구역 등의 표시 로프로 구획을 만들어서 잘못으로 인하여 활선 부분에 접근하는 일이 없도록 할 것
④ 차단기, 단로기, 케이블 헤드 등 회로가 다수 있을 때에는 선명, 회로 번호, 기기번호 등을 명시하여 오조작할 위험이 없도록 할 것
⑤ 정전 작업에서는 작업 내용, 순서, 정전 범위, 정전 시간을 사전에 충분히 검토해 둘 것

8.7.2 전기 안전 점검에 필요한 측정기

점검에 필요한 측정기는 정기 점검에 필요한 것과 일상 점검에 필요한 것으로 나눌 수 있다.

(1) 정기 점검에 필요한 측정기(그림 8.20)

① 보호 계전기 시험기 : 보호 계전기를 시험하는 것으로 수저항기와 슬라이닥 및 계기류를 조합하여 시험한다.
② 내압 트랜스 : 내압 시험에 사용하는 것으로서, 수저항기나 슬라이닥으로 전압을 조정한다. 고압 회로의 내압 시험시 2차 전압은 15,000[V] 정도가 적당하며, 용량은 2[kVA] 정도면 된다.
③ 스톱워치 : 내압 시험시 시험 시간을 측정하는데 필요하다.

(a) 보호 계전기 시험기 (b) 내압 트랜스 (c) 스톱 워치

그림 8.20 정기 점검에 필요한 측정기

(2) 일상 점검에 필요한 측정기(그림 8.21)

① 절연 저항계(메거) : 전기 회로나 기기의 절연 저항을 측정하거나 단락, 지락 사고시 고장 개소의 발견에 사용된다. 저압 회로에서는 250, 500[V]의 것을 사용하고, 고압 회로에서는 1,000[V]의 것을 사용한다.

② 접지 저항계(어스 테스터) : 접지 공사시의 접지 저항을 측정한다.
③ 클램프 전류계 : 배선 회로의 전류를 활선에서 직접 측정하는 계기로서, 전선이나 스위치, 변압기의 2차측 전류를 측정하여 부하 상태를 관리한다.
④ 검전기 : 일상 점검시에 충전부의 확인에 사용되며, 저압용과 고압용이 다르다.
⑤ 회로 시험기(테스터) : 전기 회로의 도통 시험이나 점검 등에 폭넓게 사용된다.

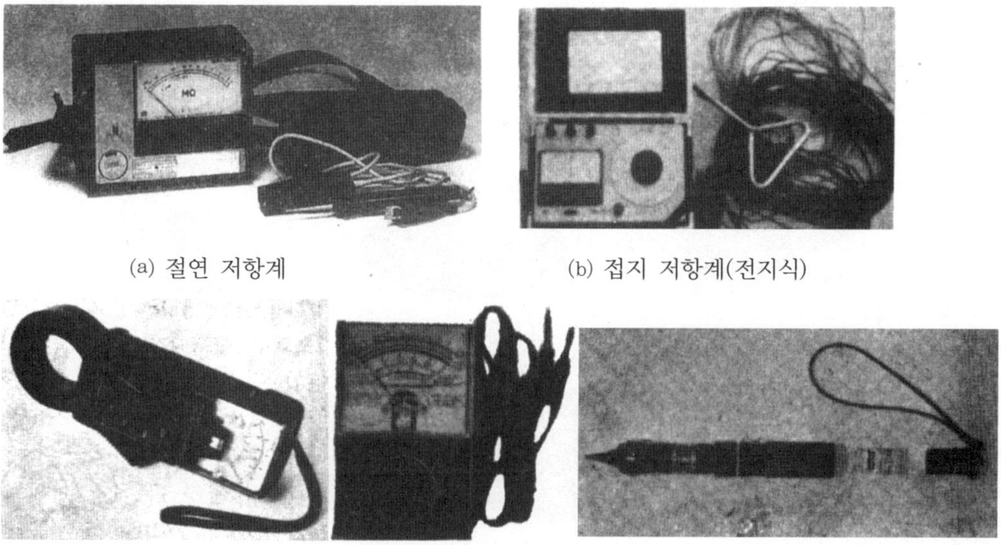

(a) 절연 저항계 (b) 접지 저항계(전지식)

(c) 클램프 전류계 (d) 회로 시험기 (e) 검전기

그림 8.21 일상 점검에 필요한 측정기

8.7.3 전기 안전 점검에 필요한 보호구

전기 점검을 할 때에 안전하게 하기 위하여 필요한 절연용 보호구의 종류에는 전기용 고무장갑, 전기용 모자, 전기용 고무장화 등 여러 가지가 있는데 이들을 설명하고 그림 8.22에 나타낸다.

(1) 전기용 고무장갑

고압 기기를 조작하거나 고압 활선 작업을 할 때 감전 방지용으로 사용한다.

(2) 전기용 모자

고압 활선 작업시에 작업자의 머리가 충전부에 접촉하여 감전되는 것을 방지하고, 물건의 낙하시에도 머리를 안전히 보호한다.

(3) 전기용 고무장화

고압 활선 작업시에 발에 착용하여 안전을 도모한다.

(4) 고무 시트

고압 활선 접근작업을 행할 경우에 고압 전선로나 지지물 등에 장치하여 감전 사고를 방지한다.

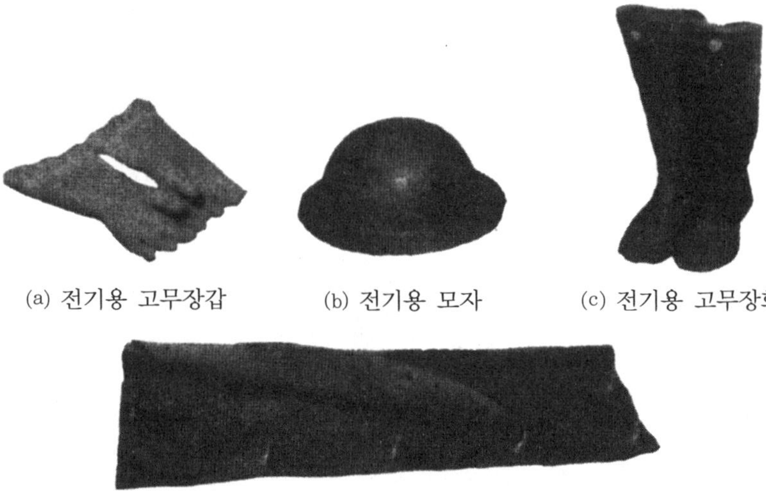

(a) 전기용 고무장갑 (b) 전기용 모자 (c) 전기용 고무장화

(d) 고무 시트

그림 8.22 전기 점검에 필요한 보호구

연습문제

1. 우리나라의 배전 방식에 따른 공칭 전압을 설명하라.
2. 전기 재해의 발생 원인과 종류에는 어떠한 것이 있는가?
3. 감전 사고의 발생 원인을 알아보라.
4. 감전이 되었을 때 인체의 생리적인 현상을 알아보라.
5. 인체의 전기 저항은 어떻게 나타낼 수 있는가?
6. 감전 사고의 방지 대책을 알아보라.
7. 전기 화재가 발생하는 원인에는 어떠한 것이 있는가?
8. 전기 화재의 예방 대책을 세워 보라.
9. 정전기란 무엇이며 언제 발생되는가?
10. 정전기로 인하여 발생되는 재해에는 어떠한 것이 있는가?
11. 정전기 재해의 방지를 위하여 대책을 세워 보라.
12. 낙뢰 재해는 어떠한 곳에 잘 발생되는가?
13. 절연이란 무엇인가?
14. 절연 저항은 어떻게 측정하는가?
15. 접지 공사의 목적과 종류를 알아보라.
16. 접지 공사의 방법을 설명하라.
17. 접지 저항은 어떻게 측정하는가?
18. 전기 점검을 안전하게 하기 위하여 필요한 측정기, 공구, 보호구 등의 종류를 알아보라.

제 9 장

전기설비관계법규

9.1 전기관련 법규의 개요
9.2 전기 사업법
9.3 전기공사업법
9.4 전기용품 안전 관리법
9.5 공업 표준화법
9.6 전파 관리법
9.7 건축법
9.8 소방법
9.9 항공법
9.10 광고물 단속법
* 연습문제

본 장에서는 건축 전기설비와 관계가 있는 각종 법규에 대하여 그 개론적인 것만을 설명하기로 하고, 자세한 사항은 법규집을 참고하기 바란다.

9.1 전기관련 법규의 개요

전기에 관한 법령은 전기 사업의 발달에 따라 제정 및 개정을 거듭하고 있는데, 이들의 법령 체계는 몇 개의 법률과 이 규제내용을 상세하게 정해 놓은 시행령 및 시행규칙 등으로 구성되는데 이를 표 9.1에 나타낸다. 아울러 전기 설비와 관련된 국내의 법령에는 다음과 같은 것들이 있다.

① 전기 사업법
② 전기 공사업법
③ 전기 용품 안전 관리법
④ 전원개발 촉진법
⑤ 농어촌 전화 촉진법
⑥ 공업 표준화법
⑦ 건축법
⑧ 소방법
⑨ 전기 통신법
⑩ 산업 안전 보건법
⑪ 항공법
⑫ 전파 관리법
⑬ 광고물 단속법
⑭ 에너지 이용합리화법
⑮ 공해 방지법
⑯ 기타

표 9.1 전기 관계 법령의 체계

■ 전기사업법-⊗전기사업법 시행령	· 전기사업법 시행규칙 · 전기 사업 회계규칙 · 전기 관계 보고규칙 · 전기 설비 기술기준에 관한 규칙
■ 전기 공사업법-⊗전기 공사업법 시행령	· 전기 공사업법 시행규칙
■ 전기 용품 안전 관리법	
■ 전원 개발 촉진법	
■ 농 · 어촌 전화 촉진법	

(비고) 법령 : 일반적으로, 국가에서 정하는 규칙을 총칭하여 법령이라 하며, 법령, 명령, 규칙이 있다.
법률 : 법령 중 헌법에 정해진 바에 의하여 국회에서 제정하는 것.
⊗대통령령 : 명령 중 대통령령으로 제정되는 것.
· 부 령 : 명령 중 행정부 부령으로 제정되는 것.

9.2 전기 사업법(법률 제6656호, 2002. 2. 4 개정)

전기 사업법은 전기에 관한 기본 법률인 동시에 전기의 공급 및 사용에 따른 위험이나 방지를 목적으로 하는 법률이다. 동법 제1조에 「이 법은 전기 사업에 관한 기본 제도를 확립하여 전기 사업을 합리적으로 운용하게 함으로써 전기 사용자의 이익 보호와 전기 사업의 건전한 발전을 도모하고 아울러 전기 공작물의 공사 · 유지 및 운용을 규제함으로써 공공의 안전을 확보함을 목적으로 한다.」라고 이 법의 목적을 크게 둘로 명시하고 있으며, 전기 사업용 전기 공작물, 일반용 전기 공작물, 자가용 전기 공작물로 분류하여 공사 · 유지 · 운용 전반에 걸쳐 규제하고 있다.

이 법은 총칙, 사업, 업무, 전기 공작물의 보안, 토지 등의 사용, 잡칙, 벌칙 등 전문7장 86조로 구성되어 있으나 다음과 같은 커다란 4개의 범주로 구성되고 있다.

9.2.1 전기 사업에 관한 규제

전기 사업이라 함은 일반 전기 사업 및 특정 전기 사업을 말하는 것으로서, 일반 전기 사업은 그 성격상 국민생활, 산업 및 경제면에서 볼 때 필요 불가결한 사업이므로 사업의 허가, 공급 의무, 전압 및 주파수의 유지, 전기요금, 기타 공급 조건 등에 대해서 규제하고 있다.

9.2.2 전기 공작물에 관한 공사 · 유지 · 운용에 관한 규제

'전기 공작물' 이라 함은 발전 · 송전 · 변전 · 배전 또는 전기 사용을 위하여 설치하는 기계, 기구 · 댐 · 수로 · 저수지 · 전선로 · 보안 통신선로 · 기타의 공작물(선박 · 차량 또는 항공기에 설치되는 것, 기타 대통령령에 의해서 정하는 것을 제외)을 말하며, 이를 사용 목적에 따라 전기 사업용 전기 공작물, 일반용 전기 공작물, 자가용 전기 공작물 등으로 분류하고 있다.

전기 사업용 전기 공작물에 관해서는 발전 · 변전 · 송전 또는 배전 등 전기에 관계되는 것과, 발전을 위해서 시설하는 기계 · 기구 · 수로 · 댐 · 저수지 등에 대하여 전기의 원활한 공급, 전기 공작물에 의한 통신 장해, 공해 방지, 수력의 유효 적절한 이용 등의 관점에서 규제하고 있다. 자가용 전기 공작물에 대하여는 전기 사업의 원활한 공급을 방해하는 일이 일어나지 않도록 보안상의 견지에서 규제를 가하고 있다.

9.2.3 주임 기술자에 대한 규제

전기 사업자가 준수해야 할 보안 사항에 대하여 광범위하게 규제하고 있으며, 주임기술자는 전기, 보일러 · 터빈, 댐 · 수로의 3개 분야로 세분하고 있다. 각 주임 기술자는 해당 분야의 공사 · 유지 · 운용에 관해서 보안의 감독 직무를 충실히 관장할 것을 의무화하고 있다. 주임 기술자는 직무를 성실히 수행할 것을 의무화하고 있는 한편, 전기 공작물의 공사 · 유지 · 운용에 종사하는 자는 주임 기술자가 직무상의 범위 내에서 행하는 보안상의 지시에 따라야 함을 규정하고 있다.(동법 제43조)

전기 주임 기술자는 전기기사 1급, 2급으로 나누고 있으며, 자격의 종류에 따라 담당할 수 있는 업무 범위도 따로 규정하고 있다. 보일러 · 터빈 분야와 댐 · 수로(水路) 주임 기술자는 각각 제1급 · 제2급 주임 기술자로 나누고 있다. 자격 부여 조건을 전기 주임 기술자는 국가시험에 합격한 후 실무 수습을 필요로 하며, 보일러 · 터빈 주임 기술자와 댐 · 수로 주임 기술자는 일정 경력과 실무 경험을 필요로 한다. 자가용 전기 공작물에 대해서도 전압의 종별에 따라 제1급 · 제2급 · 주임 기술자를 선임해서 보안 업무를 집행하게 하도록 의무화하고 있다.

9.2.4 보안 규정에 관한 규제

개정된 전기 사업법에서는 보안에 대한 규제를 강화하였으며, 전기 공작물의 보안에 관한 책임을 전기 공작물의 종류에 관계없이 각기 그 소유자(점유자)에게 귀속시키고 있다. 따라서 전기 공작물에 대한 공사 · 유지 · 운용에 관계되는 보안을 확보하기 위해서는 그 전기 공작물에 적합한 관리자의 조직, 종업원의 보안 교육, 순시 점검 및 검사 · 운전 · 조작 · 보안에 관한 기록 등을 주임 기술자가 작성하여 제출해야 한다.

표 2.1은 이 법률을 운용하는데 있어 직접적으로 관련이 있는 법령을 든 것이며, 그림 2.1은 전기 공작물에 관한 보안 체제를 표시한 것이다.

전기 설비에 관한 기술 기준을 정하고 있는 상공부령(전기 설비 기술 기준령, 줄여서 「電技」)은 설계 · 시공 · 유지에 있어 가장 관련이 많은 것으로서, 전문 6장 288조로 구성되어 있다. 전기 설비 기술 기준령은 설계 · 시공의 기술 기준인 동시에 유지 기준이므로 설계나 시공을 할 때는 기술 기준령에 표시된 기술 내용보다도 고도의 수준을 유지함이 필요하다. 이 내용은 내선 · 외선 전기 공사 요령에 추장 사항으로서 명시되고 있으므로 참고하기 바란다.

전기 설비 기술 기준령 중 건축설비와 가장 밀접한 관련이 있는 조항은 제1장 총칙, 제5장 전기 사용 장소의 시설이므로 이를 충분히 연구하기 바란다. 그리고 제2장 발전소 · 변전소 · 개폐소 및 이에 준하는 곳의 시설, 제3장 전선로 등도 관련이 있는 부분이다. 또한 전기 설비 기술 기준령의 세부 사항을 정하는 고시로서는 전선 케이블의 규격, 1선 지락전류(一線地絡電流)의 계산식, 절연전선의 허용전류 등이 정해져 있다.

9.3 전기공사업법(법률 제6578호, 2001. 12. 31 개정)

전기공사업법은 전기공사업을 영위하는 자에 대한 면허의 부여, 기술자의 보유 및 전기공사의 안전하고 적정한 시공의 확보로써 공사업의 건전한 발달을 도모할 목적으로 제정한 것이다. 이 법령의 시행에 따라 전기 공사를 하자면 공사업 면허가 있어야 하고, 또 일정한 면허를 가진 전기 기술자를 항상 보유하고 있어야 한다. 이 법률에서는 전기 사업자의 전기 공작물 및 자가용 전기 공작물의 전기 공사에 대하여 직접 규제하고 있지 않으나, 법의 목적에 비추어 볼 때 이러한 전기 공작물에 관한 전기 공사도 전기 기술자의 면허를 소유하고 있는 자에 의하여 행하여져야 한다고 본다.

이 법률에서 규정하고 있는 전기 기술자란 전기공사업법 시행령 제17조의 규정에 따라 전기공사기사 1급, 2급의 면허 중 하나를 가지고 있는 자를 말한다. 모든 전기공사는 위에서 지적한 면허를 소지하고 있는 자에 의해서 행해지는 것이 이상적이기는 하나, 현시점에서는 전기 공사 중 경미한 공사로서 보안상 그다지 문제시되지 않는 것은 전기공사업법의 적용에서 제외하고 있다. 전기공사업법 시행령 제2조에 의한 경미한 공사는 다음과 같다.

① 수구 접속기 · 소켓 · 실링 블록 기타 접속기 또는 나이프 스위치 및 기타 개폐기의 보수 또는 교환에 관한 공사

② 전령 · 인터폰 · 화재감지기 · 장식 전기 기타 이와 유사한 시설에 사용하는 소형 변압기(2차측 전압 24V 이하에 한한다) 및 2차측 공사

③ 전기 기기(이동용에 한한다)의 단자, 전선(코드, 캡타이어 케이블을 포함한다)을 접속하는 공사한편, 전기공사업법의 적용을 받는 전기 공사의 범위는 다음과 같다(전기공사업법 시행령 제1조)

① 발전 및 변전설비에 관한 공사

② 송전 및 배전설비에 관한 공사

③ 전기 철도 및 전차 시설에 관한 공사

④ 전기 사용 장소의 배관 · 배선 · 전등 및 전기기기 설치에 관한 공사

⑤ 신호 집중 제어 및 특수 제어 설치에 관한 공사

⑥ 자동 신호 및 연동 장치에 관한 공사

⑦ 신호 표지 및 경보 장치에 관한 공사

⑧ 철도 전기폐색 시설에 관한 공사

⑨ 네온사인 및 선전등의 설치 공사

⑩ 전기 계장(計裝), 전기 공조(空調) 및 승강기 설치에 따른 전기 공사

⑪ 전기를 원동력으로 하는 기계 공사 중 전기 공작물에 관한 공사

⑫ 제1호 내지 제11호에 부대되는 공사

전기공사업자는 전기공사업법 및 동 시행령에 따라 공사 시공의 효율적인 기술관리를 위해서 공사 현장에 그 공사에 상응하는 자격을 가진 전기 기술자를 두어야 하며 또한 공사 내용에 관한 비밀 보장을 요구받은 경우에는 이를 누설하여서는 안 된다. 그리고 전기 기술자는 공사업법 및 기타의 법령(전기 설비 기술 기준령 및 기타)에 적합한 공사 시공을 해야 함은 물론 공사에 있어서는 전기용품 안전 관리법에 따라 형식 승인을 받은 전기용품을 사용해서 공사해야 한다.

9.4 전기용품 안전 관리법(법률 제6019호, 1999. 9. 7 개정)

전기용품 안전 관리법은 전기용품의 제조·판매 및 사용에 관한 사항을 규제함으로써 불량 전기용품으로 인한 위험 및 장해의 발생을 방지함을 목적으로 제정한 것이다.

전기용품 안전 관리법의 대상이 되는 전기용품은 주로 일반용 전기 공작물에서 사용되는 것이지만, 물론 자가용 전기 공작물 또는 전기 사업자용 전기 공작물에서도 사용되는 것이므로 전기용품 기술 기준령에 적합한 규격에 부합되고 있어야 한다. 전기용품 제조업자에 대한 규제는 다음과 같다.

① 전기용품의 제조업을 하고자 하는 자는 전기용품 제조 구분별로 공업진흥청장의 허가를 받아야 하며, 또한 상공부령이 정하는 전기용품 제조 구분별 시설기준에 적합한 시설을 갖추어야 한다.

② 제조코자 하는 전기용품에 대해서는 형식 승인을 받아야 한다. 이 형식 승인을 상공령이 정하는 기술 기준에 적합한가를, 시작품(試作品)에 대해서 지정 시험 기관에서 시험한 후 합격하면 승인이 된다. 형식 승인의 유효기간은 3년이며, 3년이 지나면 다시 갱신해야 한다.

③ 제조업자는 형식 승인을 얻어 제조하는 전기용품에 대해서 상공부령이 정하는 바에 따라 자체 검사를 실시하고, 검사 기록을 작성·보관할 의무가 있다.

④ 형식 승인을 얻은 전기용품의 제조업자는 판매하기 전에 승인 표시와 기타 필요한 표시를 해야 한다.

판매점 및 전기공사업자의 의무 사항을 들면 다음과 같다.

전기용품을 판매하는 전기 공사 재료점·전기기구점 등에서는 승인표시가 된 전기용품 이

외의 것의 판매나 진열을 하여서는 안 된다(동법 제14조). 이것은 위법 전기용품을 사용함으로써 일어나는 화재·감전 등의 사고를 방지하고 또한 전기용품의 소비자를 보호하기 위한 금지행위이다.

한편, 전기 사업자·전기 공작물 설치자 또는 전기공사업자도 전기 공작물의 설치나 공사를 할 때는 승인표시가 된 전기용품을 사용하도록 의무화하고 있다(동법 제15조).

전기용품 기술 기준령은 전기용품의 성능을 규정한 것으로서, 형식 승인에 대한 인가를 할 때 전기용품의 양부를 제정하는 기준이라 할 수 있다. 전기 설비 기술 기준의 내부에서도 절연전선·전선관·케이블 등에 대해서는 전기 설비 기술 기준령의 세부 사항을 정하는 고시나 별표에서 그 규격 등을 규제하고 있으므로, 공사에 필요한 전기용품의 기술 내용을 알고자 할 때는 이러한 법령이나 기준을 참조하기 바란다.

9.5 공업 표준화법(법률 제3636호, 1982. 12. 31 개정)

공업 표준화법은 각종 제품·부품 등이 일정한 규격으로 제조됨으로써 품질·재료 모두 균형을 이루는 것이 생산될 수 있도록 정한 법률이다. 이 법률에 의한 한국공업규격(korean industrial standard, KS)에서는 부문별로 다음과 같은 기호를 사용하고 있다.

KS표시가 된 상품은 그 품질에 대해서 정부가 보증한다는 뜻이므로 메이커로서는 KS규격에 맞는 상품을 제조하도록 노력하는 한편, 사용자 측에서는 KS표시품을 사용함으로써 국산품의 품질향상에 기여할 것으로 본다.

표 9.2 한국 공업규격의 분류

분류기호	부 문	분류기호	부 문
A	기 본	K	섬 유
B	기 계	L	요 업
C	전 기	M	화 학
D	금 속	P	의 료
E	광 산	R	수송기계
F	토 건	V	조 선
G	일용품	W	항 공
H	식료품		

9.6 전파 관리법(법률 제4394호, 1991. 8. 10 개정)

이 법은 전파의 합리적인 관리를 함으로써 공공의 복지를 증진함을 목적으로 제정되었으며, 전문 9장 87조로 구성되어 있다. 이 법은 전파의 공평하고도 능률적인 이용을 확보하는 것을 목적으로 하고 있으나, 전파의 이용은 실제 문제로서 무선 통신 분야에 한정되고 있으며, 무선 통신의 기본법이라고 할 수 있는 내용을 가지고 있다.

이 법은 최고부의 높이가 지표에서 35[m]를 넘는 건축물 또는 공작물(고층 건축물)의 신축 · 증축 · 개축 행위를 전파의 전파 장해(傳播障害) 방지구역에서 행하는 것을 규제하고 있다.

9.7 건축법(법률 제6889호, 2003. 5. 27 개정)

건축법은 제1조에 「이 법은 건축물의 대지 · 구조 · 설비의 기준 및 용도에 관하여 규정함으로써 공공복리의 증진을 도모함을 목적으로 한다.」 고 명시하고 있다.

건축법은 단체(單體) 규정과 집단 규정으로 구성되어 있으나, 전기 설비는 그 중에서 단체 규정으로 분류되는 부분에 속하며, 소위 집단 규정인 도시의 건축물과 같이 건전한 도시 계획을 위한 기준은 전기 설비와 직접적인 관련이 없으므로 여기서는 생략하기로 한다.

법 제2조의 용어 정의에 따르면 「"건축 설비"라 함은 건축물에 설치하는 전기 · 전화 · 가스 · 급수 · 배수(配水) · 배수(排水) · 환기 · 난방 · 냉방 · 소화 또는 오물처리의 설비나 굴뚝 · 승강기 · 피뢰침 · 국기게양대 · 우편물 수취함 기타 이와 유사한 설비를 말한다.」 로 되어 있으며, 건축물에서의 전기 설비, 즉 전기로 작동하는 배수 · 환기 · 냉난방 · 소화 · 배연 · 오수처리 등의 설비 또는 승강기 · 피뢰침 등은 전기 설비 담당자가 설계 · 시공하는 분야이므로 국내의 관련 법령은 물론 가능하면 외국의 법령까지도 조사하여 설계 · 시공에 만전을 기하도록 해야 한다.

건축법 및 동 시행령에서 전기 설비와 관련이 있는 조항으로는 동법 제21조 및 제22조, 동시행령 제128조~제133조에 의한 승강 설비 중 승강기의 설치 기준과 승강기의 구조에 관한 사항, 동 시행령 제134조에 의한 비상 조명 장치, 동 제135조에 의한 통신설비에 관한 사항 등을 들 수 있다.

일본의 건축 기준법에서는 「건축물의 전기 설비는 법률 또는 이에 근거한 명령 규정이므로 건축물의 안전 및 방화에 관해서 규정한 공법에 따라 시설해야 한다.」 고 규정하고 있다. 과거 일본에서는 방화벽의 관통부는 불연재료에 의한 1[m]의 피복을 할 것과, 피난계단 등에는 예비전원을 갖춘 조명 설비의 시설을 규제한 정도였으나, 건축물의 규모가 커짐에 라 방재시설(防災施設)의 중요성 때문에 최근에는 비상용의 조명 장치 · 배연 설비 · 진입구 표지등 등은 구체적으로 그 공법까지도 규제하고 있다. 전기 설비도 전기 공작물인 이상 전기 설비 기술 기준령에 적합한 공법을 시설해야 함은 물론 사용 재료나 기구는 전기용품 안전관리법에 적합한 것을 사용해야 하며, 또한 건축물의 안전 · 방화를 위해서 규제되어 있는 재료 및 공법으로 시공할 의무가 있다.

건축법 제21조에 의하면 「높이 20[m] 이상인 건축물에는 피뢰 설비를 시설해야 한다.」 고 규정하고 있다. 따라서 피뢰 설비의 설계 · 공법에 대한 연구가 평상시 필요하다.

화재로 인한 인명피해나 재산피해를 최소로 하기 위한 전기 설비상의 최소 기준이 소방법상에 규정되어 있으므로 이에 적합한 설계를 해야 한다.

9.8 소방법(법률 제06916호, 2003. 5. 29 개정)

소방법은 제1조에 「이 법은 화재를 예방 · 경계 또는 진압하여 국민의 생명 · 신체 및 재산을 보호함으로써 공공의 안녕 질서의 유지와 사회의 복리 증진에 기여함을 목적으로 한다.」 고 정해져 있으며, 인명 · 재산을 화재로부터 방지할 목적으로 법제화한 것이다.

화재의 조기 발견 · 조기 통보 · 안전 피난 등에 필요한 사항은 소방법 · 동시행령 · 동 시행규칙(74. 6. 14. 공포)에 자세히 규정되어 있으므로 평상시 이에 대해서 연구해 둘 필요가 있다. 소방법 및 동 시행령에 의하면 소방 대상물을 지정하여, 방화 관리자의 선임을 의무화하고 있는 한편, 책임 범위까지도 규정하고 있다. 그리고 소방 시설의 종류로서는 소화 설비 · 경보 설비 · 피난 설비 · 소화용 설비 및 소화활동상 필요한 설비로 구분하고, 이에 대한 설치 및 유지의 기준으로 하고 있다.

소방 시설의 시공 또는 정비를 위해서 소방설비사의 면허를 갑종과 을종으로 나누고 있으며, 소방설비사의 면허를 받은 자가 아니면 소방 시설의 공사나 정비를 할 수 없게 되어 있다. 소방 설비사가 소방 시설의 공사 또는 정비를 하고자 할 때는 시공하기 10일 전까지 그 소방 시설의 종류, 시공장소, 기타 필요한 사항을 관할 소방서장에게 신고해야 하며, 업무 수행에 있어서는 그 소방 시설의 시설 기준을 엄격히 준수함은 물론 소방시설사의 면허증을 휴대하도록 의무화하고 있다. 그리고 기존 건물의 경우 법률상으로 소급해서 시설하는 경우가 없는 것이 원칙이지만, 소방 시설은 법의 목적이 인명의 보호에 있는 관계상 자동 화재 탐지 설비에 대하여는 여관 · 호텔 · 병원 등은 각 국마다 기존 소급의 입장을 취하고 있으며, 또한 증축이나 개축의 경우는 법의 적용을 받는 범위를 정해서 인명보호에 만전을 기하고 있는 실정이다.

위험물에 대하여는 제조소 관계의 허가, 제조소의 시설기준, 완성검사, 위치 · 구조 · 저장· 취급의 기준, 이를 취급하는 위험물 취급 주임자 등에 관하여 소방법 및 동 시행령에서 규정하고 있다.

9.9 항공법(법률 제06944호, 2003. 7. 25 개정)

이 법은 국제 민간항공 조약의 규정과 동 조약의 부속책으로서 채택된 표준과 방식에 준거하여 항공기의 항행의 안전을 도모하기 위한 방법을 정하여, 아울러 항공 운송 사업의 질서를 확립하여 항공의 발달을 도모함을 목적으로 제정되었으며, 전문 10장 143조로 구성되어 있다. 전기 설비 담당자로서 유의해야 할 사항으로는 항공장애등 설치에 관한 것을 들 수 있다. 즉 지표상 또는 수면상 60[m] 이상의 물건에는 항공장애등과 주간 장애 표지를 설치하도록 규정하고 있다.

9.10 광고물 단속법(법률 제3227호, 1980. 1. 4 개정)

미관 · 풍치를 유지하고 공중에 대한 위해(危害)를 방지하기 위해서 옥외에 시설하는 광고물의 표시장소 · 방법 · 설치 및 유지에 관하여 규제하고 있다. 이 규제의 내용은 지방조례에 의존하고 있으나 특히 네온사인에 대해서는 지역 환경의 보전, 영향의 유지를 고려하는 견지에서 외국에서의 사례도 가능하면 검토하는 것이 바람직하다고 본다.

연습문제

1. 법률과 시행령 및 시행 규칙의 차이점은 무엇인가?
2. 전기설비와 관련된 법률의 종류를 들고 설명하라.
3. 전기설비 기술 기준에서 건축 전기 설비와 관련이 있는 조항을 알아보라.
4. 전기 설계를 할 수 있는 해당 기술자격에 대하여 설명하라.
5. 소방법에서 소방 전기 설비의 공사는 누가 해야 하는가?
6. 공업 규격에 대하여 국내외의 것을 알아보라.
7. 전기 사업의 특징을 간단히 설명하라.
8. 전기 공작물의 종류에는 어떠한 것이 있는가?
9. 전기 사업자의 전기 공급 의무에 대하여 설명하라.
10. 전기공사업의 종류를 들고, 설명하라.
11. 전기용품 안전 관리법에서 형식 승인이란 무엇인가?
12. 전기 통신법의 제정 목적은 어디에 있는가?
13. 항공법에서 전기 설비와 관련된 조항을 알아보라.
14. 광고물 단속법에서 전기 설비와 관련된 조항은?

부록

1.1 옥내배선용 심벌 및 그 밖의 참고 사항

1.2 일반 전기용 심벌

1.3 전기통신용 심벌

1.1 옥내배선용 심벌 및 그 밖의 참고 사항

1.1.1 적용 범위

현재 우리 나라에서는 KS로 제정된 옥내 배선용 심벌로 있으나, 부득이 표준 기호 이외의 기호를 사용해야 할 경우가 많아, 일본 규격인 JIS 기호로 명시한다. KS로 제정된 KSC 0301은 별도로 참고.

1.1.2 전등 · 전력

(1) 전등

명 칭	심 벌	적 요
천 장 등	○	(1) 기구의 종류를 도시하는 경우에는 ○의 중앙 또는 방기(side writing)에 따라 숫자 또는 문자 기호를 기입하고, 도면의 비고에 나타낸다. 예 : ㉮, ①, ② 등 같은 방에 같은 기구를 다수 시설할 경우에는 그 중의 하나에 문자 기호를 기입하여 "다른 것은 전부 같다" 등을 기입한다. (2) (1)에 있어서 곤란한 경우에는 다음에 따른다. ⊖ 코드 펜던트(로젯, 크라스터 또는 같은 종류) Ⓞ 봉인 로젯 ◎ 구멍이 달린 쇠고리(상자 계수기 부착은 기입할 것) Ⓡ 리셉터클 Ⓒⓛ 실링 라이트 또는 직접 붙임 ⒸⓅ 체인 펜던트 Ⓟ 파이프 펜던트 ⒸⒽ 샹들리에 ◎ 매입 기구 (3) 용량을 나타낼 필요가 있을 경우에는 와트(W), 램프수로 나타낸다. 예 : 100W, 200W3 (4) 용량을 나타낼 경우에 형광등이라는 것을 특별히 나타낼 필요가 있을 경우에는 용량 앞에 F를 붙인다. 예 : F40W, F40W2 (5) 용량을 나타낼 경우, 형광등 이외의 방전등이라는 것을 특별히 나타낼 필요가 있을 경우에는 용량 앞에 각각의 기호를 붙인다. 수은등의 경우 H, 메탈 하이라이트등의 경우 M, 나트륨 등의 경우 N, 크세논 등의 경우 X 예 : H400W (6) 용량 이외의 기구 수로 나타낼 필요가 있을 경우에는 와트(W), 램프수×기구수로 나타낸다. 예 : 200W3×2, F40 W2×3

명　칭	심　벌	적　요
		(7) 형광등 기구의 부착방향 및 방법을 나타내고 싶을 경우에는 □을 ○에 겹친다. 예 : 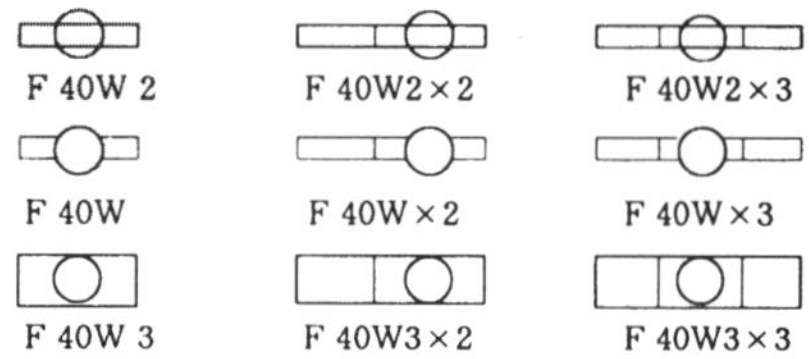 (8) 기구의 대소 및 형상에 따라 실제 느낌을 나타내어도 좋다.
벽　등	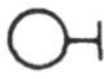	벽쪽에 ─┤ 를 붙인다.
비상용조명등		(1) 천장등의 적요를 준용한다. 다만, 기구의 종류를 나타낼 경우에는 기입한다. (2) 필요에 따라 전지 내장인 것은 B를 기입한다. (3) 유도등과 겸용인 것은  으로 한다.
유　도　등		(1) 천장등의 적요를 준용한다. 다만, 기구의 종류를 나타내는 경우에는 기입한다. (2) 통로 유도등의 경우에는 필요에 따라 화살표를 기입한다. 예 :  (3) 객석 유도등의 경우에는 필요에 따라 S를 기입한다. 예 : S (4) 필요에 따라 전지 내장의 것은 B를 기입한다. (5) 비상용 조명등과 겸용인 것은  로 한다.

(2) 콘센트

명　칭	심　벌	적　요
콘　센　트		(1) 벽 붙이는 벽 쪽을 칠한다. 벽 이외에 붙일 경우에는 칠하지 않는다. 예 :  (2) 용량의 표시 방법은 다음에 따른다. (가) 15A, 10A는 기입하지 않는다. (나) 20A 이상은 기입한다. (3) 2개 이상의 경우에는 갯수를 기입한다. 예 : 2 (4) 3극 이상의 것에는 극 수를 기입한다. 예 : 3P (5) 방수의 것은 WP를 기입한다. 예 : WP (6) 방폭 파일럿 램프붙이 등 특수한 것은 기입한다. (7) 접지극붙이 콘센트는 E를 기입한다.
비 상 콘 센 트		

(3) 스위치

명　　칭	심　　벌	적　　　　요
스 위 치	●	(1) 용량의 표시방법은 다음에 따른다. (가) 10A, 6A는 기입하지 않는다. (나) 15A 이상은 기입한다. (2) 극 수를 표시하는 방법은 다음에 따른다. (가) 단극은 기입하지 않는다. (나) 2극 및 3로, 4로는 각각 2, 3, 4의 숫자를 기입한다. 예 : $●_3$ (3) 풀 스위치는 P를 기입한다. 예 : $●_P$ (4) 파일럿 램프붙이는 L을 기입한다. 예 : $●_L$ (5) 외등 등에 사용하는 자동스위치는 A를 기입한다. 예 : $●_A$ (6) 방수의 것은 WP를 기입한다. 예 : $●_{WP}$ (7) 방폭, 도어 스위치 등 특수의 것은 기입한다.
조 광 기		(1) 용량을 나타낼 필요가 있을 경우에는 용량을 기입한다. 예 :  15A (2) 용량을 나타낼 경우, 형광등용이라는 것을 나타낼 필요가 있을 경우에는 용량 앞에 F를 붙인다. 예 :  F15A
리모콘스위치	$●_R$	(1) 파일럿 램프 붙이는 L을 기입한다. 예 : $●_{RL}$ (2) 리모콘 스위치라는 것이 확실할 때에는 R을 생략하여도 좋다.
셀렉터스위치	⊛	(1) 점멸 회로수를 기입한다. 예 : $⊛_q$ (2) 파일럿 램프붙이는 L을 기입한다. 예 : $⊛_{qL}$
리모콘계전기	▲	리모콘 계전기를 모아서 붙이는 경우에는 [▲▲▲] 을 사용하고, 계전기 수를 기입한다. 예 : $[▲▲▲]_{10}$

(4) 기기

명 칭	심 벌	적 요
전 동 기	Ⓜ	(1) 용량을 기입할 것. 예 : Ⓜ3.7kW (2) 필요에 따라 전기방식, 전압을 기입한다. 예 : Ⓜ3ϕ 200V 3.7kW (3) 소방설비용일 경우에는 F를 기입한다. 예 : ⓂF3.7kW (4) 시동장치는 ☒ 로 나타내고 종류를 기입한다.
발 전 기	Ⓖ	전동기의 적요를 준용한다.
전 열 기	Ⓗ	전동기의 적요를 준용한다.
선풍기(환기선풍기 포함)	(∞)	필요에 따라 종류 및 크기를 기입한다.
룸 에 어 컨 디 셔 너	[RC]	(1) 피드 펌프형을 나타낼 경우에는 [[RC]] 를 사용한다. (2) 세퍼레이트형을 나타낼 경우에는 S를 기입한다. (3) 전열기를 내장할 경우에는 H를 기입한다. (4) 옥외 유닛에는 O를, 옥내 유닛에는 I를 기입한다. (5) 전동기의 적요를 준용한다.
정 류 기	(≃)	전동기의 적요를 준용한다.
전 력 장 치	⊕	(1) 장치의 명칭을 기입한다. (2) 전동기의 적요를 준용한다.
축 전 지	[⫼]	전동기의 적요를 준용한다.
콘 덴 서	[⫞]	전동기의 적요를 준용한다.

(5) 개폐기 및 계기

명 칭	심 벌	적 요
개 폐 기	[S]	(1) 전류계붙이 상자 개폐기는 [Ⓢ] 를 사용한다. (2) 필요에 따라 극 수, 용량, 퓨즈 용량, 전류계의 정격 전류값을 기입한다. 예 : [S] 2P 30A f 15A [Ⓢ] 3P 30A f 15A A5
전 자 개 폐 기	[$]	(1) 개폐기의 적요를 준용한다. (2) 전류계붙이의 경우에는 [Ⓢ] 로 한다.
전자개폐기용 푸 시 버 튼	◉B	텀블러형 등의 경우에도 사용한다. 파일럿 램프붙이의 경우에는 L을 기입한다.

명 칭	심 벌	적 요
압 력 스 위 치	◉P	
플로트스위치	◉F	
플 로 트 레 스 스 위 치 전 극	◉LF	전극수를 기입한다. 예 : ◉LF$_3$
배선용 차단기	[B]	(1) 필요에 따라 극 수, 프레임의 크기 및 정격 전류를 기입한다. 예 : [B] 3P 225AF 150A (2) 모터 브레이커를 나타낼 경우에는 [B] 를 사용한다.
누전 차단기	[E]	(1) 필요에 따라 극 수 및 용량을 기입한다. (2) 과전류 소자 붙이를 나타낼 경우에는 [BE]를 사용한다.
컷아웃 스위치	[C]	필요에 따라 용량 및 퓨즈 용량을 기입한다. 예 : [C] 30A f20A
전 력 량 계	(WH)	필요에 따라 전기 방식, 전압, 전류 등을 기입한다.
전력량계(상자입 또는 덮개부)	[WH]	(1) 전력량계의 적요를 준용한다. (2) 집합 계기 상자의 경우에는 전력량계의 수를 기입한다. 예 : [WH]12
변 류 기	(CT)	필요에 따라 전류를 기입한다.
변 류 기 (상 자 입)	[CT]	필요에 따라 전류를 기입한다.
전 류 제 한 기	(L)	필요에 따라 전류를 기입한다.
전 류 제 한 기 (상 자 입)	[L]	필요에 따라 전류를 기입한다.
누 전 경 보 기	ⓎG	필요에 따라 종류를 기입한다.
누전화재경보기	ⓎF	필요에 따라 급별을 기입한다.

(6) 소형 변압기

명 칭	심 벌	적 요
벨 변 압 기	(T)B	필요에 따라 용량, 2차 전압을 기입한다.
리모콘 변압기	(T)R	(1) 누설형의 경우에는 L을 기입한다. 예 : (T)RL (2) 필요에 따라 용량, 2차 전압을 기입한다.
네 온 변 압 기	(T)N	필요에 따라 용량, 2차 전압을 기입한다.
형광등용안정기	(T)F	기구에 들어 있는 것은 표시하지 않는다.
방전등용 안정기(형 광 등 용 이외의 것)	(T)H	기구에 들어 있는 것은 표시하지 않는다.

(7) 배분전반

명 칭	심 벌	적 요
배전반 또는 분 전 반		(1) 용도를 특별히 구별해야 할 경우에는 다음에 따른다.  (2) 내열 보호인 것을 나타낼 경우에는 이중테로 한다. 예 : 

(8) 배선

(가) 일반배선(배관, 금속선(통), 덕트 등을 포함)

명 칭	심 벌	적 요
천장은폐배선 노 출 배 선 바닥은폐배선 바닥면노출배선 지중매설배선		(1) 천장 매입 배선과 천장 속에 배선을 구별하고 싶을 경우에는 천장 속 배선에  을 사용해도 된다. (2) 특히, 전선의 종류를 명시할 필요가 있을 때에는 600V비닐절연선을 IV, 600V 2종비닐전선을 HIV, 1000V 형광방전등 전선을 FL, 인입용 비닐절연전선을 DV, 옥외용 비닐절연전선을 OW, 내화전선[1]을 FP, 내열전선[2]을 HP로 기입한다. (3) 전선의 크기는 다음에 따라 기입한다. 시방서 등에 밝혀진 전선의 굵기는 기입하지 않아도 된다. 단위가 밝혀진 경우에는 단위를 생략해도 된다. 예 :  (4) 전선 수는  와 같이 표시하고, 경우에 따라 숫자를 기입한다. 숫자 기입의 예 : 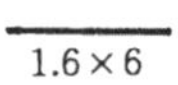 시방서 등에 밝혀진 것은 기입하지 않아도 된다. (5) 전선의 접속점은 다음에 따른다.  (6) 배관은 다음에 따라 표시한다. 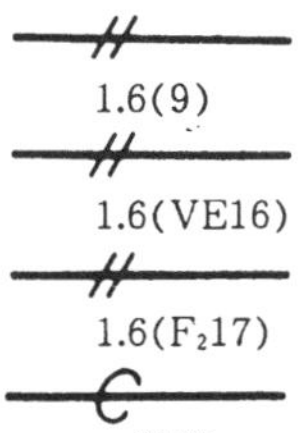 강제 전선관의 경우 경질비닐전선관의 경우 2종 금속제 가요전선관의 경우 전선이 들어가지 않는 경우 시방서 등에 밝혀진 것은 기입하지 않아도 된다.

명 칭	심 벌	적 요
		(7) 케이블은 종류, 굵기, 선심 수을 방기하고, 필요에 따라 전압을 기입한다. 케이블의 종류는 600V 비닐절연 비닐시드케이블의 평형을 VVF, 동환형을 VVR로 한다. 예 : VVF 1.6×3C VVR 14×3C 1.6, 14는 굵기, 3C는 선심 수를 나타낸다. 다만, 케이블의 종류, 굵기, 선심 수가 명확할 경우에는 표시를 생략해도 된다. (8) 접지선의 경우 E 2.6(16) (9) 접지선과 배선을 동일관에 넣을 경우 E 5.5 2(22) (10) 접지선의 표시는 그것이 명확할 경우에는 나타내지 않는다. (11) 플로어 덕트의 표시 (F7) (F4) 정크션 박스를 나타낸다. (12) 금속덕트의 표시 MD (13) 금속선 통(樋)의 표시 MM (14) 라이팅 덕트의 표시 LD LD □는 피드인 박스를 나타낸다. 필요에 따라 전압, 극 수, 용량을 기입한다. 예 : LD 125V 2P 15A (15) 리모콘 배선은 강전 배선과 구별할 수 있도록 가늘게 그린다. (16) 가공선에는 ———— 을 적용한다. (17) 구별을 필요로 하지 않을 경우에는 실선만으로 나타내도 된다. (18) 건축도의 선과의 구별을 명확하게 할 때에는 선을 굵게 그린다.
상 승 인 하 소 통	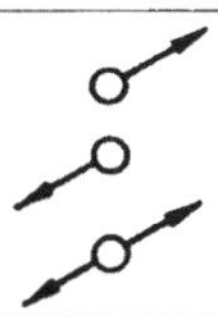	(1) 연락 상태의 표시를 필요로 할 경우에는 대조 부호를 기입한다. 예 : aa, bb, …… (2) 동일 층의 상승, 인하는 특별히 나타내지 않는다. (3) 관선 등의 굵기를 명기한다. 다만, 명확한 경우에는 기입하지 않아도 된다. (4) 필요에 따라 공사 종별을 기입한다.
접 지		접지 종별을 다음과 같이 기입한다. 다만, 제3종은 기입하지 않아도 된다. 제1종 E_1, 제2종 E_2, 제3종 E_3, 특별 제3종 E_{s3}
풀 박 스 및 접 속 상 자		박스 대소 및 형상에 따라 실제의 느낌을 나타낸다.
VVF용 조인트 박 스		단자부라는 것을 나타낼 필요가 있을 경우에는 t를 붙인다. 예 : t
점 검 구		
수 전 점		인입구에 이것을 적용해도 된다.

[주] (1) 내화전선이란 840℃ 30분의 내화시험에 합격한 것을 말한다.
(2) 내열전선이란 300℃ 10분의 내열시험에 합격한 것을 말한다.

(나) 버스 덕트

<table>
<tr><th>명 칭</th><th>심 벌</th><th>적 요</th></tr>
<tr><td>버스덕트 몸체</td><td>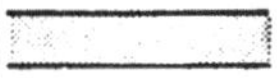</td><td rowspan="8">필요에 따라 다음 사항을 나타낼 것.

(1) 피더 버스 덕트 FBD
플러그인 버스 덕트 PBD
트롤리 버스 덕트 TBD
(2) 방수형의 경우에는 WP
(3) 전기 방식, 정격 전압, 정격 전류
(4) 덕트가 상하, 여러 단 평행의 경우에는 단 수

FBD 3φ 3W 300V 600A

FBD 3φ 4W 600V 1000A×1, 2000A×2</td></tr>
<tr><td>티(T)</td><td>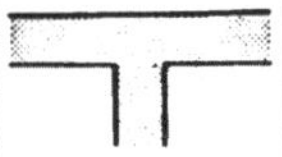</td></tr>
<tr><td>크 로 스</td><td>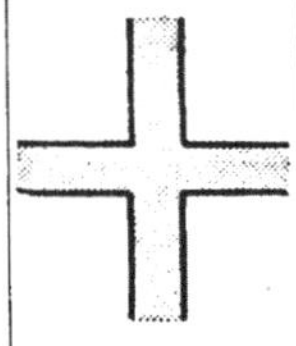</td></tr>
<tr><td>엘 보</td><td>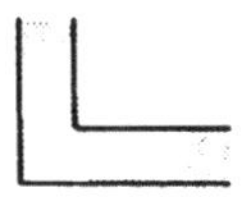</td></tr>
<tr><td>익 스 팬 션
버 스 덕 트</td><td>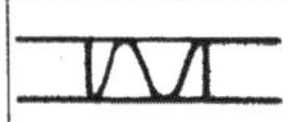</td></tr>
<tr><td>오 프 셋</td><td>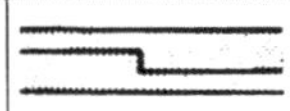</td></tr>
<tr><td>리 듀 서</td><td>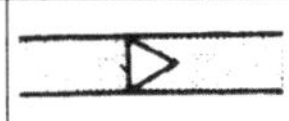</td></tr>
<tr><td>탭부버스덕트</td><td>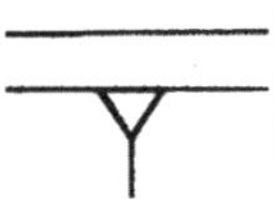</td></tr>
<tr><td>플 러 그
브 레 이 크</td><td>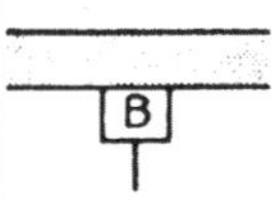</td><td>필요에 따라 극 수, 용량을 기입한다.
예 : 3P, 225AF, 150A</td></tr>
<tr><td>플 러 그 인
스 위 치</td><td>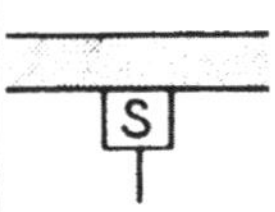</td><td>필요에 따라 극 수, 퓨즈 용량을 기입한다.
예 : 3P, 100Af, 100A</td></tr>
<tr><td>상 승</td><td>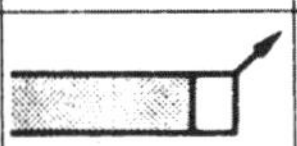</td><td rowspan="2"></td></tr>
<tr><td>인 하</td><td>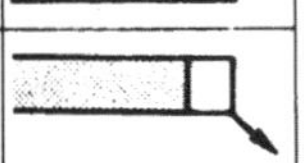</td></tr>
</table>

(다) 합성수지 선통(樋)

명 칭	심 벌	적 요
합성수지선통 몸체		(1) 필요에 따라 선통의 굵기, 전선의 종류, 굵기, 가닥수 등을 기입한다. 예 :  IV 1.6×4(PR35×18)  전선이 들어 있지 않는 경우 (PR35×18) (2) 회선수를 다음과 같이 나타낸다. 예 :  2회선의 경우 (3) 이 심벌의 대신으로  PR 를 사용해도 된다.
조인트 박스		
콘 센 트		필요에 따라 종류, 극 수, 용량을 기입한다.
점 멸 기		필요에 따라 종류, 극 수, 용량을 기입한다.
봉인 로젯		

(9) 증설

동일 도면에 증설, 기설을 나타낼 경우에는 증설은 굵은 선, 기설은 가는선으로 한다. 이에 따르지 않는 경우에는 다음의 어느 것에 따른다.

① 증설은 적색, 기설은 흑색 또는 백색으로 한다.

② 증설 전선은 IV, VVF, 기설 전선은 *iv, vvf* 에 따라 나타낸다(여기서, *iv, vvf* 는 각각 600V 비닐절연전선, 600V 비닐절연 비닐시드 케이블 평형을 표시),

(10) 철거

철거의 경우에는 ×를 붙인다.

예 : 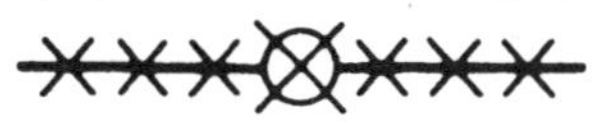

1.1.3 통신, 신호

(1) 전화

명 칭	심 벌	적 요
내선전화기	Ⓣ	특히 자동식, 공전식, 자석식, 버튼 전화기의 구별을 나타내고 싶을 때에는 기입한다. 예 : Ⓣa Ⓣc Ⓣm ⓉBT
가입전화기		내선전화기의 적요를 준용한다.
공중전화기		내선전화기의 적요를 준용한다.

명칭	심벌	적요
전 환 기		양절(切) 전환기의 경우에는 다음에 따라 나타낸다. 예 :
보 안 기		(1) 열코일이 있을 경우에는 다음에 따라 나타낸다. 예 : (2) 집합 보안기의 경우에는 다음에 따라 나타내고, 갯수를 기입한다. 예 : 열코일이 없는 것 $_6$ 열코일이 있는 것 $_6$
단 자 반		(1) 댓수를 기입한다. 예 : 20P (2) 전화 이외의 단자반에도 이것을 적용한다.
중간 단자반		단자반의 적요를 준용한다.
주 단자반		단자반의 적요를 준용한다.
국선용 단자반		단자반의 적요를 준용한다.
본 배선반		댓수를 기입한다.
수동 교환기 (중계대 포함)		
자동 교환기	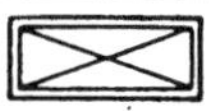	
버튼전화 주장치	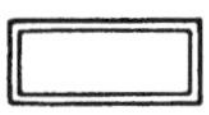	형식을 기입한다. 예 : 206
전화용 아우틀렛		

(2) 일반 경보 장치

명칭	심벌	적요
경보 푸시 버튼		벽붙이, 코드붙이 등의 외에 푸트 레일 스위치, 도어 스위치, 플로어 스위치 등의 구별을 나타낼 필요가 있을 경우에는 기입한다. 예 : $_{FR}$ $_D$ $_F$
경 보 벨		
경 보 부 저		
경보 수신반		

(3) 전기 시계

명 칭	심 벌	적 요
부 시 계		(1) 다만, 매입, 브래킷, 매달기 등을 구별할 필요가 있을 경우에는 기입한다. 예 :  (2, 3은 면 수, f는 매입, B는 브래킷, P는 매달기) (2) 시계를 실장하지 않고, 아우틀렛만의 경우에는  로 한다.
시 보 부 시 계		부시계의 적요에 준용한다.
주 시 계		시계 감시반에 주시계를 조합해서 넣는 경우에는  으로 한다.
시 계 감 시 반		
시보 푸시 버튼		
시 보 벨		
시 보 부 저		

(4) 확성 장치 및 인터폰

명 칭	심 벌	적 요
스 피 커		(1) 아우틀렛만의 경우에는  로 한다. (2) 방향을 나타낼 필요가 있는 경우에는  로 한다. (3) 매입형의 경우에는 필요에 따라 f를 기입한다. 예 :  f (4) 소방용 설비 등에 사용하는 것은 필요에 따라 F를 기입한다. 예 :  F
호 온 스 피 커		스피커의 적요를 준용한다.
채 널 셀 렉 터		
잭		종별을 나타낼 때에는 기입한다. 예 :  M 마이크로폰용 잭  S 스피커용 잭  e 인터폰용 잭
감 쇄 기		
라디오 안테나	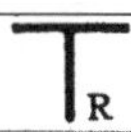	
전 화 기 형 인 터 폰 (부)		소방용 설비에 사용할 때에는 필요에 따라 F를 기입한다.
전 화 기 형 인 터 폰 (주)		소방용 설비 등에 사용할 때에는 필요에 따라 F를 기입한다.

명 칭	심 벌	적 요
확성인터폰 (부)		소방용 설비 등에 사용할 때에는 필요에 따라 F를 기입한다.
확성인터폰 (주)		소방용 설비 등에 사용할 때에는 필요에 따라 F를 기입한다.
증 폭 기	AMP	소방용 설비 등에 사용할 때에는 필요에 따라 F를 기입한다.
원격 조작기	RM	소방용 설비 등에 사용할 때에는 필요에 따라 F를 기입한다.

(5) 호출 장치

명 칭	심 벌	적 요
푸 시 버 튼 (벽붙이)		(1) 벽측을 칠한다. (2) 2개 이상의 경우에는 버튼 수를 기입한다. 예 : 3
푸 시 버 튼 (탁상)		2개 이상일 때에는 버튼 수를 기입한다. 예 : 3
푸 시 버 튼 (손잡이)		
푸시버튼용 아 우 틀 렛		
벨		
부 저		
챠 임		
표 시 기		창 수를 기입한다. 예 : 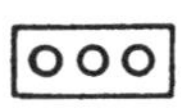10
간호원 호출용 푸시버튼(벽부)		벽측을 칠한다.
간호원 호출용 푸시 버튼(손잡이)		
간호원 호출용 표시등(천장부)		
간호원 호출용 표시등(벽부)		벽측을 칠한다.
간호원 호출용 수 신 반	N C	창 수를 기입한다. 예 : N C 10

(6) 재실 표시 장치

명 칭	심 벌	적 요
재실표시기		창 수를 기입한다. 예 :  10
재실표시 스위치반		스위치 수를 기입한다. 예 :  10
재실표시스위치		

(7) 텔레비전

명 칭	심 벌	적 요
텔레비전안테나		필요에 따라 VHF, UHF의 소자 수를 기입한다.
증폭기	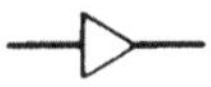	
4 분기기	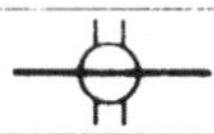	
2 분기기	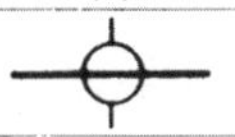	
4 분배기	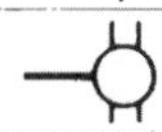	
2 분배기	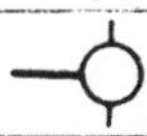	
분파, 혼합기		
직렬유닛 75Ω		종단 저항부의 경우에는  R를 사용한다.
직렬유닛300Ω		종단 저항부의 경우에는  R를 사용한다.
직렬 유닛 75Ω, 300Ω		종단 저항부의 경우에는  R를 사용한다.
기기 수용 상자		

(8) 전원

명 칭	심 벌	적 요
축전지	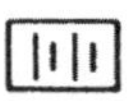	용량, 전압 등을 기입한다.
건전지		필요에 따라 종별을 기입한다.
충전용정류기기		필요에 따라 종류, 용량, 전압 등을 기입한다.
축·방전반		

(9) 배선(배관, 선통, 덕트 등을 포함)

명 칭	심 벌	적 요
천장은폐배선 노 출 배 선 바닥은폐배선 바닥면노출배선 지중매설배선		(1) 천장 매입 배선과 천장 내 배선을 구별할 경우에는 천장 내 배선에 을 사용한다. (2) 특별히 전선의 종류를 명시할 필요가 있을 경우에는 600V 비닐절연전선을 IV, 600V 2종 비닐전선을 HIV, 통신용 PVC 옥내선을 TIV, 통신용 PVC 옥외선을 TOV, 내화전선[1)]을 FP, 내열전선[2)]을 HP, 통신용 케이블(종류와 시방서 등에 의함.)을 C로 한다. (3) 전선의 굵기는 다음과 같이 기입한다. 시방서 등에 밝혀진 전선의 굵기는 기입하지 않아도 된다. 단위가 밝혀진 경우에는 단위를 생략해도 된다. 예 : 0.8 1.2 2 $2mm^2$ (4) 전선 수는 /// 로 나타내고, 경우에 따라 숫자를 기입한다. TIV, TOV 및 C 등은 댓수를 2P 100P 등으로 기입한다. 시방서 등에 밝혀진 경우에는 기입하지 않아도 된다. (5) 전선의 접속점은 다음에 따른다.  (6) 전선입 배관은 0.8(19)와 같이 하고, 전선이 들어가지 않은 배관은  (25) 와 같이 나타낸다. 시방서 등에 밝혀진 전선관의 굵기는 기입하지 않아도 된다. (7) 접지선의 경우와 표시 E 1.6 (8) 플로어 덕트 표시 (F7) (F4) 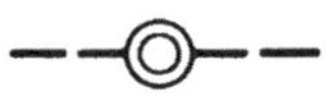 정크션 박스를 나타낸다. (9) 금속 선통의 표시 MM (10) 합성 수지 선통의 표시  또는 PR (11) 가공선의 표시는 ———— 를 적용한다. (12) 구별할 필요가 없을 경우에는 실선만으로 나타내도 좋다. (13) 건축도의 선과의 구별을 확실히 하기 위하여 선을 굵게 그린다.
상 승 인 하 소 통	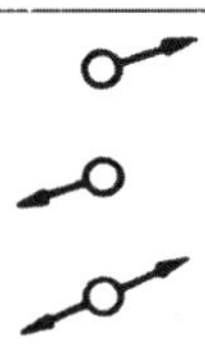	(1) 연속 상태의 표시를 필요로 할 경우에는 대조 부호를 기입한다. 예 : aa, bb, …… (2) 동일 층의 상승, 인하는 특별히 나타내지 않는다. (3) 관, 선 등의 굵기를 명기한다. 다만, 명확한 경우에는 기입하지 않아도 된다. (4) 필요에 따라 공사 종별을 기입한다.
접 지	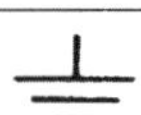	필요에 따라 재료의 종류, 굵기, 필요한 접지 저항값 등을 기입한다.
풀 박 스 및 접 속 상 자		상자의 크기 및 형상에 따라 실제 느낌을 나타내도록 한다.

[주] (1) 1.1.2 (8), (가)의 [주](1)을 준용한다.
(2) 1.1.2 (8), (나)의 [주](2)를 준용한다.

(10) 증설

동일 도면에 증설, 기설을 나타낼 경우에는 증설은 굵은 선, 기설은 가는선으로 한다. 이에 따르지 않는 경우에는 다음의 어느 것에 따른다.

① 증설은 증, 기설은 기라고 기입한다.

② 증설은 적색, 기설은 흑색 또는 백색으로 한다.

③ 증설 전선은 IV, TIV, TOV

기설 전선은 *iv*, *tiv*, *tov*

(11) 철거

철거의 경우에는 ×를 붙인다.

예 : 

1.1.4 방재

(1) 자동 화재 경보 설비

명칭	심벌	적요
차동식 스폿형 감지기		(1) 필요에 따라 종별을 기입한다. (2) 가건물 및 천장 내부에 시설할 경우에는 로 한다. (3) 매립인 것은 로 한다.
보상식 스폿형 감지기		(1) 필요에 따라 종별을 기입한다. (2) 가건물 및 천장 내부에 시설할 경우에는 로 한다. (3) 매립인 것은 로 한다.
정온(定溫)식 스폿형 감지기		(1) 필요에 따라 종별을 기입한다. (2) 가건물 및 천장 내부에 시설할 경우에는 로 한다. (3) 방수의 것은 로 한다. (4) 내산(耐酸)의 것은 로 한다. (5) 내알칼리성인 것은 로 한다. (6) 방폭인 것은 로 한다.
연기감지기		(1) 필요에 따라 종별을 기입한다. (2) 가건물 및 천장 내부에 시설할 경우에는 로 한다. (3) 점검 상자붙이인 경우에는 로 한다. (4) 매립인 것은 로 한다. (5) 확인증부는 필요에 따라 L을 기입한다.
감지선		(1) 필요에 따라 종별을 기입한다. (2) 감지선과 전선의 접속점은 로 한다. (3) 가건물 및 천장 내부에 시설할 경우에는 로 한다. (4) 관통 장소는 로 한다.
공기관		(1) 배선용 심벌은 굵게 한다. (2) 가건물 및 천장 내부에 시설할 경우에는 로 한다. (3) 관통 장소는 로 한다.

명　　칭	심　　벌	적　　요
열 전 쌍		가건물 및 천장 내부에 시설할 경우에는  로 하다.
열 반 도 체		가건물 및 천장 내부에 시설할 경우에는  로 한다.
차동식 분포형 감지기의검출부		필요에 따라 종별을 기입한다.
P 형 발신기		(1) 필요에 따라 급별을 기입한다. (2) 옥외용인 것은  로 한다. (3) 방폭인 것은 E를 기입한다.
회 로 시 험 기		
화 재 경 보 벨		(1) 방수용인 것은  로 한다. (2) 방폭인 것은 E를 기입한다.
수 신 기		다른 시설과 연동인 경우에는 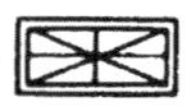 로 하고, 필요에 따라 해당 설비를 주기한다.
부 수 신 기 (표 시 기)	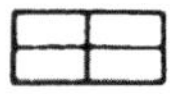	
중 계 기	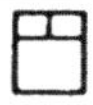	
표 시 등		
표 지 판	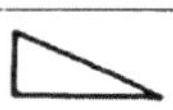	
보 조 전 원	TR	
이보기(移報器)	R	필요에 따라 해당 설비의 기호를 기입한다. 예 : 경비 회사 등 기기 R_G 비상 방송 R_E 소화 장치 R_X 소화전 R_H 방화문, 배연(排煙) 등 R_D 기　타 R_F
차 동 스 폿 시 험 기	T	필요에 따라 갯수를 기입한다.
종단 저항기	Ω	예 : 
기기수용상자		
경계구역경계선		배선의 심벌보다 굵게 한다.
경계 구역 번호	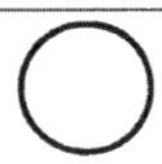	(1)  내에 경계 구역 번호를 넣는다. (2) 필요에 따라 로 하고, 상부에 필요 사항, 하부에 경계 구역 번호를 넣는다. 예 : 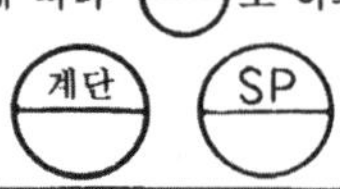

(2) 비상 경보 설비

명 칭	심 벌	적 요
비상용 푸시버튼	Ⓕ	(1) 방수용의 것은  로 한다. (2) 방폭인 것은 E를 기입한다.
비상 전화기		필요에 따라 번호를 기입한다.
비상 벨	Ⓑ	자동 화재 경보 설비의 화재 경보 벨의 적요을 준용한다.
사이렌	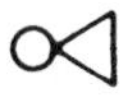	자동 화재 경보 설비의 화재 경보 벨의 적요를 준용한다.
조작 장치	EP	
표시등	◐	
표지판	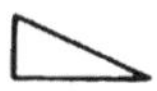	
보조 전원	TR	
기기 수용 상자		
경보 구역 경계선		자동 화재 경보 설비의 경계 구역 경계선의 적요를 준용한다.
경계구역번호	△	△ 의 안에 경계 구역 번호를 넣는다.

(3) 소화 설비

명 칭	심 벌	적 요
기동 푸시 버튼	Ⓔ	(1) 방수용의 것은  로 한다. (2) 방폭인 것은 E를 기입한다.
모터 사이렌		자동 화재 경보 설비의 화재 경보 벨의 적요를 준용한다.
경보 벨	Ⓑ	자동 화재 경보 설비의 화재 경보 벨의 적요를 준용한다.
경보 부저		자동 화재 경보 설비의 화재 경보 벨의 적요를 준용한다.
제어반	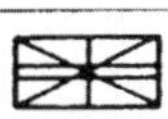	
표시반	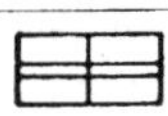	필요에 따라 창 수를 기입한다. 예 : 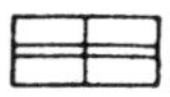3
표시등	◐	시동 표시등과 겸용하는 것은  로 한다.

(4) 방연 댐퍼, 방화문 등의 제어 기기

명　칭	심　벌	적　요
연기 감지기 (전용의 것)		필요에 따라 종별을 기입한다.
열 감지기 (전용의 것)		필요에 따라 종별을 기입한다.
자동 폐쇄 장치		필요에 따라 용도를 기입한다.
연동 제어기	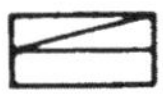	조작부를 가진 것은  로 한다.

(5) 배설

1.1.2 (8) 및 1.1.3 (9)의 배선을 준용한다.

(6) 증설

1.1.2 (9) 및 1.1.3 (10)의 증설을 준용한다.

(7) 철거

1.1.2 (10) 및 1.1.3 (11)의 철거를 준용한다.

1.1.5 피뢰기

명　칭	심　벌	적　요
돌 침 부		평면도용
		입면도용
피뢰도선 및 지붕 위 도체		(1) 필요에 따라 재료의 종류, 굵기 등을 기입한다. (2) 접속점은  ,  로 한다.
접　지		필요에 따라 재료의 종류, 크기 등을 기입한다.
접지저항 측정용 단자		

1.2 일반 전기용 심벌

1.2.1 기본 심벌

(KS C 0102)

명 칭	심 벌	비 고
도 선 (일 반)		1. 전선이나 모선 등에 널리 사용된다. 2. 필요에 따라 굵기를 구별한다.
도 선 의 교 차	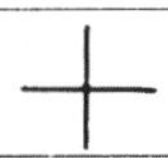	접속하지 않을 경우
도 선 의 접 속		접속할 경우
도 선 의 분 기	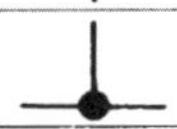	
단 자	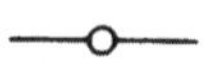	
속 선	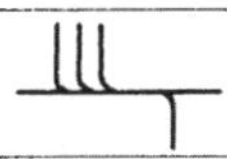	
연 결 선	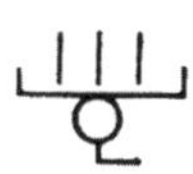	1. ○ 안에 대조번호를 기입한다. 2. 번호가 필요없을 때에는 ○를 뺀다.
접 지	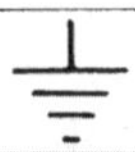	
인덕턴스	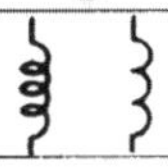	
철심이든 인덕턴스	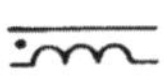	
가 변 인덕턴스	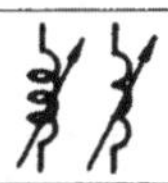	
상 호 인덕턴스	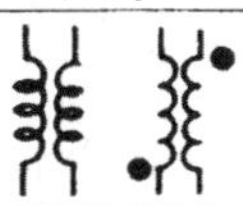	필요한 경우에 ● 으로 써 가극성을 표시할 수 있다.
가변상호 인덕턴스	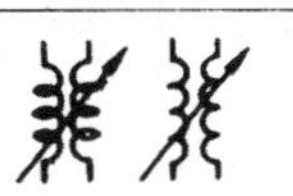	위와 같음
변 압 기 또 는 변 성 기	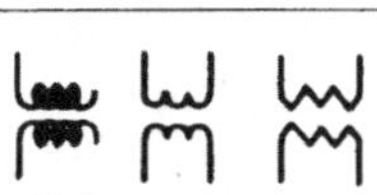	
정전용량 및콘덴서	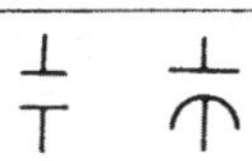	
가 변 정전용량	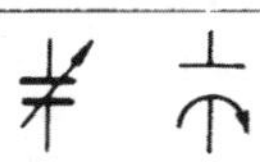	

명 칭	심 벌	비 고
저 항 및 저 항 기	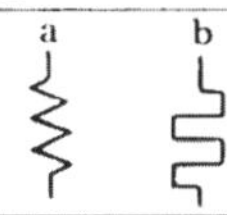	"b"는 무유도 저항
가 변 저 항 기	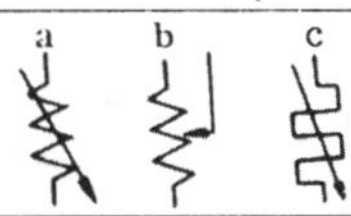	"c"는 특히 무유도를 나타낼 때 사용
전자코일	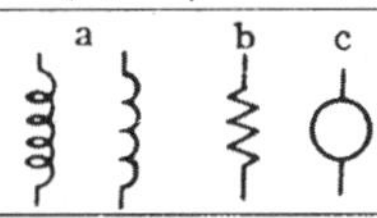	"b"는 저항기와 혼동되지 않을 경우
전 해 콘 덴 서		
전 지	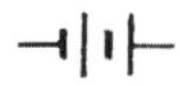	1. 긴 선 양극, 짧은 선은 음극 2. 건전지를 포함한다.
발 전 기		직류 :  교류 : 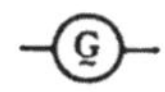
정 류 기		화살표는 전류의 방향을 나타낸다.
계 기		○ 안에 종류를 나타내는 글자나 기호를 기입한다.
개 폐 기	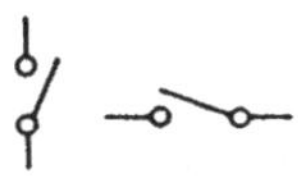	
퓨 즈		특히, 개방형, 포상형을 구별하고 싶을 경우에는 다음과 같이 한다. 개방형  포장형 
램 프	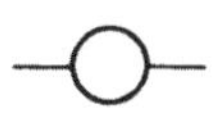	
열 전 대		

1.2.2 전력용 접점 심벌

명 칭	심 벌	비 고	명 칭	심 벌	비 고
수동접점	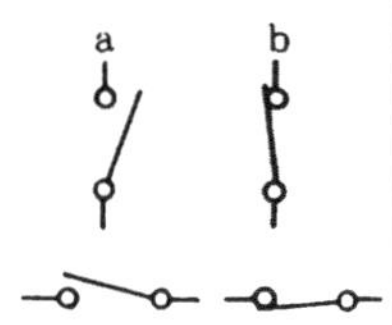	손으로 넣고 끊는 것.	한시계전기 접점	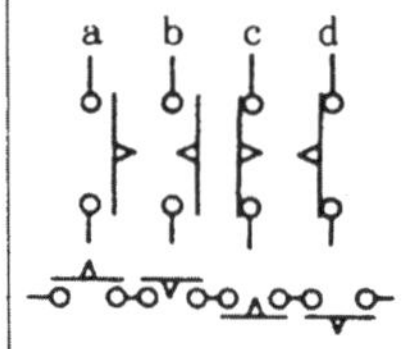	1. 한시 계전기 접점임을 나타낼 필요가 있을 경우에 쓰인다. 2. "a", "c"는 한시 동작, "b", "d"는 한시 복귀
수동조작 자동복귀 접 점	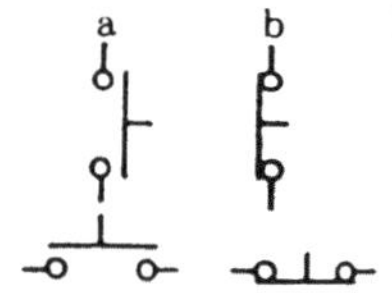	손을 떼면 복귀하는 접점이며, 버튼 스위치 조작 개폐기 등의 접점에 쓰인다. (누름형, 당김형)	수동복귀 접 점	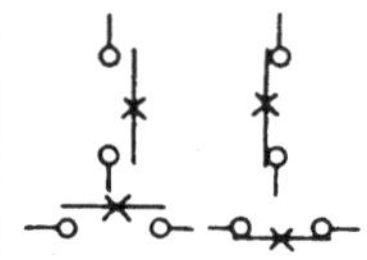	인위적으로 복귀되는 것(전자석으로 복귀되는 것도 포함).
조작 스위치 잔류 접점	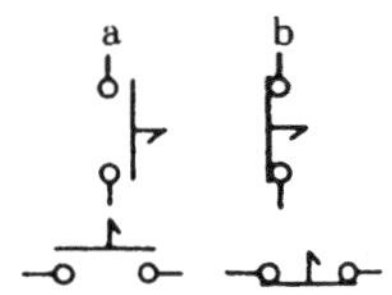	1. "a"는 무여자상태에서 개로 되는 것. 2. "b"는 무여자 상태에서 폐로 되는 것.	전자접촉기 접점	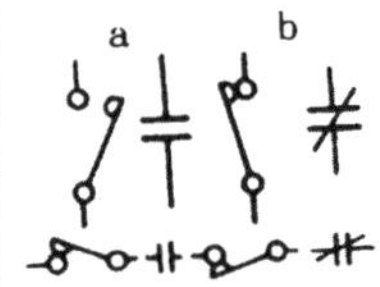	1. "a"는 무여자상태에서 개로 되는 것. 2. "b"는 무여자 상태에서 폐로되는 것이며, 사선은 오른쪽으로 함.
계 전 기 접점 및 보조개폐기 접점	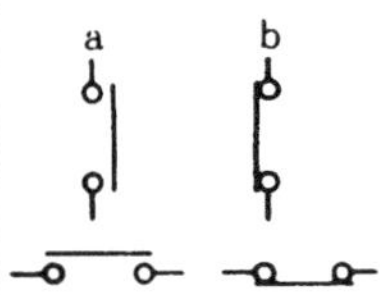		제 어 기 접 점		1개의 접점을 나타낸다.

1.2.3 회전기 심벌

명 칭	심 벌		비 고	명 칭	심 벌		비 고
	단선도용	복선도용			단선도용	복선도용	
유도발전기 (일반)		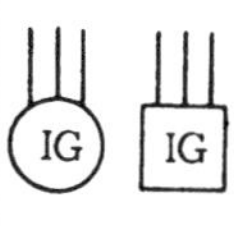		직 류 분 권 발전기 또 는 전동기	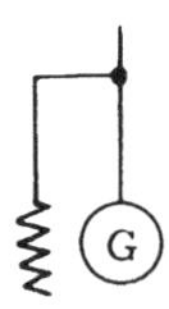	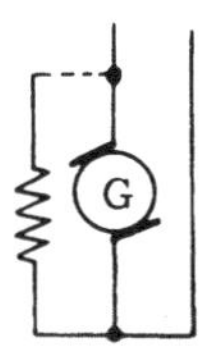	1. 타여자시의 경우, 다음예에 따름 예 :  2. 접선부는 저항기류를 접속하는 경우에 나타내며, 그것이 없을 경우에는 실선으로 한다. 3. 여자기를 나타낼 경우에는 G 대신 E를 사용한다. 4. 보극 권선 또는 보상권선은 필요에 따라 추가한다.
유도전동기 (일반)		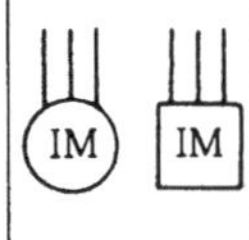	1. 유도전동기란 것이 명확할 때에는 M이라고 기입해도 된다. 2. 복선도형은 3상일 경우를 나타낸다.		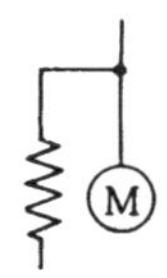	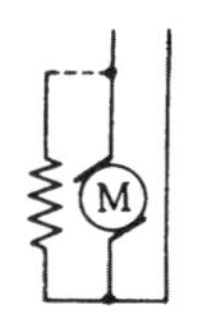	

명 칭	심벌 단선도용	심벌 복선도용	비 고
직 류 직 권 발전기 또 는 전동기	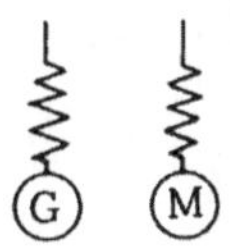	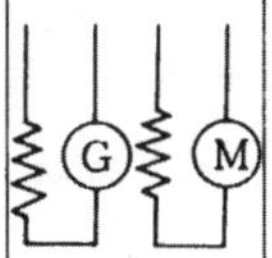	보극 권선 또는 보상 권선은 필요에 따라 추가한다.
직 류 복 권 발전기 또 는 전동기		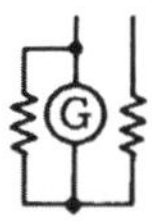	위와 같음
	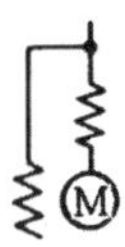	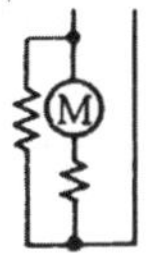	
동 기 발전기 (일반용)	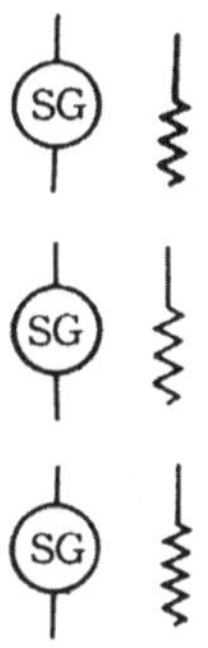	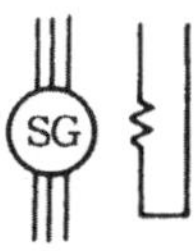	1. 동기 발전기임이 명백할 경우에는 G라고 기입한다. 2. 전기자의 아래에 나타내는 선은 중성점측 인출을 나타냄. 3. 단선도에서 계자 코일의 기호를 불필요할 때에는 제거시켜도 좋다. 4. 필요하면 Y－△로 결선방식을 나타낼 수 있다. 단선도에 있어서 계자코일의 기호가 불필요할 때에는 제거한다.
내 연 기 관 발전기			
동 기 전동기	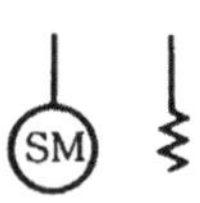	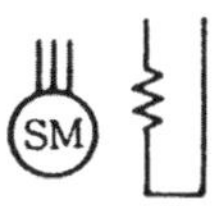	위의 3, 4와 같다.
동 기 조상기	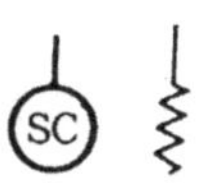	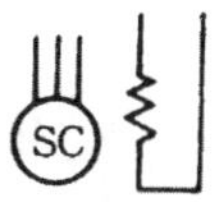	
유 도 전동기			
3 상 농 형유도 전동기 (6선식)			

명 칭	심벌 단선도용	심벌 복선도용	비 고
권선형 유 도 전동기	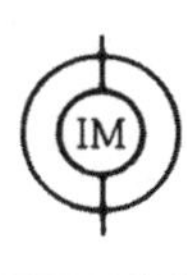	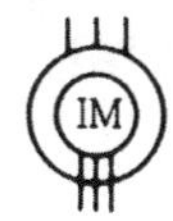	
유 도 발전기			
단 상 반 발 전동기			
3상 분 권 정 류 자 전동기			
3상 직 권 정 류 자 전동기		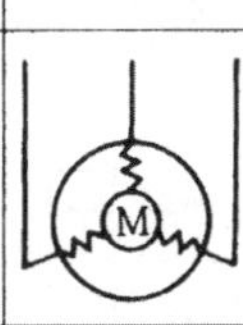	
회 전 변류기		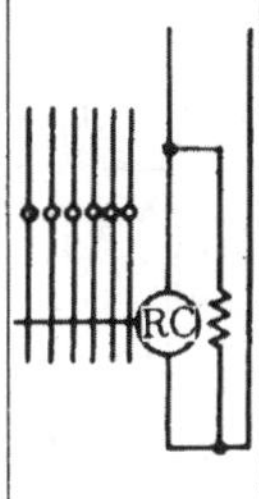	1. 단선도에 있어서 상부는 교류측, 하부는 직류측을 나타낸다. 2. 복선도는 6상 분권의 경우
전 동 발전기	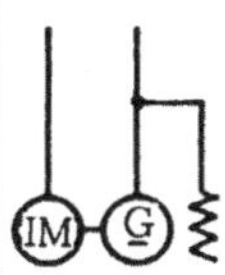	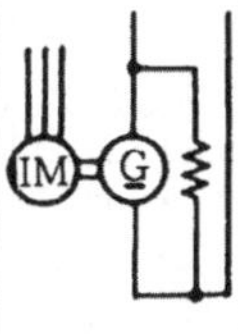	1. 유도 전동발전기의 예를 나타낸다. 2. 단선도에 있어서 계자 코일은 필요 있을 때 붙인다.
주파수 변환기	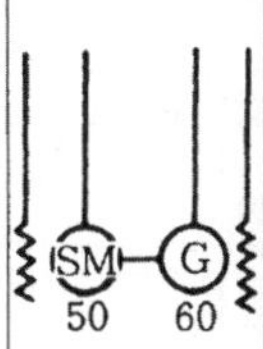	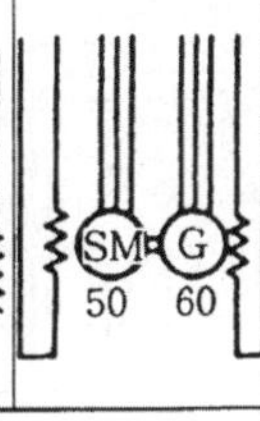	1. 50Hz를 60Hz로 변환할 경우에 나타낸다. 2. 단선도에 있어서 계자 코일은 필요할 경우 붙인다.

1.2.4 변압기 심벌

명 칭	심 벌		비 고
	단선도용	복선도용	
변압기 (일반)	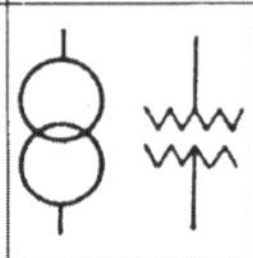		
단 상 변압기	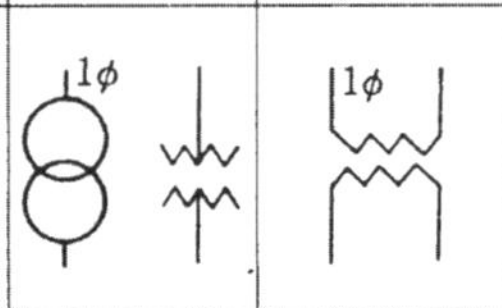 		
3상 변 압 기	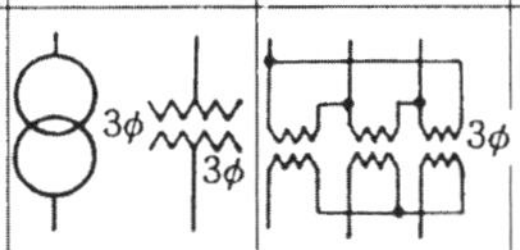 		복선도는 △－⅄ 접속의 예
전 지 변압기	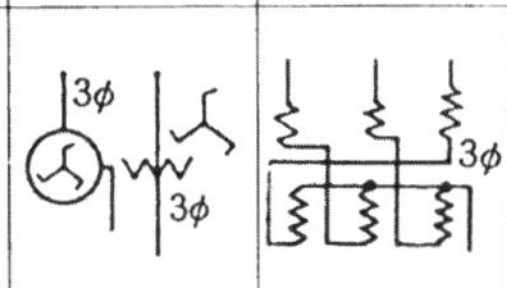 		3상 지그재그(zigzag) 접속의 경우에 나타낸다.
변압기의 접 속	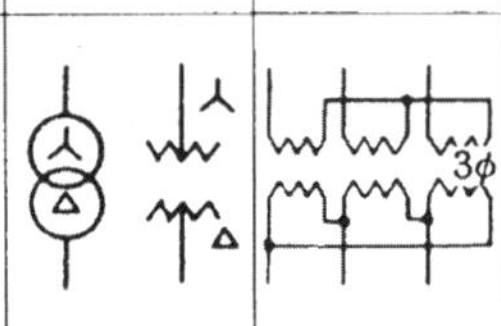 		1. ⅄－△ 접속의 예 2. 3상 변압기를 나타낼 필요가 있을 경우에는 옆에 3φ라고 기입함.
	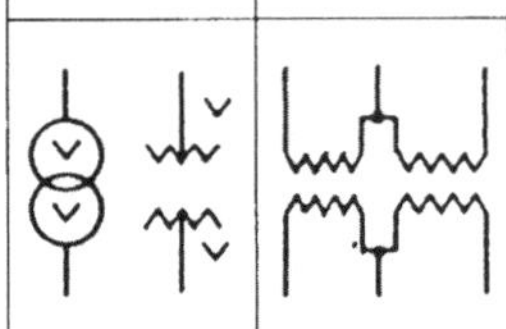		1. V 접속의 예 2. 3상 변압기를 특히 나타낼 필요가 있을 때에는 옆에 3φ라고 기입함.
	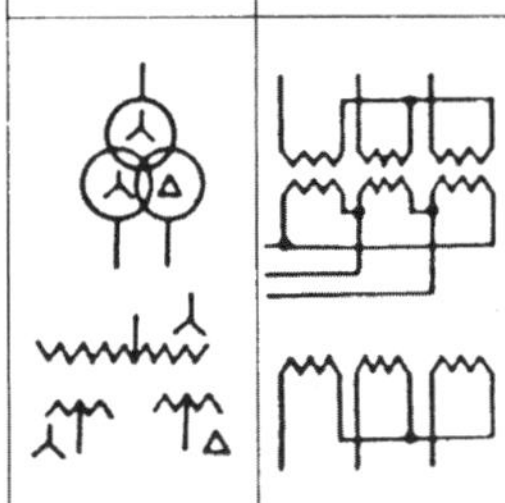		1. 3권선 변압기의 예 2. 3상 변압기를 나타낼 필요가 있을 경우에는 옆에 3φ라고 기입함.
	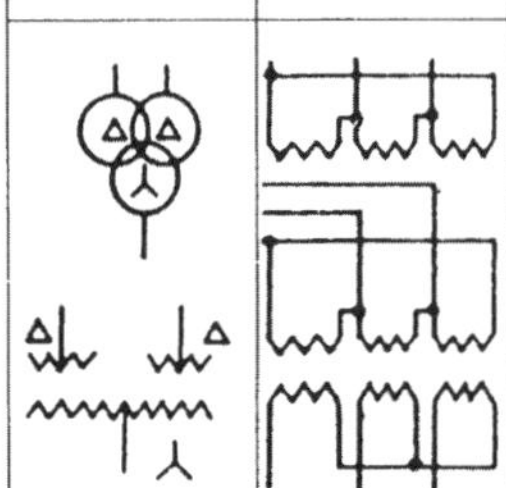		위와 같음
	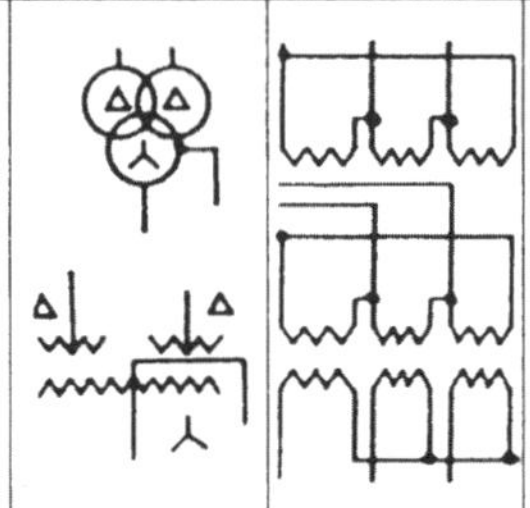		1. 중성점 인출의 예 2. 3상 변압기를 나타낼 필요가 있을 경우에는 옆에 3φ라고 기입함.
	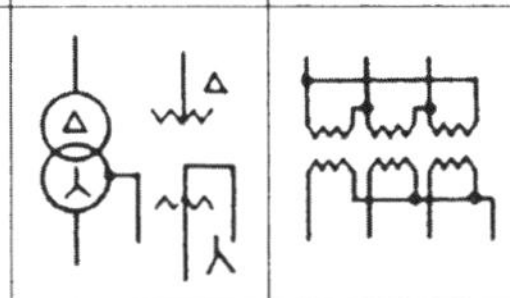		
	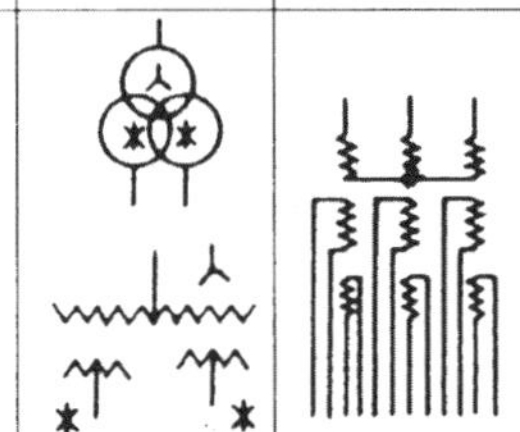		6상 회전 변류기 2 대용의 예
	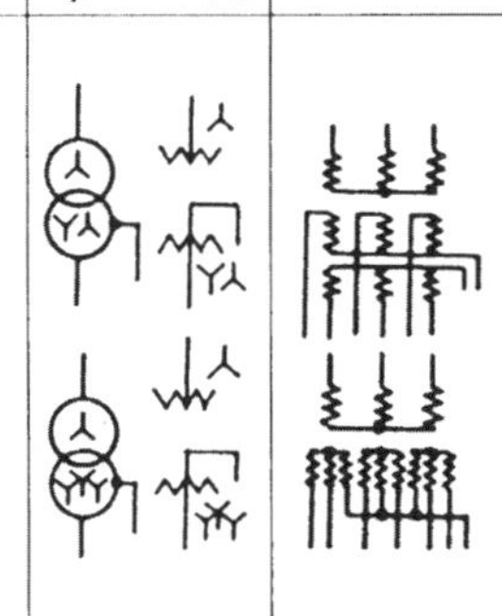		6상, 6극 수은 정류기용의 크기 예
변압기의 접 속 예	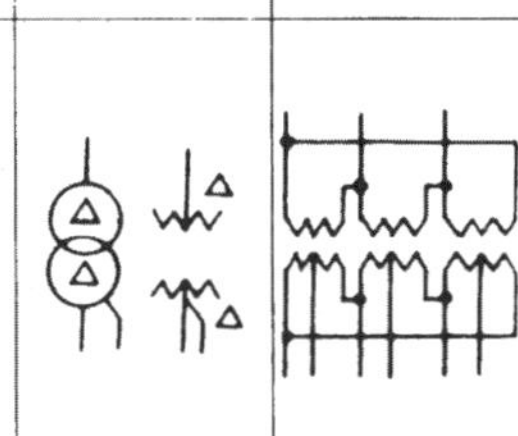		1. 이중 탭 변압기로서 △접속의 예 2. 단선도에 있어서 기운 지시선은 중간 지시선을 나타낸다.
3상 부하시전압조정변압기	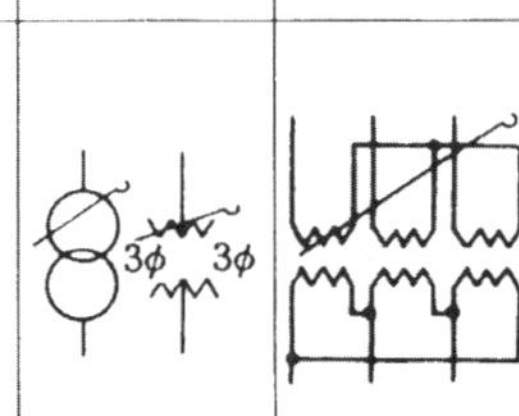 		복선도는 2차 측의 △의 경우를 나타낸다.

명 칭	심벌 단선도용	심벌 복선도용	비 고
단 상 단 권 변압기			1. 윗부분은 고전압측, 아랫부분은 저전압측을 나타낸다. 2. 반대의 경우는 다음과 같다. 
3상 단 권 변 압 기	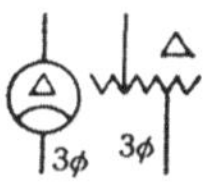	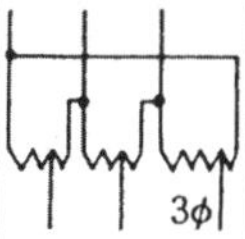	3. 2차 탭의 경우에는 다음 예에 의한다. △ 접속의 경우를 나타낸다.
소 호 변압기	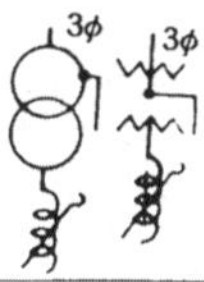		
소 호 리액터	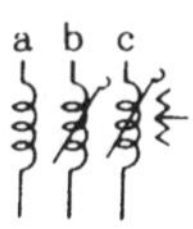	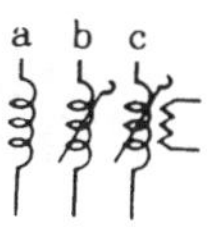	1. "b", "c"는 탭을 가지는 것을 나타낸다. 2. "c"는 2차 코일을 가지는 것을 나타낸다.

명 칭	심벌 단선도용	심벌 복선도용	비 고
단 상 유 도 전 압 조정기	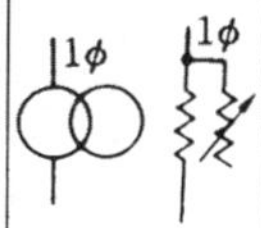	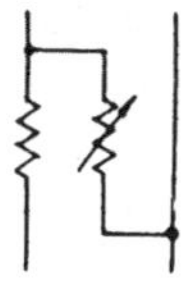	↗는 생략하여도 좋다.
3상 유 도 전 압 조 정 기	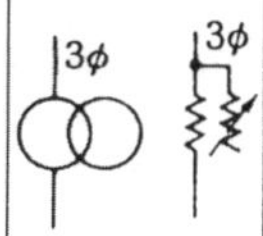	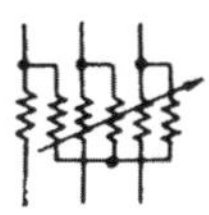	↗는 생략하여도 좋다.
3 상 부하시 전 압 조 정 변압기	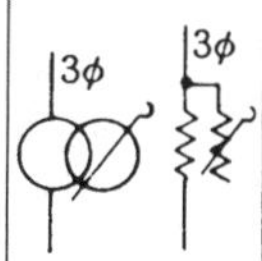	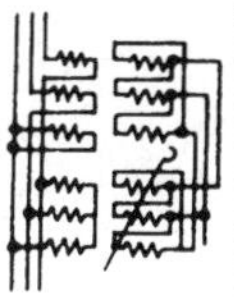	
3 상 이상기	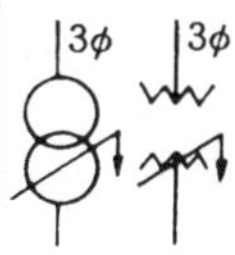	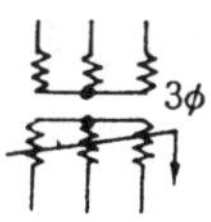	

1.2.5 정류기

명 칭	심벌 단선도용	심벌 복선도용	비 고
정류기 (일반)			화살표는 직류가 통하는 방향을 나타낸다.
수 은 정류기 (일반)			1. 유리제 수은 정류기는 이것을 사용한다. 2. 전극 또는 수은은 칠하지 않아도 좋다.

명 칭	심벌 단선도용	심벌 복선도용	비 고
철 제 수 은 정류기		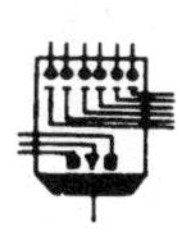	1. 격자붙이 보기를 표시한다. 2. 전극 또는 수은은 칠하지 않아도 좋다.
기계적 정류기		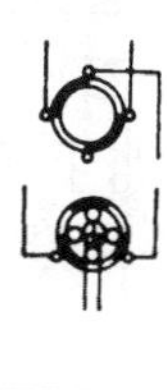	단선도는 단상, 3상 어느 경우에도 쓰인다.

1.2.6 계기용 변압기 및 변류기 심벌

명 칭	심 벌		비 고
	단선도용	복선도용	
단 상 계기용 변압기		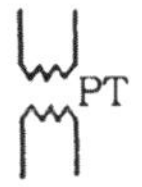	1. 주 변압기보다 가늘게 그리며 옆에 PT라고 적는다. 2. 단선도에 있어서는 필요에 따라 접속을 옆에 적는다.
3 상 계기용 변압기		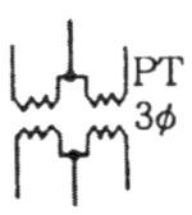	1. 주 변압기보다 가늘게 그리며 옆에 PT 3ϕ라고 적는다. 2. 복선도는 V접속의 경우를 나타낸다. 3. 단선도에 있어서는 필요에 따라 접속을 옆에 적는다.
콘덴서형 계기용 변압기	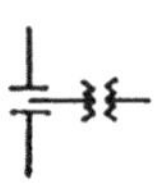	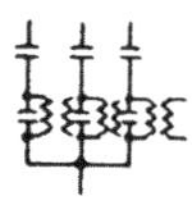	주 변압기보다 가늘게 그린다.
변류기	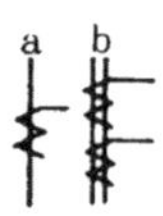	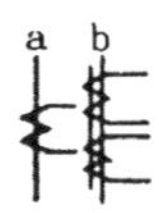	1. "a"는 2권선의 경우 2. "b"는 3권선의 경우
부싱형 변류기	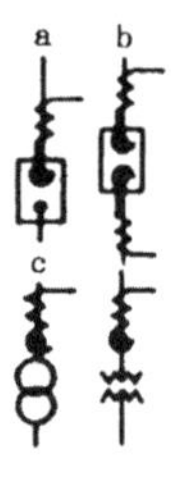	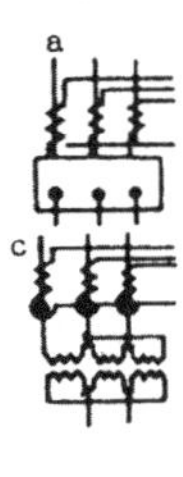	1. "a"는 교류 차단기에 장치한 경우 2. "b"는 교류 차단기에서 양쪽 부싱에 CT를 직렬로 연결할 경우 3. "c"는 변압기에 장치한 경우
부싱형 계기용 변압기	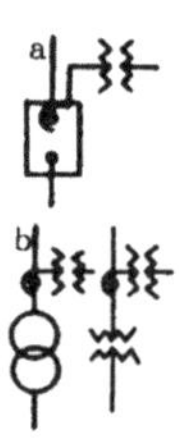	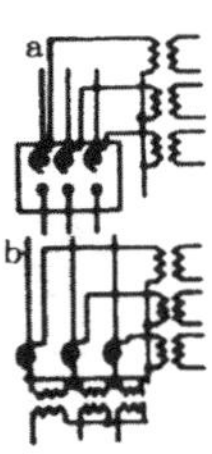	1. 주변압기보다 가늘게 그린다. 2. "a"는 유입차단기에 장치한 경우 3. "b"는 3상 변압기에 장치한 경우

명 칭	심 벌		비 고
	단선도용	복선도용	
계기용 변압 변류기	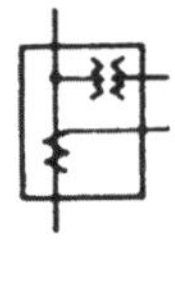	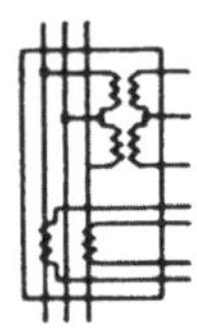	주변압기보다 가늘게 그린다.
영 상 계기용 변압기			
영 상 변류기		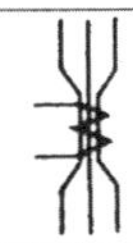	
전 자 접촉기	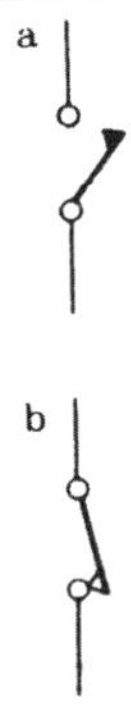	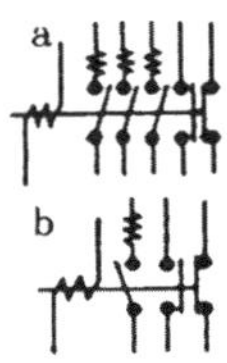	1. "a"는 휴지상태로서 열려 있는 경우를 나타내고, 복선도용은 3극 취소 코일 및 보조스위치 붙이의 보기 2. "b"는 휴지상태로서 닫혀있는 경우를 나타내고, 복선도용은 단극 취소코일 및 보조스위치의 보기
드럼형 제어기 (전개)		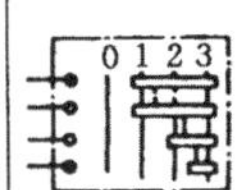	
캠 제어기 (전개)		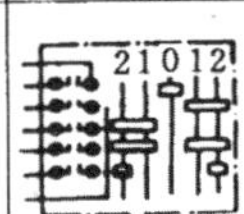	귀선이 공통인 경우를 나타냄
리미터 스위치		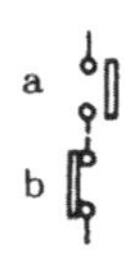	1. "a"는 동작의 경우에 폐로되는 것. 2. "b"는 동작의 경우에 개로되는 것.
텀블러 스위치 또 는 로터리 스위치			1. "a"는 단극 단투용 2. "b"는 단극 쌍투용 3. "c"는 쌍극 단투용

명 칭	심벌 단선도용	심벌 복선도용	비 고
부동스위치, 압력스위치 등		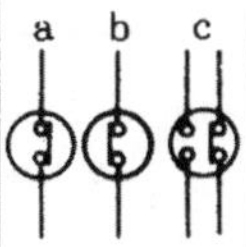	1. "a"는 동작할 때 폐로되는 것. 2. "b"는 동작할 때 개로되는 것. 3. "c"는 단극 절환용
속도 개폐기		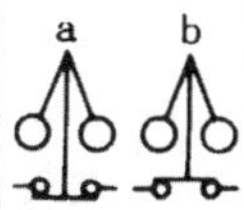	1. "a"는 동작할 때 폐로되는 것. 2. "b"는 동작할 때 개로되는 것.
다이얼형 스위치			쌍극 단투의 경우에 나타낸다.
캬놉스위치		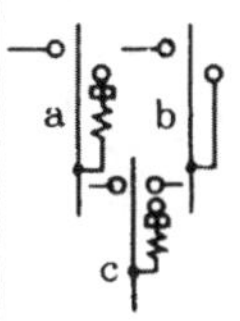	1. "a"는 단투로서 취소 코일 및 퓨즈의 예 2. "b"는 단투로서 취소 코일 및 퓨즈가 없는 것. 3. "c"는 쌍투로서 취소 코일 및 퓨즈의 예
개폐기(잡)			1. 문짝형 개폐기의 예 2. 휴지 상태로서 개로의 예
저항기(일반)		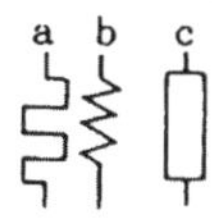	"b"는 전자 코일과 혼동되지 않는 경우
탭달린저항기		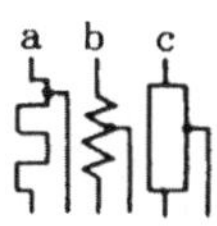	"b"는 전자 코일과 혼동되지 않는 경우
다이얼형 가감저항기	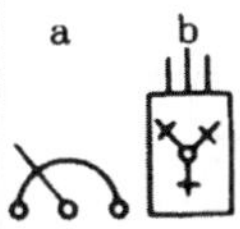	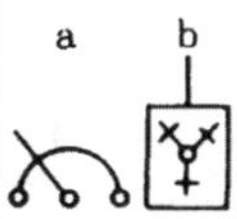	1. "a"는 3상용의 것. 2. 단선도 "a"에서 단자를 필요로 하지 않는 부분의 0은 떼어도 좋다.
가감 저항기(일반)		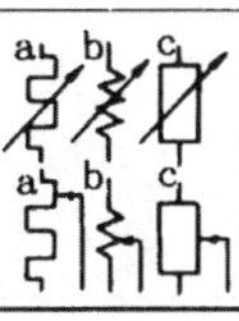	"b"는 전자코일과 혼동되지 않을 경우

명 칭	심벌 단선도용	심벌 복선도용	비 고
안전 저항관			
액체 저항기 (3상)	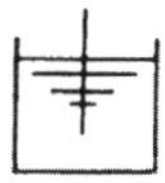	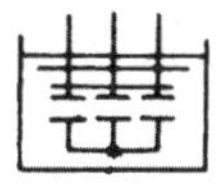	
시동 보상기	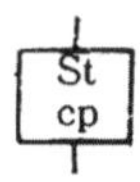	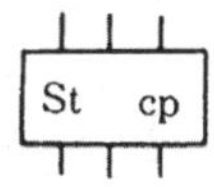	
스타아 델타 시동기	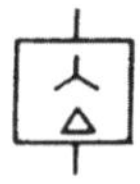		
판다그래프			
자동 전압 조정기	AVR		1. 복선도용 심벌은 단선도용 심벌에 터미널을 추가한 것으로 한다. 2. 직류, 교류의 구별을 필요로 할 경우에는 다음과 같다. 예 : 교류 직류 ACR, ACR
자동 전류 조정기	ACR		
집전자		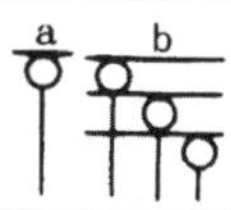	"b"는 3개의 경우의 예
슬립링		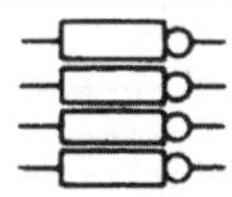	4개의 경우의 예
플러그형 접속기	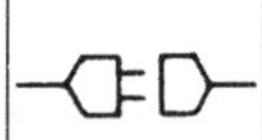	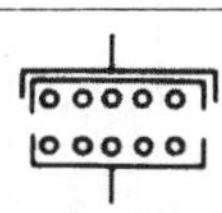	복선도의 0의 수는 단자의 수를 나타낸다.
제어용 전자석		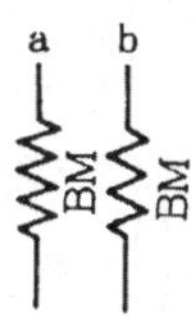	1. "a"는 전압코일에 의한 경우 2. "b"는 전류코일에 의한 경우

1.2.7 개폐기 및 보호장치 심벌

명 칭	심벌 단선도용	심벌 복선도용	비 고
개폐기(일반)	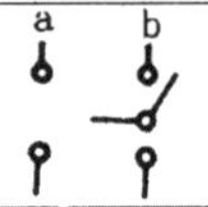		"b"는 단극 쌍투의 경우
단로기(일반)	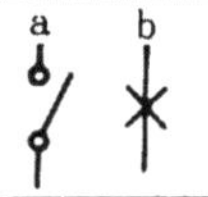	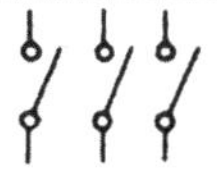	"b"는 간단히 나타낼 경우가 있을 때
링크 수동 조작 단로기	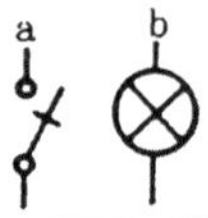	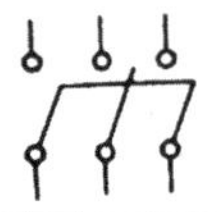	위와 같음
동력 조작 단로기	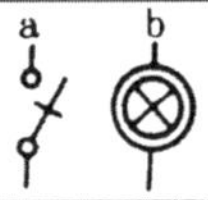	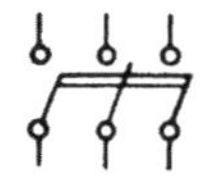	위와 같음
플러그형 단로기			
직류 고속도 차단기			
교류 차단기(일반)	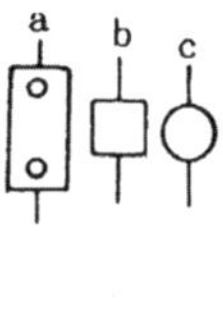	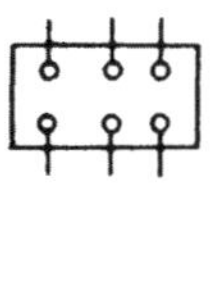	1. 종류를 나타내는 경우에는 옆에 글자를 부기한다. 2. "b"는 간단히 나타낼 경우 3. "c"는 전자코일과 혼동되지 않을 경우
교류 차단기 트립부의 예(끝어 때는 코일 붙임)	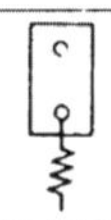	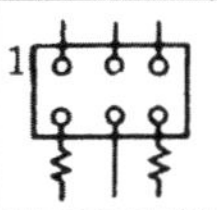	직렬 트립 코일부의 예
	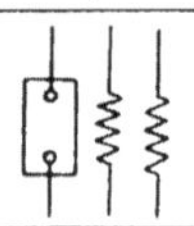	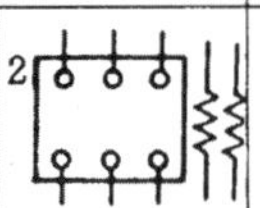	변류기의 2차전류에 의한 트립 예
	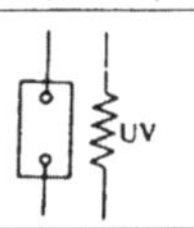	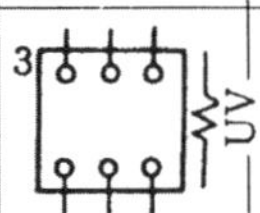	부족 전압 트립 코일부의 예
	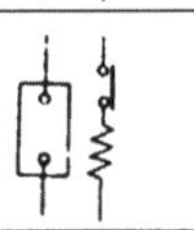	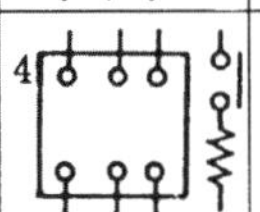	트립 벌린 코일의 보조 개폐기부의 예
유입 개폐기	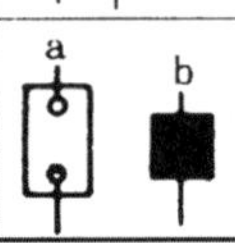	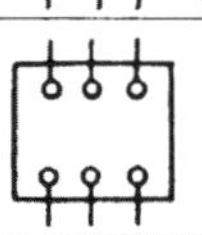	"b"는 간단히 나타낼 필요가 있을 경우
보조 스위치		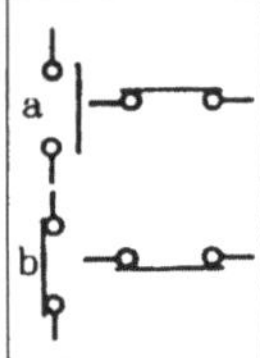	1. "a"는 주기와 개폐를 동시에 하는 것. 2. "b"는 주기와 개폐를 반대로 하는 것.
나이프 스위치		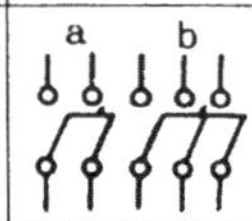	1. "a"는 2극의 경우 2. "b"는 3극의 경우
2극 계자 개폐기		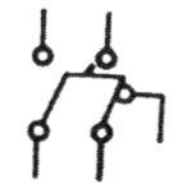	
기중 차단기(일반)		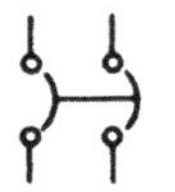	복선도는 2극의 경우
기중 차단기 코일부의 예(끝어 때는 코일 붙임)			직류 트립 코일붙이의 예
		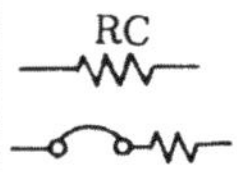	역류 트립 코일붙이의 예
		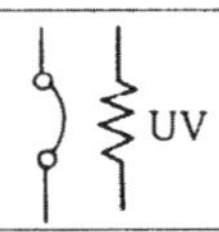	부족 전압 트립 코일붙이의 예
트립 단추 스위치		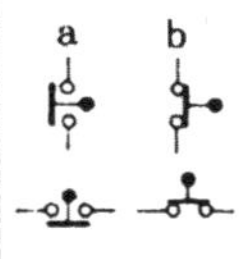	1. "a"는 누르는 조작에 따라 폐로되는 것. 2. "b"는 누르는 조작에 따라 개로되는 것
푸시 버튼 스위치		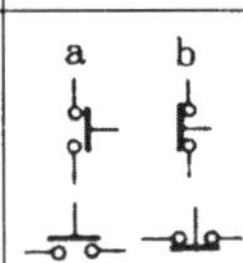	1. "a"는 당겨 폐로되는 것. 2. "b"는 당겨 개로되는 것.
쌍누름 단추 스위치		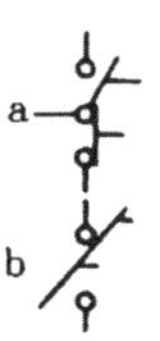	1. "a"는 쌍투용 2. "b"는 단투용
제어기(일반)		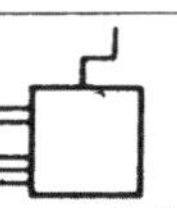	

1.2.8 보호 장치 심벌

명 칭	심벌 (단선도용)	심벌 (복선도용)	비 고	명 칭	심벌 (단선도용)	심벌 (복선도용)	비 고
피뢰기	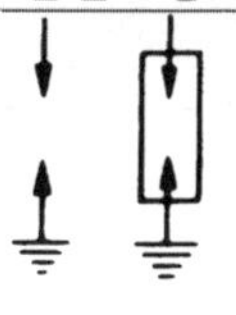	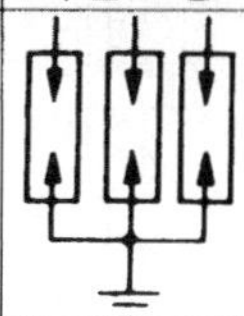	방전 갭의 유무에 상관없이 이것으로 나타낸다.	포 장 퓨 즈 (일반)	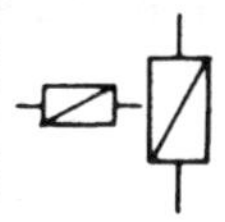		1. 통형 퓨즈 전력 퓨즈형, 플러그형 퓨즈를 포함한다. 2. 사선은 오른위쪽으로 한다.
정 전 방전기				퓨즈붙이기단로 기	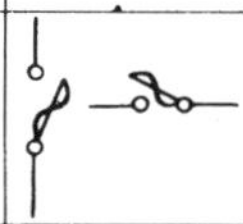		
개방형 퓨 즈 (일반)		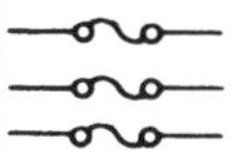	실 퓨즈, 판퓨즈를 포함한다.	한 류 리액터		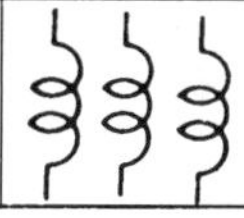	

1.2.9 계전기(relay) 심벌

명 칭	심 벌	명 칭	심 벌	명 칭	심 벌
과 전 류 계 전 기	OC ○	온 도 계 전 기	T	비율 차동 계전기	RDf
부족전류계전기	UC	진 공 계 전 기	VC	과 부 하 계 전 기	OL
과 전 압 계 전 기	OV	흐 름 계 전 기	FL	열 동 계 전 기	TH
부 족 전 압 계 전 기	UV	부후흘쯔 계전기	BH	열 전 력 계 전 기	RP
방 향 계 전 기	D	전 력 계 전 기	P	위 치 계 전 기	Po
단 락 방 향 계 전 기	DS △	무효 전력 계전기	Q	고장 검출 계전기	FDt
단락회전선택계전기	SS ▭	주 파 수 계 전 기	F	마이크로파 계전기	M
거 리 계 전 기	Z Ⓩ	극 성 계 전 기	PL	상 평 형 계 전 기	ϕSl
방향 거리 계전기	DZ	동기 투입 계전기	SY	전압 평형 계전기	VB
지락 과전류 계전기	OCG ●	연 동 계 전 기	IL	전류 평형 계전기	CB
지락 과전압 계전기	OVG	보 조 계 전 기	AX	역 류 계 전 기	RC
지락 방향 계전기	DG ▲	한 시 계 전 기	TL	섬 락 계 전 기	FO
지락회전선택계전기	SG ■	재 폐 로 계 전 기	Rec	단 락 계 전 기	S
전송잡아떼기계전기	TT	다 접 촉 계 전 기	MC		
압 력 계 전 기	Pr	차 동 계 전 기	Df ⊖		

1. 다른 기기와 혼동될 우려가 없는 경우에는 □ 대신에 ○을 사용할 수 있ㄷ
2. 이들의 심벌은 계전 방식을 나타내는 경우에도 사용할 수 있다.
3. 계전 방식과 계전기를 조합할 경우, 아래의 보기에 따른다.

   보기 : 단락 방향 계전방식용의 과전류 계전기 [DS-OC]

   반송 계전 방식용의 방향거리 계전기 [Cr-DZ]

   연동 분리 계전 방식용의 부족 주파수 계전기 [D1-UF]
4. 특히 교류, 직류의 구별을 할 경우에는 [O͂C], [O̲C] 로 구별한다.

1.2.10 계기 심벌

명 칭	심 벌	명 칭	심 벌	명 칭	심 벌
전 류 계	(A)	무 효 전 력 계	(VAR)	위치 그냥둠	(PI)
기 록 전 류 계	(RA)	적산 무효 전력계	(VARH)	수 위 계	(WL)
적 산 전 류 계	(AH)	역 률 계	(PF)	유 량 계	(Fl)
전 압 계	(V)	온 도 계	(T)	검 류 기	(GD)
기 록 전 압 계	(RV)	무 효 율 계	(Sn)	동 기 검 전 기	(SY)
전 력 계	(W)	주 파 계	(F)	검 전 기	(VD) 발광검진기 포함.
기 록 전 력 계	(RW)	최 대 전 류 계	(MA)	1. 기록형은 심벌의 글자 첫머리에 R자를 붙인다. 2. 종합형은 심벌의 글자 첫머리에 T자를 붙인다. 3. 인자형은 심벌의 글자 첫머리에 Pt자를 붙인다.	
종 합 전 력 계	(TW)	영 상 전 류 계	(Ao)		
기록종합전력계	(RTW)	속 도 계	(S)		
적 력 량 계	(WH)	회 전 계	(N)		

1.2.11 배전반 부착 기구 심벌

명 칭	심벌 단선도용	심벌 복선도용	비 고	명 칭	심벌 단선도용	심벌 복선도용	비 고
계기용 절 환 계폐기	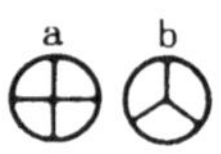		1. "a"는 전압회로용 2. "b"는 전류회로용	시험용 전 압 단 자	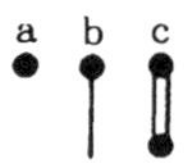		
전류계 용 분 류 기	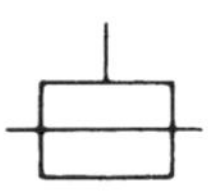	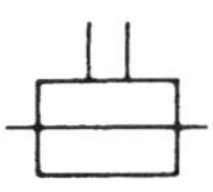		시험용 전 류 단 자			

1.2.12 그 밖의 심벌

명 칭	심벌 단선도용	심벌 복선도용	비 고	명 칭	심벌 단선도용	심벌 복선도용	비 고
전력용 콘덴서	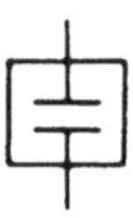	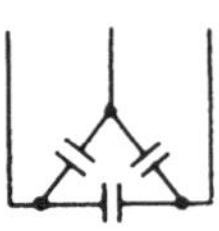	복선도는 △ 접속의 경우를 나타낸다.	케이블 헤 드			

1.3 전기통신용 심벌

1.3.1 기본 심벌

심벌	명칭	비고
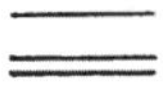	직류	
	교류	
	단자	
	도선의 교차 (접속할 경우)	
	도선의 분기	
	도선의 교차(접속하지 않는 경우)	
	접지	직접 접지시키지 않고 새시 등에 접속할 경우
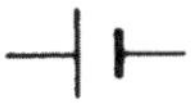	전지	긴 쪽은 양극 표시
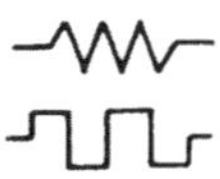	저항 또는 저항기	1. 필요한 경우에는 산의 수를 변경 2. 무유도를 표시
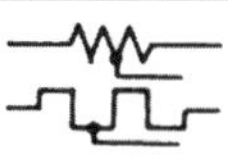	탭붙이 저항기	
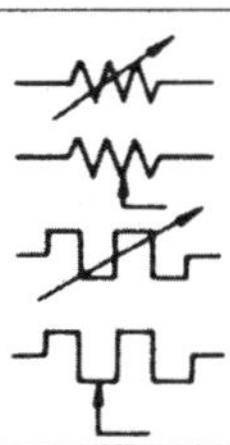	가변저항 또는 가변 저항기	
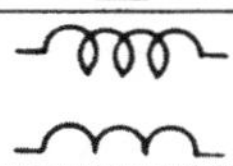	인덕턴스	
	가변 인덕턴스	
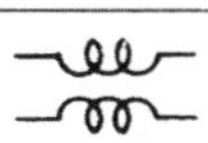	상호 인덕턴스	

심벌	명칭	비고
	철심이 든 인덕턴스	아래와 같이 나타내어도 좋다.
	압분 철심이 든 인덕턴스	
	압분 철심이 든 가변 인덕턴스	
	단자가 붙은 인덕턴스	
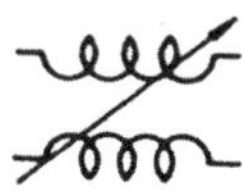	가변 상호인덕턴스	
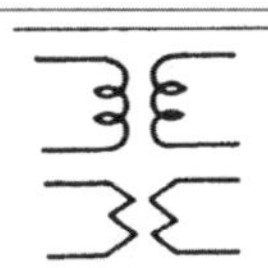	변압기 또는 변성기	
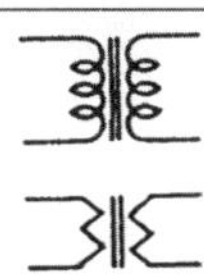	철심이 든 변압기 또는 변성기	철심이 든 것은 철심 기호를 생략해도 좋고, 다음과 같이 나타내도 좋다.
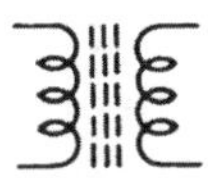	압분 철심이 든 변압기 또는 변성기	
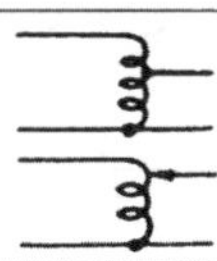	단권 변압기 또는 단권 변성기	
	정전 용량 또는 콘덴서	
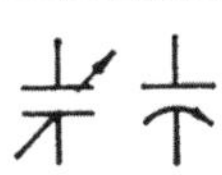	가변 정전 용량 또는 가변 콘덴서	
	반 고정 콘덴서	

심　벌	명　칭	비　고	심　벌	명　칭	비　고
	가변 평형 콘덴서		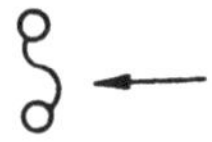	경 보 퓨 즈	
	차동 가변 정전용량 또는 콘덴서			히 터 코 일	히터 코일형 퓨즈를 포함
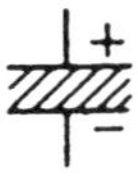	전 해 콘 덴 서			저 항 램 프	
	임 피 던 스			안전 저항 램프	
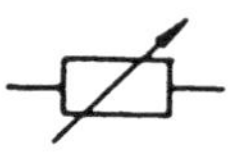	가변 임피던스		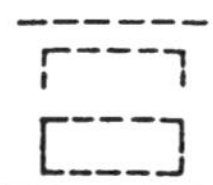	차 폐	
	방 전 갭		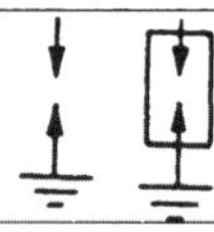	피 뢰 기	
	교 류 전 원		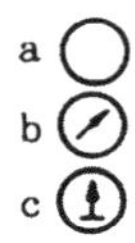	계 기	1. "a"는 ○ 안에 종류별로 기호를 기입 2. "b, c"는 특히 ○의 중심을 표시
	정 류 기			기기 또는 장치의 기본 부호	□ 안에 종류를 나타내는 문자 기호를 넣는다.
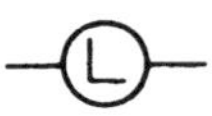	램 프		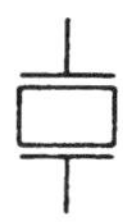	수 정 진 동 자	
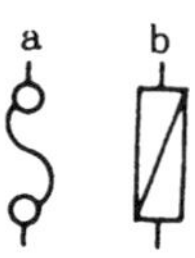	퓨 즈	1. "a"는 개방 퓨즈 2. "b"는 품장 퓨즈		변조기, 복조기	

1.3.2 전기 통신용 심벌

심벌	명칭	비고
	직렬 음극 및 방열 음극용 히터	탭이 있는 경우
	방열 음극	
	냉 음 극	이온 가열 음극을 포함
	계수 방전관의 공통 전극	
	광전 음극	
	수은 음극	
-----	그 리 드	
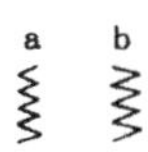	헤릭스(지파 회로용)	"a"는 진행파용 "b"는 후진파용
	반 사 전 극	
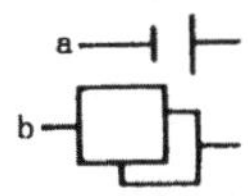	편향 전극(브라운관용)	"b"는 베이스 접속의 경우에 한함
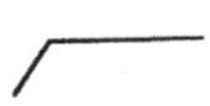	점 호 전 극	
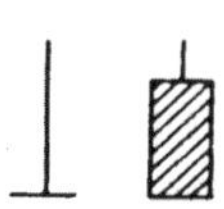	양극(플레이트)	1. "b"는 수은 정류기의 양극 및 여호극에만 쓴다. 2. "b"는 비디콘의 신호 전극은 "a"
	터 어 케 트	
	다 이 노 우 드	
	키 이 붙 이	

심벌	명칭	비고
	사이드 핀(바요네트 핀)	
	관 구 단 자	베이스 단자를 동일 도면상에 그릴 때에는 관구를 나타내는 원을 생략 고정단자 가동단자
	베 이 스 핀	필요에 따라 베이스 핀의 굵기를 변경
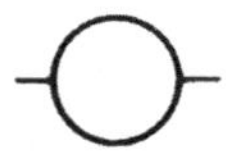	고리 봉합 단자	
	동 축 단 자	
	3극관(직렬 음극)	
	3극관(방열 음극)	1. 점선은 차폐했을 때 표시 2. 특별히 표시할 필요가 없을 때는 생략
	양단형 수냉관	3극 가열일 때 나타낸다.
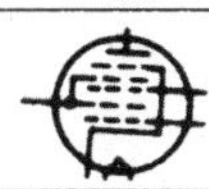	주파수 변환관	6SA7-GT를 나타낸다.
	5극관 및 비임 출력관	
	냉음극 2극 방전관 및 정전압 방전관	
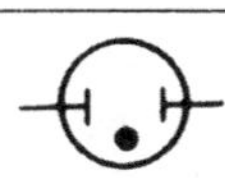	네 온 전 구	
	냉음극 3극 방전관	
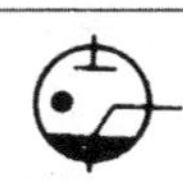	이 그 나 이 트 론	

심벌	명칭	비고
	광전관	
	광전자 증배관	
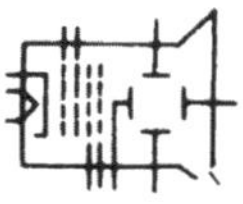 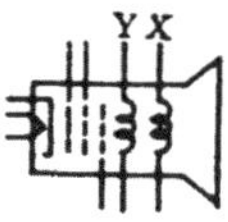	브라운관 (a) 정전 편향형 (b) 전자 편향형	1. 편향 코일은 광면에 가까운 쪽이 X축용, 유극에 가까운 쪽이 Y축용 2. 편향 코일을 분리해서 그릴 필요가 있을 때에는 다음과 같이 해도 된다. 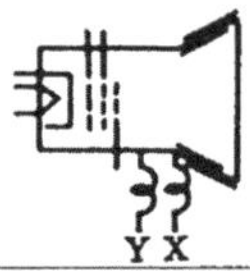
	판극관	공진기가 붙어 있는 경우
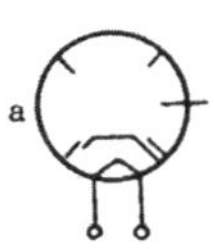 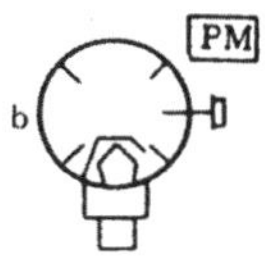	1. "a"는 자계바깥붙이를 표시 2. "b"는 내장을 표시 3. [PM]은 영구자석을 표시	
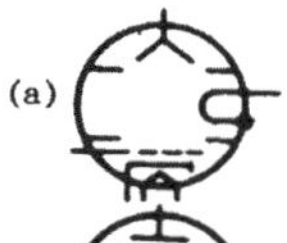 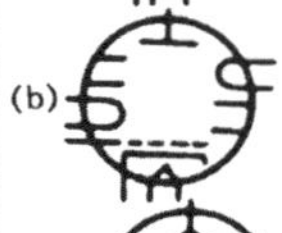 	클라이스트론 (a) 단공진기부 반사형 (b) 복공진기형 (c) 외부 공진기부 반사형	
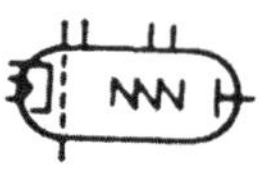	진행파관	

심벌	명칭	비고
	형광지시관	
	복합관	쌍 3극관을 분리해서 표시할 때 나타낸 것.
	베이스	
	이미터	
	컬렉터	
	빛	방향과 각도는 적당히 한다.
	다이오드 및 정류체(일반)	혼동이 없을 때에는 ○을 생략
	가변 용량 다이오드	위와 같음
	터널 다이오드	위와 같음
	정전압 다이오드	위와 같음
	정전압 다이오드(대칭형)	위와 같음
	포토 다이오드	혼동이 없을 때에는 ○을 생략
	PNP형 트랜지스터	위와 같음
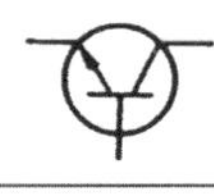	NPN형 트랜지스터	위와 같음
	단접합 트랜지스터(P형 베이스)	위와 같음
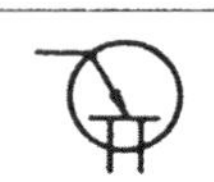	단접합 트랜지스터(N형 베이스)	위와 같음

심 벌	명 칭	비 고
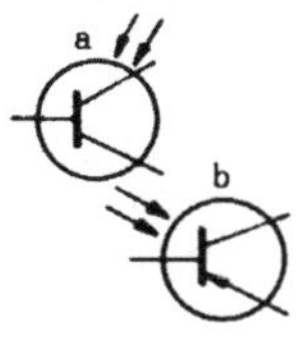	포토 트랜지스터	
	태 양 전 지	
	제어 정류 소자(P 게이트)	
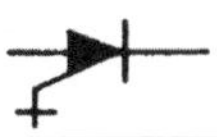	제어 정류 소자(N 게이트)	
	더미스터(직렬형)	
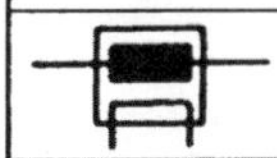	더미스터(병렬형)	
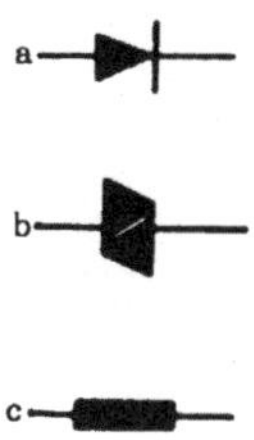	배 리 스 터	1. “a”는 비대칭형을 표시, 경유기 등과 혼동할 우려가 있을 때에는 VR 등의 문자를 붙여 구분 2. “a”는 조합형, “b”, “c”는 대칭형(“c”는 실리콘 카바이드제)
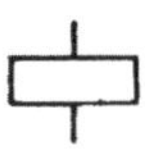	단 권 선	
	단 권 선 (각부 구리 고리)	
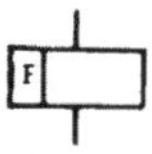	단 권 선 (유 극 형)	
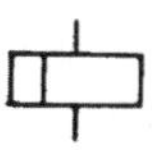	단 권 선 (교류 감동형)	
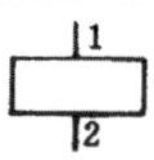	단자 번호의 표시	
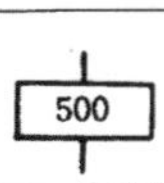	저항값의 표시	특히 저항값을 나타낼 때의 예

심 벌	명 칭	비 고
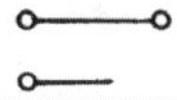	2 선 플 러 그	
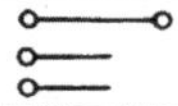	3 선 플 러 그	
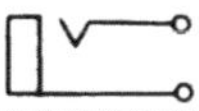	2선 잭	
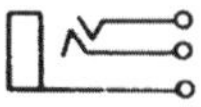	3선 잭	
	잭 (일 반)	
	나 잭	
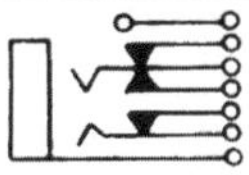	절단붙이 잭의 표시	
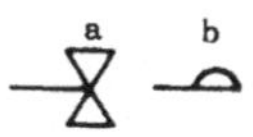	전 화 기	
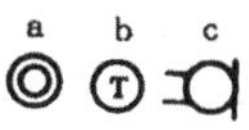	송 화 기	헤드폰일 때 나타내는 것은 다음과 같다. 
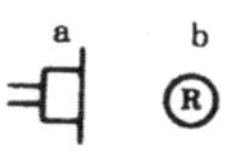	수 화 기	
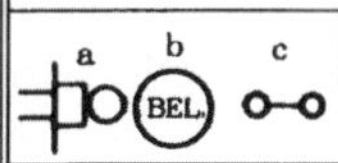	벨 (전 령)	“c”는 주로 전화기 벨에 사용
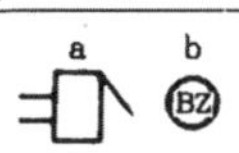	부 저	
	마이크로폰(일반)	
	픽 업 (일 반)	
	전 자 형 픽 업	
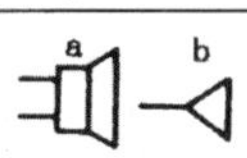	스 피 커 (일 반)	
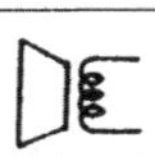	가동코일형 스피커	
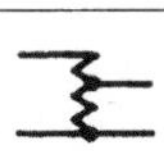	포 텐 쇼 미 터	
	음 차 진 동 차	
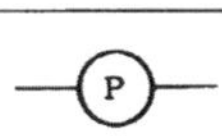	파 라 메 트 론	

찾 아 보 기

ㄱ

가공 전선로 14
가공 지선 302
가동 전극 167
가스 차단기 29
가스터빈 엔진 50
가시광선 166
가요(可撓) 전선관 공사 109
가이드 레일 201
간선 20, 70
간이 보호 297
간접 조명 기구 182
간접 조명 184
간접 조명형 178
감광식 312
감시 제어 20
감시제어실 45
감전 325
감지 전류 327
감지기 308
강제 정지 장치 199
개방형 수 · 변전 설비 18, 19
개폐기 92
갭 저항형 39
갭레스형 39
거리의 역자승 법칙 155
거치용 56
건식 변압기 25, 26
건축 전기설비 11
건축법 365
건축화조명 184
검전기 353
검출기 303
경제 189
경사 이동형 227
경종 316
계기용 변류기 32
계기용 변성기 31
계기용 변압 변류기 33
계약전력 16
계전기 239
고압 17
고가 수조 급수 방식 123
고도 정보 통신 시스템 285
고무 시트 354
고무 캡타이어 케이블 87
고압 간선 72
고압 권선 24
고압 나트륨등 175
고압 수은등 170
고압 컷아웃 스위치 34
고통 전류 327
공급전압 16
공기 차단기 27
공기실 309
공기조화용 동력 119
공동안테나 TV 271
공업 표준화법 364
공장용 인터폰 264
공전식 교환기 238
공전식 전화기 235
공전식 243
공중 전화기 234
공칭 전압 323
과부하 방지 장치 199
과전류 계전기 40
과전류 차단기 80, 198
과전류 332
과전압 계전기 40

광고물 단속법 367
광도 153
광도분포 154
광속 발산도 157
광속 153
광원 160
광원색 152
광전식 감지기 312
교류 17
교차형 224
교류 발전기 49, 52
교류 엘리베이터 126, 205
교류 전동기 129
교류식 248
교번 자기장 132
교체식 234
교호 통화식 263
교환방식 235, 238
구내 교환기 236, 242
구내 교환설비 233, 236
구동 체인 절단 안전스위치 222
국부 조명 183
국선 수 242
국선 234
군관리 운전방식 208
권상기 202
권선 24
권선형 유도 전동기 137
권철심형 24
규소 강판 23
규소 24
균등 충전 59
그늘 188
극초단파 267
근거리 통신망 282
근접 스위치 305
금속 덕트 공사 110
금속 덕트 75
금속 몰드 공사 108
금속관(金屬管) 공사 109
금속관 98
금속제 가요 전선관 99
급배수 위생용 동력 121
급속 충전 58
급수 설비 123
기분 189
기계실 217
기계적 강도 71, 84
기동 보상기 140
기동 전동기법 140
기동부 316
기송관 229
기어드형 권상기 202
기어레스형 권상기 202
기중 차단기 30
꽂음 전화 234
끼임 방지 장치 199

ㄴ

나뭇가지 평행식 73
나뭇가지식 73
나이프 스위치 77, 92
나트륨등 174
낙뢰 재해 324, 338
낙뢰 재해의 방지 339
낙뢰 292, 333
납축전지 55
내부 도입선 162
내선 수 242
내선 전화기 233
내압 트랜스 352
내철형 24
냉각탑 120
네온 글로우 램프 176

네온 전구 176
네온가스 167
네온관 176
네온사인 177
노멀 밴드 99, 100
노출 박스 101
놉 애자 106
농형 유도 전동기 137
누름버튼식 263
누설변압기 177
누전 차단기 77, 95
누전 332
뉴미디어 286
니트 156

ㄷ

다이어프램 309
다이얼식 263
단열중복형 223
단열형 223
단독 시계 248
단독 운전방식 207
단독식 245
단락 333
단로기 31
단상 2선식 67, 68
단상 3선식 67, 69
단상 유도 전동기 132
단상2선식 14
단선 결선도 21, 22
단선 84
단자 106
단자함 236
단체 전화 234
대전 336
대지 전압 67
대편 고무코드 87
덕트 74
덤웨이터 225
데스크형 38
데시벨 255
도어 스위치 94
도입선 162
돌극 135
돌침 방식 292
돌침(突針) 293
돌침부 293
동기 전동기 138
동기 조상기 138
동기속도 136
동력 간선 71
동력 감시반 143
동력 설비 119
동력 제어 70
동력 제어반 141, 142
동력용 전동기 129
동손 24
동시 통화식 263
동전형 254
동축 케이블 270
드라이버 103
들보 103
디젤엔진 50
디딤판 이상 검출장치 222
디지털 PBX 279

ㄹ

라디오 펜치 103
라이팅 덕트 공사 112
래드럭스 157
래칫 250
럭스 154

레코드 플레이어 260
로제트 91, 97
로터리 스위치 92
로터리식 교환기 239
로터식 250
로프 202
로프식 엘리베이터 198
로프식 197
록 너트 99
루멘 153
루프 회선 수전 방식 17
리머 103
리모콘 스위치 94
리미트 스위치 201, 303
리본형 254
리셉터클 97
리프트 225
링 리듀서 99

ㅁ

마이크로파 273
마이크로폰 254
마찰 대전 336
망치 103
매트 스위치 303
멍키 렌치 103
메거 344
메탈 할라이드 램프 173
명도 152
명순응 160
모기 249
모선 45
모시계 247, 249
모자 전화 234
모자식 시계 248, 249
모자식 전기 시계 247
모자식 262
목제(木製) 몰드 공사 107
몰리브덴선 162
무극식 251
무단쇄 220
무선통신 273
무유식 243
물체색 152

ㅂ

바이메탈 167, 310
박강 전선관 98
박리 대전 336
박스 커버 102
박스 101
반간접 조명 기구 182
반간접 조명 184
반간접 조명형 178
반직접 조명 기구 180
반직접 조명 184
반직접 조명형 178
발광 효율 157
발신기 276, 315
발전 13
발전기식 344
발전기실 52
발전소 14
방범 설비 303
방사 151
방사속 157
방수 콘센트 96
방재설비 291
배전 20
배광 184
배선 기구 92
배선반 236

배선용 공구 102
배선용 차단기 77, 94
배선용 피트 75
배수 펌프 122
배수 설비 125
배전 14
배전반 37, 49
백열 전구 161
밸브 저항형 39
밸브형 39
버스 덕트 공사 111
번개 339
베이스 161, 162
벤드형 56
벤치 보드형 38
변전 20
변압기 23
변전소 14
변전실 21, 44, 45
병렬 운전방식 208
병렬설치형 223
병원용 인터폰 264
병원용 표시 설비 276
병원용 207
보상식 감지기 311
보안 361
보안설비 236
보조 설비 236
보통 보호 296
보통 충전 58
보호 계전기 시험기 352
보호 계전기 39
보호 장치 38
복렬형 224
복권 전동기 131
복식 245
복합식 263
봉입 가스 164
봉착부 도입선 162
부하 20
부가가치 통신망 284
부글로우 177
부동 충전 58
부등률 43
부싱 99
부하 밀도 42
부하 설비 119
부하설비 용량 42
부하율 43
분광 분포 189
분권 전동기 131
분기 회로 79
분배기 269
분산식 44
분상 기동형 단상 유도 전동기 133
분전반 77
분출 대전 336
불수 전류 327
붕규산 유리 162
브랜치 234
브러시 130
비닐 절연 전선 82
비닐 캡타이어 케이블 87
비닐 코드 82, 87
비디오텍스 통신 281
비상 전원 52
비상 정지 스위치 222
비상 콘센트 96
비상용 승강기 214
비시감도 159
비축적형 311
비한류형 35

ㅅ

사무용 인터폰 263

산란광식 312
살균등 170
상용 전원 46, 52
상호식 262
새들 99
색(色) 152
색상 152
색온도 158
선간 전압 67
설비대수 211
세류 충전 59
셰이딩 코일 135
셰이딩 코일형 단상 유도 전동기 135
소화펌프 122
소방법 366
소요 전력 41
소켓 96
속도 특성 곡선 131
송전 13
쇠톱 104
수전 20
수중펌프 122
수 · 변전 설비 15
수구수 81
수도 직결 급수 방식 123
수력 발전 13
수변전 설비의 계획 40
수변전실 45
수송 설비 197
수송 설비용 동력 126
수송능력 212, 220
수신기 312
수용가 14
수용률 42
수은등 169
수전 방식 17
수전 전압 16
수정식 249
수평 도체 방식 293
수평 이동형 227
순응 160
스냅 스위치 94
스템 유리 162
스템 161
스톱워치 352
스트랜드 202
스털브 156
스포트 네트워크 수전 방식 17
스프링 완충기 204
스피커 259
승강 속도 209
승강로 197
승강로의 넓이 215
승객용 207
승용 승강기 214
시감도 159
시리즈 박스 101
실드형 56
심벌 26

ㅇ

아르곤가스 167
아메리슘 311
아웃렛 박스 101
아크 28
안전 전압 329
안전 표시 330
안정기 167
안테나 268
알칼리축전지 55
암순응 160
압력 수조 급수 방식 124
압전형 254
압착 펜치 103

애자 사용 공사 106
앵커 161, 162
약전 설비 233
양광주 177
양수 펌프 122
업무용 전화 234
에스컬레이터 128, 220
에스컬레이터의 배열 방식 222
에어 핸들링 유닛 120
에폭시 수지 25
엔진 49
엘리베이터 126, 197, 205
엘리베이터의 설계 209
엘리베이터의 위치 선정 214
역·결상 릴레이 198
연동선 24
연색성 158
연선 84
열적 경과 333
영구 콘덴서형 단상 유도 전동기 135
영상 변류기 33
영상 응답 281
영상 통신 280
예비 전원 설비 46
오수 펌프 122
오픈형 56
옥내 배선 공사 105
옥내 수·변전 설비 15
옥내 전기 배선 114
옥외 수·변전 설비 15
옥외용 가교 폴리에틸렌 절연 전선 86
옥외용 비닐 절연 전선 85
와이어 스트리퍼 102
와이어 커넥터 91
완전 보호 296
완충기 201, 204
외등 스위치 94
외부 도입선 162
외철형 24
외함 316
워드-레너드 206
원자력 발전 13
원편 고무코드 87
위성 통신 273
위성방송 272
유극식 251
유니버설 99
유도 전동기 132
유동 대전 337
유리구 161, 162
유선 텔레비전 방송 설비(CATV) 271
유압식 엘리베이터 198
유압식 완충기 204
유유식 243
유입 변압기 25
유입 차단기 29
육불화황 29
융점 163
음압 감도 255
이동 보도 227
이동용 56
이온화식 감지기 311
이중 접점 239
이탈 전류 327
인입 20
인입선 14
인입용 비닐 절연 전선 85
인체의 피부 저항 328
인터록 52
인터폰 설비 262
인터폰 262
인텔샛 273
인하 도선 294
인하도체 294
입사각 여현의 법칙 155, 156
입체식 주차 설비 226, 227

ㅈ

자가발전 설비 47, 48
자기 기동법 140
자기 차단기 28
자기(磁氣) 스위치 304
자동 구내교환기 236
자동 차단기 94
자동 화재 탐지 설비 306, 317
자동식 전화기 236
자동식 243
자립 개방형 38
자석식 교환기 238
자석식 전화기 235
자시계 250
자외선 151, 166
저압 17
저광도 항공장애등 300
저압 간선 72
저압 권선 24
저압 나트륨등 174
저압 수은등 170
저압 옥내 배선 105
저전압 계전기 40
적외선 검출기 304
적외선 151
전격 325
전공 칼 102
전기 공작물 360
전기 납땜 인두 104
전기 방식 67
전기 사업 360
전기 사업법 360
전기 스파크 332
전기 안전 323
전기 재해 324
전기 화재 331
전기공급방식 16
전기공사업법 362
전기로 334
전기시계 설비 247
전기용 고무장갑 353
전기용 고무장화 354
전기용 모자 353
전기용품 안전 관리법 363
전기자 130
전동 덤웨이터 225
전동 드릴 103
전동기 222
전등 간선 71
전등 분전반 70
전등 효율 158
전력 간선 70
전력 부하 70
전력 케이블 89
전력 퓨즈 35
전력용 콘덴서 34
전로의 절연 340
전망용 207
전반 조명 183
전반국부 병용 조명 183
전반확산 조명 기구 181
전반확산 조명 184
전반확산 조명형 178
전선관 74, 76, 98
전송선 270
전압 강하 71, 83
전압 17
전열기 334
전원 장치 276
전자 교환기 239, 240
전자 메일 279
전자 브레이크 199, 221
전자 시계 249
전자 코일식 249
전자(電磁) 브레이크 203

전자유도작용 23
전자파 151
전지식 344
전파 관리법 365
전파 266
전화 배선 방식 245
전화 설비 233
전화용 배선 247
절단 안전스위치 222
절연 열화 및 탄화 332
절연 저항 344
절연 저항계(메거) 344, 352
절연 전선 85
절연 340
절연유 24
점등관 167
접속 91
접속기 96
접지 공사 246, 346, 348
접지 저항 350
접지 저항계(어스 테스터) 353
접지 클램프 100
접지 338, 340
접지극 295, 349
접지선 348
정류기 343
정류자 130
정보 통신설비 233
정보통신 설비의 시스템 278
정온식 감지기 310
정온식 감지선형 310
정온식 스포트형 310
정원 210
정전 구두 338
정전 작업복 338
정전기 스파크 333
정전기 재해 324, 335
정전기 335
정전기의 대전 336
정지레너드방식 206
제1종 접지공사 347
제2종 접지공사 347
제3종 접지공사 347
제어용 케이블 90
조도 154, 186
조도 기준 187
조명 기구 178, 183
조명 방식 183
조명 설계 190
조명 설비 151
조명 용어 153
조속기 199, 203
종합 정보 서비스망 286
주간 장애표시 302
주광 160
주배선반 233
주상 변압기 25
주차장용 표시 설비 277
주택용 인터폰 264
주파수 특성 255
중간식 44
중계기 316
중계대 240, 243
중광도 항공장애등 300
중추 권상식 249
증강 보호 296
증폭기 257, 269
지구 경종 317
지락 계전기 40
지중 전선로 14
지향성 255
직류 17
직권 전동기 131
직류 가변 전압 엘리베이터 128
직류 엘리베이터 206
직류 전동기 129

직류 전동식 249
직류식 248
직사광 160
직송 급수 방식 124
직접 조명 기구 179
직접 조명 184
직접 조명형 178
진공 차단기 28
진공관식 257
진동 검출기 305
진상용 콘덴서 34
집중식 44

ㅊ

차단기 27
차단기실 45
차동식 감지기 308
차동식 분포형 309
차동식 스포트형 308
채도 152
철손 24
철심 24
청공광 160
체감식 245
초고압 수은등 172
초단파 267
초음파 검출기 304
추락 방지판 199
축적형 311
축전지 가대 60
축전지 설비 54
축전지 54
축전지실 45, 59
축전지의 용량 57
출력 임피던스 255
출입문 열쇠 199
출입문 잠금스위치 199
치사 전류 328

ㅋ

카 도어 204
카 225
카운터 웨이트 201
칸델라 153
캐노피 스위치 92
캡타이어 케이블 87
커넥터 100
커버 나이프 스위치 92
커플링 100, 99
컨베이어 228
컷아웃 스위치 92
케이블 공사 113, 114
케이블 래크 74, 76
케이블 접속기 91
케이블 87
케이지 방식 293
코드 스위치 94
코드 접속기 91
코드 86
코일 필라멘트 163
콘센트 146
콘(cone) 스피커 259
콘덴서 기동형 단상 유도 전동기 134
콘덴서 167
콘덴서형 254
콘센트 설비 145
콘센트 96
콘크리트 매입 공사 109
콘크리트 박스 101
콤비네이션 플라이어 103
큐비클형 수·변전 설비 18, 19
큐비클형 38

크로스바 가형 243
크로스바 분산형 243
크로스바 캐비닛형 243
크로스바식 교환기 239
클램프 전류계 353
킹크 202

ㅌ

타여자 전동기 131
타임 스위치 94
탄소 브러시 130
태양의 광학적인 계수 160
터미널 캡 100
텀블러 스위치 92
텅스텐 162, 163
테이블형 225
토치 램프 104
토크 특성 곡선 131
통신 간선 70
통신 설비 시스템 279
트래픽 242
트랜지스터식 257
트러스 220
트롤리 버스 덕트 111
특별 제3종 접지공사 347
특별고압 간선 72
특별고압 13, 17
특수용 간선 71

ㅍ

파이프 바이스 104
파이프 펜치 103
패키지 에어컨 120
팩시밀리 통신 281
팬코일용 콘센트 146
팽창 계수 162
펄스모터 250
페닝 효과 169
페이징 263
펜던트 스위치 94
펜치 103
평각 구리선 24
평균 일주시간 210
평행식 73
평형 피더 270
표시 설비 275
표시등 316
표시반 276
표준 전압 323
푸시 버튼 스위치 92
풀 박스 77
풀 스위치 92
프레스 토크식 263
플러그 97
플러그인 버스 덕트 111
플로어 덕트 공사 112
플로어 박스 100
플로어형 225
피더 버스 덕트 111
피뢰 도선 294
피뢰 설비 291, 292
피뢰 설비의 보호 범위 295
피뢰기 38
피트 74
픽스처 스터드 100
핀 애자 106
필라멘트 161, 163

ㅎ

한국교원대학교 240
한류형 퓨즈 35

한류형 35
할로겐 사이클 164
할로겐 전구 164
합선(단락) 332
합성 수지 몰드 공사 107
합성 수지관 공사 108
합성 수지관 98
항공법 367
항공장애구 302
항공장애등 300
허용 전류 71, 82
형광 방전관 166
형광등 166
혼(horn) 스피커 259
혼합기 268
혼합식 257
홀 도어 204
홈 텔레폰 234
화력 발전 13
확성 방송 설비 253
회로 시험기(테스터) 353
회전 자기장 132
후강 전선관 98
휘도 156
흑연 브러시 130
히키 103

기 타

1,000[V] 형광방전등용 전선 86
1차 권선 23
1차 변전소 13
1차 전지 54
1회선 수전 방식 17
2극 콘센트 96
2중코일 필라멘트 163
2차 권선 23
2차 변전소 13
2차 전지 54
2회선 수전 방식 17
3극 콘센트 96
3로 스위치 94
3상 3선식 67, 69
3상 4선식 67, 69
3상 동기 전동기 139
3상 유도 전동기 136
3상3선식 13
3상4선식 14
3선 결선도 21, 22
3차 변전소 13
600[V] 2종 비닐 절연 전선 85
600[V] 고무 절연 전선 85
600[V] 비닐 절연 전선 85
A종 절연 25
BN 케이블 88
CV 케이블 88
EMD교환기 239
EV 케이블 88
GP형 수신기 314
GR형 수신기 314
M형 발신기 315
M형 수신기 314
P형 발신기 315
P형 수신기 313
R형 수신기 313
RN 케이블 88
S형 슬리브 91
SF 29
TDX 전전자 교환기 241
TV 감시기기 305
TV 공동 수신 설비 266
TV 회의 280
UHF 267
VAN 284
VHF 267
VV 케이블 88

김 진 수

인하대학교 공과대학 전기공학과 졸업
인하대학교 대학원 전기공학과 졸업(공학석사)
인하대학교 대학원 전기공학과 졸업(공학박사)
미국, Pennsylvania State University(Post-doctor)
가천대학교 건축설비과 교수 역임
현재, 한국교원대학교 기술교육과 교수

백 용 규

한양대학교 공과대학 건축학과 졸업
한양대학교 대학원 건축공학과 졸업(공학석사)
한양대학교 대학원 건축공학과 졸업(공학박사)
현재, 서일대학교 건축과 교수

이 덕 출

인하대학교 공과대학 전기공학과 졸업
인하대학교 대학원 전기공학과 졸업(공학석사)
일본 Nagoya대학 전기공학과 졸업(공학박사)
대한전기학회 회장, 인하대 공대학장 및 부총장 역임
현재, 인하대학교 공과대학 전기공학과 교수

개정 **건축전기 설비**

2003년 9월 5일 2판 1쇄 발행
2022년 1월 10일 3판 2쇄 발행

저 자 김 진 수 백 용 규 이 덕 출
발 행 인 강 해 작
발 행 처 기 문 당
주 소 서울시 성동구 무학봉 28길 4-1
전 화 02)2295-6171(代)~5
팩 스 02)2296-8188
출판등록 1976. 10. 7(1976-2)
홈페이지 http://www.kimoondang.com
I S B N 978-89-6225-925-4 93540